普通高等教育农业部“十二五”规划教材
全国高等农林院校“十二五”规划教材

森林动植物检疫学

第二版

李孟楼　张立钦　主编

中国农业出版社

内容提要

本教材共分9章。绪论介绍了动植物检疫的概念、内容、地位及重要性、有害生物的传播方式和检疫性有害生物等。第一章阐述动植物检疫的历史、我国主要贸易国的动植物检疫及动植物检疫的历史和发展；第二章介绍森林动植物检疫的任务与目的、组织与管理；第三章论述森林动植物检疫的原理，内容包括有害生物分布区域的确定、风险分析、检疫监管与检疫法规；第四章介绍检疫检验与抽样，虫、螨、杂草、病原物的检验及分子生物学检验与诊断；第五章阐明有害生物检疫处理的原则和处理技术；第六章论述进出境检疫、国内森林动植物检疫，及产地检疫与疫情调查；第七章详细介绍检疫性、外检与国外重要的林木食叶、蛀干、种实与枝梢害虫的特性与检疫方法；第八章介绍检疫性及国内外重要的森林植物病害与杂草的特性和检疫技术；第九章讲述检疫性森林动物疫病的防疫与检疫技术。教材整体结构完整，专业理论与应用技术组配适当，图文并茂，既体现了高等院校课程教学的特色，又反映了检疫学的最新技术和研究成果。

本教材适合高等院校林学、森林保护、森林资源保护与游憩、野生动物与自然保护区管理等专业教学使用，也可作为相关从业人员的参考书。

第二版编者

主　编　李孟楼　张立钦

副主编　田呈明　王培新　黄大庄　严善春

编　者　（按姓名笔画排序）

王培新（西北农林科技大学）

田呈明（北京林业大学）

刘兴平（江西农业大学）

严善春（东北林业大学）

李有忠（陕西省森林病虫害防治检疫总站）

李建康（陕西省森林病虫害防治检疫总站）

李孟楼（西北农林科技大学）

吴　伟（西南林业大学）

张立钦（湖州师范学院）

张　爽（河北农业大学）

阿地力（新疆农业大学）

陈顺立（福建农林大学）

周成刚（山东农业大学）

南小宁（西北农林科技大学）

贺　虹（西北农林科技大学）

唐进根（南京林业大学）

黄大庄（河北农业大学）

韩正敏（南京林业大学）

韩　珊（四川农业大学）

熊忠平（西南林业大学）

冀卫荣（山西农业大学）

第一版编者

主　编　李孟楼　张立钦

副主编　黄大庄　田呈明　严善春

编　者　（按姓名笔画排序）

王占斌（东北林业大学）
田呈明（北京林业大学）
刘兴平（江西农业大学）
孙绪艮（山东农业大学）
严善春（东北林业大学）
李孟楼（西北农林科技大学）
张东华（西南林学院）
张立钦（浙江林学院）
阿地力（新疆农业大学）
陈顺立（福建农林大学）
欧晓红（西南林学院）
周成刚（山东农业大学）
周祖基（四川农业大学）
赵永霜（西南林学院）
南小宁（西北农林科技大学）
唐进根（南京林业大学）
黄大庄（河北农业大学）
韩正敏（南京林业大学）
潘涌智（西南林学院）
冀卫荣（山西农业大学）

第二版前言

森林动植物检疫是防控林木有害生物的有效手段之一。依托检疫技术和体系，能够抵御境外有害生物的入侵，能够防止检疫性有害生物的扩散和危害。实施森林动植物检疫制度，是维护我国国土和生态环境安全的重要措施，在国际贸易当中能够确保我国的合法权益不受侵害。

自1910年开始，经过百余年的积累和发展，我国的检疫制度、法规和管理体系已发展得比较完善。在对外交往的教训中，我们学会了利用检疫技术和体系维护国家利益；在控制国内有害生物中，我们利用检疫手段防控了诸多有害生物的蔓延。但随着我国经济的发展壮大，国家和社会更加需要专门的检疫人才；随着检疫技术和手段的进步，虽然原有教材在人才培养方面发挥了应有的作用，但为应对境外生物入侵，我们也需要不断更新检疫知识与信息。因此，本教材修订了原教材中的失误，吸纳了新内容，以满足人才培养的需要。

本教材由西北农林科技大学李孟楼教授、湖州师范学院张立钦教授担任主编并统稿，北京林业大学田呈明、西北农林科技大学王培新、河北农业大学黄大庄、东北林业大学严善春担任副主编。各章的修订者如下：韩珊、李孟楼修编绪论，黄大庄、王培新修编第一章，刘兴平、张爽修编第二章，张立钦、周成刚修编第三章，吴伟、李建康修编第四章，严善春、贺虹修编第五章，陈顺立、冀卫荣修编第六章，唐进根、阿地力、熊忠平修编第七章，田呈明、韩正敏修编第八章，南小宁、李有忠修编第九章。

在修编过程中，继续沿用了第一版的所有插图，引用了多种《森林植物检疫学》版本中的知识和观点，参阅了国内未能参编本教材的同行专家和学者的研究成果，编写组特表谢意。书稿完成后虽经编者勘误，但内容难免还有失误与疏漏，编者恳请读者与同行谅解和指正。

李孟楼

2015年11月

第一版前言

植物检疫是社会经济和贸易发展的产物，是使用法律、政府行为与专门技术控制和管理有害生物传播和危害的综合措施，使用检疫措施抵御生物灾害是社会的进步。森林动植物检疫是森林有害生物和植物保护的重要组成部分，是抗御有害生物入侵、维护我国国土和生态环境安全的重要措施，在国际贸易中对确保我国的合法权益具有不可替代的作用。

数千年来，中华的立国之本一直尊崇儒学，上至国家、下至百姓，求中庸、仁义、理智、信誉、礼仪和廉耻，讲究己所不欲、勿施于人，这种具有传统渊源道德文明的社会交往哲学，依靠人的自觉和道德修养；尽管很多国家已高度文明，但是，在世界范围的经济贸易当中，人的活动目标就是获取经济利益。当经济利益和有害生物入侵互相矛盾时，仅靠传统意义上的道德很难规范任何国家和个人的行为。西方社会经历了残酷的宗教统治，资本社会在发展初期经过了残酷的掠夺式的积累阶段，尔后为规范其社会经济活动行为，建立了各种类型的法律和法规，以法律维持国与国、人与人之间的信誉，在对待有害生物入侵这个关乎国家、民族利益的问题上，这个法律文明社会也以立法的办法规范和管理人的行为。当这种法制文明社会和道德文明社会的利益发生了冲突，他们可能会认为道德没有具体的衡量标准和尺度，不足以管理和规范他们行事的行为，如果某国的法律对某一危害社会或人类的事情没有明令禁止，他们就理所当然地认为这个国家允许他们干这种事情，20世纪初英国强行向我国销售鸦片就是一例！

法制文明社会在伴随其经济持续发展的同时，也不断向其他社会体系推行，并强迫其他国家认可其理念，当今世界贸易中的各类检疫公约、体系的形成和发展就是其观念在害虫管理领域扩张的一个体现。不论人类社会的文明如何进步和发展，任何时候都是强者主宰弱者，如果哪一个国家的植物检疫法律、管理体系结构不完善，将更会使那些善于使用国际贸易技术壁垒者找到种种强词夺理的借口，限制别国农林产品的出口而自己则肆无忌惮地输出不合格的农林产品，我国与美国关于小麦矮腥黑穗病检疫检验标准的争执就是实例。

从20世纪20年代开始，我国在国际贸易活动中逐步学会了利用检疫立法、技术和手段维护我国的利益，至80年代我们已健全了与动植物检疫有关的检疫法规和管理体系。我国经济地位的日益强大，为我们坚持利用国际和本国的检疫制度提供了可靠后盾。我国的森林动植物检疫独立于1984年，森林动植物检疫对维护我国森林安全及生态环境的稳定意义重大，也是我国林产业发展的需要。但森林动植物检疫和植物检疫一样，也是法制、政府管理与专业技术相结合的综合体系。森林动植物检疫学包括检疫的基本原理和理论、检疫检验与检疫处理技术、国内的检疫管理和分工及重要的检疫性有害生物检验方法。

森林动植物检疫历经20多年的发展和不断改革完善，已建立了法规与组织结构较为齐全的管理体系，并在维护我国各地森林生态环境安全当中发挥了重要作用。但随着我国对外贸易和国内经济的不断发展，各地森林动植物检疫任务持续增长，对检疫的技术要求越来越高，各级检疫部门需要掌握更多的森林动植物检疫技术的专门人才。我国各地的农林院校已为国家培养了不少森林动植物检疫人才，森林动植物检疫学的课程体系、教学方式和手段更加完善，原有教材在人才培养方面发挥了应有的作用。但随着检疫技术和手段的进步，需要吸纳新内容，进行知识更新，满足人才培养的需要。

本教材由全国高等农林院校从事森林动植物检疫教学和研究领域的专家和学者联合编写，在参阅原有森林植物检疫学教材编写形式的基础上，进行了知识体系的结构整合，基本理论与实用技术之间的配合更趋合理，互不重复，充分展现了检疫学科的最新理论和技术，更能符合该学科课程教学的要求，满足学生学习的需要。本教材在介绍国内检疫性森林害虫、病害与杂草、动物疫病，外检性重要林木害虫、病害的检疫技术的同时，简要介绍了国外的林木害虫和病害种类。因此，本书不仅适合高等农林院校林学、森林保护、森林资源保护与游憩、野生动物与自然保护区管理等专业本科生作为教材使用，也可作为从事植物检疫事业的科技工作者和管理者的参考书。

本教材由李孟楼、张立钦担任主编，黄大庄、田呈明、严善春担任副主编。各章的编写者如下：周祖基和李孟楼编写绪论，黄大庄编写第一章，刘兴平编写第二章，张立钦、孙绪良编写第三章，欧晓红、南小宁、张东华、赵永霜编写第四章，严善春、王占斌和南小宁编写第五章，陈顺立编写第六章，唐进根、潘涌智、阿地力、冀卫荣编写第七章，田呈明、韩正敏和周成刚编写第八章，南小宁编写第九章。全书由主编李孟楼、张立钦统稿，所有插图均由李孟楼参照相关的文献绘制成电子版图，书稿完成后全体编者进行了勘误和修改。

本教材在编写过程中引用了2006年以前出版的多种《森林植物检疫学》版本中的知识和观点，并参阅和引用了国内未能参加本教材编写的同行专家和学者的诸多资料、文献、研究成果，编写组恳请谅解并表示谢意。

鉴于编者水平所限，本教材的内容难免有疏漏和不足，敬请同行和读者指正。

编　者

2008年5月

目　录

第二版前言
第一版前言

绪论 …… 1
　一、森林动植物检疫 …… 1
　二、森林动植物检疫的内容 …… 3
　三、森林动植物检疫的地位及重要性 …… 5
　四、有害生物的传播 …… 7
　五、检疫性有害生物 …… 13
　六、本课程的特点 …… 14
复习思考题 …… 15
参考文献 …… 16

第一章　动植物检疫的历史和发展 …… 17
第一节　动植物检疫的历史 …… 17
第二节　我国主要贸易国的动植物检疫 …… 18
　一、美国的动植物检疫机构及职能 …… 18
　二、日本的动植物检疫机构及职能 …… 20
　三、澳大利亚的动植物检疫机构及职能 …… 23
　四、俄罗斯的植物检疫概况 …… 25
　五、欧洲联盟的动植物检疫及机构 …… 26
第三节　我国动植物检疫的历史和发展 …… 29
第四节　动植物检疫的发展趋势 …… 34
　一、两种检疫制度 …… 35
　二、制度化、规范化与标准化 …… 37
　三、国际化与国内协作大势所趋 …… 37
　四、促进商品贸易的发展 …… 39
复习思考题 …… 40
参考文献 …… 40

第二章　森林动植物检疫的管理原则与任务 …… 41
第一节　森林动植物检疫的任务与目的 …… 41

一、森林动植物检疫的目的 …… 41
二、森林动植物检疫的任务 …… 42
三、森林动植物检疫工作的属性 …… 44
四、森林动植物检疫工作的特点 …… 45
第二节　森林动植物检疫的组织与管理 …… 45
一、机构设置原则 …… 45
二、检疫人员编配原则 …… 47
三、组织管理制度原则 …… 48
四、综合管理原则 …… 49
第三节　森林动植物检疫的业务管理 …… 49
一、检疫制度 …… 49
二、专业技术管理 …… 53
三、行政行为管理 …… 57
复习思考题 …… 60
参考文献 …… 60
第三章　森林动植物检疫的原理 …… 61
第一节　有害生物分布区域的确定 …… 61
一、森林有害生物分布的区域性 …… 61
二、森林有害生物分布区的确定方法 …… 63
三、森林有害生物的风险分析 …… 64
第二节　检疫的原则与监管 …… 73
一、动植物检疫的依据、内容和原则 …… 73
二、检疫监管 …… 77
第三节　森林动植物检疫法规 …… 79
一、国际动植物检疫法规 …… 79
二、动植物检疫法规的发展规律 …… 80
三、动植物检疫法规的基本内容 …… 81
四、重要的国际性动植物检疫法规与组织 …… 81
五、我国动植物检疫法规 …… 86
复习思考题 …… 89
参考文献 …… 89
第四章　森林动植物检疫检验 …… 91
第一节　检疫检验与抽样 …… 91
一、检疫检验的类型 …… 91
二、抽样的基本概念 …… 92
三、抽样标准 …… 93
四、抽样方法 …… 95

第二节 虫、螨、杂草种子的检验 …… 95
一、直接检验 …… 96
二、染色检验 …… 96
三、过筛检验 …… 97
四、相对密度检验 …… 98
五、形态检验 …… 98
六、其他检验方法 …… 99
第三节 病原物检验 …… 100
一、植物病原检验 …… 100
二、动物病原检验 …… 107
第四节 分子生物学检验与诊断 …… 109
一、聚合酶链式反应 …… 109
二、核酸杂交技术 …… 113
复习思考题 …… 115
参考文献 …… 116

第五章 森林动植物的检疫处理技术 …… 118
第一节 原则和方法 …… 118
一、检疫处理的原则 …… 118
二、检疫处理的方法 …… 119
第二节 检疫性害虫除害处理技术 …… 120
一、热水浸烫 …… 120
二、微波加热杀虫 …… 121
三、水储处理 …… 122
四、熏蒸处理 …… 122
五、辐射处理 …… 130
六、气调检疫处理 …… 131
七、其他处理方法 …… 131
第三节 检疫性植物病害除害处理与控制 …… 132
一、物理处理 …… 132
二、化学药剂处理 …… 133
三、熏蒸处理 …… 133
四、植物病毒脱毒处理 …… 134
第四节 动物传染病的防疫处理 …… 135
一、动物防疫的基本原则 …… 135
二、动物防疫的措施 …… 136
复习思考题 …… 137
参考文献 …… 138

第六章 森林动植物检疫及疫情调查 …… 139
第一节 进出境动植物检疫 …… 139
一、进出境动植物检疫管理 …… 139
二、进境动植物检疫 …… 141
三、出境动植物检疫 …… 144
四、过境、携带、邮寄物、隔离试种检疫 …… 145
第二节 国内森林动植物检疫 …… 147
一、产地检疫 …… 147
二、调运检疫 …… 149
三、国外引种检疫审批与检疫 …… 152
第三节 疫情与产地检疫调查 …… 153
一、疫情调查 …… 153
二、产地检疫调查与检验 …… 156
复习思考题 …… 157
参考文献 …… 158
第七章 检疫性森林害虫 …… 159
第一节 检疫性林木食叶害虫 …… 159
一、国内检疫性林木食叶害虫 …… 159
(一) 椰心叶甲 (159) (二) 美国白蛾 (160) (三) 松突圆蚧 (162)
(四) 其他重要害虫介绍 (163)
二、外检林木食叶害虫 …… 165
(一) 木薯单爪螨 (165) (二) 非洲大蜗牛 (166)
三、国外重要的林木食叶害虫 …… 167
第二节 检疫性森林蛀干害虫 …… 168
一、国内检疫性林木蛀干害虫 …… 168
(一) 红脂大小蠹 (168) (二) 双钩异翅长蠹 (170) (三) 杨干象 (171)
(四) 红棕象甲 (172) (五) 青杨脊虎天牛 (173) (六) 蔗扁蛾 (174)
二、外检林木蛀干害虫 …… 175
(一) 欧洲大榆小蠹 (175) (二) 美洲榆小蠹 (176) (三) 山松大小蠹 (177)
(四) 棕榈象甲 (178) (五) 椰蛀梗象 (179) (六) 暗梗天牛 (179)
三、国外重要的林木蛀干害虫 …… 181
第三节 检疫性森林种实及枝梢害虫 …… 182
一、国内检疫性林木种实及枝梢害虫 …… 182
(一) 苹果绵蚜 (182) (二) 葡萄根瘤蚜 (183) (三) 枣大球蚧 (185)
(四) 苹果蠹蛾 (186) (五) 芒果果肉象甲 (188) (六) 蜜柑大实蝇 (189)
(七) 柑橘大实蝇 (190)
二、外检林木种实及枝梢害虫 …… 191
(一) 刺桐姬小蜂 (191) (二) 刺槐叶瘿蚊 (192) (三) 西花蓟马 (193)

（四）红火蚁（194） （五）咖啡果小蠹（196） （六）芒果果核象甲（197）
（七）苹果实蝇（198） （八）地中海实蝇（199） （九）橘小实蝇（201）
（十）墨西哥桉实蝇（202） （十一）桉树枝瘿叶蜂（202） （十二）枣实蝇（203）
三、国外重要的林木种实及枝梢害虫 …… 205
复习思考题 …… 206
参考文献 …… 206

第八章 检疫性森林植物病害与杂草 …… 208

第一节 检疫性森林植物病害 …… 208
一、国内检疫性森林植物病害 …… 208
（一）草坪草褐斑病（208） （二）冠瘿病（210） （三）杨树花叶病毒病（211）
（四）落叶松枯梢病（212） （五）松疱锈病（213） （六）猕猴桃细菌性溃疡病（214）
（七）椰子致死黄化病（215） （八）板栗疫病（216）
二、重要森林植物外检植物病害 …… 218
（一）榆枯萎病（218） （二）栎枯萎病（219） （三）杨树细菌性溃疡病（220）
（四）梨火疫病（221） （五）橡胶南美叶疫病（222） （六）悬铃木溃疡病（223）
（七）松杉枝枯溃疡病（224） （八）松梭形锈病（225）
三、国外危险性森林植物病害 …… 227
（一）栎树猝死病（227） （二）松树脂溃疡病（228）
第二节 杂草及线虫病 …… 229
一、国内检疫性杂草及线虫病 …… 229
（一）薇甘菊（229） （二）松材线虫病（230）
二、外检杂草及线虫病 …… 232
（一）菟丝子属（233） （二）鳞球茎茎线虫病（234） （三）香蕉穿孔线虫病（235）
（四）列当属（236） （五）椰子红环腐线虫病（237）
三、国外重要的杂草及线虫病 …… 239
（一）沙丘蒺藜草（239） （二）小花假苍耳（240） （三）南方根结线虫病（240）
复习思考题 …… 241
参考文献 …… 241

第九章 检疫性森林动物疫病 …… 243

第一节 动物疫病的传染和流行 …… 243
一、动物传染病 …… 243
二、动物传染病的流行 …… 244
三、疫源地和自然疫源地 …… 246
四、影响流行过程的因素 …… 247
第二节 检疫性兽类动物疫病 …… 247
一、病毒性传染病 …… 247
（一）口蹄疫（247） （二）非洲猪瘟（249） （三）狂犬病（250）
（四）犬瘟热（251） （五）黄热病（251）
二、细菌性传染病 …… 252

(一) 鼠疫 (252)　(二) 炭疽 (253)　(三) 结核病 (254)
(四) 野兔热 (254)
第三节　检疫性鸟类疫病 …… 255
一、病毒性传染病 …… 255
(一) 禽流感 (255)　(二) 新城疫 (257)　(三) 鸭瘟 (257)
(四) 禽痘 (258)
二、细菌性传染病 …… 259
禽巴氏杆菌病 (259)
三、衣原体病与立克次体病 …… 260
(一) 鹦鹉热 (260)　(二) Q热 (260)
复习思考题 …… 261
参考文献 …… 261

索引 …… 262

>>> 绪 论

检疫源于人类预防医学（传染病学和医学），后来渐次用于预防动物传染病，并引用到了农、林业领域中作为防止危险性有害生物伴随动植物及其产品进行人为传播的一种措施，到了现代则发展成了一门学问。危险性有害生物与有害生物不是一个概念，它是指能给生产造成重大经济损失、暴发的危险性大，能通过人为活动进行远距离传播，在我国或我国的局部地区尚未发生，或者虽已发生，但分布不广的一类有害生物。

森林动植物检疫是植物检疫与动物检疫中的一部分，我国过去一直包含在植物检疫和动物检疫当中，直到1983年《植物检疫条例（林业部分）》颁布之后才从中分离出来，作为一项相对独立的事业在全国开展。实施森林动植物检疫就是要防止危险性森林有害生物通过人为活动进行远距离传播（传入、传出），保护一个国家或地区的森林资源、生态环境不受外来有害生物的为害。

一、森林动植物检疫

检疫一词源于英文“quarantine=40d”。它是中古时代欧洲诸国预防在船舶上发生传染性病害的手段，该手段是指发生传染性病害的船舶在40d内不得与陆地有任何往来与接触。最早的植物检疫可追溯到17世纪。1660年法国用立法手段禁止输入感病小麦，以避免小麦锈病的发生与蔓延。动物检疫始于意大利，在1879年欧洲一些国家发现由美国进口的肉类中有旋毛虫，为此意大利政府首先下令禁止进口美国肉类；1881年奥地利、德国、法国也相继宣布不准美国肉类进口，从那时起世界各国对动物检疫开始重视。19世纪末直至20世纪初，一些严重的病、虫害在欧洲传播，造成了严重的经济损失，从而促使欧洲各国采用检疫措施，以避免本国遭受灾害。

（一）植物检疫的定义

因观点和认识的角度不同，植物检疫的定义和解释较多。但不论对植物检疫给予何种定义或解释，应当描述准确、言简意赅，准确完整地涵盖其内容。

1973年英联邦农业局在《植物检疫名词术语使用指南》中，将其解释为“植物检疫是防止任何不需要的生物体在不同地区之间传播的一切努力”。1977年K. P. Kahn指出，“植物检疫的目的在于保护农业及其环境不因人为疏忽而引进危险生物，从而造成本可以避免的为害，其方法是由一个国家的政府（有时是一个区域内几个政府）颁布带有强制性的规章，以限制进口植物、植物产品、土壤、活培养生物、包装材料、有关填充物、容器和运载工具等，旨在防止有害生物的传入并传播到新区”。1983 年联合国粮农组织（FAO）植物检疫处在《植物检疫培训指南》中的定义为“为了预防和延缓植物病虫害在它们尚未发生的地区定殖而对货物的流通所进行的法律限制”。1983 年英联邦真菌研究组织在《植物检疫袖珍手册》中的定义是“严格地讲，植物检疫就是将植物阻留在隔离状态下，直至确认是健康时为止。然而习惯上常将这个词的含义扩大到活植株、活植物组织和植物产品在不同的行政区域或不同的生态区域之间调运的法规管理的一切方面”。

我国不少专家、学者在不同年代对植物检疫也有不同的定义。如 1981 年林传光的定义为“按照法令的规定，对于进口的物品实行检验、处理及其他安全措施，严格拒绝从疫区（特别是外国）引进本地区不存在或正在彻底清除的危险性植物病害”。1984 年叶祖融的解释为“植物检疫的目的在于保护农（林）业生产，中心任务是防止有害生物的人为传播，首先是防止那些在国内还没有发生的有害生物从国外传进来和在国内局部已有发生的有害生物人为传播到别处去”。1988 年曹骥的定义是“植物检疫是贯彻制止人为传播有害生物行为的法规准则和技术措施”。1998 年高步衢在《森林动植物检疫》中的释义是“森林动植物检疫是植物检疫的一部分，它的主要任务是保护一个国家和地区林业生产的安全和森林生态系统的稳定。根据国家和地方政府颁布的植检法规，由法定的专门机构，对那些在国际以及在国内各地间流通的、应施检疫的森林植物及其产品，在原产地、流通过程中、到达新的种植或使用地点之后，依照植检法规所采取的一系列旨在防止危险性森林有害生物及其他有害生物人为远距离传播和定殖的措施”。

1. 植物检疫 植物检疫（plant quarantine）是为防止人为传播植物危险性有害生物，保护本国与本地区农、林业生产及其生态环境稳定，促进农、林业生产的发展和商品的流通，由法定的专门机构依据有关法规（章程、条例、文件），应用相应的科学技术，对在国内、国际流通的动植物及其产品、装运工具，在流通前、流通中、流通后采取一系列旨在预防危险性有害生物传播和定殖的措施，植物检疫实质上是由法制管理、行政管理和技术管理组成的预防有害生物为害的综合管理体系。

2. 森林动植物检疫 森林动植物检疫（quarantine and detection of forest plant and animal）是植物检疫的一部分。它的主要任务是保护一个国家或地区林业生产的安全，根据国家和地方政府颁布的植检法规，由法定的专门机构，对那些在国际或国内各地间流通的、应施检疫的森林植物及其产品，在原产地、流通过程中、到达新的种植或使用地点后，所采取的一系列旨在防止危险性有害生物通过人为活动远距离传播和定殖的措施。

（二）森林动植物检疫的研究对象

森林动植物检疫的研究对象包括两方面。一是研究能对人与森林生态系统产生危害或灾害的有害生物，包括有害植物、动物、真菌、细菌、病毒等，但主要是那些能使森林动植物受到严重侵害，而现在人类又缺乏有效防治手段的各类有害生物。例如松材线虫病［*Bursaphelenchus xylophilus*（Steiner et Bührer）Nickle］、椰心叶甲［*Brontispa longissima*（Gestro）］、菟丝子［*Cuscuta* spp.］、狂犬病［Rabies virus，RV］、口蹄疫［Foot and mouth disease virus，FMDV］等。由于野生资源正在不断地被开发利用，野生动植物与饲养动物和农林业生产有着千丝万缕的联系，许多有害生物常在家养和野生动植物之间、动物与人之间进行交叉感染和传播。因此，森林动植物检疫的研究对象也常涉及动物检疫、植物检疫，甚至人类疾病的检疫范畴。

二是研究有害生物的监测、检疫、防治、隔离与扑灭的方法。主要包括检疫法规与政策和检疫检验技术。政策、法规是检疫的核心，具有行政强制执行特点，能保证相应的检疫措施顺利实施，而检疫技术是实现检疫法规功能和目标的技术保证。要制定出切实可行、实施效果良好的法规与政策，必须对检疫性有害生物的生物学特性、生态学特性与检测和检验方法有透彻的研究和了解，否则所制定的法律与政策也难以达到预期效果。因此，制定检疫法规实质上是将控制有害生物的关键技术与措施转变成政策与法规的过程。

（三）检疫的类型

按照应检物品流动的行政区域和范围，森林动植物检疫可分为对外检疫和国内检疫两大部分。这两类检疫的性质和意义不同，所涉及的程序和检疫方法常有较大的区别。应检物指在森林动植物检疫中，按照有关规定应进行检疫与检验的货物、运载工具、包装材料，对应检物进行检疫检验就是要从中找出危险性有害生物。

1. 对外检疫 对外检疫指在森林动植物及其产品跨国流动过程的检疫。按其内容应包括制定法规、措施与制度，确定检疫对象，禁止进境与限制进境，入境检疫，出境检疫，过境检疫，旅客携带物检疫，国际邮包检疫，隔离试种检疫，第三国检疫，紧急防治等。

2. 国内检疫 国内检疫包括制定检疫法规与政策，确定检疫对象，划定疫区与保护区，建立无有害生物的繁育基地，产地检疫，关卡检疫，调运检疫，邮包检疫。其中产地检疫和农林产品货物的调运检疫是国内检疫的重点。

按照应检物品的性质，检疫又可分为植物检疫和动物检疫。前者是指对植物及其产品的检疫，包括树木、竹类、农林产品、花卉及其种子、苗木等其他繁殖材料及植物产品。后者指所有的家禽、家畜、各类宠物、一切野生动物，也包括动物产品，如鲜肉及其加工制品等。

二、森林动植物检疫的内容

森林动植物检疫是一项跨国家、跨地区、跨行业、跨部门的工作，涉及面广，在实施过程中只有依据森林动植物检疫法规则，得到社会各相关部门的支持和配合，才能有成效。

（一）森林动植物检疫的目的与任务

森林动植物检疫的任务有双重性，既强调本国、本地区的林业生产的发展和环境安全，又强调对外国、外地的林业生产和环境安全负责。

在森林动植物检疫当中，国内森林动植物检疫的任务是防止人类在各种社会、经济交往中，伴随森林动植物及其产品的调运，将国家规定的国内森检对象和各省、自治区、直辖市补充的国内森检对象在省、地、县间的远距离传播。同时，也阻止国内局部地区发生的危险性有害生物进一步扩展蔓延。本任务由各省及地方森林动植物检疫部门组织实施。进出境森林动植物检疫的主要任务是防止国外的危险性有害生物伴随森林动植物及其产品流通，通过人为活动传入国内，及从国内传入他国。该项任务由国家设立的口岸检疫机构执行。

进出境检疫和国内森林动植物检疫是一个统一整体的两个部分。如果只进行进出境检疫而不重视国内检疫，进出境检疫在阻止国内危险性有害生物传出和国外危险性有害生物传入时，都将遇到许多困难。相反，如果只重视国内检疫而不进行进出境检疫，国外的危险性有害生物将源源不断地传入国内，国内的检疫将收效甚微。

森林动植物检疫如同一个“过滤器”，具有把关、服务、促进生产的功能，既要将森林动植物及其产品携带的危险性有害生物从应检物中排查出来、给予消灭，又要保障生产、生活所需要的森林动植物及其产品正常流通，在检疫工作中二者应统筹兼顾，不能偏废。

（二）森林动植物检疫的内容与特点

森林动植物检疫的内容包括一系列极为细致的工作。如对森林灾害性生物的发生程度、分布、传播途径、防治方法的有效性评估，据此确定检疫性有害生物种类的名单，划定疫区与保护区，制定检疫法规与政策，规定检疫程序与检疫处理办法，按照规定对应检物品实施检疫检验等。也包括健全功能齐全的口岸检疫机构，即在一切可能发生国际货物传递与流通的公路、铁路、河流、海运、航空运输、邮递包裹等处设立检疫机构（森林动植物检疫的内容将在以后各章节详述）。森林动植物检疫的特点如下：

1. 主权性 森林动植物检疫是由国家及地方政府授权，由检疫法规中规定的专门机构组织实施的行为，是一个国家主权和尊严、法制与文明、维护消费者权益的体现。任何一个国家能否长治久安、持续发展，最终取决于这个国家能否维护人类生存环境的安全，人类生存环境的安全包含了抵御异国他乡有害生物的侵入。一个国家检疫法与制度的完善程度是这个国家的实力、社会进步与文明的水平体现，他国不能代替也没有权力指手画脚。但如果一个国家的检疫政策难与世界公认的制度相协调，这个国家在国际贸易和检疫中将会缺失应享有的权利与发言权。

2. 检疫法规 动植物检疫法规是国家、地方政府制定的法规与规定，及国际法规、协定、条款、文件等。我国加入世界贸易组织（WTO）后，检疫法规、原则、方法与内容应符合国际共同标准。世界贸易组织成员方为了消除非关税壁垒，推动国际贸易自由化，缔结了《实施动植物卫生检疫措施协议》。该协议的宗旨是通过协调成员方的检疫措施与法规，推动检疫措施的标准化，将其对世界贸易产生的消极影响减少到最低程度；本协议既是维护人类健康、保护生态环境的国际贸易规范，又是在国际贸易中对动植物及其产品实施检疫的国际准则。

3. 检疫对象 检疫对象指可以通过各种人为途径传播的有害生物和危险性大的有害生物。检疫性有害生物是对植物及其产品具有严重危害、防治困难，能够给农、林、牧业造成重大损失的植物病、虫、杂草与动物。由于森林有害生物的概念是一个动态的概念，随着时间的推移，有害生物的种类和为害将发生新的变化，有害生物的检验方法也随技术的进步不断提高。因此，及时修正检疫对象名单、变更疫区范围、更新检验检测技术、修订落后的法规与政策，也是森林动植物检疫的一项重要工作。

4. 国际贸易技术壁垒之一 随着国际贸易关税壁垒的逐渐消除，世界贸易组织各成员方转而采用非关税的方法限制进口，进行贸易保护，动植物检疫往往直接或间接地成了工、农、林产品的国际贸易障碍及建立非关税贸易技术壁垒的一种手段。如许多发达国家以国家安全、人体健康、动植物健康、生态环境、产品质量、保护消费者权益、防止欺诈等合法目标为理由，制定了包括法规标准、合格评定程序、检验检疫系统、包装、标签等的一系列如技术性贸易壁垒协议（TBT）、实施动植物卫生检疫措施协议（SPS）、绿色壁垒（环保贸易壁垒）、原产地地理标识、信息技术壁垒、包装和标签要求、计量单位制要求等技术性贸易壁垒措施。其中技术性贸易壁垒协定（TBT）就是一例。该协议的表现形式貌似合理，但其意图在于以不合理的检疫技术为标准，限制别国产品的进口。这一做法已影响了世界贸易组织各成员方贸易的自由，并因此不断引起国际贸易纠纷。为了协调统一世界贸易组织成员方的检疫措施与标准，实施动植物卫生检疫措施协议（SPS），力倡成员方在实施检疫措施时采用国际标准，期望各成员方使用协调的、以有关国际组织制定的国际标准、指南和建议为基础的检疫措施。

为了维护国际贸易的公平性，反制利用各种技术壁垒阻碍我国产品输出，提高我国的动植物检疫水平和技术已经成为一个重要课题。因此，我国的动植物检疫法规、政策与技术措施标准必须符合世界贸易组织的要求，以免在动植物检疫措施与技术方面与他国产生纠纷，也要密切关注其他国家的检疫措施是否符合世界贸易组织的要求，是否对我国的出口构成了限制。

三、森林动植物检疫的地位及重要性

森林有害生物的防治体系包括动植物检疫、林业技术防治、生物防治、化学防治、物理机械防治。森林动植物检疫是其中的一个重要组成部分，是预防危险性有害生物传播扩散的预防体系，是其他措施无法替代的法规防范措施。从理论上讲，有害生物控制方法包括避害、排除、抵抗、铲除、保护和治疗。森林动植物检疫属于避害、排除、铲除的范畴。危险性有害生物能通过人为因素和行为进行远距离传播，当其传播到新区后，如果新区的生态条件适宜，它们就能生存、繁衍，造成严重危害，留下无穷的后患。

（一）预防有害生物传播

世界上一切生物都有向外扩展自己生存空间的本能和本领，某些有害生物也具有从其原产地传播到原来没有分布的林区的可能，并对新林区造成巨大的危害。森林动植物检疫是控制有害生物传播的一项有效的预防性措施。我国对有害生物的控制方针是“预防为主、综合防治”。但在实际操作中，往往是有害生物的为害已经相当严重之后才进行治理，预防工作并未落实。而森林动植物检疫则能在有害生物到达本地区或本国之前，采取坚决的检疫检验措施，防止其传入，其中的产地检疫措施则能保证将可能传播的有害生物扑灭在传播之前。

森林动植物检疫是由一系列措施所构成的综合预防管理体系，按其分工、职责、任务可区分为对外检疫和国内检疫。

1. 对外检疫 对外检疫包括进口检疫、出口检疫、旅客携带物检疫（旅检）、国际邮检、过境检疫等。

2. 国内检疫 国内检疫即划分“疫区”“保护区”，建立无检疫对象的繁殖与生产基地，产地检疫，调运检疫，国内邮检，引入种苗和繁殖材料的审批，引入后的隔离试种检疫及检疫处理。

近年来我国严格执行植物检疫制度，口岸动植物检疫机构每年都能从进口的各种动植物及其产品中截获不少危险性有害生物，并及时进行有效的除害处理，已防止多起危险性有害生物的传入和定殖，避免了重大生物灾害的发生，为保护我国的农林业生产的安全发挥重要的作用。如1991年舟山动植物检疫局在从马来西亚进口的15船次的木材中，在8个船次的木材中发现大家白蚁［*Coptotermes curvignathus* Holmgren］，并进行了及时处理，防止了大家白蚁的传入。1994年10月12日黄埔动植物检疫局在从马来西亚进口的藤枝中查获了双钩异翅长蠹［*Heterobostrychus aequalis*（Waterhouse）］。1990年10月18日和1991年1月16日，防城动植物检疫所两次在从越南进口的橡胶包装木箱上查获双钩异翅长蠹，并及时进行了帐幕熏蒸处理，有效地防止了该虫的传入。类似情况在国外也很常见，如地中海实蝇［*Ceratitis capitata*（Wiedemann）］寄主范围很广、危害性极大，1929、1956—1958、1962—1963、1966、1975—1976、1980年先后6次传入美国，由于及时采取了有效的检疫措施，该虫未能在美国定居；据美国农业部估计，如果该虫在美国繁衍为害，每年仅瓜果类产品的经济损失就有数亿美元。

我国森林动植物检疫也取得了显著的成效。1985年以来全国各地积极开展了产地检疫，建立了一大批无检疫对象的种苗基地，既防止了森检对象和危险性有害生物的传播，又保证了造林用种苗的质量。如辽宁省每年都将造林用的杨树苗上白杨透翅蛾的有虫株率控制在0.1%以下，有力地促进了绿化事业的发展；美国白蛾1984年传入陕西后，在9个县（区）都有发生，经过陕西相关部门20多年的努力防治和严格封锁控制，现已从陕西根除了该害虫，为全国防控外来有害生物积累了宝贵的经验。

（二）维护国家生态环境与生产安全

森林动植物检疫是着眼于全局及长远利益，融经济、社会、生态效益于一体的生态保障体系。在整个陆地生态系统中，森林动植物具有丰富性和复杂性。我国的生态环境常面临外来有害生物入侵的威胁，森林动植物检疫是我国生物安全保障的重要环节之一，其成效对维护我国生态系统安全十分重要。

森林动植物检疫可以杜绝有害生物由国外传入我国或从国内传到国外，制止有害生物在国内扩散蔓延，将可能造成的损失降低到最小。如日本早在20世纪30～40年代就发现一种松枯萎病能不断引起松树死亡，但由于未查明该病的准确病原，至1970年已经蔓延至全日本所有松树分布的地方，至2000年前后这种松枯萎病已将日本南部早期种植的红松全部毁灭时，真宫靖治等人才发现松材线虫是松树枯死真凶。1982年我国首次在南京发现松材线虫后，当即开展了严格的检疫和控治措施，虽然松材线虫也在不断扩散和危害，但至今还未出现大规模松树死亡的现象。

我国地域辽阔、生态环境多样，外来有害生物很容易找到适宜的栖地而四处扩散，全国各地几乎所有类型的生态系统中都出现了威胁生态系统和农林经济安全的外来生物。更为严重的是，危险性有害生物的入侵有可能导致其他物种的绝灭，瓦解当地的生态系统。如北美洲的黑足雪貂由于感染了犬疫病，几乎绝种。

（三）植物检疫的效益

植物检疫能够以预防手段防止、延缓有害生物的入侵，甚至扑灭危险性有害生物的发生与扩散，其效益表现在三个方面：①生态效益，对应施检的森林动植物及其产品实施检疫和处理后，避免了检疫对象及危险性有害生物的流行，直接消除或减少了因化学防治对林业产品及环境的污染，避免了外来有害生物对我国生态环境安全的威胁和破坏，也间接保护了有益生物的种群，能够维护我国的生态平衡，促进生态的良性循环。②经济效益，通过检疫执法，能够防止或延缓危险性有害生物对农林业生产的危害，能够节省政府、生产者为防除检疫对象的发生与危害而永无止境的直接投资。③社会效益，检疫效益的表现形式更重要的是促成了诸多公共效益的实现，如向社会提供了健康合格的森林植物及其产品，保障了农林产品的正常贸易和流通。

四、有害生物的传播

在自然界中每一种生物都有各自的地理分布范围，亚洲、欧洲、美洲、非洲、大洋洲以及国内各个省、自治区、直辖市内分布的生物种群相差很大。不同的国家和地区生存着互不相同的物种与有害生物，这些有害生物在各自的地理分布范围内，经过漫长的历史发展进程，与其他生物及天敌逐渐达到了相对的平衡。但地球上一切生物都具有向外界扩展其分布范围的本能和本领，谁的扩展本领大，谁的生存空间就大。

（一）有害生物的传播方式

各种生物都有着不同的传播方式。如植物和微生物由于没有运动器官或个体移动能力微不足道，只能借风力、雨水、传媒生物的运动传播；动物具有移动能力，迁移和扩散常有明确的方向性与选择性，它们通常总是寻求具有较好食物资源和生存环境的场所，其传播距离常较远。总体讲，有害生物在其自然分布区向外界传播蔓延有两条途径：一条是自然传播，另一条是人为传播。但为害森林植物的有害生物除了其自身向外扩展的本能之外，还可借助自然外力和人类活动向外传播。

1. 自然传播 有害生物依靠自身力量向外传播，是其本身所固有的拓展生存空间的一种本能。自然传播又可分为主动传播和被动传播两种类型。

（1）主动传播 生物靠自身运动的传播称主动传播。例如，陆生植物靠种子落下、弹射、飘散，真菌的菌丝向外伸展、扩张，线虫的移动等，大型动物的爬行、奔跑、跳跃、潜行、滑翔、飞行等。昆虫也可通过飞、爬、跳多种形式向外扩散。但除个别迁飞力极强的昆虫可远距离传播外，多数昆虫从原发生地传播到一个新的地区相当困难。

（2）被动传播 生物借助自然力、媒介动物（昆虫、线虫、其他动物）的传播称被动传播。如陆生植物种子依附鸟、兽身体或种子被其取食后排泄他处；各种寄生虫、病原微生物等附着于寄主身体上而被传播到其他地区；有些有害生物借助鸟类、风力、气流、流水等自然外力传播到自身难以到达的地方。危险性森林有害生物借助自然外力向外传播的成功率都不高，因这种传播无目的性，所到达的新区生态条件也不一定适宜其生存，如果在传播过程中遇到大面积的水域、高大的山脉、漫无边际的沙漠等难以逾越的自然屏障的阻碍，其传播过程常被迫终止。有害生物借助自然力也有实现远距离传播的可能，但检疫措施要切断这条途径非常困难。

2. 人为传播 人为传播在有害生物传播的过程中起着极其重要的作用。在众多的有害生物当中，有很大一部分具有随同人为活动进行远距离传播的本领。那些潜藏在森林动植物及其产品组织之内，依附于森林动植物及其产品之上的危险性有害生物，通过人们的生产活动（种子、苗木、花卉、木材等的调运）、贸易活动、科学交流，借助现代化的交通工具（汽车、火车、轮船、飞机），在很短的时间内就会被携带到其自身难以到达的地方，而且这些地方往往有其寄主，生态条件也较适宜，又避开了原有天敌的制约，很容易在那里定殖、繁衍，酿成更大的灾害。不论是植物还是动物，其自然传播的能力和效果都不能与人为传播的力量相比。人为传播的方式已经成为有害生物传播的主渠道。森林动植物检疫的目的就是要切断这条传播途径，将其堵截在传播开始之前，消灭在原产地之内，保护一个国家或地区的森林资源不受外来有害生物的为害。

旅游业的兴旺、贸易往来的频繁和交通运输的空前发达，为有害生物传播带来空前的机遇。据统计，20 世纪 90 年代世界共出口主要木材17 824 214万 m^3，其中原木的贸易量达8 912 107万 m^3，几乎占了全部林产品出口数量的 1/2；1999 年全球仅跨国旅游人数达 7.56 亿人次，旅游经济达4 550亿美元，而 2006 年中国外贸进出口总值已高达10 000亿美元。面对如此巨大规模的人流与物流，任何一种有害生物只要随其传播，将会产生相当严重的后果。

至 2006 年，我国的 114 种灾害性植物几乎都是由于引种或其他生产活动从外国传带而来的。2006 年《生物学通报》报道，我国林业有害生物发生面积已达 930 万 hm^2，经济损失 880 亿元/年。其中由外来有害生物灾害所造成的损失达 560 亿元，占 70%以上。我国已成为世界上外来有害生物造成损失最重的国家。

随着经济的快速发展，我国的交通运输网络已经遍布全国各个角落，国内本土产及已在我国定居的外来有害生物随时都有可能伴随交通运输网扩大其分布和危害范围。重视国内森林动植物检疫，加强国内检疫对象的监测，已成为控制其蔓延的最有效手段之一。

（二）外来有害生物由传播到造成危害的过程

外来有害生物是指从原产地或发生地侵入未发生的地区的有害生物，在森林动植物检疫当中，要密切注意该类生物的传播过程及导致有害生物发生人为传播的各个环节。该类生物从开始迁移至定居为害的过程及实施检疫的对策如下。

1. 迁移（入境前）　人为、自然传播。影响有害生物迁移的因素包括产地有无分布，在产地的防治是否彻底；传播载体即繁殖材料（种子、苗木、繁殖体）、动植物产品、运输工具及包装材料是否携带有害生物。可通过产地检疫、调运检疫将其控制、防治于迁移之前。

2. 侵入（入境）　有害生物迁移至原来未到过的新地区。影响入境的因素是货物是否能够携带、入境检疫是否仔细，如携带是否经过除害处理。可通过实施进境检疫措施，阻挡其入境。

3. 存活　在新地区能够生存（如不能生存，即不是该地区或国家的检疫对象）。有害生物进入新区后能否定居、繁衍和为害，取决于有害生物自身的生物特性、有无寄主植物或寄主的多少及生态环境条件。可通过实施检疫、扑灭措施，将其铲除或根除。

4. 繁衍　在新地区能完成生活史、繁殖后代，并定居。有害生物在新区能否繁衍，主要取决于新区是否有适宜的生活条件及人类对其控制与防治的力度。可通过划定疫区与保护区、采取有效的防治措施进行控制，限制其分布范围乃至扑灭其危害威胁。

5. 造成危害　定殖后在条件适宜时大量发生、造成危害。有害生物在新区能否造成危害，与人类的重视、防控措施及新区的天敌因素有关。可实施长期的综合控制措施（包括疫区与保护区管理措施），将其危害降低到最低程度。

（三）有害生物传入新区后的危害性

森林动植物检疫对象（森检对象）不论通过哪条途径传入新区，由于生态环境发生了变化，其后果可能会出现以下四种情况。但最危险的情况是，有害生物一旦传入一个新的地区，并失去原有不利生态条件的控制，就有可能在新区扎根立足、迅速繁衍，酿成意想不到的灾害。

1. 新区条件不适宜 有害生物所传入的新区缺乏适宜的生态条件，使其不能生存，或无适当的寄主植物、无传播媒介，难以定居，而被自然淘汰。这样的地区不可能成为它的分布区。例如柳杉大痣小蜂主要分布在我国长江以南温暖地区，而且寄主植物单一，如果它传入我国北方地区，既无寄主植物，又无适宜的气候条件，就很难生存；主要分布在我国北方寒冷地区的落叶松种子小蜂传入到长江以南温暖地区也无法定居。

2. 新区限制因素多 有害生物自身适应性强、寄主范围广，能在新区定居，但危害有限。在有些情况下，虽然某国或地区的有害生物传入另一个国家或地区，并适应了该新地区的环境，能够定居、繁殖，但是，由于该新区存在有效的天敌或寄主不适宜等，而不能使其产生较大的危害。

3. 新区与原产地生态环境相似 新区与有害生物原产地的气候、寄主、环境等生态条件相似或者有害生物本身适应性强，适生范围广，在新区能像在原产地一样生存、繁衍、定居、危害。这样新区也就成为这种有害生物的新分布区，甚至成为其严重危害区。对适宜有害生物定居、繁衍、为害的这类地区，务必加强检疫，严防传入；否则，一旦传入，将会造成遗患后人的麻烦。如松材线虫、松突圆蚧、湿地松粉蚧、美国白蛾等，每年都使我国林业生产遭受很大损失。

4. 新区环境更好，产生的危害更大 有些有害生物在原产地危害并不大，很少泛滥成灾，但到达新区后由于生境条件有所改变，更适宜其繁殖，成了新区的严重有害生物，危害性增大，甚至有产生毁灭性灾害的可能。如1904年板栗疫病（板栗枯萎病）[*Cryphonectia parasitica*（Murrill）Barr.] 随栗苗由日本传入美国后，在25年内摧毁了美国东部地区的大部分栗树。

有害生物传入新区后比在原产地危害性更大的主要原因如下：①新区的生态条件（气候、环境）与原产地相比更有利于新传入的有害生物生长、繁衍和危害。②新区的寄主植物抗性弱，有利于新传入的有害生物繁衍、流行。③有些有害生物传入新区后，由生态环境的变化使其习性或生物学特性发生了变异，形成了危害性更强的种群或致病力更强的生理小种、菌系或菌毒系。④若新区缺乏有效天敌的控制，将使其迅速繁衍，泛滥成灾。例如柑橘吹绵蚧原产于大洋洲，19世纪末传入美国后，由于缺乏澳洲瓢虫的控制，很快成为了美国柑橘的一大害虫；又如原产美国的苹果绵蚜，传入欧洲后，由于失去了原产地日光蜂的控制，为害加重。

（四）有害生物传播造成的危害事件

森林动植物检疫学的形成和发展，是人类控制有害生物传播与危害的经验总结。人类从有害生物传播所造成的危害中获得了教训，制定了相应的管理制度、法规和管理措施，采取检疫手段阻止有害生物的入侵和危害。

外来入侵种主要影响当地的生态环境，它们在适应当地的气候、土壤、水分及传播条件后，能大肆扩散蔓延，形成大面积单优群落，破坏本地动植物相，或竞争、占据本地物种生态位或与当地种竞争食物或直接杀死当地物种，使本地种失去生存空间，危及本地濒危动植物的生存，造成生物多样性的丧失；或直接成为当地的有害生物，或分泌释放化学物质，抑制其他物种生长；或大量利用本地土壤水分，或影响遗传多样性、破坏景观的自然性和完整性。有些入侵种可与同属近缘种甚至不同属的种杂交，如加拿大一枝黄花［*Solidago canadensis* Linnaeus］可与假蓍紫菀［*Aster ptarmicoides*（Nees）Torr. & Gray］杂交，入侵种与本地种的基因交流可能导致后者的遗传侵蚀。水葫芦在河道、湖泊、池塘中的覆盖率常达100%，并降低了水中的溶解氧，致使水生动物死亡。20世纪60年代在滇池草海曾有16种高等植物，但随着水葫芦的大肆“疯长”，到90年代草海只剩下3种高等植物。由于薇甘菊大片覆盖灌木和乔木、排挤本地植物、分泌化感物质影响其他植物生长，引起广东内伶仃岛上的猕猴缺少适宜的食料，目前只能借助于人工饲喂。飞机草在西双版纳自然保护区的蔓延已使穿叶蓼等本地植物处于灭绝的边缘，依赖于穿叶蓼生存的植食性昆虫同样也处于灭绝的边缘。豚草可释放酚酸类、聚乙炔、倍半萜内酯及甾醇等化感物质，对禾本科、菊科等一年生草本植物有明显的抑制、排斥作用。明代末期引入的美洲产仙人掌属［*Opuntia*］的4个种，分别在华南沿海地区和西南干热河谷地段形成优势群落，使得那里原有的天然植被景观已很难见到。特别是外来藤本植物，可以完全破坏发育良好、层次丰富的森林。禾草或灌木入侵种占据空间后，使当地其他的乔木无法生长，植被被破坏，变成层次单一的低矮植被类型。洱海原有17种土著鱼种，引入了波氏栉虾虎鱼［*Ctenogobius cliffordpopei*（Nichols)］等13种外来鱼后，外来鱼类通过与土著鱼竞争食物，并吞食土著鱼卵，使土著鱼种类和数量减少，当地已有5种土著鱼如洱海特有鲤鱼和裂腹鱼处于濒危状态。

我国对外来入侵植物种类的调查始于20世纪90年代中期。1995年我国农田、牧场、水域等生境的外来植物至少有58种，2000年达108种，隶属23科76属，其中全国性或是地区性的有15种；2006年入侵我国主要的外来有害生物已达400种，其中外来林业有害生物主要有32种。严重危害我国农、林业的外来动物约40种，包括美国白蛾［*Hyphantria cunea*（Drury)］、松突圆蚧、湿地松粉蚧、稻水象甲［*Lissorhoptrus oryzophilus* Kuschel］、斑潜蝇［*Liriomyza sativae* Blanchard］、松材线虫、蔗扁蛾［*Opogona sacchari*（Bojer)］、苹果绵蚜［*Eriosoma lanigerum*（Hausmann)］、葡萄根瘤蚜［*Viteus vitifoliae*（Fitch)］、二斑叶螨［*Tetranychus urticae* Koch］、马铃薯甲虫［*Leptinotarsa decemlineata*（Say)］、橘小实蝇［*Bactrocera dorsalis*（Hendel)］、红脂大小蠹［*Dendroctonus valens* LeConte］等，还有原产于南美的福寿螺，原产于东非的非洲大蜗牛，原产于北美洲的麝鼠，原产于前苏联的松鼠、褐家鼠和黄胸鼠，原产于南美洲的獭狸等，引进外来鱼类对湖泊中的本地鱼种和生态系统也构成了巨大威胁。对农业危害较大的外来微生物或病害有11种，即水稻细菌性条斑病［*Xanthomonas oryzae* pv. *oryzicola*（Fang et al.)］、玉米霜霉病［*Peronospora* spp.］、马铃薯癌肿病［*Synchytrium endobioticum*（S. chilberszky）Percivadl］、大豆疫病［*Phytophthora megasperma*（Drechs.）f. sp. *glycinea* Kuan & Erwin］、棉花黄萎病［*Verticillium alboatrum* Reinke et Berth］、柑橘黄龙病［*Liberobacter asiaticum* Jagoueix et al.］、柑橘溃疡病［*Xanthomonas campestris* pv.

citri (Hasse) Dye]、木薯细菌性枯萎病 [*Xanthomonas campestris* pv. *manihotis* (Berth & Bander) Dye]、烟草环斑病毒病（Tobacco ring spot virus，TRSV）、番茄溃疡病 [*Clavibacter michiganensese* subsp. *mishiganen*]、鳞球茎茎线虫 [*Ditylenchus dipsaci* (Kühn) Filipjev]。危险性有害生物的传播蔓延使林业生产导致重大损失的事件很多，除以上事件外，影响大的事件还有以下几例：

1. 榆枯萎病　榆枯萎病 [*Ophiostoma ulmi* (Buisman)] 在 1918 年以前只发生在荷兰、比利时和法国，随着苗木的调运，在短短的十几年内便传遍了整个欧洲。1921 年传入德国，1927 年传入英国，1928 年传入奥地利、波兰、瑞士、南斯拉夫，1929 年传入捷克斯洛伐克、罗马尼亚，1930 年传入意大利，1936 年传入苏联。大约在 20 世纪 20 年代末，美国从法国输入榆树原木，将榆枯萎病带入了美洲大陆，很快在美国 50 个州当中的 31 个州传播蔓延，约 40%的榆树被毁。1967 年榆枯萎病再次在欧洲猖獗，在短短的十几年内，英国南部约占该国榆树总数 40%的 900 万株榆树被害死亡。

2. 美国白蛾　美国白蛾 [*Hyphantria cunea* (Drury)] 本是美国北部、加拿大南部地区的一种重要的森林害虫。1940 年由美国人以蛹态夹带在包装物中传入匈牙利的布达佩斯，至 1946 年就扩展到 1 万 km^2，1947 年达 4.5 万 km^2，几乎占匈牙利国土面积的 1/2；1948 年扩展到整个匈牙利、捷克斯洛伐克的南部和南斯拉夫，被害面积达 20 万 km^2；1949 年传到罗马尼亚，1951 年传到奥地利，1952 年传到苏联，1961 年传到波兰，1962 年传到保加利亚。美国白蛾 1945 年从美国传入日本，1950 年传到韩国，继而在朝鲜发生。我国 1979 年在辽宁省丹东和大连地区的 11 个市、县发现该虫，主要为害糖槭、法桐和桑树，1982 年传到山东荣成和威海，1984 年传到陕西，1990 年传到河北，1994 年传入上海市，1995 年传入天津市。该虫在 25 年内不断地传播蔓延，现已在我国 6 个省、自治区、直辖市的 17 个市、50 多个县（区）发生，直接破坏了城镇环境的绿化和美化，给园林事业造成了重大损失。

3. 松突圆蚧　松突圆蚧 [*Hemiberlesia pitysophila* Takagi] 是马尾松的一种重要害虫。1982 年发现于广东省珠海市的马尾松林，随即该虫迅速在广东省传播，蔓延速度达 6.7 万 hm^2/年。1983 年该虫在珠海市 9 县（市、区）发生面积 11.4 万 hm^2，严重成灾面积达 0.67 万 hm^2，1985 年发生区扩大到 14 县（市、区）、17.3 万 hm^2，1986 年扩大到 16 县（市、区）、31.3 万 hm^2，1989 年达到 21 县（市、区）、43.3 万 hm^2。由于该虫的为害，仅珠海市区马尾松林面积从 1982 年的 1.8 万 hm^2 减少至 1991 年的 0.9 万 hm^2，马尾松材蓄积量由 27.04 万 m^3 减少至 11.36 万 m^3，仅木材一项的经济损失即达2 916.77万元。

4. 日本松干蚧　日本松干蚧 [*Matsucoccus matsumurae* (Kuwana)] 最初发生于日本，1957 年曾在美国康涅狄格州西部暴发成灾，20 世纪 60 年代初在日本也曾大发生过 1 次，以后自然消亡，再未有成灾的报道。1950 年在我国青岛崂山首次发现，1975 年蔓延到烟台、威海两市 13 县，1986 年扩展至山东 22 县，发生面积达 13.3 万 hm^2，被毁松林 5.75 万 hm^2，1995 年又在山东日照发现了新的疫点。1952 年在辽宁省大连旅顺口老铁山发现该虫，1990 年蔓延至 9 市 35 县，为害面积约 13.3 万 hm^2，被毁松林约 6.7 万 hm^2；1968 年该虫在浙江省杭州市西湖区发生，1972 年西湖区 466 万株松树死亡 233 万株，景观严重受损，至 1989 年浙江省已有 8 个县市 80 余万株松树受害；1994 年在吉林省的东丰县、东辽县、梅河口市仅发现该虫发生面积 152hm^2，至 1996 年已扩大到1 215hm^2。该虫现已在我国的山东、辽宁、浙江、安徽、上海、吉林等地发生为害，造成极大损失。

5. 湿地松粉蚧 湿地松粉蚧［*Oracella acuta*（Lobdell）Ferris］在美国分布于得克萨斯州及大西洋沿岸各州的湿地松种植区，主要为害湿地松、火炬松。1988 年随引种材料从美国佐治亚州传入我国广东省台山市，1990 年发现于该市红岭湿地松种子园采穗圃，现已在广东 17 个市、县发生，发生面积由 1990 年的 53.5hm^2 扩大到了 1996 年的 14.17 万 hm^2，自然扩散面积达 7 万 hm^2/年，扩散距离 17～22km/年，如通过接穗传播，其传播的距离将更远。

（五）阻止有害生物传播的方法

某种危险性森林有害生物能否通过人类活动远距离传播，主要取决于其传播途径中的三个环节：第一，森林植物及其产品在原产地生长、发育期间是否已被该危险性有害生物感染；第二，森林植物及其产品在调运时是否携带该有害生物，携带后在运输途中能否被有效拦截；第三，该危险性有害生物到达新的种植或使用地点后是否适应当地的环境，是否能够生存、繁衍，能否被及时发现并被有效控制。

森林动植物检疫的实质，就是要切断危险性有害生物通过人为活动远距离传播的途径。如果在上述三个环节中的任何一个环节能采取阻断有害生物传播的检疫措施，就可以切断其传播途径，达到预期的目的。

1. 切断第一环节的办法

①选择无林木有害生物的地方培育、繁殖、生产森林植物及其产品。

②严格进行产地检疫。携带林木有害生物的繁殖材料、林木产品不能外运，对必须外运的要采取严格的除害处理措施，并经检疫检验确定未携带林木有害生物时方可调出。

③如种苗繁育基地已被某种林木有害生物感染，在短期内又不能根除，调运前也无有效除害处理办法时，可采取停止生产或改种措施。

2. 切断第二环节的办法

①与交通、铁路、民航、邮政等部门联合执法，执行严格的检疫制度，对无植物检疫证书的森林植物及其产品绝不承运和邮寄。

②在重要的交通要道（如港民机场、车站、承办国际邮件的邮局等）设卡进行检疫检验。如发现林木有害生物，立刻就地进行严格的除害处理。对目前尚无有效办法进行除害处理的，坚决采取退回或销毁措施，将有害生物的传入概率降至最低。

3. 切断第三环节的办法

①对来自疫区或发生区的繁殖材料及林木产品主动进行现场复检。一旦发现林木有害生物，即刻进行除害处理，将林木有害生物消灭在尚未定居之前。

②跟踪检疫。某些林木有害生物在调运过程中很难通过检疫检验手段查清（尤其是从国外引进的种苗），但种植后不久即发生有害生物的为害，如果不采取跟踪检查的措施，及时发现和除治，很可能会酿成大的灾害。特别对暂时难以查明情况的引种繁殖材料，应在隔离检疫圃试种检验。在试种过程中如发现有害生物，应立即铲除、消灭。

4. 传入后的控制办法 一旦发现有害生物传入，应立刻划出疫区，进行封锁、消灭处理。防止有害生物继续扩散和蔓延。

在以上林木有害生物传播的每一环节当中，如采取认真彻底的检疫检验与处理措施，都能切断其人为传播。但由于上述三个环节的情况非常复杂，单独依靠其中的某一个环节的把关或某一种检疫办法，都有可能为林木有害生物的入侵和传播留下空隙，必须根据入境前、入境时、入境后或调运前、调运时、到达新的种植或使用地点之后三个阶段的具体情况，采取一系列的办法进行系统检疫和处理，才能获得理想的效果。

五、检疫性有害生物

检疫性有害生物是指由检疫法规确认的应当通过检疫措施进行隔离、扑灭的有害生物。检疫性有害生物的名单是由主管检疫工作的政府机构，组织从事相关业务的技术专家，深入调查研究与分析、确定之后，再经过省级或省级以上的人大常委会审批通过，并由省级以上政府向社会公告的名单。该名单所列的有害生物也就是检疫对象。

（一）检疫性有害生物的特点

森林动植物检疫名单中所列的检疫有害生物也叫森检对象。检疫性有害生物不同于一般的有害生物，它应当具备三个突出的特点。

1. 危害性特别严重 森检对象的发生和蔓延，能使社会经济遭受严重的损失，或对生态环境产生重大破坏作用。如薇甘菊，由于其具有极强的生存竞争能力，蔓延所到之处种群迅速扩大，掠夺并占据当地原有植物的生存空间，破坏原有生态系统的生物多样性；再如松材线虫感染松树后，无论松树立木大小，均致其枯死。

2. 防治特别困难 凡列入森检对象的有害生物，均是目前还无特别有效防治方法的有害生物。该类有害生物一旦发生、传播和蔓延，后果将十分严重。如在云南和四川正在发生的纵坑切梢小蠹，目前除了伐除感虫松树之外，只剩下一条检疫措施较为有效。

3. 具有人为传播特性 森检对象的传播和为害，常与人为因素和行为有关。这类有害生物本身的远距离传播能力较差，只有借助人为的力量才能远程扩散。如进出口贸易、动植物的引种、包装材料、随身携带的新鲜水果和宠物等，都可能成为其传播扩散途径。如松材线虫本身无远程传播能力，其近距离传播依赖松褐天牛，远距离的传播依赖感病松材及其产品的调运而被携带至世界各地。

（二）确定检疫对象的依据和原则

如上所述，检疫对象的确定是一项严肃的科学和行政决策过程，必须符合检疫法规与政策的要求，也必须与有害生物的为害、传播方式等实际情况相符合。

1. 确定检疫对象的依据 确定检疫对象的主要依据如下：①分布区有限，危害性很大。②危险性大，即本国或本地的生境适宜其生存、繁衍、危害，一旦传入很难根除。③通过人为途径传播扩大分布区。

2. 确定检疫对象的原则 在确定检疫对象的过程中应把握的主要原则如下：①严肃、认真。②要经过科学的论证、评价和危险性分析，所确定的检疫对象具有科学依据。③检疫对象是国家政府或地区性政府的组织机构所提出的对该国或该地区农、林、牧业生产，及生产环境产生或构成威胁的特定危险性有害生物。我国在对外检疫中将检疫对象划分为两类，即a类（或一类、A1），该国或该地区无分布的危险性有害生物，执行零允许入境量的检疫法规；b类（或二类、A2），在该国或该地区有发生，但分布区有限，执行零允许入境量，或设置一定允许进入量的检疫法规。

3. 有害生物的危险性分析 危险性分析是评价有害生物危险程度，确定检疫对象和对策的科学决策过程。进行有害生物危险性分析的主要根据如下：①依据有害生物的生物学、生态学特性，防治时的效果和代价，社会、经济、政治等因素。②依据基本数据和经验，借助数据库和数学模型用计算机完成比较分析。③危险性程度划分的根据包括对农、林、牧生产可能造成的损害、适生性（寄主、环境、传播途径）、国内的分布情况、传入概率和有无除害技术。

（三）检疫对象的修订

随着检疫技术的发展、有害生物发生趋势的变化、国际上其他国家检疫政策的改变、我国检疫法规与政策的要求，原来所确定的检疫对象已满足不了国家利益的需要，应当及时进行调整和修改。调整检疫对象的基本要求如下：①原来的检疫对象已发生或普遍发生，失去了继续检疫的意义，应当取消。②原来确定的检疫对象经过实践证明，只能发生于特定地区或特定寄主上，危害和影响不大，没有必要再作为全国性的检疫对象，如继续作为检疫对象，反而不利于我国的对外贸易，应当取消。③某些检疫对象已经有了有效的控制办法，且已经普遍发生，应当取消。④某些有害生物在国外危害大，经过检疫评估，国内的环境适合其发生、定居，应增补。⑤某些有害生物在国内局部发生，但传播快、危害大，应增补。⑥某些有害生物一直未从国外传入，但在国外危害大，或一直被控制于国内的局部地区，应继续保留或增补。⑦某些国外的有害生物虽然在原产国家危害不大，但经过危险性分析后确认我国的生态环境适宜其定居、繁衍、危害，而我国又缺乏有效的天敌制约其发生，应增补。

如 2007 年 5 月 29 日国家质量监督检验检疫总局、农业部共同修订了 1992 年 7 月 25 日农业部发布的《中华人民共和国进境植物检疫危险性病、虫、杂草名录》，新颁布的《中华人民共和国进境植物检疫性有害生物名录》将我国进境植物检疫性有害生物由原来的 84 种增至435 种。

六、本课程的特点

本课程主要阐述森林动植物检疫的重要性、任务与工作内容、相关法规和执法程序、国内外重要的森林动植物检疫对象的传播方式及其检疫检验方法。本课程虽然与森林有害生物的防治有诸多共同点，但其独有特点如下：

1. 知识的综合性 森林动植物检疫学是一门综合性学科，也是一门新兴的学科，尽管与之相似的植物检疫和动物检疫已经有百年以上的历史，但森林动植物检疫学作为一门独立的学问已成事实。本学科所融合的知识包括动物学、植物学、林学、昆虫学、微生物学和法律学等诸多内容。因此，在学习和理解本教材内容的同时，还应具备其他相关学科的基本知识。

2. 政策与法规相结合 森林动植物检疫实质上是害虫防治的国家政策与法制相结合的学科，世界各国都有符合其本国国情与利益的检疫法规，国际上也有相应的检疫协定。我国的检疫法规也以国家利益为基础，并符合国际检疫原则与协定，在抗衡各种国际检疫技术壁垒中有可行性与可操作性。检疫是防止危险性有害生物入侵与危害的法规防治措施，涉及各相关行政管理与社会职能部门。因此，执行检疫法与开展检疫时，应在法规规定的范围内，将各行政管理与社会职能部门的力量进行统筹与安排，才能保证检疫的效果，降低执法成本。这一特征要求从事检疫的工作者不但能准确执行我国的检疫法规，还应具备相关政策及国际检疫法知识。

3. 技术与管理相结合　虽然森林动植物检疫学是实践技术很强的学科，但森林动植物检疫既涉及检疫范畴的各种技术，如确定检疫名单，检疫对象的寄主、危害、分布及传播途径调查技术，检疫对象的检验、除害处理与防治技术，也涉及检疫对象的法规管理、疫区管理、检疫检验程序与除害处理管理、检疫信息与相关样品的收集与管理等方面。如果不将检疫技术与相关的管理组织与措施相结合，即便检疫技术再好，在开展检疫过程中也可能为有害生物的传播留出漏洞，难以达到预防有害生物入侵及危害的目的。因此，也要求从事检疫的工作者，不仅在检疫实践中能随时关注、改善和提高检疫检验的准确性和工作效率，还应具备相关的社会组织与管理能力。

4. 害虫预防理论与实践相结合　森林动植物检疫学是有害生物的预防和防治实践相结合的学科。本学科的主要任务就是要实现对危险性有害生物传播的有效阻隔，保护国家或地区的森林资源免遭外来有害生物的危害，其实践核心集中于森林有害生物的预防。这种预防性的实践特点主要表现如下：①检疫把关与促进生产发展的服务相结合。②法制手段、管理手段与技术手段相结合。③害虫预防和铲除相结合。④专业队伍与社会力量相结合。⑤基础研究与应用、管理相结合。既要进行有害生物的分布和危害情况的调查与鉴定，发生与传播规律，检验与处理技术，防治和铲除技术研究（硬科学、硬技术）；又要进行有害生物管理的全局性科学决策和部署，立法与法制管理，疫情发展动态分析，域外危险性有害生物传入的预测，检疫对象的危险性评价（软科学、软技术）。因此，只有将检疫理论与检疫实践相结合，才能领会本学科的技术与原理。

5. 国际性、全局性与长远利益相结合　检疫是一项跨国境、跨区域、跨部门、跨行业协作的预防有害生物入侵的措施。森林动植物检疫是政府管理部门、专业技术队伍与社会职能部门相互配合的系统工作，如果单纯依靠检疫部门就很难圆满完成其预期的任务。另外，要阻止有害生物在国家或地区之间的传播和扩散，就需要国际协作；在国内要防止有害生物的扩散和蔓延，就需要省际、行政区域间的密切配合与协作，也需要交通运输、邮政、市场管理、物流等部门之间的协作，更需要生产部门、商业、相关业主的配合与协作。虽然人们很难直接感受到森林动植物检疫的直接经济效益，但有害生物和检疫对象一旦传播、蔓延，其危害性和严重后果关系国家利益。因此，要成为一个合格的检疫工作者，还应当具备宏观与全局的组织与思维能力、相关的社会交际与宣传能力、扎实的检疫技术实践能力。

在现代科学高度分化的趋势下，植物保护科学的结构已经发生了变化，植物检疫也在向着系统化的方向发展，逐渐形成了一门独立的学科体系。该学科主要研究有害生物的传播机制、探寻控制有害生物的策略，开发检疫检验技术，设计限制、防止有害生物危害的方法。因此，必须扩宽视野，更新观念，对森林动植物检疫工作有更深层次的认识，为我国森林动植物检疫工作的开展做出相应的贡献。

复习思考题

1. 简述森林动植物检疫的地位及重要性。

2. 简述有害生物的传播方式及外来有害生物由传播到造成危害的过程。

3. 简述有害生物传入新区后的危害性，外来入侵种的影响及阻止有害生物传播的方法。

4. 简述检疫性有害生物的特点及确定检疫对象的依据和原则。

参考文献

丁建清，解焱 . 1996. 保护中国的生物多样性（二）[M]. 北京：中国环境科学出版社 .

朱新飞，邱守思 . 2001. 入世与我国的森林动植物检疫 [J]. 中国林业（12）：32-33.

高步衢，宋玉双，兰福生，等 . 2002. 试论森林植物检疫 [J]. 中国森林病虫，21（2）：36-40.

高步衢，宋玉双，游文革 . 2001. 国内外植检专家有关植物检疫定义的论述 [J]. 中国森林病虫（4）：35-36.

>>> 第一章　动植物检疫的历史和发展

【本章提要】本章论述了动植物检疫的发展历史，我国主要贸易国的动植物检疫现状。同时，介绍了我国动植物检疫的历史和发展及世界动植物检疫的发展趋势。动植物检疫的发展实质上是检疫立法的发展和完善，也是法制贸易体系与制度不断健全的过程。

植物检疫是人类抗御有害生物危害人类生产与生活的有效措施，现已形成的植物检疫学科，推动了检疫法规、检疫机构、检疫队伍、检疫措施与制度的发展和完善，也为人类提供了控制有害生物入侵与为害的一项必不可少的方法。但动植物检疫的历史与该学科的法制性质密切相关，其历史实质上也是检疫的立法史。

第一节　动植物检疫的历史

从19世纪70年代到20世纪初，世界上发生了一系列重大动植物疫情，给农林牧业带来了巨大灾害。如原发生于美国的葡萄根瘤蚜，1858年随葡萄枝条传入欧洲，1860年传入法国，25年间其为害使法国1/3即200万 hm^2 葡萄园损毁，对法国的酿酒业造成了沉重打击。

为了控制危险性有害生物的传播和蔓延，世界上很多国家相继制定和颁布了检疫法规。1660年，法国里昂地区颁布了铲除小檗以防止秆锈病的法令，人类开创了运用法律的形式来防治病虫害的历史；1872年法国又率先颁布了禁止从国外输入葡萄枝条的法令，1886年颁布了《兽医传染病预防法规》，接着又制定了《兽医预防法》。英国于1907年颁布了《危险性病虫法案》，1967年发布了《植物保健法》。1899年美国加利福尼亚州颁布了历史上第一个综合性植物检疫法规《加利福尼亚州园艺检疫法》，1912年颁布了《植物检疫法》，1935年又正式颁布了《动植物检疫法》。澳大利亚于1908年公布了有关家禽检疫的规章，1975年又制定了《动物法》。新西兰于1960年颁布了《动物保护法》，1967年颁布了《动物法》，1968年颁布了《家禽法》，1969年颁布了《动物医药法》。1914年日本制定了《出口植物检查证明规程》和《进出口植物检疫取缔法》。1928年中国也颁布了自己的《农作物检疫条例》。

世界上第一个以防止植物危险性有害生物传播为目的的国际法规是1881年在瑞士伯尔尼签订的《葡萄根瘤蚜公约》。此公约经1889年修订后，又于1929年在罗马修改为《国际植物保护公约》，联合国粮农组织（FAO）于1951年在第六次大会上正式通过了该公约，之后又于1979年进行了再次修改，现已有140多个国家加入了该公约。

在动物检疫方面，国际兽疫局于1968年通过了《国际动物卫生法典》（以后又几经修订）。该法典虽由国际兽疫局通过，但又无其他国家加入，严格说很难成为国际条约。由于国际兽疫局是由各国政府派去的代表所组成，因此该法典在国际兽医界得到了普遍的尊重，世界各国均在参照执行，实质上该条约也是有一定意义的国际法规。

1986年9月在乌拉圭举行了关税及贸易总协定部长级会议，决定进行一场旨在全面改革多边贸易体制的新一轮谈判。该谈判历时7年半，于1994年4月在摩洛哥的马拉喀什结束。在乌拉圭回合谈判当中，《关税及贸易总协定》的缔约方担心，在降低关税和取消特殊的农业非关税措施后，将导致各缔约方用卫生和植物卫生法规等形式的隐蔽性保护措施，转而设置技术贸易壁垒，因而启动了旨在减少各国在保护本国国内市场时所采取的贸易技术壁垒的农业贸易谈判，并于1994年4月15日达成了《实施卫生与植物卫生措施协定》。该协定是世界贸易组织为确保世界各国所实施的动植物检疫措施具有合理性，并对国际贸易不构成变相的限制，世界贸易组织各成员方应遵循的一套规定、原则和规范。

第二节　我国主要贸易国的动植物检疫

随着科学技术的进步，农、林业生产的发展，交通运输工具的改进，国际贸易交往日趋频繁，为了防止危险性有害生物的传播蔓延，保护农林业生产的安全，世界各国均实施了动植物检疫措施。由于各国所处的地理位置不同、社会制度不同，以及经济发展水平上的差异，所执行的动植物检疫措施和技术水平差别很大。现将主要国家的动植物检疫介绍如下。

一、美国的动植物检疫机构及职能

1912年美国国会通过了《植物检疫法》，1917年又颁布了补充法令，授权农业部研究局植物检疫处负责植物检疫工作，并在全国设置植物检疫站；1952年成立了国家植物检疫局，建立了检疫苗圃。美国的植物检疫体系大体上包括口岸检查、境内监测、有害生物防除和宣传教育。

（一）美国的动植物检疫机构

美国是世界上农业生产大国，也是主要农产品出口大国，因而十分重视对农业的投入，尤其是对农业的保护。动植物检疫是美国保护农业生产的重要手段。美国健全了动植物检疫的法律制度、组织机构及管理体制和检查职权制度，其口岸维护国家权益、行使政府查检职能的3个主要部门是动植物检疫、海关、移民局。

美国的动植物检疫工作由美国联邦政府农业部（United States Department of Agriculture，USDA）负责，具体工作由动植物检疫局（Animal and Plant Health Inspection Service，APHIS）负责。美国动植物检疫局由一个部长助理领导，有9个部门，其中重要部门是植物保护和检疫处（Plant Protection and Quarantine，PPQ）与兽医处（Veterinary Services，VS）。这两个部门统一负责管理全国的进出境动植物及其产品的检疫和国内动植物病虫害控制与防除。美国动植物检疫局的机构设置比较完备，分工明确，运转

协调，基本没有相互推诿现象。

美国各州政府都设有农业部，州与州之间也实行检疫，但重点是对有检疫对象的州进行检疫。重大检疫性有害生物的防除由联邦政府、州政府农业部联合进行，但只有各州确定的具有检疫证书签发资格的人员才能从事州与州之间的检疫。美国检疫机构的执法人员都是公务员，检疫队伍较稳定，素质也比较高。

（二）美国动植物检疫机构的职能

美国动植物检疫局在全国设有 4 个区域办公室，分片负责辖区内各州动植物检疫和防疫事务。以植物保护和检疫处为主体，在国际海、陆、空口岸设有动植物检疫机构，其人事、财务、业务直属美国动植物检疫局领导。美国每开放一个口岸或增辟新的国际航线、增加航班，机场或港务当局须征得联邦海关、移民局和农业部的动植物健康检疫局同意；其海关、移民局和农业部三方的关系，有专门的法规制度和规定。海关、动植物检疫与机场、船舶公司实行计算机联网，信息传递快捷，查验针对性强，验放安全高效。

美国动植物检疫局的职能包括防止外来农业有害生物传入，发现和监测农业有害生物，对外来的农业有害生物采取紧急检疫措施，提供相关科技服务，采取科学的检疫标准促进农产品出口，保护野生和濒危动植物，收集、分析和分发有关信息。现在，美国动植物检疫局的植物保护职能范围已扩大，不仅关注有害生物的管理，也在农产品国际贸易的舞台上发挥着越来越大的作用。为了保障美国每年价值 500 亿美元的农产品出口，美国动植物检疫局经常与其贸易伙伴进行谈判，为有关的动植物进口条件提供科学依据，以避免出口农产品受到不公正的贸易限制。另外，受联邦政府及议会的指导，美国动植物检疫局的工作已涉及野生动植物管理、动物福利、人类健康和安全、外来有害生物对生态环境影响的评估等方面。

美国植物保护和检疫处的职责是领导、开展动植物检疫工作，防止植物和动物有害生物传入，确保动植物生产安全；进行动植物产品出口检疫证书管理，植物病虫害调查和控制，收集、评估和分发动植物检疫信息；执行国内外动植物检疫法规，与外国政府官员就动植物检疫和法规事宜进行协调，执行国际贸易方面保护濒危动植物公约；促进农业生产及提高农产品在国际市场上的竞争力，以利国家经济的发展和公众健康水平的提高。

美国植物保护和检疫处下设植物健康项目组、西部地区组、中部地区组、东部地区组、植物健康科技中心、职业开发中心、奖金管理和分析组、贸易服务联络组等。美国植物保护和检疫处已与各州联合进行农业有害生物合作调查（CAPS)，其调查数据经处理输入国家农业有害生物信息系统（NAPIS)，供有关部门和单位使用。在检疫性有害生物控制方面，该处重点开展墨西哥棉铃象、薄稃草、舞毒蛾、墨西哥果蝇、金线虫等的铲除工作。该处还组建了一支“快速反应队伍”，专门处理外来检疫性有害生物。

（三）美国动植物检疫的主要措施

1. 对进口水果的限制 主要措施是禁止进口，禁止进口的水果主要是有关法规中规定的来自柑橘溃疡病发生区的水果。如要进口其他水果，进口者必须事先取得农业部检疫局颁发的进口许可证，对未获得许可证的水果按禁止进口的果品处理。当美国进口者申请许可证时，或出口国政府要求美国批准进口时，美国农业部检疫部门将组织专家研究批准进口是否合适；当确认申请进口的水果安全时，则无条件地批准进口；当确认申请出口地区存在严重的病虫，并可能随水果侵入美国时，则要求进行严格的杀虫、杀菌处理，对无有效办法处理的水果则不颁发许可证。

2. 口岸对进出境旅客的植物检疫 各机场都设有动植物检疫机构，负责进境旅客的植物检疫。在飞机到达机场前，要求每位旅客填写一份海关申报单（customs declaration），声明是否带了农产品，如水果、蔬菜等。飞机到达后，由训导员携检疫犬对运至行李厅的每件行李进行巡查，如果行李中间带有农产品，检疫犬则伏在该行李旁不动，检疫官员随即向物主索取海关申报单，并在行李上作记号，嘱咐旅客从农业检查通道通过。在农业检查通道上设有专用的X光机进行检查。如果旅客隐瞒未报，则要处以罚款，情节严重时则追究刑事责任。

3. 外来害虫的监测和扑灭 美国动植物检疫局对外来害虫的疫情监测体系完整，在进口货物的海港、航空港、果园、公园和私人庭园等处设立有长期的诱捕监测点，定期检查和更换诱捕器。当外来危险性害虫传入，并零星发生时，即能及时发现，将其消灭在大发生之前。其监测的方法如下：

①性诱监测法：就是将人工合成的性引诱剂放在诱捕器内，挂放在预定的监测地点，定期检查诱测结果，如对地中海实蝇、橘小实蝇、瓜实蝇等害虫的疫情监测。

②色彩粘贴诱捕法：利用害虫对不同颜色的趋性，制作专门的粘贴装置诱捕，如对苹果实蝇、蚜虫等害虫的监测。

③食物诱饵诱捕法：利用害虫对食物或气味的趋性进行诱捕，如对墨西哥实蝇的监测。

4. 对外来实蝇类害虫的除治措施 美国为控制地中海实蝇从夏威夷传到加利福尼亚州，立法规定从夏威夷发往加利福尼亚的私人邮件未经法院批准不能开拆检查。检查时先由检疫官员观察，再由检疫犬检测，如果认为需要进行开拆检查，检疫机关则要准备专门文件送交法院批准，待批准书下达后方可开拆检查。这个过程一般需要2～3d。在夏威夷发往加利福尼亚州的邮件中曾先后发现过地中海实蝇、橘小实蝇；1991年从咖啡鲜果中还查获过地中海实蝇活幼虫，邮寄者因此被罚款560美元。

如果实蝇类传入了美国本土，其采取的措施如下：①化学防治，用倍硫磷直接喷洒受害果树根部的土壤，杀死土壤内的幼虫、即将羽化和刚羽化的成虫；或进行树冠喷雾或地灌，或在诱饵中加入马拉硫磷，吸引实蝇取食中毒死亡。②消灭雄虫，在性引诱剂中掺入杀虫剂触杀雄虫，使部分雌虫不能与雄虫交配，使实蝇的种群逐年下降。③昆虫不育技术，用γ射线照射人工饲养的实蝇蛹，使雄性不育，再将不育的雄蝇用飞机释放到田间，使不育雄虫和雌虫交配，逐渐降低其种群密度。④生物防治，大规模地培育实蝇的天敌，然后释放，如利用地中海实蝇茧蜂防治地中海实蝇就是一个成功的实例。

二、日本的动植物检疫机构及职能

日本在1913年制定《出口植物检疫规程》，开始了检查货物与出具检疫证明的业务。1915年公布《进出口植物管制法》，正式建立了植物检疫制度。1950年正式公布《植物防疫法》，1978年修订后一直执行到现在。该法共126款，并附有实施规则111项，对植物检疫有十分具体的规定和要求。

（一）日本的动植物检疫机构

日本国土总面积约377 880km^2，由3 900个岛屿组成，主要岛屿为北海道、本州、四国和九州，这些岛屿南北延伸逾4 000km。日本国土的主要部分为山区，仅有14%适合耕种，受农业资源和土地资源的限制，需要大量进口农产品，现在是世界上最大农产品进口国。为了防止因进口动植物及其产品传入有害生物，保护其农、林、牧业生产的安全，日本政府投入了大量资金扑灭国内已经存在的有害生物，并在海空港严格检疫，防止有害生物传入。

日本检疫机构健全，已形成了全国植检网络。农林水产省统管进出境动植物检疫工作，全国进出境植物防疫工作由农蚕园艺植物防疫课管理，在横滨、名古屋、门司、神户、那霸设有4个植物检疫本所和1个植物检疫事务所，本所下设14个支所，78个派出所，形成了三级管理的全国植检网络。每个本所有职工约百人，支所10人左右，派出所1～4人。全国现共有植检人员719人，其中专业技术人员占85%。此外，全国有4个植物检疫隔离苗圃，横滨的植物防疫所还各有一个调查研究部和植物检疫培训中心。邮寄动植物及其产品的检疫，由动物检疫所、植物防疫所设在东京等地的14个国际通关邮局负责。由于检疫机构比较健全稳定，检疫人员精干，对法规、技术、业务熟练，有职又有权，有效地保证了植检法规的执行和植检任务的完成。

日本动植物检疫的立法机关是国会。检疫实施条例、操作规程由农林水产省颁布，然后由农蚕园艺局植物防疫课和畜产局卫生课组织实施。日本还组织有政府承认的民间木材防疫协会，在进口商、检疫机关、熏蒸公司、木材公司等单位之间起协调作用，合理安排木材进口时间、地点，了解掌握出口国别、木材品种和数量等，提前向植检部门报告，对发现病虫的进口木材，协会还可受进口商的委托安排选材、编排和消毒处理。

（二）日本动植物检疫所的职能

日本的农蚕园艺植物防疫课统管国内检疫和进出境植物检疫工作，负责进出口检疫、有害生物防除、特殊有害生物根除对策、危险性有害生物传入的警戒调查、指定种苗检疫、国际植物检疫等工作。其中内检、外检均由植物防疫所承担。除这些检疫任务外，还负责检疫人员的培训、情报收集和相关的科学研究。

1. 植检人员培训　日本所选录的植物检疫官必须是大学、大专毕业或具有同等学力的高中毕业生，并要通过国家公务员考试，成绩合格者才录用。录用后需工作3～5年（大学毕业生3年，高中毕业生5年），才有资格参加检疫官考试。经过上述两次考试合格者，才能成为正式的检疫官。为了提高植物检疫官员的素质，农林水产省设有植物检疫进修中心，对全国植检人员进行植物学、昆虫学、植物病理、农用化学品、除害技术、植物检疫管理及贸易惯例等方面的培训；进修层次有新录用人员、中级（工作2年以上的检疫官）和专业进修（工作5年以上的检疫官）三种。每次进修15～20d。日本现职植检人员平均年龄为36岁，都具有一定的植检科技知识，绝大多数懂外语。

2. 植检情报及时准确　1951年日本就参加了国际植检组织，国内有一批专门负责收集、研究、分析国外疫情的专业人员，各植物防疫所都有植检情报研究机构，各港口经常将进口木材中发现的疫情和截获的病虫标本通知各地。这些情报部门将各国木材产地的主要病虫害的为害和发生情况加以整理、分析后，作为制定检疫对策的依据。如发现有可能危及日本的国外疫情，则及时发出通报，严密监视，使口岸植检部门防有目标，检有对象。

3. 科学研究 日本植物防疫所的研究内容包括有害生物的分类学、生态学、有害生物风险分析、检疫处理等。但主要方向是快速检验检疫技术手段、除害方法研究、国外有害生物信息的收集、检疫数据的整理和分析。

（三）日本动植物检疫的主要措施

1. 有关林木检疫的规定 在日本相关的检疫法规中规定：①进口森林植物及其产品的单位，必须事先向检疫部门提出检疫申请，批准者才允许进口。②日本将进境植物分为 3 类，即禁止进境物、检疫物和非检疫物；并明确规定了禁止进口的植物品种，包括特定有害生物发生国的植物、携带活病原物和活害虫的植物、带土的植物及其包装容器等。③因科研等特殊需要而必须进口禁止进境的植物时，必须经农林水产大臣批准，但数量控制很严，苗木 1 次只准 3 株。④重点检疫进口的木材、种子、苗木、繁殖材料。进口木材中发现 1 头活虫也要进行熏蒸处理，进口的种子、苗木都要进行隔离试种，一旦发现携带有病菌、病毒即行销毁。⑤对国内的苗木生产实施严格的管理制度，全国指定有 3.3 万 hm^2 采种基地，国民不得随意生产和销售苗木。如要生产、销售苗木，必须事先向政府申请，经审查合格后，才能取得生产苗木的资格。⑥检疫机关严格依法执行，任何人都不得干预。

2. 现代化的检疫苗圃 日本对引进的所有种苗都要进行隔离试种，在没有确定该批苗木是否带病虫之前，绝不允许扩散种植。因此，日本根据全国的不同气候区建立了 4 处国立检疫苗圃，及一些私营检疫苗圃。这些苗圃都在植物检疫所的领导下，对进口的种苗就近隔离试种，有的进口苗木要试种 1～3 年，有的长达 5～6 年，一旦在试种过程中发现病虫害，及时进行处理或销毁。如神户检疫所领导的伊川谷检疫苗圃面积约 1.86hm^2，有 6 个圃场，试种了 1.1 万株苗木。该苗圃建有不同温度的温室、土壤消毒室和 8 个培养试验室。全圃虽然只有 4 名检疫官和几名临时工，但工作认真负责，除从事日常的苗木检疫外，还开展科研工作。

3. 木材水上消毒 日本进口木材全部来自海运，在 71 个港口设有进口木材除害处理设施，共有水上储木场 2.648hm^2。如横滨就有 3 个水上储木场，一次可以容纳木材 20 万 m^3 以上，最大的名古屋水上储木场容积为 66 万 m^3。在日本进口木材中，体较粗大的南洋材约占 60%，这类木材在水中浸泡消毒最为方便。其做法是南洋材卸船后，先在海水中浸泡 7d，然后按 10%～20%抽样剥皮检查，必要时也解剖检查，如果发现病虫，即命令在海上继续浸泡消毒处理 40d，复检合格后方准上岸。

4. 木材熏蒸消毒 对来自美国、俄罗斯的不适宜在水中浸泡消毒的带虫原木，多在陆地上进行熏蒸处理。即将木材堆成垛，覆盖双层塑料布，在常温条件下用溴甲烷或硫酰氟密闭熏蒸 24h。若港口不具备陆地熏蒸条件，即在船上熏蒸。对于进口的特殊工艺材料，则在可控温度及既能杀虫又能灭菌的熏蒸库内熏蒸。

5. 进口检疫 日本有关法律要求，进境的植物必须出具出口方官方的植物检疫证书。对某些种用作物则需在出口国的种植点进行检查，并且在指定的口岸进境。凡是禁止进境物，如需要进口时则必须取得批准，并满足日本农林水产省的有关规定和要求，方可有条件地进口，并要进行严格检疫。除了禁止进境物外，大多数植物及植物产品都要在口岸接受检疫，但某些经过深加工的植物产品如茶叶、木材等则不需要检疫。在检疫过程中如发现进口植物及其产品携带危险性有害生物，则将仔细全面检疫，并对货物进行消毒、除害处理或销

毁整批货物。

日本植物检疫条例规定禁止从地中海实蝇、橘小实蝇、瓜实蝇等多种有害生物的疫区进口植物及其产品。日本政府近几十年来一直借此延缓或阻止了其他国家农产品的市场准入，如禁止进口美国大米、中国水果、大部分国家的牛肉等。日本对禁止进口物品的解禁要求十分严格，解禁前要经过很长时间的科学试验，有了试验结果和结论后要召开公众听证会进行论证，以听取民间有关人士的意见，最后履行一系列法律手续才能宣布解禁。

6. 出口检疫　为防止出口植物及其产品携带有害生物，植物防疫所负责对出口货物进行检疫，以符合进口国的检疫要求。特别是许多国家近年来要求对植物及种子进行产地预检和装船前检疫，植物防疫所则协助和配合这项工作。

7. 产地预检　包括在本国及派人到国外产地进行检疫两种方式。国内产地检疫进行产地植物类型调查、有害生物调查、除害及除害方法、运输途径等。对进口国的产地，日本官方将派出检疫官、检查出口官方的检疫行为、除害处理措施及出口检疫程序等。如日本检疫官员曾到荷兰对要大量进口的切花及球茎、鳞茎、根茎、块茎、块根进行产地检疫，以加快进口时的检疫程序。

8. 国内植物检疫　为保障农林生产的安全，其主要检疫对象是植物繁殖材料。如植物防疫所负责对种用马铃薯、主要的水果品种进行检疫，以证明其不带有病毒或其他危险性病害。

三、澳大利亚的动植物检疫机构及职能

澳大利亚农、畜牧业相当发达，农、畜牧业在其国民经济中占有十分重要的地位，因此，该国联邦政府非常重视动植物检疫工作。澳大利亚早在1908年就颁布了第一部检疫法。该法只针对进境的人、动物及植物的检疫。1982年颁布的《出口管制法》，主要包括对出口肉、加工食品、野味和其他动植物及产品、加工质量要求、食品的检疫和检验、出口许可证管理、标签的规范管理等。1992年颁布的《进口食品管制法》，主要规范了进口食品的检验工作。该法在执行过程中曾几经修改、补充和完善。除上述法规外，还有若干配套条例、法规、检疫规程，保证了执法的严肃性和可操作性。

（一）澳大利亚的动植物检疫机构

澳大利亚的动植物检疫管理机构和体制相当严密、科学，办公实现网络化和通信现代化。检疫人员素质较高，管理水平和工作效率也非常高。

澳大利亚检疫局（Australian Quarantine and Inspection Service，AQIS）隶属该国的农林渔业部（Australian Government Department of Agriculture，Fisheries and Forestry）。该检疫局现有2 800多名雇员，从事对进出口的人员、货物、邮件、动植物及其产品的检验检疫工作。澳大利亚检疫局下设食品检验处和检疫处。检疫处又设动物检疫、植物检疫和协调发展3个部门。澳大利亚各个州也设有动植物检疫机构，联邦检疫局常下派检疫官至各州检疫局工作，协调联邦检疫局与各州检疫局的关系，并随时向总部报告工作。各州检疫局的人员大多数隶属州政府管理，联邦政府根据其直接为联邦政府工作的比例拨付经费。各州检疫局在自己所辖范围内根据需要设立动物、植物检疫站或动物、植物隔离检疫站（苗圃）。但

澳大利亚各级检疫机构没有外检和内检工作的分工。

澳大利亚检疫局与澳新食品标准局（Food Standard Australia New Zealand，FSAVZ）共同管理和执行“进口食品的检验方案”（Imported Food Inspection Scheme）。其中该委员会负责制定食品评估政策，澳大利亚检疫局负责取样和检验工作。

澳大利亚检疫系统没有自己的中心实验室，重要实验室检疫和研究项目均由大学或科研机构解决，澳大利亚检疫局支付相应的报酬。联邦政府则将大学、研究所、生产管理部门甚至农（牧）场主等各种力量结合起来，成立合作研究中心，直接为生产服务。澳大利亚检验检疫系统中现共有64台X光机，其中43台设在国际机场，11台设在国际邮件中心（悉尼、墨尔本、布里斯班和佩思），4台设在空运货物存放仓库，另有6台移动式X光机在海港。

澳大利亚检疫局还应用检疫犬检疫进行旅检和邮检，以提高检疫检出率，其检疫犬均由布里斯班检疫犬训练中心提供，全国现共有75个检疫犬服务队，其中46个设在机场，29个设在国际邮件中心。这些经训练后的检疫犬，均可检查水果、蔬菜、肉食品、苗木等十多种动植物产品，检出率可达90%。

（二）澳大利亚检疫局的职能

1. 对外合作，促进澳大利亚农产品和食品的出口 澳大利亚检疫局积极参与国际会议和论坛，在制定国际农产品和食品的标准与政策时，积极体现该国的立场。澳大利亚检疫局负责管理日常的农产品和食品出口检验检疫及出证工作，向本国出口商介绍和提供澳大利亚官方的检验检疫法规，以及输入国的进境要求等信息，并与其他国家的官方检验检疫机构进行联系和沟通，以维护和扩大澳大利亚的出口市场，每年经澳大利亚检疫局检验检疫出证的货物总值可达320亿美元。

2. 对进境农产品及食品进行严格检验检疫 澳大利亚是一个岛国，有特殊的地理环境。该国农业生产发达，国内有害生物治理措施得力，对进境植物及植物产品检疫要求极为严格。检验检疫的范围以肉类、鱼类、奶制品、蛋类、谷物、新鲜或经过加工的水果和蔬菜、活动物等为主。

3. 从事可接受的风险（PRA）分析工作 澳大利亚是最早提出“可接受的风险”概念的国家之一，特别重视风险管理在检疫决策中的重要性。“可接受的风险水平”已成为澳大利亚检疫决策的重要参考标准之一。该国认为有害生物风险分析是制定检疫政策的基础，也是履行有关国际协议的重要手段，“无风险”或称“零风险”的检疫政策不可取。其中，进境植物和植物产品的风险分析由澳大利亚检疫局植物检疫政策部门负责。澳大利亚农业与资源经济局（Australia Bureau of Agriculture and Resource of Economics，ABARE）和农村科技局（Bureau of Rural Scien，BRS）则协助检疫局完成“可接受的风险”分析研究。根据需要其检疫局也指定澳大利亚联邦科学与工业研究组织和各州政府实验室的有关专家协助其完成“可接受的风险”分析，但最终的“可接受的风险”报告则由检疫局完成。

澳大利亚检疫局于1991年制定了进境检疫“可接受的风险”程序，1997年起采用了新的进口风险分析咨询程序，其评估范围包括新鲜水果和蔬菜、谷物和一些种子及苗木。该国已对多个国家的植物及植物产品进行了风险分析，包括美国佛罗里达州的柑橘、南非的柑橘、泰国的榴莲、菲律宾的芒果、非洲的雪豌豆、美国的甜玉米种子、美国的食用葡萄、荷兰的番茄、北美洲栽培和野生的蘑菇、新西兰的苹果、日本的富士苹果、韩国的鸭梨、中国

的鸭梨等，还将对全世界的葱属植物、意大利的柑橘、斐济的木瓜、智利的食用葡萄、法国新卡里多尼亚的塔希提芸香等进行风险分析。

同时，澳大利亚检疫局对出口植物及植物产品的“可接受的风险”也十分重视。通过“可接受的风险”分析，澳大利亚向一些国家提出了市场准入请求，其中包括向韩国出口柑橘，向日本出口芒果的新品种、稻草及番茄，向美国出口番茄和切花及草种，向新西兰出口切花和各种实蝇寄主商品，向墨西哥出口大麦，向毛里求斯出口小麦，向秘鲁出口大米等。

（三）澳大利亚动植物检疫的主要措施

1. 进境木质包装检疫　澳大利亚是最早针对进境货物木质包装采取检疫措施的国家之一。该国对木质包装检疫处理要求十分严格，要求的处理方式是熏蒸或热处理。如果进口木质包装上没有加贴IPPC（表示木包装已经过处理的国际通用标识，图1-1）专用标识，则要求热处理证书上的木材中心温度达到74℃（远远高于国际通用的56℃）。

图1-1　IPPC标识

2. 进口种子苗木检疫　澳大利亚规定凡需进口植物种苗，事先必须办理检疫审批手续，并限制进口数量。所有进口种苗一律要进入植物隔离检疫苗圃进行严格的隔离种植和检疫，即使经隔离检疫中未发现问题，也不直接将进口的种子、苗木交给进口者，只能将隔离种植后繁殖的种子或组培苗交给进口者。

3. 国际空港检疫　澳大利亚要求：①所有入境的国际航班飞机进入澳大利亚国际机场前对客舱和货舱都要进行防疫性消毒处理。具体做法是所有入境国际航班在装完最后一件行李或货物后，由机组人员负责将苯醚菊酯等罐装烟雾剂开启放入行李舱和货舱，实施防疫性灭虫处理。②客运飞机进入澳大利亚领空降落前半小时，机组人员即向旅客发放入境“旅客申报单”和“入境旅客卡”，要求每位旅客将申报单中8项动植物检疫申报内容于下飞机前填好，并播放检疫申报要求。同时，机组人员还须用2%的罐装苯醚菊酯沿客舱行李架及过道做喷雾处理。③旅客离开飞机前往检查大厅通道的墙壁上有动植物检疫宣传橱窗，还有检疫箱、电视宣传等宣传告示。④在检查大厅将用检疫犬、X光机对行李等进行现场检查。

4. 海港检疫

①所有进境船舶在抵达澳大利亚第一港口时，澳大利亚检疫局检查人员将上船对食品舱和装有动植物产品的货舱进行检查。

②当集装箱船舶进入澳大利亚时，澳大利亚检疫局将对所有用于装载货物的集装箱作永久性防疫处理，并注册登记。

5. 隔离检疫　澳大利亚规定凡进口的种畜、种禽、精液、胚胎、种子、苗木等繁殖材料，须事先申请办理检疫许可证，进境后必须在指定的隔离场、圃做隔离检疫。

四、俄罗斯的植物检疫概况

俄罗斯与我国实行相同的植物检疫制度，与我国签有《植物检疫协定》，其植物检疫和植保工作情况如下。

1. 植物检疫机构 俄罗斯从中央到地方有一套完整的植检机构。中央在农工委员会设立国家植物检疫总局，负责国内外植物检疫行政管理工作，植保工作归农工委农业化学局植保管理处领导。国家植物检疫总局领导全国植物检疫科学研究所。该所设置昆虫室、植病室、杂草室、生物防治室、检疫病虫监测室。各州均有植物检疫局，州植物检疫局设有边境检疫站、国内植物检疫站，有些还设有植物检疫实验室和检疫熏蒸队，其业务均接受植物检疫科学研究所指导。现全俄罗斯共有边区州及州植物检疫局 162 个，边境植物检疫站 145 个，国内区间植物检疫站 500 个，植检实验室 30 个，全俄罗斯从事植物检疫的专职人员 3 500余人，另外，还有一定数量的社会兼职检疫员。

2. 植物检疫法规 俄罗斯现行的植检法规是 1980 年 5 月公布的《全苏国家植物检疫条例》，共分 6 章 44 条，包括进出口植物检疫和国内植物检疫，并附有《实施检疫的病、虫、杂草名单》，这个名单包括国内无分布、部分地区有分布、由欧洲与地中海区域植保组提出的防止蔓延的种类三部分，共 70 个植检对象，其中害虫 33 种、真菌病害 11 种、细菌病害 8 种、线虫病害 2 种、杂草 16 种。1986 年修改后的新植物检疫对象名单，分为国内无分布、部分地区有分布、对俄罗斯具有潜在危险的三部分，包括 141 种，其中害虫 65 种，真菌病害 16 种，细菌病害 9 种，线虫病害 4 种，病毒病害 11 种，杂草 36 种。

3. 植物隔离检疫苗圃 俄罗斯要求凡从国外引进的种苗和其他繁殖材料，都必须经过检疫苗圃隔离试种。该国现有 48 个植物隔离检疫苗圃，这些苗圃都由引种部门自己建立和管理，植物检疫部门负责技术指导和监督检查，必要时也由引种部门和检疫部门共同组成一个联合委员会或小组，加强对检疫苗圃的管理。

4. 检疫熏蒸处理 植物检疫部门有自己的熏蒸队 28 个，熏蒸队下分为若干个熏蒸组，负责国外进口和国内调运植物及其产品的熏蒸处理。如摩尔达维亚检疫局熏蒸队建有 46 个熏蒸室，共有 25 人。按其行政区划分为了 3 个组；基什涅夫市郊有一个水泥结构、面积约 $100m^2$ 的熏蒸室，室内有鼓风机和加热装置，地面铺以垫木，墙上有排风扇、施药管和测毒管，另外，还附带一个操作间；来乌申苏罗边境公路检疫检查站，有一个金属结构、体积约 $1m^3$ 的熏蒸箱，可用常压熏蒸旅客携带的少量植物及其产品。该国对旅客携带的物品进行熏蒸时不收费，但对大宗农林产品熏蒸时收费。

5. 检疫对象的生物防治 俄罗斯有 1.8 亿 hm^2 农田使用化学药剂防治，约3 300万 hm^2 使用生物防治。该国对检疫对象的生物防治很重视，全俄罗斯植物检疫研究所内设有生防研究室，并与其他研究单位进行合作研究。俄罗斯现已大规模生产病毒制剂防治美国白蛾，从国外引进二点益蝽［*Perillus bioculatus*（Fabricius）］和斑腹刺益蝽［*Podisus maculiventris*（Say）］防治马铃薯甲虫。

6. 疫情监测 全俄罗斯植物检疫研究所设有检疫性病虫监测研究室，负责向全国提供监测的新技术和新方法。俄罗斯植检法规规定，边境检疫检查站负责所在地周围 3km 范围内的疫情调查与监测。根据所在地区的不同，各边境检疫检查站均有其重点监测对象，每一监测对象的调查每年至少进行 1 次，其监测方法多采用性外激素引诱（如地中海实蝇、美国白蛾、棉红铃虫、谷斑皮蠹等）。

五、欧洲联盟的动植物检疫及机构

欧洲联盟是世界最紧密型的区域经济集团，1993 年形成统一大市场后，贸易的自由化

促使动植物检疫也走向了一体化。截至 2013 年，形成了一个由奥地利、比利时、丹麦、芬兰、法国、德国、希腊、爱尔兰、意大利、卢森堡、荷兰、葡萄牙、西班牙、瑞典、英国、塞浦路斯、马耳他、波兰、匈牙利、捷克、斯洛伐克、斯洛文尼亚、爱沙尼亚、拉脱维亚、立陶宛、罗马尼亚、保加利亚和克罗地亚 28 个国家组成的经济政治联合体，欧洲联盟所有成员国均奉行共同的包括检疫在内的农业政策，其检疫管理模式既特殊也有效。

（一）欧洲联盟的动植物检疫机构

欧洲联盟委员会建立了统一的检疫管理机构，但它不从事具体的检疫，主要职能是监督各国的检疫人员执行欧洲联盟的共同检疫标准，或者就某一个问题（如禁止从某个国家进口哪种植物产品）进行决策。其中，欧洲联盟理事会负责植物检疫基本法规的制定及重大检疫问题的决策，其植物检疫专门委员会负责组织及参与检疫措施的制定、讨论、评议重大检疫决策。如对重大检疫决策意见一致，则能组织实施，否则须提交欧洲联盟理事会做最终决定。专门委员会的工作范围还包括制定实施细则、提出经费预算、协助成员国开展检疫检验、核查疫情发生及处理情况、与非欧洲联盟国家签订检疫协定，并组织农产品进口预检等。

欧洲联盟各成员国根据欧洲联盟植物检疫法的要求，均设立或指定了一个中央职能部门即国家植物检疫机构负责植物检疫事项的协调，并统一管理本国的植物检疫工作。尽管欧洲联盟各国的国家植物检疫机构名称不同，但无一例外均隶属于农业（农渔食品、林业）部，并通过在各地设立下属机构垂直管理全国植物检疫工作。

（二）欧洲联盟的动植物检疫

农业在欧洲联盟经济结构中占有较大比重。为保护农业生产安全及为农产品贸易服务，欧洲联盟建立了较为健全的植物检疫体系。

1. 检疫法规　依法检疫是欧洲联盟植物检疫工作的显著特征。欧洲联盟已形成了完备的检疫法规体系，该体系由基本法、行政法规和双（多）边协议 3 个层次构成，其核心是植物检疫法，对外检疫则主要依据与各国签订的为数较多的双、多边协议：①基本法明确要求欧洲联盟委员会制定具体办法和程序，包括委员会令、决定及建议等 110 项（如马铃薯癌肿病、胞囊线虫等 10 多项重大检疫性有害生物的控制法令），既有行政法规，又有技术标准，提高了执法时的可操作性。②欧洲联盟检疫立法常根据检疫事态的变化，对行政法规、基本法进行不断的修订，以保证法规尽可能符合实际需要。如 1977 年颁布的植物检疫法，在其后的 23 年内进行了多达 39 次的修改，2000 年又归纳历次修改内容，制定颁布了新的植物检疫法。③欧洲联盟所颁布的检疫法规是各成员国必须遵守的最低要求，各成员国有权制定严于欧洲联盟的法规。如为本国农业生产安全，英国对健康种苗传带某些有害生物的允许量比欧洲联盟低，发现重大检疫性有害生物后的禁种年限也长于欧洲联盟的规定；发生马铃薯金线虫和白线虫的地块，欧洲联盟分别禁种马铃薯 5 年和 10 年，英国则要求禁种 6 年和12 年。

2. 灵活的检疫对策　欧洲联盟的检疫监督管理机构，使传统的检疫管理发生了根本变化，既促使各检疫部门深入生产企业，同时又促使生产商和经销商积极应检，其针对性和灵活性表现如下。

①根据欧洲联盟委员会的建议及疫情的发生与分布，欧洲联盟理事会经常对检疫名录进行修订补充，将一些检疫性有害生物及时列入名录进行检疫，以确保既定的检疫法规的要求。

②欧洲联盟检疫名录包括《禁止传入传播的有害生物名录》、《禁止随特定植物或植物产品传入传播的有害生物名录》、《禁止进境植物（植物产品）及其相关物名录》、《满足特定条件方可进境的植物（植物产品）及其相关物名录》、《进境前必须检疫的植物（植物产品）及其相关物名录》、《需采取特殊检疫措施的植物（植物产品）名录》六大类，涉及有害生物及其产品和栽培介质等多达351种（类）。部分名录还附加有实施检疫的相关说明及要求。如有害生物在欧洲联盟有无发生、植物（植物产品）是否源于欧洲联盟、对象物是否关系整个欧洲联盟。

③欧洲联盟要求各成员国植物检疫机构每年或每一生长周期，必须委派检疫人员至少进行1次产地检疫，必要时则进行室内检验。

④还要求对农产品加工、储存场所、包装材料和运输工具，及名录中来自欧洲联盟的对象进行认真检验。并规定不论农产品最终销往哪个成员国，原则上要在进入欧洲联盟的第一个成员国口岸进行检疫，核发植物检疫证书（统一的植物护照）后，才能在欧洲联盟境内流通，以确保输往其他成员国的农产品具有良好的植物卫生条件。

⑤实行统一的动植物及其产品的卫生健康标准，以保障同样的产品不受检疫限制，既可以在本国销售，也可以拿到欧洲联盟其他国家销售。

⑥所有的动植物及其产品的检查检疫都从内部边界（指一个国家的边界）转移到产品的生产地域或外部边界。如德国从法国进口苹果，苹果的检疫只在法国的果园里进行，法德双方边境不再进行检疫；如果德国从中国进口的苹果要经过法国的港口、再经陆路运往德国，则苹果的检疫只在法国的口岸进行，法德边境不再检疫。

⑦基于各国经济发展和自然环境的差异性，根据需要欧洲联盟建立了不同类型的保护区。如意大利要防止梨火疫病，则将意大利列为梨火疫病保护区，进入保护区的动植物及其产品都有特殊的检疫要求。

3. 检疫的保障措施 为确保严格执行各项检疫要求，欧洲联盟还采取了下列措施：①对作物生产者和进口商注册登记，其相关信息伴随其生产或经营的农产品流通，力求每一批农产品都可以回溯到它的源头。②欧洲联盟内部通用“植物护照”性质的植物检疫证书。所谓植物护照，就是由欧洲联盟统一签发的、贴在同一批次同一种商品上的植物健康标签。贴有标签的产品就是检疫合格的产品，无需检疫即可在国内流通，也可在欧洲联盟其他国家流通，但必要时要接受核查。因此，凡生产或销售出口植物产品的农场或工厂，都应预先在检疫部门注册，以取得进出口资格。③对进入保护区的农产品具有特殊要求，符合其要求才能进入保护区。④欧洲联盟委员会可组织成员国对进口农产品实施原产地预检。

4. 报告与紧急处理措施 欧洲联盟要求，成员国如首次发现新的有害生物，无论是否列入检疫性有害生物名录，都要立刻报告欧洲联盟委员会，并通知有关成员国采取紧急调查和处理措施。必要时欧洲联盟委员会植物检疫专门委员则组织专家进行实地调查，论证成员国采取紧急措施的科学性与可行性，并提出建议或要求。其处理措施包括销毁染疫植物及其产品、栽培介质及包装材料的处理，生产工具、包装储存场所及运输工具消毒等。一旦确定疫情随某一批农产品传入后，欧洲联盟委员会将对其流通过程进行回溯，并通知相关成员

国，采取必要的调查处理措施，加强对该类农产品的检疫。

5. 财政措施　鉴于植物检疫的公益性和重要性，欧洲联盟委员会常适时提出并增加列入财政预算的检疫项目。但其经费的使用范围是：①购置检疫仪器设备，改善检疫检验所需的仪器和疫情处理设备；在经费分配上优先考虑进口农产品集散地，与非成员国交界的边境地区，特别是对处于农产品进出口通道位置的成员国，其支持力度最高可达实际支出的50%。②补助植物检疫处理开支，以保证落实各种检疫措施，弥补检疫处理所发生的直接经济损失；当某成员国一旦发生疫情，威胁欧洲联盟整体或局部，可向欧洲联盟申请疫情处理经费补助，其支持力度可达50%；如关系整个欧洲联盟的安全，还可追加部分经费。

第三节　我国动植物检疫的历史和发展

我国的植物检疫工作始于1928年的《农产物检查条例》，发展于20世纪50年代和60年代初，80年代以后日趋昌盛，其间不但植物检疫的主管部门几经变换，植物检疫的职能部门也经历了多次更替。

（一）孕育时期（1914—1930）

清末到民国初期，随着进出口贸易的发展，我国出现了动植物检疫的萌芽和国际交往，但我国动植物检疫的起源有殖民主义色彩。1913年，英国农渔业部为了防止牛、羊疫病的传染而禁止了病畜皮毛的进口，上海商人为此聘请了英国兽医派德洛克来华办理肉类检验和签发兽医证书。

西方科学传入我国后，我国的植物检疫逐步得到了发展。1914年2月14日至3月4日，31个国家在罗马召开了国际植物病害大会，通过了防止植物病害传播蔓延的《国际植物病害公约》，我国代表徐球在该公约上签字。大会通过了四条带有一定强制性的规定，要求各签约国执行，但会后不久爆发了第一次世界大战，该公约没有得到各国政府的确认。

1922年蔡邦华先生在《中华农学会报》上发表了《改良农业当设植物检查所之管见》，论述了设立国家植物检疫机构的必要性。1927年6月，美国驻华大使馆照会我外交部，送交了美国农业部“关于限制毛革肉类进口令”；这个禁令规定自1927年12月1日起，禁止进口未经政府兽医机关检验，没有按规定格式签发兽医证书的猪、羊的肠衣。这一禁令对我国经营肠衣的商人产生了很大的打击，于是农工部根据京津肠衣商人的联合请求，于同年10月25日制定公布了《农工部毛革肉类出口检查所章程》，规定在通商口岸设置“毛革肉类出口检查所”，配备具有专业知识的兽医人员，添置必要设备，执行兽医检验。后来又公布了《毛革肉类出口检查条例》和《毛革肉类出口检查条例实施细则》。

1927年朱凤美先生在《中华农学会丛刊》连续3期发表了《植物之检疫》，系统地介绍了开展检疫的理论和方法。1928年，中央农业试验场病虫科科长章租纯先生函呈国民党政府，并拟具了创建植物检查所的详细计划；1928年北京政府农矿部颁布了《农作物检疫条例》。1928年以后，南京政府在各方舆论的催促下，陆续制定公布了《农产物检查条例实施细则》、《农产物检查所检验病虫害暂行办法》、《商品检验法》，并在上海、天津、广州先后成立了农产物检查所，我国政府自此设置了检疫机构，开始办理进出口植物检疫。1929年工商部制定了《商品检验检疫暂行条例》，1930年4月农矿部公布了《农产物检查所检验病虫害暂行办法》。

这些规章、法令规定了农产物检查的目的、任务和受检验的农产物。并规定凡经检验认为有病菌、害虫的货物，令其运往指定地点连同包装一起进行熏蒸消毒、烧弃或退回原产地；如因学术研究需要输入农产物病菌和害虫，须向农矿部领取许可证，到达口岸经检查所确认无害时方可进口。

（二）初建时期（1931—1948）

1932 年南京国民政府的农业部商品检验局制定了《植物病虫害检疫施行细则》，1932 年 2 月 14 日国民政府颁布《商品检验法》。为仿照西方国家的国内植物检疫工作，同年 10 月实业部派上海商检局张景欧先生到美国、日本和东南亚等国考察其植物检疫；1933 年 12 月 9 日实业部公布《农业病虫害取缔规则》，1934 年 10 月 5 日又公布了《实业部商品检验局植物病虫害检验施行细则》，该细则是我国第一个付诸实施的植检法规，在口岸商品检验工作中实施多年。

1935 年 4 月上海商检局成立植物病虫害检验处，下设积谷害虫、园艺害虫、植物病理、熏蒸消毒 4 个实验室；1936 年 1 月该局开始对进口邮包进行植物检疫，10 月江湾熏蒸室和养虫室建成使用，我国的植物检疫工作有了新的发展。

1937 年抗日战争爆发，天津、青岛、上海等沿海城市的商检局相继瘫痪、停止工作；1939 年 2 月又先后在内地成立了昆明和重庆商检局，但农畜产品的进出口业务仍处于停顿状态。1945 年抗日战争胜利后，各地商检局陆续恢复和重建。但由于内战、国民经济日渐崩溃，进出口贸易基本上停顿，动植物病虫害的检疫工作又陷于停止状态。

（三）发展时期（1949—1965）

新中国成立以后，植物检疫工作受到党和国家的高度重视，1949 年中央贸易部对外贸易司设置了商品检验处，负责进出口商品植物病虫害检验工作。为了确保我国农林业生产的健康发展和对外贸易的畅通，重新组建了植检机构，建立健全了植检法规，培训了植检技术人员。1950 年农业部成立了植物病虫害防治司，1951 年中央贸易部委托北京农业大学举办植物检疫专业训练班，培训了新中国第一批植检专业人员。1952—1965 年我国的动植物检疫隶属对外贸易部管理，1965 年至今国内动植物检疫由农业部管理。这一时期我国植物检疫的主要成绩如下。

1. 健全了对外检疫机构与检疫法规 从 1950 年开始，上海、天津、广州等 19 个商品检验局及其分支机构先后开设了口岸农产物检验业务。1951 年 8 月对外贸易部公布《输出入植物病虫害检验暂行办法》、《输出入植物病虫害检验标准》、《输出入农、畜产品检验暂行标准》。1953 年 11 月 11 日又公布了《输出入植物检疫操作规程》，并颁布了《国内尚未发生或分布未广的重要病虫杂草名录》，对检疫范围、检验方法和处理原则进行了详细规定，为检疫操作提出了统一规范，为检疫处理提供了依据。对外贸易部依据其他国家的有关法令和危险病虫害在国内外的分布与发生现状，编制了上述植物病虫害检验标准的附录，即《各国禁止或限制中国植物输入种类表》、《世界危险植物病虫害的寄主与分布情况表》，这是新中国成立后进出境植物检疫的最早执法依据。1954 年 1 月 3 日，政务院对外贸易部颁布《输出入植物检疫暂行办法》、《输出输入商品检验暂行条例》；同年 2 月 22 日，对外贸易部

公布《输出输入植物检疫条例暂行办法》及《输出输入植物应施检疫种类与检疫对象名单》，涉及的检疫对象有30种，其中病害6种、害虫24种，并将我国植物法规中沿用了几十年的"植物检查"、"植物病虫害检验"统一改称为与国际一致的"植物检疫"，从概念上摆脱了"商品检验"的局限，由农产品检验扩大到了所有植物产品的检疫。1963年，针对在进口小麦和烟叶中多次发现小麦矮腥黑穗病和烟草霜霉病的问题，国务院对粮食、农产品、种子、苗木检疫工作做出了具体规定，要求进口的粮食和其他农产品，在口岸必须进行严格检疫。

2. 健全了国内检疫机构与法规　1954年各省、自治区、直辖市均设置了检疫机构。1955年4月16日国务院批准河北省等16个省、自治区、直辖市建立植物检疫站，6月农业部提出《植物检疫暂行条例》和《植物检疫实验办法（草案）》征求外贸部和林业部意见。1957年10月22日农业部公布《国内植物检疫试行办法》、《国内植物检疫对象和应受检疫的植物、植物产品名单》，国内的植物检疫逐步发展了起来；12月4日国务院授权农业部公布了《国内植物检疫试行办法》。1958年1月1日施行了《国内植物检疫对象和应施检疫的植物、植物产品名单》。1959年农业部印发了《加强种子、苗木检疫工作的通知》，作为《国内植物检疫试行办法》的配套规章制度，并随后相继印发了《植物检疫引种检疫隔离试种圃的建立、任务及管理试行办法》、《关于加强农业科学研究单位、农林院校、国营农场、园艺场、良种繁殖等单位植物检疫工作的通知》。1964年农业部召开植物检疫工作专业会议，讨论修改了《国内植物检疫暂行条例（草案）》，《条例》的制定因"文化大革命"被搁置，直到20世纪70年代中期，植物检疫工作逐步恢复正常后该工作才重新开展起来。1966年6月农业部公布了修改后的《国内植物检疫对象名单》，该名单含检疫性病害15种、害虫13种、杂草1种。1964年林业部在江西弋阳县和吉林敦化县分别设立了林业部南方森林植物检疫站和林业部东北森林植物检疫站，开始了国内森林植物检疫工作。

3. 改革了口岸植检业务的管理体制　1964年2月29日国务院批转农业部、对外贸易部《关于农业部接管对外植物检疫工作的请求报告》，同意由农业部接管外贸部担负对外植物检疫业务，改变了植物检疫工作一直由外贸部门管理的体制，解决了外检、内检由两部门分管所带来的许多问题。1965年2月8日，国务院批转农业部关于在国境口岸设立动植物检疫所的报告，同意农业部在经常有进出口动植物检疫任务的国境口岸设立动植物检疫所，从此口岸动植物检疫工作有了独立的职能机构。如1957年北京的口岸进出境植物检疫工作由天津商检局负责，1961年北京商检局成立，检疫工作由其第一检验室负责（主任1名，检疫人员3名），主要任务是对出口前苏联、东欧等社会主义国家的水果、蔬菜等农产品的检验，1964年后划归农业部管理。我国在对进境种苗检疫时，为解决人力不足问题，也常从有关科研单位、大专院校聘请兼职检疫员。

（四）停滞时期（1966—1976）

在"文化大革命"期间，中央和地方不少植检机构被拆散，人员被调走，仪器设备被毁坏，种苗调运不执行检疫制度，不办理检疫手续，国内的植检工作基本上处于停滞状态。

口岸的植检工作虽然没有被撤销，但也受到了很大影响。为使我国的口岸植检工作在极其困难的情况坚持下来，1966年发布了《农业部关于执行对外植物检疫工作的几项规定（外检18名）》及《国内植物检疫对象名单》，1971年农林部公布了《中华人民共和国国境动植物检疫暂行条例（草稿）》。为了把好口岸检疫关，1973年10月17日国务院发布了

《关于加强进口粮食检疫、处理工作的通知》，同年 11 月 16 日农业部、商业部、外贸部联合印发了《关于加强种苗调运检疫工作的通知》。1974 年 12 月 14 日农林部印发了《中华人民共和国农林部对外植物检疫操作规程》。

（五）昌盛时期（1977 年至今）

1. 进出口检疫 1978 年改革开放以来，我国的对外贸易逐渐活跃，植检工作也走上了全面恢复和发展的道路。为适应国际贸易发展的需要，我国先后制定颁布了《中华人民共和国海关法》、《中华人民共和国国境卫生检疫法》、《中华人民共和国进出口商品检验法》、《中华人民共和国邮政法》等重要法律。为了加强和健全口岸植检体制，农业部组织有关专家和人员，重新修订颁布了相关法规规范了行业行为。2001 年 4 月 30 日国务院将国家质量技术监督局、中华人民共和国国家出入境检验检疫局合并，组建了中华人民共和国国家质量监督检验检疫总局，我国的进出口检疫由农业部划归国家质量监督检验检疫总局管理。

（1）*综合性动植物检疫* 1978 年农业部首先恢复了农业部植物检疫实验所。1980 年农业部公布了《关于引进和交换农作物病虫杂草天敌资源的几点意见》，3 月 22 日农业部印发了《关于对外植物检疫工作的几项补充规定》，同年 8 月印发了《关于印发“引进种子、苗木检疫审批单”的函》，建立了引种检疫审批制度。1981 年农业部、农垦部联合发出《关于使用“引进热带作物检疫审批单”的通知》，统一了植物检疫审批单格式。1982 年 6 月 4 日国务院发布了《中华人民共和国进出口动植物检疫条例》，条例分总则、进口检疫、出口检疫、旅客携带物检疫、国际邮包检疫、过境检疫、惩处和附则八章，共四十三条，条例还规定贸易性动物产品的出口检疫由商品检验机关办理。农牧渔业部根据条例的规定于 1983 年 10 月 15 日颁布施行了《中华人民共和国进出口动植物检疫条例实施细则》，1986 年 1 月 18 日农牧渔业部对 1966 年公布的《进口植物检疫对象名单》进行了修订，公布了《中华人民共和国进出口植物检疫对象名单》（包括 61 种）及《关于加强进口废钢船植物检疫办法》、《关于进出口集装箱运输植物检疫办法》等。

20 世纪 80 年代后期，鉴于《中华人民共和国进出口动植物检疫条例》已不能适应口岸检疫工作的实际需要，有关方面建议将《中华人民共和国进出口动植物检疫条例》上升为法律。1991 年 10 月 30 日第七届全国人大常委会第 22 次会议审议通过了于 1992 年 4 月 1 日起施行的《中华人民共和国进出境动植物检疫法》，国家主席杨尚昆签署第 53 号主席令公布了这部法律。进出境动植物检疫法的公布和实施，标志着我国口岸动植物检疫工作走上了法制化的轨道。1992 年 7 月 25 日由农牧渔业部发布、1992 年 9 月 1 日起执行《中华人民共和国进境植物检疫危险性病、虫、杂草名录》，7 月 25 日由农牧渔业部发布、1992 年 9 月 1 日执行《中华人民共和国进境植物检疫禁止进境物名录》，还印发了《国外引种检疫审批管理办法》、《国外引种检疫审批工作的补充规定》。

（2）*单列的林业植物检疫* 1979 年林业部恢复了林业部南方森林植物检疫站，并将其改名为“林业部南方森林植物检疫所”，1980 年林业部恢复了东北森林植物检疫站，并改名为“林业部北方森林植物检疫所”，随后地方各级植检机构也逐渐得到恢复，并开始正常工作。1981 年 4 月林业部发布了《关于引进林木种子苗木检疫审批手续的通知》，统一了引进审批单格式。1995 年 2 月 21 日林业部发布实行了《关于从国外引进林木、“种用种子”检疫审批问题的通知》，3 月 22 日林业部发布和实行了《关于引进林木、“种用种子”检疫审

批限量的通知》。

(3) 国际合作 为加强国际合作与交流，保护我国进出口贸易顺利进行，我国积极参与国际组织的活动、国际标准的制定，并与贸易伙伴在安全、动植物检疫等方面进行了主动合作交流。我国进出境动植物检疫部门现已与世界上 40 多个国家签署了 400 个检疫双边议定书、备忘录、植保植检协定、公约、贸易合同中的植物检疫条款等，以国际条约的形式确定了进出境动植物和动植物产品的具体检疫要求，确保了我国的检验检疫标准、方法和检测手段与国际接轨，从检疫措施上保证了进出境贸易和检疫工作的顺利进行。我国口岸检疫机构现已由 20 世纪 60 年代初的 28 个增加到了 146 个，检疫人员由 300 人增加到了 2 000多人，70％以上的检疫工作者都是大专学历以上。

2. 国内检疫

(1) 综合性国内植物检疫 随着国民经济的发展，国内检疫也得到了加强，1983 年 1 月 23 日国务院发布农牧渔业部制订的《植物检疫条例》及《植物检疫条例实施细则（农业部分）》(共八章二十八条)。该条例共二十条，主要内容是植物检疫的宗旨、植物检疫的管理机构和执行机构、调运检疫、产地检疫、国外引种检疫、奖励和处罚等，及植物检疫人员应着制服、佩戴标志执行任务，植物检疫收取检疫费等，还第一次规定林业植物检疫由林业行政部门执行。《条例》颁布之后，国内的植物检疫发展很快，各省、自治区、直辖市和重点的农业、林业市县都建立了植物检疫站（或植保植检站）、森林植物检疫防治站。1983 年还公布了修改后的《农业植物检疫对象和应施检疫的植物、植物产品名单》，其中国内检疫性病害 8 种、害虫 7 种、杂草 1 种。同时，农牧渔业部印发了《中华人民共和国植物检疫员证》，农牧渔业部、财政部、商业部、国家物价局联合印发了《国内植物检疫收费方法》。1984 年农牧渔业部、林业部、财政部联合印发了《关于植物检疫人员制服供应办法的通知》(1988 年修改为《农业植物检疫人员制服供应办法》)、《国家热带作物检疫对象名单和应施检疫植物产品名单》。1990 年农牧渔业部印发《中华人民共和国农业部植物检疫员管理办法(试行)》。1992 年 5 月 13 日国务院发布“关于修改《植物检疫条例》的决定”，1992 年 5 月 13 日起实施修改后的《植物检疫条例》。该条例共二十四条，重点补充了前条例中国外引种检疫的具体规定、检疫疫情管理制度，进一步明确了奖励制度和法律责任等内容。同年，国家物价局、财政局联合印发了《关于印发农业系统行政事业收费和标准的通知》、《国内植物检疫收费管理办法》和修订后的《植物检疫收费标准》。1995 年 2 月 27 日由农业部颁布了修订后的《植物检疫条例实施细则（农业部分)》(共八章三十条)，4 月 17 日由农业部颁布了修订后的《全国植物检疫对象名单和应施检疫的植物、植物产品名单》。该名单又于 1997 年、2007 年、2013 年进行了修订，2013 年修订后的名单包括检疫性病害 16 种、害虫 10 种、杂草 3 种。

(2) 单列的森林植物检疫 1984 年森林动植物检疫开始划归国家林业局（部）管理，9 月 17 日林业部颁布了《植物检疫条例实施细则（林业部分)》。1988 年 12 月 5 日由林业部、国家物价局、财政部颁布施行了修订后的《国内森林植物检疫收费办法》，1989 年 6 月 12 日林业部颁布施行了《国内森林植物检疫技术规程》，1994 年 7 月 26 日林业部颁布施行了修订后的《植物检疫条例实施细则（林业部分)》，1996 年 1 月 5 日由林业部颁布施行了《全国森林植物检疫对象和应施检疫的森林植物及其产品名单》，2004 年 7 月 29 日国家林业局重新修改发布了 19 种林业检疫性有害生物名单。该名单于 2005 年 1 月 1 日开始生效，并于2013年再次修订，修订后的名单包括害虫10种、病害3种、杂草1种。

（3）地方性动植物检疫法规 《宪法》第一百条规定，“省、直辖市的人民代表大会和它们的常务委员会，在不同宪法、法律、行政法规相抵触的前提下，可以制定地方性法规，报全国人民代表大会常务委员会备案。”《宪法》第一百一十六条规定，“民族自治地方的人民代表大会有权依照当地民族的政治、经济和文化的特点，制定自治条例和单行条例。自治区的自治条例和单行条例，报全国人民代表大会常务委员会批准后生效。”因此，我国的地方性动植物检疫法规包括：①各省、自治区、直辖市政府制定的《植物检疫实施办法》、《森林植物检疫实施办法》、《国内植物检疫对象补充名单》、《国内森林植物检疫补充名单》以及其他有关的植物检疫、森林植物检疫的规定。②地、市、县级政府发布的有关植物检疫、森林植物检疫的“通知”、“通告”、“规定”等。③1992年5月13日修改后的《植物检疫条例》颁发后，各省陆续进行实施办法的修订工作，已公布实施办法的有黑龙江、湖北、安徽、江西、福建、四川、吉林、山西、贵州等省。全国除西藏、山东、江苏外，25个省（自治区、直辖市）还陆续制定了本省（自治区、直辖市）的《植物检疫实施办法》。所有这些地方性检疫法规，根据当地外来有害生物发生的实际情况，突出了地方特点，具有相对的独立性，对控制某些具有地方特色的危险性动植物有害生物的发生起到了积极作用。上述这些法规互为补充，相辅相成，构成了我国植物检疫的法制管理体系，均是我国开展植物检疫工作的法律依据，也是我国植检工作者工作经验的具体体现。

我国现已形成了一个全国性的植物检疫网络，植物检疫业务范围逐步由调运领域向农业、林业生产领域及检疫性有害生物的发源地、种子和苗木的集散地扩展。这不仅提高了我国植检的效益，也有力地控制了危险性有害生物的传播和蔓延，保护了农林业生产的安全。至1996年，全国已有森检机构约2 700个，专职森检员10 512人，在种苗繁育基地、木材生产基地、种子、苗木、花卉、木材的集散地聘请了近2万名兼职森检员。同样，至1998年，全国已有1 800多个国内农检机构，8 500多名专职检疫员，在科研、教学、种苗繁育单位和农村乡镇也聘请了约2万名兼职检疫员。

第四节 动植物检疫的发展趋势

植物检疫是一项防患于未然的预防性措施，人们对植物检疫的内涵认识还不深，仍然把它作为一种预防性的措施来看，或将其称为“法规防治”。但其他有害生物防治措施实质是技术手段，是对已遭受有害生物危害的正在生长、发育期间的植物进行治理，以挽回或减轻有害生物所造成的经济损失。而植物检疫这种防治措施与化学防治、物理防治或生物防治不同，主要是利用法规的手段对人类的生产活动及行为加以规范，防止危险性病虫远距离传播，从而达到保护农林业生产安全。两者解决问题的范畴虽不同，但都具同等意义上的重要性。

森林动植物检疫与常规的植物保护的区别是：①森林动植物检疫的依据是植物检疫法规和森林动植物检疫法规，该法规赋予了强制性和权威性的实施手段。②森林动植物检疫涉及范围广，包括外贸、邮电、运输、旅游、商业、海关、司法、教学、科研等有关部门，社会各界的支持与配合是检疫工作的重要保障。③《植物检疫条例》赋予了森林动植物检疫部门代表国家开展动植物检疫工作的权力，森检机构具有行政执法职能和职责。④对有害生物的控制和治理，植物检疫采取预防和除治并重的策略，其除害处理方式、要求和措施较为特

殊，在防止国外、外省危险性有害生物传入及局部发生的危险性有害生物传出时，多采取封锁、扑灭等措施。

一、两种检疫制度

世界上已开展植物检疫的国家，大都根据各自的情况，制定了自己的植检法规和相应的植检工作体制。各国的植检体制大体上可分为两种，一种是全面性检疫，一种是针对性检疫。

（一）全面性检疫与针对性检疫

1. 全面性检疫（发达国家）　该检疫体制规定一切有害生物活体都不得输入，对输入的繁殖材料要严格实行隔离试种检验，对所有可能传带有害生物活体的各种载体（植物、产品、包装物、植物根部的土壤、运载工具）必须进行检疫与处理。如在检疫检验中发现有害生物活体，不论这种有害生物在货物输出国家是否发生、为害轻重，一律都要采取熏蒸或消毒处理措施，如果熏蒸或其他消毒处理办法不能解决问题，将拒绝入境，退回原地或就地销毁。

澳大利亚、新西兰、日本、美国、加拿大、欧洲联盟采取的是全面性检疫体制。这些国家虽未明文规定"检疫对象名单"，但也有禁止或限制进口的植物名单，在禁止或限制进口植物名单的后面常附有注释"禁止"或"限制"原因的明细表。明细表中注明了所要预防的有害生物种类，这些有害生物就是他们所要防范的重点。

2. 针对性检疫（发展中国家）　该检疫体制的突出特点是根据各自的国情确定一些特定的危险性有害生物作为"检疫对象"，由国家明确公布一份危险性有害生物名单；除国家明文公布的检疫对象以外，国际植物保护及检疫协定、国际贸易合同中所规定的不得输入的危险性有害生物，也是针对性检疫检验的对象。国家植物检疫机关根据法规，对有可能传带这些检疫对象的动植物及其产品、其他相关物品实施针对性检疫检验。在检疫检验中一旦发现危险性有害生物，即采取相应措施进行检疫处理。除上述两类以外的有害生物，如在检疫检验中发现它们的数量过多，需要处理时，也建议货主进行除害处理。两种检疫制度的比较见表 1-1。

表 1-1　两种检疫制度的比较

全面检疫	针对检疫
保护面大 要有数量足、设备先进的隔离检疫苗圃 要有足够的熏蒸消毒除害设施	保护面小 容易造成漏检，难以检出具有潜在危险的病虫 检疫检验技术要求高，部分检疫措施难以实施

（二）针对性检疫的缺点

1. 保护面较小　全面性检疫是对一切有害生物都采取检疫措施，一旦发现都要处理，这样做国内所有的栽培作物乃至野生的植物资源都可得到保护。针对性检疫由于受检疫对象种类的限制，受到保护的植物较少。以我国的情况为例，据 1983 年农业部植物检疫实验所对84种常见农作物调查统计，可由种苗传带的真菌、细菌、病毒达3 111种，其中，国内尚未报道或分布范围小的1 182种，可对我国农业构成重大威胁的211种，但只有16种被我国定为检疫对象，只占危险性有害生物总数的7.6%。而这16种检疫对象所涉及的作物只有13种，即便这16种检疫对象的传播都得到了控制，所能保护的植物也只占到15%，还有85%、71种作物不能得到检疫法规的保护。

2. 容易造成漏检 由于针对性检疫主要是针对“检疫对象”和“应检病虫”实施检疫，还有大量的危险性有害生物（病、虫、杂草）未纳入法定的检疫程序，所以，很容易使一些危险性有害生物传入国内。就所确定的“检疫对象”和“应检病虫”而言，在口岸检疫检验时，由于技术和其他条件的限制，有时也很难检查出来，再加之缺乏检疫隔离苗圃和隔离检疫措施，漏检的可能性就更大。

3. 对具有潜在危险的有害生物难以执行检疫 针对性检疫所确定的“检疫对象”和“应检病虫”，都是国外已有发生或严重为害的有害生物。而国外那些有可能对我国构成严重威胁的种类却未包括在内。有些病虫在原产国（地）可能并不重要，但当传到我国，原有的生态环境改变后，就有可能成为重要的有害生物。对这类具有潜在危险的有害生物，针对性检疫缺乏法律依据，在检疫检验中常无能为力。此外，针对性检疫对象都限于特定的“种”，还不能针对“种”以下分类单位如亚种、生理小种、株系等进行检疫。如果传入了致病力强的“生理小种”或“株系”，所造成的危害，可能比所确定的“种”的危害还要大。

4. 对检疫检验的技术要求高 针对性检疫要求入境口岸在检疫时要确认是否为“检疫对象”或“应检病虫”，然后才能行使法律上的处置权。因此，能否在入境口岸检疫中确认所检出的有害生物的种类，就成为能否采取检疫措施的重要前提。这样往往会将自己置于被动的境地，也限制了一些必要检疫措施的实施。而实行全面性检疫的国家，法规中一切有害生物都被列为禁止传入的对象，检疫部门只要发现了有害生物活体，即便当时还不能确定出它的属、种，也可以采取检疫措施。

（三）实施全面性检疫必须具备的条件

全面性检疫的优点多，对有害生物的截获率高。但要实施全面性检疫，必须具备一定的条件，最重要的有两条。

1. 要有足够数量、设备精良、技术先进的“隔离检疫苗圃” 当口岸检疫机构难以检验出种苗是否携带危险性有害生物时，如将其送入隔离试种苗圃，对其健康情况进行检验和评价，并做相应处理，防止由种苗将潜在危险性有害生物传入国内的效果将十分可靠。

2. 要有足够的除害处理能力 在入境口岸广泛建立大型熏蒸消毒设施，对所有携带有害生物活体的货物全部进行处理，由农林产品将危险性有害生物传入国内的可能性将会很低。如日本在港口设有许多国有或私营熏蒸公司，使用容量3～15m^{3}的循环熏蒸设备，全日本熏蒸设备的总容量超过500万m^3。1984年日本对95%以上的进口水果和粮食都进行了熏蒸，部分港口的熏蒸率达98%～99%。

当然，“全面性检疫”和“针对性检疫”也不是绝对的，实施全面性检疫的国家，实际上也有其主要的有害生物检疫对象。实施针对性检疫的国家，除了所确定的检疫对象以外，对其他有害生物也实施检疫。例如，我国以针对性检疫为主，对检疫对象以外的其他危险性有害生物也规定，在进口种苗时也对非检疫对象进行检疫，并参照有关规定进行处理。我国现正在创

造条件逐步扩大植物保护范围，已在一些口岸建立了检疫隔离苗圃，还公布了“禁止进口植物名单”，规定了“禁止进口的植物”“禁止进口的国家和地区”“禁止进口原因”等。

二、制度化、规范化与标准化

植物检疫涉及社会各行各业，政策性很强，并有多种检疫制度与之相配套，以保障检疫措施的实施。因此，从事动植物检疫的专门人员除完成自身的工作任务外，还应当广泛地宣传检疫政策与制度，逐渐使国民在生产、生活活动中遵守国家的检疫法规与制度，全面提升防范外来有害生物入侵的水准。

1. 检疫立法的发展趋势 随着经济贸易的发展以及科学技术的进步，人类逐步认识到“禁运”特征的法令（禁止疫区动植物及其产品的输入）常严重影响国际贸易的发展，也忽略了人类本身对危险性有害生物的控制能力。这样世界动植物检疫立法正在逐渐从笼统的单项禁令向针对性、灵活性统一的综合性法规方向发展。如英国于1877年制定和颁布了禁止马铃薯进口的《毁灭性昆虫法令》，并于1907年和1927年两次对该法令进行修订和补充，1965年颁布了一部综合性的植物检疫法规，即《植物健康法令》(Plant Health Act)。

2. 制度化 调运动植物及其产品（包括包装、运输工具）时必须实施检疫，从国外引进种苗或其他繁殖材料必须经过有关检疫部门的审批，邮寄、托运动植物及其产品必须办理植物检疫手续等，这些都已成为各个国家植物检疫法规所规定的必须遵守的制度。我国在内检工作中经常使用的相关制度已有9项，如《应施检疫的植物、植物产品调运制度》、《产地检疫制度》、《国外引种检疫审批制度》、《专、兼职植物检疫员制度》、《植物检疫对象审定制度》、《国内植物检疫收费制度》、《植物检疫疫情发布管理制度》、《植物检疫奖、惩制度》、《植物检疫疫情监督制度》等。

3. 标准化 有害生物通过人为活动进行远距离传播的途径和情况十分复杂。有的潜伏在动植物及其产品的组织中，有的依附于动植物及其产品的表面，也有的混夹在动植物及其产品之间，有的附着在包装物或运输工具上。携带有害生物的载体（动植物及其产品）个体大小、货物数量常有很大差别，检疫时使用的检验方法不同，可能会产生不同的结果。所以，要想在有限的时间内准确无误地将其查出，并进行处理，常比较困难。因此，检疫检验只有遵循一定的标准化程序，按照法定的规定操作，才能将漏检率降至最低。我国现已制定了多项检疫操作规程，如《对外植物检疫技术操作规程》、《国内森林植物检疫技术规程》等，加速了我国检疫工作规范化的进程。

4. 规范化 任何标准都是技术、经济和政策的综合产物，任何标准的制定也是统一性、先进性和可操作性的体现。在我国现行的植检体制下，内检与外检分离、植检与森检分设，相互之间的责任和义务经常交叉，许多方面标准还不统一，出现问题时还互相推诿。因此，完善我国的检疫标准系列，统一和规范我国动植物检疫工作的标准，规范和优化我国检疫的技术、工作与管理，是我国的检疫制度与国际通用方法和标准接轨的关键。

三、国际化与国内协作大势所趋

任何生物向其分布区之外扩张，都不受国界、省界等人为设置界线的制约，只受生物地理分布因素的限制。因此，只有同一生物地理区域或者生物地理区域相互毗连的国家之间、省之间相互合作与协作，才能有效地防止检疫性有害生物的传播和蔓延。进行植物检疫的国际合作和国内协作，能更好地发挥植物检疫的作用，保证其效果，也可避免重复劳动，减少人力与物力的投入，降低检疫费用，还可共享信息，提高疫情的透明度，减少检疫的盲目性。国际上已经以《国际植物保护公约》为核心、以区域性植物保护组织为主体，形成了国际性的植物检疫协作网。我国森林动植物检疫已实现了全国性的网络化管理，并已经以各种形式的森林动植物检疫协作活动，逐步完善省际检疫协作体系。

（一）国际合作的意义

在植物检疫的发展过程中，最初多是各个国家根据其自身的需要而制定动植物检疫法规。随人类对动植物检疫重要性认识的提高，在国际贸易活动中产生了与检疫有关的双（多）边协定，形成了国际公约形式的国际性动植物检疫法规。如世界动物卫生组织（World Organization for Animal Health，法文为 Office International des Epizooties，简称 OIE，中文是国际兽疫局）制定的《国际动物卫生法典》等，联合国粮食及农业组织（Food and Agriculture Organization of the United Nations，简称 FAO）制定的《国际植物保护公约》等。此外，世界贸易组织为了协调各成员方在实施动植物检疫措施时，不对贸易设置不必要的技术壁垒，而制定了《实施卫生和植物卫生措施协定》。

国际性动植物检疫法规或公约的产生，首先是因为生物地理区域的概念，使人类认识到属于同一个生物地理区域的国家其疫情紧密相关，在执行检疫时只有努力将该区域作为一个整体考虑，才能尽可能地避免该区域受到某种有害生物的侵害和为害，该区域内各个国家的农林业生产、人类健康和生态环境才能受到有效的保护。其次，国际贸易的飞速发展、人员的频繁往来，使有害生物在世界范围内的传播风险率提高，这就要求国家之间进行密切合作，采取共同的检疫措施降低有害生物的传播风险，并安全地促进国际贸易发展。

（二）国内协作的意义

国内检疫协作是指全国检疫系统内各有关部门（包括国家、省、直辖市）、各职能机构，甚至毗邻地区的国民，在检疫工作中互相配合、密切合作与共同把关。

1. 相关部门间的协助与配合 动植物检疫具有跨地区、跨系统、跨行业的工作性质。其实施过程涉及的社会职能部门多，除植物检疫机关外，还需要其他部门的配合与支持。如国内植物检疫不能没有铁路、交通与邮政等部门的合作，口岸植物检疫离不开海关、港监与边防的配合，植物检疫行政案件必须有法院的支持。我国部门之间的协作，国家均发布有明确的规定。如 2002 年农业部、林业部、铁道部、交通部、邮电部和国家民航总局在颁发的《关于国内邮寄、托运植物和植物产品实施检疫的联合通知》当中，就明确规定了各级邮政、民航、铁路、交通运输部门一律凭植物检疫证书办理邮寄、托运手续，否则不给予办理的规定。又如，《进出境动植物检疫法》中明确规定“口岸动植物检疫机关在港口、机场、车站、邮局执行检疫任务时，海关、交通、民航、铁路、邮电等有关部门应当配合”，并要求各行各业要加强协作，一致对外，在应对国外有害生物入侵时共同把关。

2. 检疫系统内部的业务合作 我国现行的检疫体制是“内检外检分设，农业林业分管”。全国检疫系统有 3 支队伍：一支是把守国门的口岸植检队伍，一支是保护农业生产的

农检队伍，一支是保护林业与生态环境的森检队伍。这3支队伍应该只是分工不同，目的只有一个，即防止危险性有害生物的人为传播，因此，相互之间不能各自为战，应随时加强联系、交流业务与信息，在抵御外来有害生物入侵时形成一股力量。我国检疫部门的横向联系根据制度与业务进行，纵向联系主要是按照行政隶属通过上、下级之间的请示与汇报、指示与通知进行。如国内植检机关之间互寄植物检疫证书副本，国内植检机关与口岸植检机关之间互告检疫审批内容等，农、林植检机关之间根据工作需要共同协商业务分工等。

3. 毗邻地区之间的协作联防　毗邻地区在重大疫情发生时不宜分而管之，各自行动，应统一行动步伐、联防联治，效果更好。如我国在SARS疫情发生后，由于采取了全国性的统一部署、统一行动、联防联治的有力措施，在很短的时间内控制并根除了该疫情。我国在森林动植物检疫方面的联防联检，一种是省内的联防协作，如江西省赣州市各县之间开展的柑橘黄龙病的联防联治活动。另一种是省际的联防协作，如江苏、安徽、浙江三省开展的松材线虫病的联防联治活动。

在面临重大疫情威胁时，实行联防联治是一种较理想的组织形式。但在组织联防联治时还应注意3个问题：①在行动上要力求保持一致，如疫情调查的内容、检疫处理的要求、田间（林间）防治的时间等。②要互通信息，及时通报或上报各自辖区内的疫情动态、工作进展、经验教训。③要互相支持、互相支援。

四、促进商品贸易的发展

动植物检疫既要防止有害生物通过人为活动远距离传播，又要保障动植物及其产品运输的畅通，不延误商机，这两者常发生矛盾。要解决该类问题，就要实行一套切实可行、有效、简便、快速、准确的检疫检验方法。只有依靠可靠的检疫检验方法，才能在有限的时间内，从成百上千吨的种子、成千上万株的苗木、成千上万立方米的木材当中，准确无误地查出国家规定的检疫对象。随着国际贸易中动植物及其产品进出口数量、品种的不断增多，危险性有害生物传播的速度和途径必然会增加，因而任何一套检疫检验或管理技术，都应该借鉴实际经验与信息、他国的检疫法规与技术标准，不断创新和完善，才能适应检疫形势发展的要求与需要。

国家与国家之间的政治与经济贸易争端，常使检疫政治化，妨碍了正常的检疫工作。动植物检疫依据的是本国检疫法规、国际双边检疫协定、有关国际惯例、科学的检疫方法和技术，在处理国家之间的检疫争端时，应该在尊重国家主权、遵循国际惯例、依据科学的检疫结果的基础上，通过友好协商、密切合作解决问题。但是，某些发达国家常将国家政治与经济上的摩擦与动植物检疫相联系，企图使检疫争端政治化，破坏他国的检疫管理制度和贸易。如在中美"小麦矮腥黑穗病TCK"检疫争端中，美国以阻挠中国加入世界贸易组织、取消对中国的最惠国待遇为威胁，压迫中国允许进口其染有TCK的疫麦，严重干扰了中美双方的贸易，也有违中美双方达成的检疫协定；更有甚者，英国发生"疯牛病"之后，当欧洲联盟决定禁止其他成员国从英国进口牛肉时，英国竟然不顾他国和欧洲联盟的整体利益，在欧洲联盟的会议上对关于"疯牛病"的各项决议都投了否决票。因此，动植物检疫既要防止国际政治、经济摩擦的干扰，也要在受到干扰时依据国际与本国法规，维护本国的权益。

复习思考题

1. 简述我国主要贸易国的动植物检疫特点。
2. 我国的动植物检疫有哪几个主要发展阶段？
3. 动植物检疫的国际化与国内协作有何意义？

参考文献

李祥 . 1997. 植物检疫概论［M］. 武汉：湖北科学技术出版社 .

陈立虎，李晓琼 . 2004. 从《SPS 协定》看中国动植物检疫法的完善［J］. 华东船舶工业学院学报（社会科学版），4（3）：1-6.

罗朝科 . 2002. 世界贸易中动植物检疫技术措施对我国外贸的影响及对策［J］. 畜牧与兽医，34（4）：18-19.

高步衢，宋玉双 . 2001. 我国森林植物检疫工作的历史回顾［J］. 中国森林病虫，20（5）：19-22.

李志红，杨汉春，沈佐锐 . 2004. 动植物检疫概论［M］. 北京：中国农业大学出版社 .

>>> 第二章 森林动植物检疫的管理原则与任务

【本章提要】 森林动植物检疫是一项集法规管理、行政管理和技术管理于一体的工作。本章主要介绍森林动植物检疫的主要目的与任务，动植物检疫工作的属性和特点，森林动植物检疫的组织与管理制度及其业务管理。

森林动植物检疫是通过国家强制力量，预防危险性外来有害生物入侵、局部发生的危险性有害生物扩散蔓延的法制管理措施，这种措施对于危险性有害生物的管理、社会经济的安全与健康发展等均有长期而持久的影响。

随全球经济一体化步伐的加快，动植物检疫已经是唯一可经常运用、并符合国际惯例和WTO规则的非关税技术壁垒手段，这种手段对于捍卫我国农、林业的国家利益相当重要。但要正确使用这种技术手段，维护国家利益，则必须掌握我国森林动植物检疫有关组织管理、业务管理等知识。

第一节 森林动植物检疫的任务与目的

近年来，外来林业有害生物对我国的农林生产和环境威胁逐年加重，不少危险性林业有害生物正在不断扩散蔓延。此外，我国还是世界上物种多样性最丰富的国家之一，同时，也是生物多样性遭受威胁较大的国家。有意或无意引进任何物种、农林产品的国际贸易都是一把双刃剑，都有可能引入威胁当地或本国生态环境安全的物种。

我国曾经成功引进了国外的玉米、番茄、罗非鱼、虹鳟鱼等优良动植物品种，并取得了巨大的社会效益和经济效益。100 多年前我国将水葫芦作为家畜的水生饲料和观赏植物引进，如今华南地区每年则要花费上千万元治理；紫茎泽兰的蔓延则使得四川凉山彝族自治州的牧场环境恶化；松材线虫病、松突圆蚧、大米草、豚草、美洲斑潜蝇等均对我国的经济与生态环境造成了巨大破坏。

一、森林动植物检疫的目的

森林作为陆地生态系统的主体，在调节气候、抵御风沙侵袭、防止水土流失、改善人类生活环境等方面具有任何生态系统无法替代的作用，但森林也同时受到各类灾害的侵袭。我国每年的有害生物发生面积近 930 万 hm^2，经济损失 880 亿元/年，其中由 32 种外来有害生物直接和间接对森林带来的经济损失达 560 多亿元。

1. 防止危险性森林有害生物的传播 森林动植物检疫担当的社会责任与义务，就是防止本国、本地区尚未发生或只局部发生的危险性森林有害生物（危险性动物传染病、寄生虫病和植物病虫害、杂草以及其他有害生物等），通过贸易或非贸易活动随林产品及其动植物材料的人为传播、入侵、扩散和为害。从国家的全局和长远的利益出发，保护林业生产和生态系统的安全，维护国民健康，减少生物灾害，促进林业生产健康发展和经济贸易顺利进行，履行有关的国际义务，维护国家利益。

2. 对危险性有害生物实施检疫与除害处理 森林动植物检疫的实际任务，就是对生产、流通、贸易当中的危险性森林有害生物进行检疫，并按照相关法规的规定进行除害处理。我国森林动植物危险性有害生物，包括农业部发布的《进境植物检疫危险性病、虫、杂草名录》中与森林动植物及其产品相关的种类，国家林业局颁布的国内林业检疫性有害生物，各省、自治区、直辖市人民政府或林业主管部门发布的国内森林动植物检疫补充对象，以及我国对外签订的植物检疫协定、协议、贸易合同中规定的应检有害生物。

3. 对危险性有害生物执行强制性法制管理 森林动植物检疫是集法制、行政、技术管理为一体的有害生物综合管理措施。包括对危险性有害生物的直接管理、对传带危险性有害生物的森林动植物及其产品的管理、对森林动植物及其产品拥有人的管理。由于危险性有害生物、传带危险性有害生物的森林动植物及其产品，是受人支配进行流通或远距离运输，因此，按照检疫法规定，必须对森林动植物及其产品拥有人的林产品贸易活动加以规范和法制化管理。

4. 宣传和贯彻森林动植物检疫法 森检法规与国家发布的其他法规一样，是每个公民必须遵守的法规。森检法规包括国家、国家授权部门、地方政府、地方政府授权部门发布的有关森林动植物检疫的规范性文件，还包括国家间制定与签约国共同遵守的国际植检法规以及两国间签订的植保植检双边协定、协议或贸易合同中的植检条款等。森林动植物检疫的依据是动植物检疫法规。动植物检疫法规的宗旨由森检工作人员的执法行为所体现。因此，森林动植物检疫工作者只有充分宣传检疫法，才能使国民了解并遵守检疫法。森林动植物检疫部门还应通过各种新闻媒介，宣传森林动植物检疫法，增强各部门、各阶层及全社会的动植物检疫意识。

二、森林动植物检疫的任务

我国的植物检疫可分为对外检疫和对内检疫。无论是外检，还是内检，其共同任务都是防止危险性林业有害生物等的人为传播。预防危险性有害生物传播和为害可称为“三防一保”，即防止国外的危险性有害生物随同森林动植物及其产品传入我国，防止本国危险性有害生物随森林动植物及其产品传出国外，防止在国内局部地区发生的森林动植物检疫对象的扩散蔓延，同时，也要保障林产品的正常流通。这就要求森林动植物检疫应该做到“一不引祸入境，二不染灾于人，三保护物流畅通”。

（一）防止外来危险性森林有害生物的侵入

我国丰富的森林资源是发展国民经济的基础，为保证我国林业生产与环境免遭国外重大

疫情的影响，国家颁布了进出境动植物检疫法，公布了一、二类动植物危险性病、虫、杂草名单，设立了口岸动植物检疫局，并赋予他们进行进出境动植物检疫的法定职权，其目的就是要采取有效的强制性措施来防止国外发生严重而我国还未发生的危险性有害生物的传入。

但由于各种原因，某些危险性有害生物仍通过不同渠道传入了国内，并已使我国部分地区的森林受到破坏，其为害仍在继续扩大蔓延，如美国白蛾、松材线虫、松突圆蚧、湿地松粉蚧、日本松干蚧等。但防止外来危险性有害生物的入侵，并不等于不能引进国外优良种苗和发展对外贸易。为了我国农林经济大发展，提高国民的生活水平，降低新品种的开发与研究成本，需要不断地引进国外优良动植物品种，并进行国际贸易。如“九五”、“十五”期间，林业部门就从国外引进了山核桃、榛属、松类等的优良品种。在发展生产与检疫必须兼顾的形势下，森林动植物检疫机构必须善于检疫与督管，保证在引进优良品种、进行国际贸易的同时，避免国外危险性有害生物传入我国。

按照我国检疫管理体制，防止外来危险性森林有害生物的传入，由森林动植物检疫机构和口岸检疫机构共同完成。其中森检机构负责引进森林动植物的审批，输出国按照我国森检机构的检疫要求，对要输入我国的森林动植物及其产品实施检疫，并出具植物检疫证明；当森林动植物及其产品抵达我国口岸后，由口岸检疫机构再次检疫，检疫合格后方可放行，不合格的依法处理，所有繁殖材料均应进行隔离试种检疫。

（二）防止本国危险性森林有害生物的传出

按照国务院的规定，森林动植物检疫机构不直接承担口岸检疫任务，但要承担防止国内危险性森林有害生物传出境外的任务。根据我国与世界其他国家签署的《实施卫生与植物卫生措施协定》、《国际植物保护公约》，防止我国危险性有害生物外传，是人类防止危险性有害生物人为传播的共同任务，是每个主权国家发扬国际精神应履行的一项国际义务，更是维护我国外贸信誉的重要措施，也是我国森检对国际检疫规范的体现。

根据我国有关的检疫法规规定，从我国输出的森林动植物及其产品，各口岸检疫机构都要按照输入国的检疫要求施行检疫，合格时才能签发符合国际检疫要求的《植物检疫证书》并放行；如发现携带有检疫对象或应检病虫，则不准出境，或经除害处理，复检合格后方可出境。

口岸和内地检疫机构都是代表国家的动植物检疫机关，两者的目标和任务相一致，工作上必须密切配合。还应该注意，出口农林产品在口岸仓储和运输过程中要妥善管理，避免货物混储，杜绝再次被有害生物污染现象的发生，以免发生漏检，有损于我国检疫的声誉。同时，口岸检疫还应肩负保护我国珍稀野生森林动植物资源的重任，防止通过各种不正常渠道偷运出境，使我国宝贵的生物资源外流。

（三）防止危险性森林有害生物在国内的扩散蔓延

我国地域辽阔，各地都有为害程度不同的危险性有害生物（包括国外传进、当地原有），防止危险性森林有害生物在国内的扩散蔓延是森检部门承担的一项防灾减灾任务。为防止那些被依法列入国家、省（直辖市）检疫对象名单的、只在局部地区发生的有害生物被人为传播，我国对部分危险性有害生物划定了疫区和保护区，并采取封锁与扑灭措施，清除传播源。对这些国内检疫对象和危险性有害生物，各地森检机构应严加防范，在森林动植物及其产品调运前、调运中、调运后实施检疫、查验、复检等管理措施，以防人为传播和扩散。

（四）保障森林动植物及其产品的正常流通

森林动植物检疫这个“过滤器”，就是依据检疫法律、法规，通过行政、技术手段，在森林动植物及其产品的流通过程中，采取禁止和限制措施排除有害生物，为健康的森林动植物及其产品的正常流通服务。那些因担心危险性有害生物的传播，而采取过分严格限制或禁止森林动植物及其产品流通和调运的观点，或强调搞活流通而任意放宽、甚至放弃检疫的观点及做法都不可取。检疫把关是为了更好地为发展经济服务，要想经济正常发展必须严格检疫，这两者是相辅相成的。

在检疫执法过程中，要着眼于未来，不能只顾及眼前得失、急功近利，要注重造福子孙后代。既要强调严格、准确地运用法规处理危险性有害生物的传播问题，也要增强服务意识，在流通领域宣传检疫法规与知识，开展检疫法规的技术咨询，增强国民动植物检疫的公众意识、了解森林动植物检疫的意义，指导和帮助物流单位和个人解决有关检疫中的技术问题，使生产者与经营者自觉地按照植物检疫、森林动植物检疫法规申报并办理检疫手续，发现疫情及时报告。

三、森林动植物检疫工作的属性

森林动植物检疫是植物保护总体系中的一个重要组成部分，对危险性有害生物具有综合管理的特性。其工作属性与植物检疫及植物保护的区别主要表现如下。

1. 法制性 森林动植物检疫的依法行政特性是它区别于植物保护方法的根本。国家颁布的有关检疫法律、法规，实际上就是对森林动植物及其产品拥有者的生产经营与活动加以规范，以达到防止检疫对象和危险性有害生物传播。这就要求从事相关社会经济活动的人必须遵守法规，否则将担负法律责任；而检疫执法者，是代表国家和政府执行国家的相关法规，只有自己懂法、守法，其权力才具有权威性和强制性。为保证森检人员的素质，《实施细则》第三十一条规定，森检人员在开展工作中徇私舞弊、玩忽职守造成损失的要给予行政处分，构成犯罪的由司法机构依法追究刑事责任。其中，检疫的强制性是指由国家或林业主管部门采取的制止疫情传播的行政措施。如在木材检查站、检疫检查站查验《植物检疫证书》等，都属于任何单位和个人必须执行的强制性措施。

2. 预见性 国家和政府制定检疫对象名单以大量的科学信息为依据，是预见性和科学判断的结果。预见性就是预测危险性有害生物的传入方式和途径，并提出采取防范的检疫措施。因此，对检疫性有害生物所采取的各项检疫技术及处理措施，都是根据有害生物的传播规律与生物习性所设计的，必须在检疫过程中严格执行。

3. 技术性 森林动植物检疫中的诊断、取样、检验鉴定和处理等技术，是按照快速、简便、准确的检疫要求设计的。但是，要掌握该类技术，检疫执法者必须具有相关的检疫实践技能和经验。

4. 地域性 森林动植物检疫以省、地、县为单位组织实施。这种以行政区划为单位的实施方式，利于对动植物检疫工作及检疫对象进行管理，也便于检疫执法。

四、森林动植物检疫工作的特点

森林动植物检疫要求防止外来疫情传入和内部疫情传出。进行森林动植物检疫是国家经济和社会发展的需要，要满足这种需要，森检工作者必须了解其工作特点。

1. 法制手段与技术措施相结合　森林动植物检疫既是一种法制性干预及贯彻执行国家和地方颁布的检疫法规的行为，又是技术要求相对较高的实践行业。只知道检疫法规与相关知识，而没有真正解决检疫检验问题的技术或者技术不熟练，都不可能快速、简便、准确地完成检疫检验任务。因此，检疫执法者必须熟悉检疫执法手段和正确使用检疫技术与措施，才能做好检疫工作。

2. 预防与铲除相结合　预防是森林动植物检疫最根本的属性，除治则是预防的基础。如因漏检而使外国、外地检疫性有害生物传入，或对于只发生在局部地区的检疫性有害生物，不采取措施果断防除和治理、封锁与扑灭，有可能为其扩展、扩散和蔓延创造时机。任何一种检疫性有害生物传入新区后，其扩展都有一个由点到面、由小到大的发生发展过程，如果能在其传入初期，尚未扩散之前即采取合理的控制措施，不仅省工、省力，也容易根除。

3. 森林动植物检疫队伍与社会力量相结合　森林动植物检疫涉及的社会职能部门和行业多，要贯彻和落实动植物检疫法、完成检疫任务，检疫部门必须处理好内检与外检的配合问题，还要按照检疫法的规定争取社会相关部门的支持与配合，更应得到社会各界和国民的理解和支持。

4. 硬科学与软科学相结合　动物传染病、寄生虫病和植物危险性病、虫、杂草以及其他有害生物的分布、为害程度的调查、鉴定、发生规律、检疫与检疫处理等是硬科学，而涉及全局性的决策、部署、立法、管理、检疫对象的监测等是软科学，两者在森林动植物检疫中缺一不可。

第二节　森林动植物检疫的组织与管理

我国的森林动植物检疫隶属国家林业局管理，但在业务上又与农业部管理的植物检疫、国家质量监督检验检疫总局的口岸检疫机构有密切联系。因此，为从宏观上维护国家的整体利益，森林动植物检疫的组织管理遵循下述原则。

一、机构设置原则

机构是从组织上保证森林动植物检疫工作的基础，也是进行各种检疫活动的主体。我国农业部负责动植物检疫法规的立法和管理，国家质量监督检验检疫总局管理口岸进出境动植物检疫，国内的动植物检疫则由农业部和国家林业局分别负责，国内县级以上各级动植物检疫机构受同级农业或林业行政主管部门领导和管理。我国的动植物检疫由三个独立部门分别管理，职能与分工相互交错，与国际动植物检疫体系不相适应的状况正在逐步理顺和完善。

《植物检疫条例》（以下简称《条例》）中第二条、第三条及《植物检疫条例实施细则

（林业部分）》（以下简称《实施细则》）中第二条，明确规定我国的检疫机构由主管与执行两部分组成。森林动植物检疫主管部门包括国家林业局及县级以上林业主管部门（林业厅、局），执行部门是县级以上各级森林动植物检疫机构，各级森林动植物检疫机构是由同级人民政府批准，业务直属同级林业主管部门领导。

（一）森林动植物检疫主管与执行部门

自1984年开始，经过30多年的发展，我国动植物检疫机构已经逐步形成了包括行政主管部门、检疫执行机构及技术依托单位的完整体系。其中，口岸检疫机构和国家林业局所属动植物检疫机构分别负责森林动植物检疫的外检和对内检疫，国家林业局统管全国的森林动植物检疫工作。

全国森林动植物检疫工作由国家林业局统管，国家林业局植树造林司负责管理和实施全国森林动植物检疫工作，起草动植物检疫法规，提出森检工作的长远规划和建议，贯彻执行国家《植物检疫条例》，制定并发布动植物检疫有害生物名单和应检动植物及其产品名单，负责国外林木引种审批，组织国内疫情普查，汇编全国动植物检疫资料，推广检疫工作经验，组织检疫科研与培训检疫技术人员。

我国县级以上林业主管部门主管本地的森林动植物检疫机构（站），负责贯彻《植物检疫条例》及国家发布的各项动植物检疫法令、规章制度及制定本地区的实施计划和措施，起草本地有关动植物检疫的地方性法规和规章，确定本地区的动植物检疫性有害生物名单，提出划分疫区和非疫区以及非检疫产地与生产点的管理，检查指导本地区各级动植物检疫机构的工作，签发动植物检疫有关证书，承办国外引种和省间种苗及应检动植物的检疫审批，监督检查种苗的隔离试种等。

各级森林病虫害防治检疫站或森林保护站负责执行国家森林动植物检疫任务（省级以上林业主管部门确认的国有林业局所属的森林动植物检疫机构负责本单位的森检任务），并接受地方与直属上级的“双重领导”，这种业务管理体制使上级检疫机构具有了一定的行政指挥权。我国省、自治区、直辖市、县森林动植物检疫站的建站率已达80%～100%。全国森林动植物检疫网络已初步建成，已具备了在全国范围内开展森林动植物检疫的基本条件。但少数地方将森林动植物检疫机构与其他收费机构合并，或将检疫业务交由公司、生产单位代替等做法，都不符合国家有关检疫管理的规定。

（二）森林动植物检疫的技术依托单位

我国森林动植物检疫技术依托单位包括从事动植物检疫的科研单位、检疫技术人员培训基地、动植物检疫学术团体等组织。1984年国务院林业主管部门成立的沈阳北方森林动植物检疫所，承担有关森林动植物检疫的科研任务，负责全国的森林病虫害疫情调查，为指导全国森林动植物检疫工作提供科学依据。

我国专职从事动植物检疫科研的单位包括国家质量监督检验检疫总局的动植物检疫实验所、农业部植物检疫机构所属的国家动植物检疫隔离场、全国农业有害生物风险分析中心、四川和广东区域动植物检疫隔离场、国家林业局所属防止外来林业有害生物入侵管理办公室，以及农、林院校的有关机构。这些机构的主要任务是收集国内外危险性有害生物的发生、为害、分布等资料，研制危险性有害生物的检疫检测技术、检疫处理方法，进行有害生

物风险分析，为国家制定动植物检疫法规提供依据，协助国内疫情普查与疫害的鉴定和扑灭，并与有关部门协办出版《植物检疫》等专业期刊。

我国的动植物检疫人员培训基地包括天津和浙江的植物检疫培训中心，他们承担口岸植物检疫人员及国内动植物检疫人员的培训任务。此外，农业部、国家质量监督检验检疫总局及下属的动植物检疫实验所、相关大学还举办专题检疫技术培训班。许多农林院校和师范院校都开设有动植物检疫课程，或授权培养有关动植物检疫方面的硕士、博士研究生，为国家培养和输送动植物检疫专门人才。

中国植物保护学会和中国植物病理学会设有植物检疫专业委员会，其主要功能是通过组织动植物检疫专业人员的学术活动、沟通信息、交流技术与工作经验，普及宣传植物检疫知识、开展技术咨询、促进我国检疫技术的提高等。

二、检疫人员编配原则

林业动植物检疫人员是指依法取得有效证件的专、兼职检疫人员，其中专职检疫员是动植物检疫法规的具体执行者。

（一）检疫人员的聘任

《实施细则》第三条规定，专职检疫员必须是具有林业专业、森保专业助理工程师以上技术职称的人员，或者是中等专业学校毕业、连续从事森保工作 2 年以上的技术员；同时，还应经过省级以上林业主管部门的岗位培训、成绩合格，并获得由省、自治区、直辖市林业主管部门颁发《森林动植物检疫员证》。

根据《植物检疫条例》规定，县级以上林业主管部门或者其所属的森林动植物检疫机构可根据工作需要，从农林、科研、种苗繁殖和基层农林业技术推广单位聘请兼职植物检疫员。《实施细则》第四条规定，经过县级以上各级林业主管部门举办的森检培训、成绩合格、并取得证书，经县级以上林业主管部门批准，发给兼职森检员证的人员即可成为兼职森检员。兼职植物检疫员的任务是在其所属单位开展疫情调查，协助森林动植物检疫机构开展产地检疫、调运检疫及病虫害的除治工作，但不得签发《植物检疫证书》。

我国各级森检机构从 1986 年开始，对森检人员实行工程系列职务聘任制，其技术职务为技术员、助理工程师、工程师和高级工程师。全国现已有专职森林动植物检疫人员超过 1 万人，兼职森林动植物检疫员 2.2 万多人，专职与兼职人员的组合，提高了我国森林动植物检疫的工作效益，有效地控制了危险性有害生物的传播蔓延。

（二）法定代表人

动植物检疫有一系列法律、法规。检疫法规不仅是检疫的依据，也用来规范和控制检疫行为。根据我国检疫法规定，检疫执法部门的负责人是行使检疫行政管理职权、参与各种诉讼活动的法定负责人或代表人。当公民、法人或其他组织对检疫机构的检疫处理不服，进行诉讼时，根据《中华人民共和国行政诉讼法》第二十五条规定，被告方检疫机构的法定代表人即为行政诉讼的被告。

但不是任何情况下，被告方都是检疫机构。如：①根据法律与法规，林业主管部门或上级检疫机构受权或委托检疫机构作出具体行政行为时，被告方应是下达委托的行政机构或上级检疫机构。②在行政复议当中，如复议机关仍维持原具体行政行为时，被告仍是作出原具体行为的检疫机构；若复议机关改变了原具体行政行为时，则复议机关为被告。③两个以上检疫机构作出同一具体行政行为时，共同做出具体行政行为的检疫机构均是被告。因此，《林业行政处罚程序规定》第九条规定，林业行政主管部门授权或委托查处林业处罚案件时，应当办理书面授权或者委托手续，并由授权或委托的林业主管部门报上级林业主管部门备案。

三、组织管理制度原则

我国森林动植物检疫事业在发展过程中建立了一系列的组织管理制度，其中最重要的是检疫人员的管理制度和检疫行政监督制度，所有这些制度是顺利开展检疫工作的保证。

1. 检疫人员的管理制度 包括对检疫人员的录用、岗位责任制的建立、检疫人员的考核、检疫人员的培训及思想教育等内容。

2. 检疫人员的录用制度 应严格按照《实施细则》规定的条件和录用程序进行。各级林业主管部门都要严格审查、录用符合要求的检疫员。各级检疫机构根据本单位的实际，对现有检疫人员的数量、所担负的检疫任务、技术层次、年龄结构等，按照《条例》第三条、《实施细则》第五条的规定设置责任岗位制，做到合理分工，对已调离、升职的要及时地进行补岗。

3. 检疫人员的考核制度 检疫人员的考核主要体现在德、能、勤、绩等几方面。考核可激励先进、鞭策后进、增强工作的责任心、提高业务水平和工作能力、提高检疫的工作效率，有利于推行目标化管理。对在技术上取得重大突破、截获检疫对象成绩卓著、处理违章案件有立功表现的先进集体或个人，应给予奖励；如有重大失误、渎职违法等则按照相关规定处置。

4. 检疫人员的培训制度 各级检疫部门应根据实际条件，多层次、多渠道、多方式地进行检疫培训，或开展专题培训，以提高全体检疫人员的总体水平和实力、更新其知识体系。同时，还应对检疫及管理人员加强法制教育，使其依法检疫、秉公办事、尽职尽责，处理好把关与服务的关系。

5. 检疫行政监督制度 体系内部监督主要是各级管理机构的上、下级之间的相互监督。如上级机构对下级机构的工作检查，下级机构对上级机构的工作汇报，主管部门对所属检疫机构的工作督促等。体系外部的监督主要是社会各方面的监督。如财政部门对检疫收支的财务监督、物价部门对收费标准的监督、审计部门对经济活动的审计监督、监察机关对检疫执法的检查监督，国民对检疫工作的批评、对执法人员违法情况的举报、向人民法院提出行政诉讼、申请行政复议等。

6. 检疫机构的执法制度 各级森林动植物检疫机构是享有行政执法职能的组织，依法享有森林动植物检疫的行政执法权，代表国家进行森林动植物检疫行政管理。我国的森林动植物检疫机构的组织管理制度，还包括专职植物检疫员制度、兼职植物检疫员聘任制度、植物检疫人员培训制度、植物检疫奖励制度、国内植物检疫基金制度、植物检疫注册登记制度等。各项管理制度的确立，规范了我国的动植物检疫工作，提高了检疫机构的行政执法能力，为造就高素质的国内植物检疫队伍提供了依据。

四、综合管理原则

森林动植物检疫不是一个单项措施，也不是关卡检疫，而是由一系列措施构成的法制管理、行政管理和技术管理相结合的“综合管理体系”。在这个体系当中，检疫管理对象有危险性有害生物、动植物及其产品、与检疫物有关的人（执法者、公民、法人或其他组织）。管理措施包括流通前、流通中和流通后等一系列法制、行政与技术措施等。还包括在流通前划定“疫区”和“保护区”，实行封锁、消灭和保护措施，产地检疫、市场检疫、国外引种的检疫审批，流通中的路卡检疫、调运检疫、运输检疫，流通后的检疫苗圃隔离试种、传入新区后的铲除措施等。也涉及交通、运输、邮电、贸易、公安、司法、旅游等许多部门，又涉及生物、社会、经济、法律等多个领域。只有这些管理措施及技术相互配合，互为补充，才能杜绝危险性有害生物的传播。

森林动植物检疫“综合管理体系”，关键在于建立完善的管理制度，按照管理制度准确执法，管理危险性有害生物，确立检疫工作的严肃性与权威性，规范森林动植物及其产品的拥有人的经济交往行为，并不断总结经验，吸取教训，及时弥补检疫工作的不足。这种综合管理体系还应从保护生物多样性的需要出发，预防外来有害生物的入侵，不在贸易活动中设立大家难以接受的检疫条件，保障在各类贸易活动中将传播有害生物的风险降到最低水平。

第三节　森林动植物检疫的业务管理

我国在防止危险性森林有害生物入侵及其在国内传播蔓延的同时，逐步建立健全了进出境和国内动植物检疫制度和业务管理，确保了动植物检疫工作的健康发展。森林动植物检疫的业务管理包括各项专业技术管理和行政行为管理两大部分。

一、检疫制度

我国先后颁布了一系列动植物检疫法律、法规、规章和其他规范性文件规范了检疫制度。如《中华人民共和国进出境动植物检疫法》及其《实施条例》以及《植物检疫条例》及其《实施细则》等，其中专业技术管理和行政行为管理的主要依据是《条例》及《实施细则》。

（一）检疫制度的法律基础

我国的动植物检疫制度由《中华人民共和国进出境动植物检疫法》及《中华人民共和国进出境动植物检疫法实施条例》所规范。《中华人民共和国进出境动植物检疫法》是我国第一部由国家最高权力机构颁布的植物检疫法律。该法共八章五十条，规定了进出境动植物检疫工作的宗旨、检疫机构及其职责和权力、检疫制度、法律责任和附则等内容，包括进境检疫、出境检疫、过境检疫、携带及邮寄物检疫和运输工具检疫等五大法定的检疫制度。

为了贯彻执行《中华人民共和国进出境动植物检疫法》，1996 年 12 月 2 日国务院的第

206 号令，发布了自 1997 年 1 月 1 日起施行的《中华人民共和国进出境动植物检疫法实施条例》。该条例是《中华人民共和国进出境动植物检疫法》的组成部分，共十章六十八条。其中对进出境动植物检疫的工作总则、检疫审批、进境检疫、出境检疫、过境检疫、携带和邮寄品检疫、运输工具检疫、检疫监督、法律责任及附则等十个方面的检疫制度作了进一步明确、具体的规定和规范。

国内动植物检疫制度由《植物检疫条例》及其《实施细则》所规定和规范。《植物检疫条例》1983 年 1 月 3 日由中华人民共和国国务院发布，1992 年 5 月 13 日国务院修订后重新发布并施行；该《条例》共二十四条，主要规定了国内动植物检疫的目的、任务、国内动植物检疫机构及其职责、检疫范围、检疫对象的制定、疫区与保护区的划定、调运检疫与产地检疫、国外引种检疫审批、隔离试种、国外新传入检疫对象的封锁与控制扑灭、检疫放行与疫情处理、检疫收费、奖惩制度和违反条例的法律责任等。《植物检疫条例实施细则（林业部分）》1984 年 9 月 17 日由林业部发布，1994 年 7 月 26 日修订后以第 4 号令重新发布，对森林动植物检疫制度做了具体规定，该细则共三十五条；1994 年 8 月林业部制定了森林动植物检疫对象（分别于 2004 年和 2013 年修订）及应施检疫的动植物及其产品名单。

（二）进出境检疫制度

进出境检疫制度主要包括检疫监管、接受检疫、检疫审批、注册登记、进境检疫及处理、出境检疫及处理，及过境、携带与邮寄物等。

1. 检疫监管制度 对进出境的动植物、植物产品，口岸动植物检疫局应当进行检疫监管。即对违反危险性有害生物名单及禁止进境物名录法定规定单位或个人，将依法予以罚款、吊销检疫单证、注销检疫注册登记，或取消其从事检疫消毒、熏蒸的资格，构成犯罪的，依法追究刑事责任。若动植物检疫人员滥用职权、徇私舞弊、伪造检疫结果，或者玩忽职守、延误检疫出证，构成犯罪的将依法追究刑事责任，轻者将给予行政处分。

2. 接受动植物检疫制度 根据《动植物检疫法》及《实施条例》的规定，凡进境、出境、过境的动植物及其产品和其他检疫物，装载动植物及其产品和其他检疫物的装载容器、包装物、铺垫材料，来自动植物疫区的运输工具，进境拆解的废旧船舶，有关法律、行政法规、国际条约规定或者贸易合同约定应当实施动植物检疫的其他货物、物品，均应接受动植物检疫。

3. 检疫审批制度 输入植物种子、种苗及其他繁殖材料和《中华人民共和国进出境动植物检疫法》第五条第一款所列禁止进境物必须事先办理检疫审批。

4. 注册登记制度 国家对向中国输出动植物及其产品的国外生产、加工、存放单位实行注册登记制度。同样，由我国输出动植物及其产品的加工、生产、存放单位也应办理注册登记。

5. 进境检疫及处理制度 根据检疫需要，在征得输出国有关政府机构同意后，国家动植物检疫局可派出检疫人员进行预检、监装或者疫情调查。在动植物及其产品进境前，货主或者其代理人应当事先向有关口岸动植物检疫局报检，经检疫合格时准予进境；若发现携带危险性有害生物时，应在口岸动植物检疫局的监督下进行除害、退货或销毁处理，检疫处理合格后准予进境。

6. 出境检疫及处理制度 在动植物、动植物产品输出前，货主或者代理人应事先向有

关口岸动植物检疫局办理报检，口岸动植物检疫局检疫合格或经检疫处理合格后，签发植物检疫证书，准予出境；当检疫不合格，又无有效的检疫处理方法时则不准出境；装载动植物产品出境的容器，应当符合国家有关动植物检疫的规定，携带危险性有害生物或一般有害生物超过规定标准时也应进行除害处理。

7. 过境、携带与邮寄物等检疫制度　对过境的动植物及其产品和其他检疫物，需持有输出国政府的有效植物检疫证书及货运单，在进境口岸向当地动植物检疫局报检并接受检疫。携带、邮寄物经检疫合格的予以进境，若不合格又无有效的检疫处理方法时，口岸动植物检疫局签发《检疫处理通知单》，并做销毁、退货处理。对来自动植物疫区的船舶、飞机、火车及其他进境车辆抵达口岸时，应接受口岸动植物检疫局的检疫，若携带危险性有害生物时必须进行检疫处理。

（三）国内检疫制度

《检物检疫条例》明确了检疫对象的确定原则、疫区和保护区的划分依据与程序，各地检疫部门应及时向上一级检疫机构汇报新发现的疫情，并予以扑灭。国内各类疫情由国务院农、林业行政主管部门发布，应施检疫的有害生物名单及应检植物产品名录由各级植物检疫主管部门制定。

国内检疫制度包括国内动植物及其产品调运检疫、产地检疫、检疫收费、疫情发布与管理、疫情监测、检疫对象审定、专职动植物检疫员、检疫人员培训、检疫奖励制度、新疫情的封锁、控制和扑灭制度、国外引进种子与苗木检疫审批制度等。为保证检疫制度的执行，《检物检疫条例》与《实施细则》还规定了国内动植物检疫的行政措施，即禁止措施、防疫消毒措施、强制性检疫处理措施、紧急防治措施、行政处罚与刑事处罚等。

1. 调运检疫制度　《条例》第六条、第九条、第十条对调运植物及植物产品实施检疫作出了明确规定，其程序包括调入地事先申报、调出地申请检疫、凭证邮寄和拖运、调入地复检4个程序（详见第六章）。

2. 产地检疫制度　《条例》第十一条规定，动植物检疫机构应实施产地检疫，各类良种繁育体系（良种场、原种场）及种子、苗木和其他繁殖材料的繁育单位，应建立无检疫对象种苗基地、母树林基地。产地检疫是国内动植物检疫的基础，是防止危险性有害生物传播和蔓延的根本途径。进行产地检疫可缩短调运检疫过程及时间，提高检疫的准确性和可靠性，有利于促进商品的交换和流通（详见第六章）。

3. 国外引种检疫制度　我国于1963年由国务院印发了《国务院关于加强粮食、农产品、种子、苗木检疫工作的通知》，1980年10月农业部又印发了确立国外引种检疫审批制度的《引进种子、苗木检疫审批单》；1999年6月3日，农业部会同国家出入境检验检疫局联合发出了《关于进一步加强国外引种检疫审批管理工作的通知》，明确提出了“严格控制从国外大批量引种，适当调整省级检疫审批限量，严格申报程序，加强口岸检疫和隔离试种疫情监测，明确农林检疫及检疫审批分工等”六项措施。《条例》第十条对检疫审批的权限做了明确规定，全国由农业部、国家林业局主管，由农业部所属的全国农业技术推广服务中心和国家林业局所属的植树造林司具体负责并承办；各省（自治区、直辖市）分别由农业厅（局）、林业厅（局）主管，农业厅（局）的省级植物检疫或植保植检站、林业厅（局）的省级森林动植物检疫或森林病虫防疫站具体负责并承办。

4. 专、兼职植物检疫员制度 《实施细则》第五条明确规定，森检人员进入车船、机场、港口、仓库和森林动植物及其产品的生产、经营、存放等场所执行检疫任务时，应穿着体现检疫工作严肃性和权威性的检疫制服和佩戴检疫标志。1984 年以来，各级森检机构逐步建立起专职检疫员制度，配备并统一配发了检疫制服。同时，有关种苗繁育单位及基层单位聘请兼职检疫员协助检疫工作，形成了一支以专职检疫员为骨干、兼职检疫员相结合的检疫队伍。

5. 国内植物检疫收费制度 森林动植物检疫的目的是防止危险性病虫传播蔓延，确保国家林业生产安全，为弥补检疫经费的不足，《条例》第二十一条规定，植物检疫机构执行检疫任务时，可按照相关管理规定和标准收取检疫费。2015 年国家暂停了检疫收费。

6. 动植物检疫疫情发布管理制度 森检对象（国家、省公布）及危险性有害生物在国内发生和分布情况属于重大生物疫情灾害，直接关系到对外经济贸易和科学技术交流，系我国的经济和科技秘密。我国的相关法律和法规如《中华人民共和国国境卫生检疫法》、《家畜家禽防疫条例》，均对疫情管理有明确规定。虽然我国国内动植物检疫工作实行国家和省（自治区、直辖市）两级管理，但《条例》第十五条、《实施细则》第十条明确规定，动植物检疫疫情只能由农业部和国家林业局发布。

7. 动植物检疫疫情监测制度 《条例》第十二条规定，对国外引进可能潜伏有危险性有害生物的种子、苗木、繁殖材料实行隔离试种监督。《条例》第十四条及《实施细则》第二十四条等规定，检疫机构对新发现的检疫对象及其他危险性有害生物必须及时查清情况，立即报告并采取措施彻底消灭。动植物疫情监测是国内检疫的基础性和经常性工作，应有计划、有步骤、有重点地定点、定员、定期监测和调查，以利及早发现、及早划区，为采取封锁、控制、扑灭措施防止其传播和为害。

8. 动植物检疫对象审定制度 《实施细则》第七条对森检对象、检疫性森林动植物及产品名单及补充名单的制定做出明确规定，全国动植物检疫对象和检疫性动植物及其产品名单由农业部和国家林业局分别制定和公布；省、自治区、直辖市的名单由其所属的农业厅和林业厅（局）分别制定和公布。林业检疫对象的公布和管理执行《林业检疫性有害生物确定管理办法》，各省、自治区、直辖市补充森检对象名单应报国家林业局备案，同时通报有关省、自治区、直辖市林业主管部门。国家林业局从 2003 年起进行了林业有害生物的普查工作，在普查的基础上先后于 2004 年和 2013 年全面修订了检疫性有害生物名单。

9. 危险性有害生物封锁、控制和扑灭制度 《条例》第五条、第六条、第十四条及《实施细则》第十一条规定，对新发现、局部发生的检疫对象及其他危险性有害生物，应划定疫区，将尚未发生的地区划为保护区，并采取封锁、控制和扑灭措施。采取封锁、控制和扑灭措施的费用由国家酌情给予补助。

10. 植物检疫奖惩制度 《条例》第十七条、第十八条、第十九条、第二十条及《实施细则》第二十九条、第三十条、第三十一条对检疫奖励和行政处罚的实体及程序进行了规定。1979 年颁布后经第八届全国人大第五次会议通过并修订的《中华人民共和国刑法》第四百一十三条规定，动植物检疫机关的检疫人员徇私舞弊伪造检疫结果的处 5 年以下有期徒刑或拘役，造成严重后果的处 5 年以上 10 年以下有期徒刑；前款所列人员严重不负责任，对应当检疫的检疫物不检疫或者延误检疫出证，致使国家利益造成重大损失的，处 3 年以下

有期徒刑或拘役。这些规定利于调动检疫人员执法、守法的自觉性，充分体现了有法必依、违法必究的检疫管理制度。

二、专业技术管理

森林动植物检疫如果仅有法律、法规的保障，如果没有一套行之有效的检疫取样、检验技术和除害处理办法，将不能快速、准确、正确地检出有害生物，并干净彻底地予以杀灭；除直接导致检疫失误或漏检外，还可能延误或延长检疫时间，如导致货物的"压港""压库"现象，影响正常的商品流通、造成经济损失，若因此而造成有害生物扩散的后果，还将被依法追究责任。要使动植物检疫能及时引进当代先进的科学技术，不提高检验、检测水平及鉴定能力，保持检疫结果的权威性，必须对检疫过程与技术队伍进行科学的专业技术管理。

（一）应检范围管理

本管理包括确定检疫对象、检疫对象的公布、根据检疫形势及时修改检疫对象、调查和编报检疫对象的分布。动植物检疫中所管理的应施检物，除危险性有害生物外，还包括危险性有害生物的寄主及其产品、动植物及其产品形成商品时的各种包装物、调运时的运载工具。

《条例》第四条对检疫对象的依据进行了规定，即凡局部地区发生的危险性大、能随植物及其产品传播的病、虫、杂草应定为植物检疫对象（三原则）。在确定检疫对象时，应全面考虑有害生物的时空要素（发生范围的局部性）、经济要素（有害或有潜在为害）、生物要素（适生性、防治难度）等。其中在考虑局部分布时，应将有害生物的重要性与寄主的分布相联系，并进行危险性分析，估计其经济、社会和生态效益；危险性大小，应考虑其对植物及其产品受到产量损失和质量损害及对人类的影响（经济、生态、政治、防治难度）；在人为传播因素中，还应考虑其传播后是否有扩散蔓延的可能性与趋势。

全国森林动植物检疫对象由国家林业局组织确定并颁布，补充名单由各省（自治区、直辖市）提出，并上报国家林业局。检疫对象的确定是一项复杂的决策过程，林业部为此规定了《森林动植物检疫对象确定管理办法》，尽可能保证确定森检对象的科学性。若应该确定为检疫对象而被遗漏或将不具备条件的有害生物列入名单，其后果都很严重。

当国家及省补充森检对象颁布后，各级森林动植物检疫机构应定期对本地区的森检对象进行全面的普查，掌握当地种类、分布及为害情况等，为本地的检疫、危险性有害生物的防控提供依据，并应及时逐级编报森检对象的普查结果，便于上级主管部门根据各地疫情的变化，定期修订检疫对象名单。如随国内外检情和我国经济贸易的需要，我国1996年发布的危险性森林动植物有害生物原名单满足不了检疫的要求，有的分布已很广，有的当时制定不科学，有的危害已不严重了。为此，2013年1月国家林业局修订了2004年发布的《林业检疫性有害生物名单》。新名单注重现实性和科学性，删除了原名单中的一些种类，新增了近几年从国外传入的种类。

对应施检物的管理，不论其是否列入应施检名单，不论运往何地，在调运之前，都必须经过检疫。法定范围的应施检物有1992年9月25日农业部公布的《中华人民共和国进境植物检疫禁止进境物名录》中的种类，即动植物病原体、害虫及其他有害生物，疫情国家和地区的有关动植物及其产品和其他检疫物、土壤、进境拆解的废旧船舶，国际条约规定或者贸易合同约定应施检物；列入国内应施检物名单的森林动植物及其产品，疫情区的种子、苗木及其他繁殖材料（生产用根、茎、苗、芽等)。按照《条例》第十条、《实施细则》第十五条规定，应施检物还包括未列入全国名单及补充名单，而调入省检疫机构所要求的种类；但检疫要求的提出，应以疫情为根据。

（二）检疫检验与处理技术管理

检疫检验是通过一定的技术手段，检查、检验应施检物是否携带有检疫对象的技术措施。这项技术要求检疫人员既能识别森林动植物及其产品种类、有害生物种类，还要掌握具体的检疫检验方法。常用的检疫检验技术包括直观检验、过筛检验、解剖检验、相对密度检验、染色检验、诱器检验、软X光检验、洗涤检验、漏斗分离检验、分离培养检验、接种与试种检验和萌芽检验等12种检疫检验方法。由于受检的森林动植物及其产品有害生物种类不同，所采用的检疫检验方法也不同。有的方法既可检验害虫又可检查病害，有的方法则只能检验某一种或某一类特定的害虫，有时几种检验方法联合使用才能确定某一种有害生物。因此，对检疫检验技术的管理，就是要求检疫人员既掌握目前针对不同应施检物核定的检疫、检验技术，还应不断地学习和掌握新的检疫、检验技术。

检疫除害处理方法要求快速、高效、安全，即在短时间内能将森林动植物及其产品所携带的危险性有害生物彻底除掉，同时，又能保障被处理的森林动植物及其产品和工作人员的安全。检疫处理应根据不同的森林动植物及其产品种类、危险性有害生物种类的不同及具体条件，选用经济有效、不污染环境的处理方法，以尽量不损害或少损害货物，减少经济损失。常见的森林动植物检疫处理技术有热水浸烫、微波加热杀虫、水储处理、熏蒸处理、辐射处理等。

（三）疫区和保护区管理

疫区（area of infestation）是指由政府划定，由省级以上政府批准公布，危险性有害生物新入侵的地区。划定疫区是为了采取封锁、消灭措施，防止新传入、突发性和局部发生的检疫对象自控制区向外扩散、蔓延，以保护其他广大地区的生产安全。非疫区（pest free area）是指有科学证据证明未发现某种有害生物，并由官方认定、政府宣布的地区。政府一旦宣布，就必须采取相应的检疫措施，阻止检疫性有害生物从疫区向该地区传播。疫区和保护区的划分，应依据调查和有害生物的分布与生态适生区信息资料。

1. 划定疫区和保护区的条件 疫区和保护区是用来描述和管理检疫对象分布区的概念。①有检疫对象发生或具备发生生态条件的地区，并根据《条例》第六条的规定程序划定，必须采取特殊检疫措施的地区，才能被划定为疫区和保护区。②在划定疫区和保护区之前，必须全面掌握有关检疫对象的发生范围、生物学特性及当地林业生产现状等基本情况；然后再了解当地的地理、交通状况，检疫对象的传播路径，及采取封锁、消灭和防范措施的要求与需要。③疫区和保护区的划定，要充分考虑其对生产和社会经济的影响。划定疫区是一件非常慎重的事，它既有利于保护当地的林业生产，同时，又因疫区的森林动植物及其产品不能外运，只能被限制在疫区内使用，从而限制了当地经济的发展。④划定疫区时还要对危险性有害生物的适生性进行危险性分析，如在某区域的适生性等于零，那就不需要将其划定为疫

区。疫区具有相对性和变化性，若该种检疫对象已普遍发生，原来的疫区自然亦不存在了。

2. 疫区管理　《条例》第六条规定，由省级林业主管部门提出，报省级人民政府批准，上报国家林业局备案，然后发布检疫对象的发生区称为疫区，疫情发生区则仅指发生检疫对象为害的地区，检疫对象发生区未经法定程序划定时不能称为疫区，只是疫情发生区。疫区管理包括行政管理和有害生物地理分布界限管理两方面，主要是：①对划定为疫区的地区，应坚决采用行政和技术性封锁措施。如在行政上建立权威性扑灭指挥机构、发布封锁令等；技术上设置隔离带，全力扑灭封锁和清除疫源；经济上安排采取所需要的防除费和补助费等；实施相应的消灭措施，防止检疫对象从疫区传出。②严禁疫区内的森林动植物及其产品（尤其是种苗）外运。如确实需要外运，则必须经所在省检疫机构批准，跨省区的外运要有农业部和国家林业局相关部门批准，并在疫区四周边界的交通要道上设置关卡，进行检疫。对边界的非疫区定期调查、加强传出的防范，以延缓有害生物向外扩展的速度。③加强宣传，健全检疫制度，不无意引害入境。对面积很小的新疫区，要立即扑灭，对偶然传入而本地区又不具备其种群长期生存条件的疫区，则不必花费很大的代价去扑灭。④按《实施细则》第九条的规定，要开展相应的防除研究，每年对疫区检疫性有害生物的分布调查 1 次，每隔 3～5 年全面普查 1 次，编制其分布图及资料，作为疫区管理或撤销的依据。⑤当检疫对象在疫区已被基本消灭或已有控制其扩散的有效办法，或已采取有效办法控制后，方能按划定疫区时的程序办理撤销手续。

3. 保护区管理　当检疫对象已普遍发生时，用行政手段将未发生的地区划定为保护区，以防止检疫对象的传入。其划定与疫区的划定程序一样。但没有检疫对象发生的地区，凡未经法定程序划定的，也不能叫保护区。①保护区首先要建立完善的种苗繁育基地，制定种苗繁育管理条例，不从疫区引种引苗。②必须采取严格的检疫措施，严禁携带有疫情的植物及其产品从疫区进入保护区，对其他进入保护区的物品也要严格检疫。

随着现代贸易的发展和风险管理水平的提高，商品携带检疫性有害生物的零允许量已不绝对化，疫区和非疫区管理进一步细化。在管理中还产生了有害生物低度流行区和受威胁地区的概念。低度流行区是由主管当局认定的地区，也即某种检疫性有害生物发生水平低，并已采取了有效的监督控制或根除措施的地区。该区所要出口的农林产品经检疫处理后，比较容易达到检疫管理中的可接受标准。受威胁地区是指适合某种检疫性有害生物定殖，且定殖后有可能造成重大为害的地区，这样的地区在检疫管理中是应严加保护的地区。

（四）调运检疫管理

调运检疫是在调运森林动植物及其产品的过程中实施检疫，是防止森林动植物及其产品在国内人为传播的关键。根据《条例》第七条、《实施细则》第十四至二十一条规定，凡属应检物范围之内的森林动植物及其产品，在调运前（包括自运、托运或邮寄等）都要经过当地检疫机构检疫检查和必要的检疫处理，经检疫合格时发给《植物检疫证书》，否则不准调运。如违反调运检疫规定，严格按照《实施细则》第二十一条的规定处理，以保证正常的调运检疫秩序。

1. 调出管理　根据《条例》第十条、《实施细则》第十五条的规定，凡省际调运的森林动植物及其产品，调入单位和个人必须事先征得本省检疫机构的同意，由省检疫机构向产出单位提出检疫要求；若调入省检疫机构未提出检疫要求，调出省或委托的检疫机构只能按全国名单和调入省的补充名单实施检疫。检疫后如未发现检疫对象和应检病虫，省际调运的森林动植物及其产品由省级检疫机构或受权的检疫机构签发《植物检疫证书》放行。省内调运的则由所在地的检疫机构签发《植物检疫证书》放行。属二次或多次调运的森林动植物及其产品，存放期在1个月以内时，凭原《植物检疫证书》换发新的《植物检疫证书》，如转运地疫情严重，有可能染疫时，应重新检疫，合格后签发《植物检疫证书》后放行。

2. 调入管理 根据《条例》第十条、《实施细则》第十五条的规定，对从外地调入的森林动植物及其产品，调入地的检疫机关应注意查验其《植物检疫证书》，必要时可进行复检。复检发现检疫对象和应检病虫时，应督促收货人及时进行除害处理，处理合格后方可准予使用，并将有关情况及时通告调出地检疫机构。对目前尚无除害处理办法的森林动植物及其产品，应责令其改变用途、控制使用或予以销毁。但销毁货物总价值超过10 000元时，需经省级检疫机构批准。

3. 哨卡检疫管理 在交通要道上设卡进行检疫是调运检疫的重要组成部分。它对监督正常的检疫程序，对查处违规调运有很重要的作用。《实施细则》第八条规定，哨卡检疫站由省政府批准设立的木材检查站（或检疫检查站）承担。其任务是依法查验《植物检疫证书》、认真履行检疫检查，对不符合检疫规定的货物应终止其调运过程，并进行除害处理。木材检查站、检疫检查站应设置于省界周边地区，以阻止和减轻省际的危险性有害生物的传入机会。

但由于跨省过县运输的木材、竹材、种苗等森林动植物及其产品的种类、批次、数量日益增加，受哨卡检疫影响力、社会理解程度、抽样方法、有害生物感染率等的限制，不可能对每批货物全部仔细检查，部分检疫哨卡还存在不查验证书、货证不符、使用过期证书、临时补证、不主动接受检疫、强闯哨卡或违反检疫规则等现象，大量应施检疫的森林动植物及其产品逃避了检疫，导致漏检（高达60%～80%），使危险性有害生物的传播概率增大（尤其是细菌性和病毒性病原）。如近几年来浙江、安徽等地松材线虫病的发生和蔓延，西北地区“三北”防护林蛀干害虫的蔓延，美国白蛾、日本松干蚧在国内继续扩散，毛竹枯梢病、松针褐斑病在湖南等地的发生，都说明了哨卡检疫中存在的问题。

调运检疫程序应先检疫、合格后再签发证书、调运、哨卡检疫（查验证书、抽检）、进入流通。显然无证就不能进入流通，先流通后补证违反了程序，用补证办法来代替补检是一种不严肃、不规范的违章行为，有损于检疫执法的权威性，使某些单位和个人逃避检疫有机可乘，并易引起检疫机关之间的矛盾，发证的检疫机关在行政诉讼中因不符合法定检疫程序而败诉。

（五）产地检疫管理

产地检疫是指森检人员在森林动植物及其产品的产地，进行实地观察、检查，并根据疫情进行相应的检疫处理。产地检疫管理包括生产健康种苗、产地检疫调查与检疫。产地检疫在检疫人员少、设备条件有限的情况下，能够提前对森林动植物及其产品执行检疫检查。其优点在于易判明森林动植物的健康情况，可全面掌握情况、准确检验，可在生产地及时对有害生物进行防除，既方便生产者，又能使检疫工作处于主动地位。因此，产地检疫是防止检疫对象传播、扩散、蔓延的根本措施，能使检疫对象在生产过程及调运前就被截获和处理，为哨卡检疫减少大量疫情检查工作量，加快货物通关过卡速度。

（六）市场检疫管理

市场检疫管理，主要是检查农林产品是否具有检疫证书、是否携带检疫对象、及时处理危险性有害生物，劝诫违反检疫规定的贸易行为，迫使经营者遵守国家检疫法规，自觉申报产地检疫或调运检疫。

近年来，集体、个人、专业户系统的批发、零售销售网点星罗棋布，长途运销应施检疫的森林动植物及其产品的贸易更加活跃，那些逃避产地检疫和调运检疫的森林动植物及其产品聚散于各类市场，增加了检疫对象人为传播的机会，农贸市场已成为检疫对象人为传播的源头。

因此，市场检疫已是基层检疫管理的必要手段，能迅速及时地查处违章调运案件，是对产地与调运检疫不足的有效补充，更是普及宣传森检法的一种非常有效的场所。如在处理违章事件的过程中，可使商贩懂得进行森林动植物及其产品检疫的必要性，自觉交易合格农林产品。

（七）有害生物风险管理

贸易和旅游业交流活动的日益兴旺，使危险性有害生物扩大新的分布区的危险性增大。但因检疫的目的是预防外来危险性有害生物的入侵，而不是为限制各国的自由贸易设立难以接受的检疫条件。检疫作为有害生物入侵的预防措施，也应该具备承担某些危险性有害生物入侵的风险承受力，以使检疫检验要求保持适当的、不是苛刻的保护水平，将风险降低到能够接受的程度。

因此，有害生物风险管理就是提供合适的决策及检疫检验措施，使危险性有害生物的传入、定殖风险达到一个可以接受的水平或者安全水平。其管理包括绝对禁止传入、有条件地限制传入、无限制传入等标准，制约有害生物入侵的环节、风险控制的允许范围等，及产品产地的选择、引进前的调查、时间与地点选择、使用方式的选择等。目前，风险管理已在澳大利亚、美国、加拿大等国开始实施，我国也正在准备开展有害生物的风险管理。

三、行政行为管理

森林动植物检疫的行政行为是落实检疫制度的强制性规定。它包括法规设置、行政手段、技术措施和宣传教育管理。立法是基础，行政是手段，技术是保证，宣教是为提高国民的检疫意识。

（一）实施森林动植物检疫行政行为的原则

《植物检疫条例》规定，依法享有检疫行政管理职权的行政机关包括法定授权组织、具备独立法人资格的动植物检疫机构。但所有森林动植物检疫的行政行为必须符合法律、法规的有关规定，必须遵守法定的程序，应避免非法的行政行为。

1. 合法原则　森林动植物检疫行政主体在检疫执法过程中所实施的每一项行政行为，都必须符合法律的规定。合法原则是羁束检疫行政行为，避免违法检疫与行政行为的保障。

2. 适当原则　森林动植物检疫行政行为主体所实施的每一项行政行为，都必须公正合理。在检疫行政当中，都是执法者根据检疫中的问题与情节，自由裁量行政，如果不合理适当地使用检疫执法权，很可能会导致行政处置偏轻或偏重的后果。

3. 效率原则 森林动植物检疫行政主体在实施行政行为的过程中，要讲求实效和速度，少说空话，不互相推诿，不能议而不决、决而不行、行而不果，在不违背法律、法规的前提下，简政放权，简化办事手续，提高办事效率。

4. 服务原则 森林动植物检疫行政主体所实施的每一项行政行为，都要立足于服务社会、适应社会的需要，立足于促进森林动植物及其产品的正常流通，立足防止危险性有害生物的人为传播，为社会的长远利益服务；而不是依法设置障碍，限制动植物及其产品的正常交易、牟取私利。

（二）森林动植物检疫的主要行政行为

在很多情况下，森林动植物检疫的具体行政行为都是执法者根据法律赋予的权力，自由量法，行使管理权和处理权。但其中的行政受理、行政确认、行政许可常是针对同一事情所采取的三个行政步骤。如检疫机关接受调运者的检疫申请，进行检疫，最后在《植物检疫证书》上签“同意调运”而完成整个检疫程序。

1. 行政受理 行政受理指森林动植物检疫机关受理公民、法人或者其他组织的有关申请，并依法处置的行政行为。如各级检疫机关受理公民、法人和其他组织的报检、申请检疫，上级机关受理公民、法人或其他组织的复议申请，省级检疫机构受理国外引进种苗的检疫审批等。

2. 行政确认 行政确认指森林动植物检疫机关依法确认公民、法人、其他组织的权利或者义务，是否与某事实密切相关的行政行为。如在调运检疫时，确认其货物是否携带检疫对象，通过隔离试种确认所引进的动植物是否有危险性有害生物等。

3. 行政许可 行政许可指森林动植物检疫机关根据公民、法人或其他组织的申请，依法准许其从事某种活动的行政行为。书面形式如《引进林木种子、苗木检疫审批单》、《森林植物检疫证书》、《植物检疫特许进口审批单》，对调运一般的森林动植物及其产品的许可，省级检疫机构对国外引进一般的森林动植物种苗的许可，国家动植物检疫机关对禁止进境的植物特别许可等。

4. 行政立法行为 行政立法行为指在检疫行政管理活动中，主管部门依法制定和发布具有普遍约束力的规范性文件的行为。如国务院根据《中华人民共和国宪法》第八十九条的规定制定植物检疫行政法规，国家林业局根据国务院制定的植物检疫行政法规、《中华人民共和国宪法》第九十条的规定制定本部门的检疫规章，省、自治区、直辖市根据《中华人民共和国地方各级人民代表大会和地方各级人民政府组织法》第五十一条的规定和国务院、国家林业局有关森林动植物检疫的法规制定植物检疫规章。

5. 行政执法行为 行政执法行为指依据检疫法，仅为执行国家植物检疫的行政管理、完成植物检疫任务的具有法律效果的行政行为。但检疫机构的所有检疫行为都要有法律依据、符合法规的规定，所有行为不能超越法定的职权范围，处罚时要先调查、取证，再做处理决定，罚款、没收要有书面通知等。

6. 行政监督检查 行政监督检查指森林动植物检疫机关对公民、法人或其他组织遵守植物检疫法规情况的检查、监督行为。如森检机关在道路检查站对过往的森林动植物及其产

品的检疫查验，查验《植物检疫证书》，对集市贸易市场巡视检查等。

7. 行政处罚与制裁　行政处罚与制裁指森林动植物检疫机关对违反动植物检疫法规的公民、法人或其他组织，依法予以劝诫、惩戒的行政行为，包括行政处分、行政处罚和行政强制。行政处分是对所属工作人员违反法纪，因故造成重大过失或检疫事故，对公民、法人或其他组织的合法权益造成损害时给予的警告、记过处分等。行政处罚，如对违章调运森林动植物或其产品者予以罚款、没收处理、责令改变用途等，责令发生检疫对象的单位限期除治等。行政强制是检疫机关对不履行法规规定的义务而依法采取的强制行为（见行政司法与强制执行）。

8. 行政教育与奖励行为　检疫机关为保证检疫法规的顺利实施，而对国民进行宣传教育的管理行为，及对在检疫工作中取得显著成绩、或对检疫事业有较大贡献的单位或个人依法给予精神与物质奖励的行为。如对开展检疫法规的宣传，对违章调运者进行批评、教育等。

9. 行政决定行为　检疫机关、主管部门依法对重要事项或重大问题做出决定的行为。如为防止日本樱花树苗携带冠瘿病等多种病害在国内的发生，国家林业局于 1986 年发布了《关于禁止从日本引进樱花树苗的通知》，1997 年 4 月再次发布《林业部办公厅关于重申禁止从日本引进樱花树苗的通知》等。

10. 行政司法与强制执行　森林动植物检疫机关对不履行植物检疫法规规定义务者，依法采取强制手段迫使其履行义务、限制特定单位或个人的行为。如对检疫对象的疫区进行封锁，对受检疫对象污染的森林动植物或其产品予以销毁，对违章调运的森林动植物及其产品实行封存等。行政司法与强制执行还包括承担必要的司法工作，如植物检疫机构依据植物检疫司法制度，充当裁决人，对争议、纠纷进行仲裁、复议，及时地解决植物检疫的行政争议，保护公民、法人和其他组织的合法权益；对检疫机关的行政执法活动进行有效的行政监督，促进检疫机关提高行政执法水平。但植物检疫机构处置检疫事项时，应遵循简便、公平及程序司法化原则，不能影响检疫机构的行政效率和社会功能，更不能随心所欲。如果公民、法人和其他组织对建议处置不服，根据《行政诉讼法》第三十七条的规定，可直接向人民法院提出有关检疫行政案件的诉讼，或向上级检疫机关申请复议。

11. 行政授权行为　行政授权行为即检疫机关依法将自己的部分职权授予另一行政主体的行为，如省级林业主管部门授权基层检疫机关签发省《植物检疫证书》，检疫机关根据需要授权木材检查站、检疫检查站实施检疫检查等。但行政授权是严肃的行政行为，必须严格遵守有关行政授权的规则，必须依据法律以书面形式授予实权，并进行公布，被授权者必须有行使权力的能力。

应当注意的是，在行政诉讼当中，检疫机关的行政授权被视为委托，如果被授权者所做出的具体行为导致了行政诉讼，其被告是授权的检疫机关。根据行政处罚法及林业行政处罚规定，检疫机关必须明确行政处罚程序。该程序为：①立案。对在检查中发现、群众举报揭发的事件、上级检疫机关交办、下一级机构移送的违法单位或个人，经负责人审核批准后，予以立案，并派专人承办。②调查取证。承办人要对主要事实、情节和证据进行全面调查、查对核实，查证有关法律、法规、规章、政策、文件，写出调查报告。③表明身份。在调查取证过程中及开始实施处罚时，检疫人员必须向相关人出示检疫员证件，以表明自己的身份及有处罚、处理权力。④说明理由。承办人根据事实和法律依据，主动、严肃地向当事人说明处罚的理由。⑤听证。检疫机构要听取被处罚人的辩解，并记录在卷，作为做出行政处罚的重要依据。⑥立案处理。案件调查后，承办人必须向单位或单位负责人汇报案情和审理意见。审理意见经过集体审议后由承办人单位提出处理意见，并写出书面材料报负责人批准，然后正式下达处罚决定通知书。根据《林业行政处罚程序规定》第二十条，对处罚案件事实清楚、案情简单，造成的损失较小或为害不大，被处罚人对处罚没有异议，检疫员在经表明自己的身份、提出证据、说明理由、回答辩解、写出书面决定的简单程序后，可以直接给予行政处罚。

复习思考题

1. 什么是植物检疫？森林动植物检疫的目的和任务是什么？
2. 森林动植物检疫工作的属性和特点是什么？
3. 森林动植物检疫的制度有哪些？
4. 实施森林动植物检疫行政行为的原则是什么？主要的行政行为有哪些？
5. 什么叫疫区？如何划分和管理？

参考文献

高步衢 . 1998. 森林植物检疫［M］. 北京：中国科学技术出版社 .

焦守武，夏鲁青 . 1991. 森林植物检疫［M］. 北京：中国林业出版社 .

李样 . 1991. 植物检疫概论［M］. 武汉：湖北科学技术出版社 .

商鸿生 . 2000. 植物检疫学［M］. 北京：中国农业出版社 .

浙江农业大学 . 1978. 植物植疫［M］. 上海：上海科学技术出版社 .

黄振裕 . 2001. 森林植物检疫工作的地位及发展方向初探［J］. 植物检疫，15（2）：99-101.

刘军，许岳冲，周宗标 . 2002. 森林植物检疫体系建设探讨［J］. 浙江林业科技，22（3）：29-32.

沈杰，张庆荣 . 2002. 森林植物检疫的行政执法主体［J］. 中国森林病虫，21（6）：46-48.

申富勇，黄维正，张建华 . 1997. 浅谈森林植物检疫行政行为［J］. 植物检疫，11（1）：45-47.

仝英，苗振旺 . 2003. 入世对森林植物检疫工作的影响及对策［J］. 科技情报开发与经济，13（2）：70-71.

王瑞红，沈艳霞，陶嗣麟 . 2001. 试论我国森林植物检疫工作的组织与管理［J］. 中国森林病虫，20（5）：32-35.

周维民 . 2003. 试论我国森林植物检疫工作的特点［J］. 太原科技（6）：20-21.

>>> 第三章　森林动植物检疫的原理

【本章提要】本章介绍了有害生物分区特点及影响因子，有害生物风险评价概念、标准和分析方法，动植物检疫的依据、范围和原则，检疫监管内涵及方法，以及国际、国内和地方性的动植物检疫相关法规和主要内容。

植物检疫的原理就是利用立法、行政和技术措施防止或延缓危险性有害生物的人为传播，其依据包括法学、有害生物的生物学特征等。对那些靠人力才能扩大分布领地的危险性有害生物，如果利用其生物学或者生态学当中的某些特性，在传播阶段切断其人为传播途径，或者采取生态学与生物学预防措施，使其在传入新领地后不能繁育后代，就可以阻止其为害和扩散。

第一节　有害生物分布区域的确定

在自然状态下，所有生物的分布都具有地域性特征，它们靠自身能力和自然力从原发生地向新的地区传播的能力很有限。但是，可以借助人为自觉或无意识的帮助扩大其分布领地。掌握和明确危险性有害生物的分布区域，对确定检疫对策和方针显然很有必要。

所有生物自起源后，就主动或被动地不断扩张其地理分布范围。但受到外界生态环境因素的限制，大部分有害生物仅是“局部分布”在能够适宜其生存的区域，而未“广泛分布”到它可以生存的所有区域。每种生物都有向外扩展蔓延的本能或本领，那些仍被局限于局部地区的有害生物仍存在扩大地理分布范围的潜力和势能，其“局部分布”有暂时性和相对性，获得“广泛分布”是所有生物在进化过程中必然向往的趋势。

一、森林有害生物分布的区域性

有害生物的自然地理分布范围是其与生态环境（寄主植物、气候条件、地理条件等）相互作用的结果。有害生物与生活在同一环境内的寄主植物、天敌等经过漫长的自然选择，逐渐形成了相互依存、相互容忍、相互制约、相对稳定的平衡状态。因而出现了不同的地区生存着不同生物种群和有害生物的现象。这种自然现象在不受人类干扰时，几乎可在相当长的时间内保持不变。

当有害生物繁殖的数量大大超过其栖息地所能容纳的限度时，就要从原来的分布区域向外扩展；或者这些危险性有害生物在自然进化过程中所占据的栖息领地，已经达到了它们扩张能力的界限，没有人类的帮助，仅依靠其自身本能及本领向外扩展成功的概率很低，几乎没有再次越过其栖地的边界、扩大分布区域可能。有害生物在不断地进化，环境条件也在随人类的生产活动而变化，所以有了人类的生产与贸易活动后，有害生物的地理分布区域由原始相对静止状态被激活了，也在发生意想不到的变化。能够影响有害生物地理分布的主要因素包括气候条件、生物因素、地理环境、土壤条件和人类活动等。

（一）气候与土壤

气候的综合效应决定着有害生物的分布和生态特征，是有害生物扩大其地理分布的主要制约因素。影响有害生物分布的气候因素主要有温度、湿度、光、风、雨及降雪等。其中温度是对有害生物影响最为显著的气候因素。每种真菌、细菌、病毒、线虫、害虫，在其生长发育过程中所需要的气候条件各不相同。传入新区后，新区的气候条件能否满足它们的发育需要，是决定它们能否在新区繁衍生存的基本条件之一。

1. 温度 每种有害生物对栖地的环境温度的要求都有一定范围。外界环境温度的高低直接影响害虫等变温动物的体温，进而影响其新陈代谢。当新区环境的极端温度（高温与低温）超出了所要求的范围后，对它们在新区生存将很不利或者难以在新区生存、繁衍。

2. 水与湿度 有害生物的一切代谢都是以水为介质，体内的整个联系、营养物质的运输、代谢产物的输送等只能在溶液状态下才能实现。水分不足或缺水将导致有害生物正常生理活动的中止，甚至死亡。降雨、降雪能够改变大气或土壤的湿度，或通过直接的冲刷等机械作用，对有害生物产生影响。因而，如果在有害生物发育的关键期，新区的气候条件恰好处于缺水时期，对有害生物的生存与发育将形成致命的打击。

3. 风 风也影响有害生物的地理分布和生活方式。小风能改变环境小气候，进而影响有害生物的热代谢；大风能将体型小的有害生物传带到很远的地方，加速有害生物的扩散蔓延。

4. 土壤 土壤是有害生物的重要居住场所，大约有98%以上种类的有害生物，其生活史或多或少都和土壤有联系。这样土壤的温湿度、酸碱度，也常影响有害生物的分布。如不同土壤对检疫性害虫葡萄根瘤蚜有很大影响，有裂缝、具团粒结构的土壤有利其迁移，而沙质土壤不利其迁移。沙土地栽培的葡萄不发生或很少发生葡萄根瘤蚜。

（二）生物因素

有害生物传入新区后，新区的寄主、竞争者、天敌及各种病原微生物等均对其产生影响。尽管生物因素对有害生物的影响可能只涉及种群的部分个体，但如果所有进入新区的有害生物个体都受到了这种影响，这个新区就很难成为这种有害生物新的分布区。如寄主与食物是有害动物生存的基础，若新区缺乏其寄主或食物，它就无法生存；如其寄主数量稀少或这种进入新区的有害生物又是单食性，即使它们在新区能够建立种群，其传播的成功率也很低，也难以造成危害；若其寄主在新区分布广泛，进入新区的有害生物将具有生存、繁衍、扩大种群并产生危害的可能。

竞争者、有害生物病原微生物的流行同样也影响有害生物在新区的生存。如1946年在夏威夷发现橘小实蝇，1947—1949年该地柑橘类几乎100%受害，并很快抑制住了当地的地中海实蝇，使地中海实蝇几乎绝迹。其原因是橘小实蝇雌成虫可以敏锐地发现并利用地中

海实蝇的产卵孔产卵、迅速孵化，从而抑制了地中海实蝇卵的孵化。同样，澳大利亚昆士兰当地的实蝇也能够对地中海实蝇的发生产生抑制作用。

（三）地理环境

限制有害生物自然分布的地理因素，包括阻隔有害生物扩散和蔓延的大面积水域及湖泊、高大的山脉、浩瀚的沙漠。这些有害生物难以逾越的自然障碍，是维持各种有害生物栖地长期不变的重要原因。这样，即使气候条件极其相似的不同地区，由于地理屏障的限制，有害生物群落不能相互传播，经过长期的演化，形成了互不相同的群落结构。如北纬23°气候条件极相似的广州和古巴两地，除稻绿蝽［*Nezara viridula* Linnaeus］为两地共有种外，水稻害虫区系中的其他种类都不同。但人类活动可帮助有害生物超越广州与古巴间的海洋障碍，如广州的不少柑橘介壳虫种类，随柑橘苗木的运输，经美国南部被人为地传到了古巴。

地形则影响风、雨、寒流和暖流的发生。高山地区还形成植物的垂直分布等，最终影响有害生物的分布（海拔高度每增加100m，温度平均下降0.6～1℃）。如云南高海拔地区存在不少古北区昆虫种类，而低海拔地区则属于典型的东洋区系。

（四）人类活动

人类在从事生产、运输及贸易等活动的同时，常在动植物及其产品中无意识携带了有害生物，使有害生物穿越了其自身无法超越的大海、高山、沙漠等地理障碍，加速了其扩散速度，促使有害生物分布更加广泛，并定殖到新区，加剧了有害生物的危害性。如原产印度的棉红铃虫［*Pectinophora gossypiella*（Saunders）］，1903年随棉籽的调运传入埃及，1913年传到墨西哥，1917年在美国发现，1918年随美国棉籽倾销传入中美洲，造成棉花减产1/3～1/2；该虫至今仍是我国棉花的主要害虫和全世界六大害虫之一。

人类活动对有害生物的传播主要表现：① 协助有害生物传播或限制有害生物扩散蔓延。② 影响有害生物的生态环境，造成对有害生物有利或不利的环境条件。③ 直接灭杀有害生物或抑制其发育或繁殖等。

在世界自然保护联盟公布的全球100种最具威胁的外来物种当中，我国就有50余种。入侵我国的外来物种现已达400多种，其危害较大的有100余种，对我国农林牧业生产影响比较大的外来害虫如棉红铃虫、甘薯小象甲、蚕豆象、苹果绵蚜、葡萄根瘤蚜、柑橘吹绵蚧及马铃薯块茎蛾等；2003年3月国家环保局公布的16种外来物种分别为紫茎泽兰、薇甘菊、空心莲子草、豚草、毒麦、互花米草、飞机草、水葫芦、假高粱、蔗扁蛾、湿地松粉蚧、红脂大小蠹、美国白蛾、非洲大蜗牛、福寿螺、牛蛙。

二、森林有害生物分布区的确定方法

有害生物在自然环境中分布区的形成是其与环境相互作用的结果。在自然状态下每种有害生物都有一定的地理分布范围。1876年Wallace在他的《动物地理分布》中，将全世界的动物分布区分为6个地理区：①古北区。包括欧洲全部、非洲北部地中海沿岸、红海沿岸及亚洲大部分，以撒哈拉大沙漠与非洲区相连，喜马拉雅山脉至黄河—长江之间的地带是该区与东洋区的分界，舞毒蛾［*Lymantia dispar* Linnaeus］是本区有害生物种类的代表种之一。②新北区。包括北美及格陵兰，代表种如周期蝉属［*Magicicada*］的种类。③东洋区。喜马拉雅山脉至黄河长江之间地带以南的地区，包括亚洲南部的半岛及岛屿，代表种如乌桕大蚕蛾（皇蛾）［*Attacus atlas* Linnaeus］。④非洲区。撒哈拉大沙漠及其以南的非洲地区、阿拉伯半岛南部和马尔加什。代表种如采采蝇属［*Glossina*］的种类。⑤新热带区。中美洲、南美洲及其所属岛屿。代表种如大翅蝶类（Brassolidae）、透翅蝶类（Ithomiidae）和长翅蝶类（Heliconiidae）。⑥大洋洲区。大洋洲及其附近岛屿。代表种如古蜓科［Petaluridae］。我国地域辽阔，横跨古北区和东洋区两区，两区以喜马拉雅山系及秦岭为界。

根据有害生物在其分布区的为害情况，其为害区的类型：①分布区。即可以发现有害生物的地域，包含为害区、间歇性严重为害区（或偶发区）及严重为害区。②为害区。生态条件常适宜该有害生物的生存和繁衍，其种群密度较大，能对作物造成经济损失的为害，包含间歇性严重为害区及严重为害区。③间歇性严重为害区。该地域生态条件，尤其是气候条件，在有些年份适宜某种有害生物生存和繁衍。④严重为害区。这类地区的生态条件特别适合于某种有害生物的发生和为害，每年均能造成较大的危害，如不进行控制则能造成严重经济损失，并形成蔓延中心。例如，三化螟在我国的分布区，在其分布的北限水稻种植区并不造成危害，但在中南部造成直接经济损失，且其危害程度则与水稻的栽培制度密切相关。一般早、中、晚稻混栽地区该虫为害最重，在栽培制度单一的地区发生数量比栽培制度复杂的地区少，在水稻生长发育期与三化螟发生期物候不相吻合的地区为害更轻。

有害生物的分布与为害、扩散、蔓延趋势的调查方法有多种：①实地调查。对危险性有害生物在本国、本地区及发生区进行定期、详细而全面的调查，是掌握其分布与为害情况直接和最可靠的方法，但费时、费力。②抽查。能了解有害生物及检疫对象的大致分布情况。③专题调查。即为求证某一有害生物的分布与为害所进行的专门调查。④监视性调查。即对有可能存在检疫对象的地域或为及时了解检疫对象的发生情况，在专门调查点进行定期调查。⑤群查群报。即发动民众进行调查。⑥收集相关情报资料。即利用各种数据库、互联网、学术期刊等，收集有害生物的生物学、发生和为害程度、为害面积、损失、气候等资料，然后进行统计、分析和整理。⑦评估与预测。即通过对有关生态因素的调查分析，使用气候适应性预测法、寄主植物分布预测法、传播媒介分布预测法，评估和预测危险性有害生物扩散蔓延的可能性与趋势。

三、森林有害生物的风险分析

风险分析（risk analysis）是动植物检疫决策的科学依据及处理国际检疫和贸易关系的有效手段之一。提高动植物检疫的科学性和透明性，能使检疫符合国际规则及管理科学化；可以确定管制性有害生物的种类，预估危险性有害生物的入侵风险，提出相应的检疫手段，以降低上述预估的风险，较为有效地降低动植物检疫对贸易造成的不利影响。

我国加入世界贸易组织后，除可享受世界贸易组织多边协定所带来的好处外，还须全面履行各种多边贸易协定的义务。但《实施卫生与植物卫生措施协定》不仅要求世界贸易组织

各成员方在贸易活动中必须实施检疫，也要求各国所使用的检疫措施应建立在有害生物风险分析（pest risk analysis，PRA）的基础上，增强检疫的透明度，遵循非歧视原则，使检疫措施国际化与标准化，并具有充分的科学依据，以降低动、植物检疫对贸易的不利影响，或将检疫扭曲为对国际贸易的变相限制行为。这样，1997 年新修订的国际植物保护公约（IPPC）要求各国在拟定检疫措施时，必须参照现有国际标准，以有害生物风险分析的科学依据为基础。

（一）有害生物风险分析及其作用

19 世纪末在西方经济管理学中出现了“风险”的概念。风险即因自然和人为行为导致不利事件发生的可能性。虽然人类对风险的预测和规避均有随机性、不确定性和连带性，但风险分析仍然是能够通过对不确定事件的识别、衡量和处理，以最小的成本将各种不确定因素引起的损失减小到最低的科学管理方法。农、林业风险源于自然和人类社会，植物保护体系也具有同样来源的风险，所以，动植物检疫中的有害生物风险分析对农、林业生产和农、林产品贸易相当重要。

1. 有害生物风险分析 1999 年联合国粮农组织（FAO）在《国际植物检疫措施标准第 5 号：植物检疫术语表》中将有害生物风险分析定义为“评价生物学或其他科学、经济学证据，确定某种有害生物是否应予以管制以及管制所采取的植物卫生措施力度的过程”。

20 世纪 80 年代认为有害生物的风险分析，是为了解某一特定来源的有害生物的危害水平以及这种潜在危害水平的可接受性，并根据需要制订为降低这种潜在危害风险所采取的措施。到了 90 年代认为，有害生物的风险分析包括有害生物风险评估（pest risk assessment）和有害生物风险管理（pest risk management）两个方面。其中有害生物风险评估是确定其是否为检疫性有害生物，并评价其传入的可能性。有害生物风险管理是为降低检疫性有害生物传入风险的决策过程。2002 年联合国粮农组织指出，有害生物风险分析是评价生物学、经济学及其他科学的依据，确定某种有害生物是否应予以管制所采取的措施力度的过程。在风险分析概念逐步完善的同时，风险分析中“特定来源的有害生物”逐步扩展为“检疫性有害生物”及“管制性有害生物”。

2. 有害生物风险分析的作用 有害生物的风险分析对象包括动植物疫病和有害生物，对动植物及其产品的输入、输出途径。在动植物检疫中，其作用如下。

（1）预知外来风险 随着国际旅游业及国际贸易的发展，动植物疫病和有害生物异地传播的可能性大幅度上升。如在 1986 年美国从口岸截获的 46 058 种有害生物当中，至少有 600 种是外来有害生物，其中包括许多危害种植业的病原生物、害虫和螨类及软体动物等有害生物。一种动植物疫病或有害生物是属于检疫性还是非检疫性管理对象，对农、林业生产和人类安全是否有害、风险有多大、在国际贸易中是否有必要采取检疫程序和措施、应采取哪些检疫程序和措施等，都要经过风险分析给予充分而严格的分析论证。因此，风险分析能够对外来动植物疫病和有害生物的风险程度进行科学分析和定性，并根据其分析结果制订出必要的检疫程序和措施，以保护本国或本地区的农业生产安全。

（2）保证检疫过程与措施遵守国际规则 世界各国一直对国际贸易中的动植物检疫问题十分敏感，动植物检疫措施也常被作为贸易中的技术壁垒与手段，保护本国或本地区的政治经济利益。为了消除那些不必要的壁垒，1948 年 1 月 1 日正式生效的关税及贸易总协定

(General Agreement on Tariffs and Trade，GATT）指出，“检疫方面的限制必须有充分的科学依据来支持，原来设定的零允许量与现行的贸易是不兼容的，某一生物的危险性应通过风险分析来决定，这一分析还应该是透明的，应阐明国家间的差异。”随着关税与贸易总协定组织于1995年被世界贸易组织的代替，新的世界贸易体制强调，对贸易的限制必须有充分的科学依据，设置零危险度与国际贸易原则不相容，国际贸易需要有一个科学、一致、透明、安全的方法，以消除检疫方面的关贸壁垒。风险分析正是这样的一种方法，既是遵守《SPS协定》及其透明度原则的具体体现，又是促进贸易和增强农、林产品市场准入机会的手段，能在相当大的程度上减少动植物检疫对贸易的限制。

(3) *提高检疫的科技水平* 动植物检疫中的风险分析以生物、经济以及其他科学为依据。有关国际组织为促进动植物检疫工作的科学化和标准化，已制订了风险分析指南和标准。这些指南和标准，就是要求以严格的定性分析（qualitative risk）或定量分析（quantitative risk），明确哪些疫病和有害生物应当受到管制，确定其风险程度的测度值，从而制定出切实可行的检疫程序和措施，使动植物检疫更具科学性，从根本上保障动植物检疫建立在不断提高的科技基础上。

3. 我国的有害生物风险分析 在20世纪80年代，原农业部植物检疫实验所开始了我国有害生物的风险分析研究，对世界上6 800余种有害生物的寄主范围、传播途径、为害程度和国内外分布及检疫等进行了详细分析，确定了这些有害生物在我国检疫中的重要程度。1995年我国成立了中国植物有害生物风险分析工作组，加强了与先进国家的风险分析技术交流，参加了部分国际有害生物风险分析指南的起草，并进行了如梨火疫病菌、马铃薯甲虫、假高粱及地中海实蝇（苹果）、美国李子、葡萄、柑橘和澳大利亚苹果的有害生物风险分析。同时，确立了我国有害生物风险分析指标体系、指标评判方法以及计算公式等，其研究结果已在市场准入谈判中发挥了极其重要的作用。

2002年国家质量监督检验检疫总局成立了中国进出境动植物检疫风险分析委员会（秘书处设在动植物检疫实验所）。该委员会由农业部、对外经济贸易部、国家林业局、国务院法制办公室、国务院发展研究中心、中国科学院、中国农业科学院、中国农业大学、中国预防医学科学院、中国兽医药品监察所、中国进出口商品检验研究所、北京林业大学、国家质检总局动植物检疫实验所、广州出入境检验检疫局、深圳出入境检验检疫局和山东出入境检验检疫局的有关主管官员和专家组成。委员会主要通过研究和讨论我国进出境动植物检疫风险分析方面的重大事宜，审议重要的进出境动植物检疫风险分析报告，及时征求专家对进出境动植物检疫决策问题的意见和建议。

（二）有害生物风险分析的国际标准

有害生物风险分析的目的是为国家制定检疫法规、确定检疫性有害生物，为采取检疫措施提供科学依据。1996、2001、2002年联合国粮农组织相继颁布了《有害生物风险分析准则》、《检疫性有害生物风险分析准则》、《管制性非检疫性有害生物：概念与应用》，以规范世界各国的有害生物风险分析工作。此外，国际植物保护公约组织专家组正在制定《管制性非检疫性有害生物风险分析》、《潜在的经济重要性和相关术语解释与应用指南》、《环境风险分析》等国际标准。

为保护我国农、林业生产安全及生态环境，防止外来检疫性有害生物传入，根据《中华

人民共和国进出境动植物检疫法》及其实施条例，参照世界贸易组织关于《实施卫生与植物卫生措施协定》和《国际植物保护公约》的有关规定，国家质量监督检验检疫总局于2002年12月通过、并于2003年2月1日施行《进境植物和植物产品风险分析管理规定》。该规定适用于进境植物及其产品和其他检疫物传带检疫性有害生物的风险分析。其中，进境植物种子、苗木等繁殖材料传带管制性非检疫性有害生物的风险分析，则参照本规定执行。

1. 有害生物风险分析须遵循的原则　开展风险分析首先应当遵守我国法律与法规的规定，并以科学为依据，遵照国际植物保护公约组织制定的国际植物检疫措施、标准、准则和建议，实行透明、公开和非歧视性原则，将对贸易的不利影响降低到最低程度。

2. 有害生物风险分析的程序　北美洲植物保护组织（NAPPO）制订植物检疫法规使用的《有害生物风险分析准则》，将风险分析过程区分为启动、风险评估和风险管理三个阶段。该准则指出，有害生物风险分析仅对被认为受有害生物威胁的风险地区（风险分析地区）才有价值。风险分析地区即与有害生物风险分析有关的地区、国家、若干国家全部或部分，如区域性植物保护组织（RPPO）所包括的地区。

（1）*启动阶段*　有害生物风险分析，可从进口某种商品时分析有害生物可能传入和扩散的传播途径开始，也可从有害生物的本身分析开始（图3-1）。无论从哪个起点开始，在第一阶段结束时，应查明有害生物本身是潜在的检疫性有害生物，或者是与某个传播途径有关的潜在的检疫性有害生物；否则有害生物风险分析应该停止。

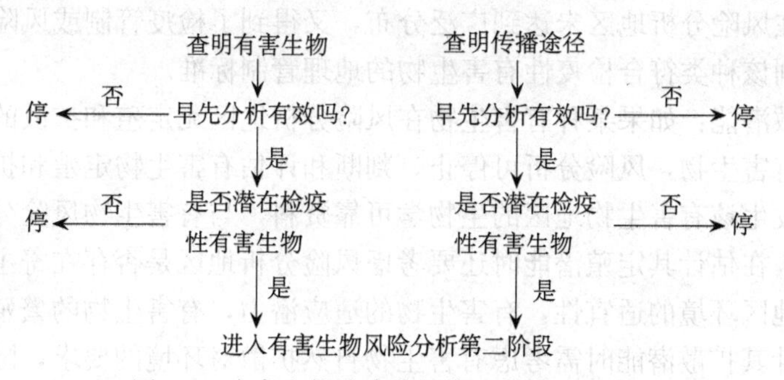

图3-1　有害生物风险分析第一阶段工作流程

从传播途径进行有害生物风险分析，能利用的因素包括一种新商品（植物或其产品）或新产地商品的国际贸易，为科学研究而进口新的植物品种，查明所有进口商品之外的传播途径（自然扩散、邮件、垃圾、乘客行李等），做出建立或修订有关特定商品的植物卫生法规或检疫要求的政策决定，发现影响早先有害生物风险分析结论的新信息、处理、系统或程序。

从有害生物进行的有害生物风险分析，能够利用的因素包括发现新有害生物已在风险分析地区建立侵染或暴发的紧急情况，在进口商品上截获了新有害生物的紧急情况，科学研究查明了新有害生物的风险，有害生物传入了风险分析地区以外的新地区。有害生物在风险分析地区之外的新地区比其原发地具有更大的破坏性。某类有害生物在检查中不断被截获，相关人员提出进口某种有害生物的要求，做出修改有关特定有害生物的植物卫生法规或要求的政策决定，另一个国家或国际组织提出建议，发现影响早先有害生物风险分析结论的新信息、处理、系统或程序。

（2）风险评估阶段　逐个审查和评估第一阶段确定的有害生物，以确定其是否为检疫性有害生物、经济重要性和传入潜能，是否具有需采取检疫措施的足够风险，否则即可停止对该有害生物的风险分析。评估过程中应考虑每种有害生物的地理分布、生物学和经济重要性等各种资料。因国家、地区及有害生物种类的不同，专家可利用数据库、GIS和预测模型等各种风险分析工具，评估和确定其传入风险分析地区、定殖、扩散的可能性，及传入后潜在的经济重要性（图3-2）。

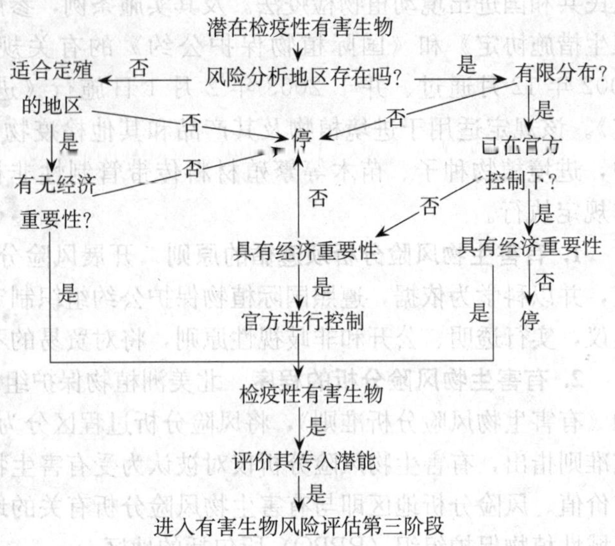

图3-2　有害生物风险分析第二阶段工作流程

①地理标准：凡符合地理管制标准的种类应是检疫性有害生物，应完成风险分析。如果有害生物存在于风险分析地区，并已达生态学范围的极限（广泛分布），或尚未广泛分布，但不需或将计划进行检疫管制，则这个种类不应成为检疫性有害生物，应停止其风险分析。如果该有害生物不存在于风险分析地区，或有害生物在风险分析地区未达到广泛分布，又得到了检疫管制或风险分析认定应对其进行检疫管制，则该种类符合检疫性有害生物的地理管制标准。

②定殖与扩散潜能：如果某种有害生物在风险分析地区无定殖和扩散的潜能，则其不为该地区的检疫性有害生物，风险分析可停止。判断和评估有害生物定殖和扩散潜能时，可将已经发生或正在发生该有害生物地区的生物学可靠资料，与有害生物风险分析地区的情况进行认真比较分析。在估计其定殖潜能时还要考虑风险分析地区是否存在寄主及寄主的数量和分布，风险分析地区环境的适宜性，有害生物的适应潜力，有害生物的繁殖策略及有害生物的存活方法。估计其扩散潜能时需考虑有害生物自然扩散对环境的要求，随商品或运输工具扩散的条件，商品的预定用途，在风险分析地区是否有潜在传媒和潜在天敌。

③潜在经济重要性：若有害生物在风险分析地区具有定殖和扩散的潜能，应从其发生地获取相关资料，根据其在发生地是否造成重大危害、微小危害、不危害、经常或偶然危害，及其危害与生物及非生物（特别是气候）因素的关系，估计其潜在经济重要性。但还应注意损害类别，作物损失，出口市场的损失，控制费用的增加，对正在执行的有害生物综合控制计划的影响，环境损害，成为其他有害生物传媒的能力，已可以估计到的诸如失业等社会代价等。如果该种在风险分析地区没有潜在的经济重要性，即不应成为检疫性有害生物，对其进行的风险分析可以停止。

④有害生物的传入潜能：风险评估的最后阶段是有害生物传入潜能分析。传入潜能取决于从出口国到进口国（地）的传播途径、已有记载的传播途径及传入频率和数量。还应考虑有害生物污染商品和运输工具的机会，有害生物在运输环境条件下是否能够存活，在入境检查时检出有害生物的难易程度，由自然方法进入风险分析地区的频率和数量，另一国家的人员从口岸入境的次数和数量，托运商品的数量和次数，运输工具携带某种有害生物的个数，

商品的预定用途。

(3) 风险管理阶段　为保护受威胁地区，有害生物风险管理所确定的检疫（植物卫生）措施应与风险评估中所查明的风险相称，并能通过这些措施将风险降至最低水平，又不对贸易产生不必要的壁垒（图 3-3）。

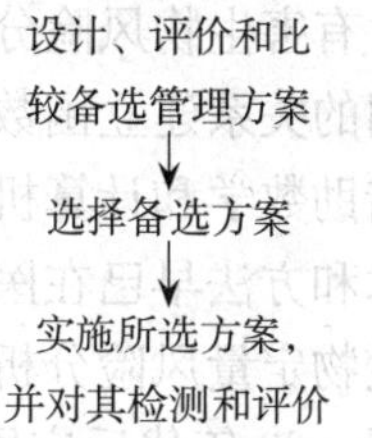

图 3-3　有害生物风险分析第三阶段工作流程

①设计备选方案：应设计多个能将有害生物风险降低到可接受水平的备选方案，任何方案都应容纳传播途径及允许商品入境的条件等。这些备选方案可以包括列入禁止有害生物名单，出口前的动植物卫生检验和证书，规定出口前须达到的要求（如处理、产地无有害生物、生长季节检查、证书等），进境时的检查，进境的地点与检查站，进境后检疫与扣留，到达目的地的处理，进境后的措施（限制商品用途、控制措施等），禁止特定产地特定商品进境等。

②评价备选方案：评价备选方案即对所有备选方案中将风险降低到可接受水平的效率和影响进行科学评价。评价时的参考因素包括生物学有效性，实施的成本效益比，对现有法规、商业、环境和社会的影响，与动植物卫生政策的吻合性，实施新法规的时间，备选方案对付其他检疫性有害生物的效率，各备选方案的优点和缺点。虽然各国可根据主权原则利用植物卫生措施行使主权，但也应特别注意“最小影响”原则，即动植物检疫措施应与所涉及的有害生物风险相适应，并对人员、商品或运输工具的国际交往所造成的妨碍最少、限制度最低。

③备选方案优选：备选方案优选即从备选方案中选出最适合的方案，并在实施所选方案与措施实施后监测和评价其有效性。备选方案优选过程完成后，即决定了针对特定有害生物或其传播途径应采取的检疫措施。如在有害生物风险分析的第一、二阶段即采取一定的检疫措施，而未对这些措施进行适当的评估，其程序肯定缺乏合理性。

（三）有害生物风险分析的方法

风险评估结果是行政决策的主要依据。如果不能度量风险的大小，管理决策也就难以科学化。要使决策更科学、合理，使风险管理措施所体现的保护水平符合《实施卫生与植物卫生措施协定》的一致性原则，其所依据的信息、所使用的分析方法必须有可比性和规范性。有害生物风险分析经过几十年的发展，其分析步骤、程序和方法已基本完善，其分析方法可区分为定性和定量两类。

1. 定性的有害生物风险分析　主要采用统计学观点、原理和方法，以抽样研究为基础，以系统分析及建模为手段（常用非概率等数学模型），尽可能科学地模拟现实情况，研究和分析个别或局部的特征与规律，对有害生物的风险进行评价。评价结果用风险高、中、低等类似等级指标表示风险的大小。定性分析的结果常具有主观性和含混性，其科学性容易受到质疑，尤其是有贸易利益冲突的双方，对定性分析的结果常持有异议，进而对风险管理措施也产生较大分歧。

2. 定量的有害生物风险分析　世界贸易组织和《实施卫生与植物卫生措施协定》明确规定“各成员应根据科学原理，保证任何卫生与植物卫生措施仅在为保护人类、动物或植物的生命或健康所必需的限度内实施，如无充分的科学证据应不再维持所实施的措施。”该协定对科学证据的充分性要求，是产生定量分析的主要原因。

有害生物风险分析，即利用数学模型描述不同时间和空间上的各个风险事件，并根据事件间的关系建立函数模型，通过模拟定量描述风险，采用概率值等具体数字表示风险大小，或借助数学和计算机建立模型，通过大规模的模拟运算预测和计算风险的大小。定量分析的技术和方法早已在医学、管理学、工程学、金融学等领域广泛应用，部分技术和方法可在有害生物定量风险分析中借鉴。例如20世纪40～50年代首先应用于原子弹威力和核污染风险分析，60年代后应用于其他领域的蒙特卡洛模拟法，近几年已在有害生物风险分析中被应用。此外，场景分析（事件树分析、布尔代数、概率逻辑、数据分布等）、模糊数学也适合进行有害生物定量风险分析。

在有害生物定量风险分析当中，国际上比较通用的有害生物危险性评判指标 R 有5个一级指标、14个二级指标。一级指标分别是国内分布状况 P_1、潜在的危害性 P_2、受害栽培寄主的经济重要性 P_3、移植的可能性 P_4、危险性管理的难度 P_5（表3-1）。R、P_1、P_2、P_3、P_4、P_5 的计算式为：$R=(P_1\times P_2\times P_3\times P_4\times P_5)^{1/5}$，$P_1$ 根据评判标准确定，$P_2=0.6P_{21}+0.2P_{22}+0.2P_{23}$，$P_3=\max(P_{31}, P_{32}, P_{33})$，$P_4=(P_{41}\times P_{42}\times P_{43}\times P_{44}\times P_{45})^{1/5}$，$P_5=(P_{51}+P_{52}+P_{53})/3$。

表3-1　有害生物风险分析指标及评判标准

评判指标	指标内容	数量指标
P_1	国内分布状况	$P_1=3$，国内无分布；$P_1=2$，国内分布面积占0～20%；$P_1=1$，占20%～50%；$P_1=0$，分布区大于50%
P_{21}	潜在的经济危害性	$P_{21}=3$，预测造成的产量损失达20%以上，和/或严重降低作物产量、品质；$P_{21}=2$，产量损失在5%～20%之间，和/或有较大的质量损失；$P_{21}=1$，产量损失在1%～5%之间，和/或有较小的质量损失；$P_{21}=0$，产量损失小于1%，且对质量无影响（如难以对产量/质量损失进行评估，可用有害生物的危害程度进行间接评判）
P_{22}	是否为其他检疫性有害生物的传播媒介	$P_{22}=3$，可传带3种以上的检疫性有害生物；$P_{22}=2$，传带2种；$P_{22}=1$，传带1种；$P_{22}=0$，不传带任何检疫性有害生物
P_{23}	国外重视程度	如有20个以上的国家把某一有害生物列为检疫性有害生物，$P_{23}=3$；10～19个，$P_{23}=2$；1～9个，$P_{23}=0$
P_{31}	受害栽培寄主的种类	$P_{31}=3$，受害的栽培寄主达10种以上；$P_{31}=2$，5～9种；$P_{31}=0$，1～4种
P_{32}	受害栽培寄主的面积	$P_{32}=3$，受害栽培寄主的总面积达350万 hm^2 以上；$P_{32}=2$，150万～350万 hm^2；$P_{32}=1$，小于150万 hm^2；$P_{32}=0$，无
P_{33}	受害栽培寄主的特殊经济价值	根据其应用机制、出口创汇等，由专家进行判断定级，$P_{33}=3$，2，1，0
P_{41}	截获难易程度	$P_{41}=3$，有害生物经常被截获；$P_{41}=2$，偶尔被截获；$P_{41}=1$，从未截获或历史上只截获过少数几次；因现有检验技术的原因，本项不设"0"级
P_{42}	运输中的存活率	$P_{42}=3$，运输中有害生物的存活率在40%以上；$P_{42}=2$，在10%～40%之间；$P_{42}=1$，在0～10%之间；$P_{42}=0$，存活率为0
P_{43}	国外分布是否广泛	$P_{43}=3$，世界50%以上的国家有分布；$P_{43}=2$，分布国在25%～50%之间；$P_{43}=1$，在0～25%之间；$P_{43}=0$，无分布
P_{44}	国内的适生范围	$P_{44}=3$，在国内50%以上的地区能够适生；$P_{44}=2$，适生区在25%～50%之间；$P_{44}=1$，在0～25%之间；$P_{44}=0$，适生范围为0

（续）

评判指标	指标内容	数量指标
P_{45}	自然传播力	$P_{45}=3$，为气传的有害生物；$P_{45}=2$，由活动力很强的介体传播；$P_{45}=1$，为传播力很弱的土传有害生物；该项不设0级
P_{51}	检疫鉴定难度	$P_{51}=3$，现有检疫鉴定方法的可靠性很低，花费的时间很长；$P_{51}=0$，检疫鉴定方法非常可靠且简便快速；$P_{51}=2$、1，介于二者之间
P_{52}	除害处理难度	$P_{52}=3$，现有的除害处理方法几乎不能杀死有害生物；$P_{52}=2$，除害率在50%以下；$P_{52}=1$，除害率在50%～100%之间；$P_{52}=0$，除害率为100%
P_{53}	根除难度	$P_{53}=3$，田间的防治效果差，成本高，难度大；$P_{53}=0$，田间防治效果显著，成本很低，简便；$P_{53}=2$、1，介于二者之间

（四）定性与定量有害生物风险分析的案例

这里仅列举两个较有影响的事例，即美国对大豆锈菌的风险评估、小麦矮腥黑穗病对中国小麦生产的风险评估。

1. 有害生物风险分析的案例——美国对大豆锈菌的风险评估　1976年美国开始评估大豆锈病对其农业的影响，经过20多年流行学、产量损失、病害抗性和病害模型等方面两个阶段的研究，得出了大豆锈病对美国农业系统影响的风险评估结果。

（1）第一阶段　美国农业部风险分析处（USDA-ARS）在马里兰州的隔离温室中，将主要来自东南亚的大豆锈菌接种至美国大豆上，在模拟东南亚国家气候的条件下，观察锈病发病、流行和产量损失情况，并分析美国气候是否适合大豆锈病的发生和流行。与此同时，将美国大豆品种种植在中国台湾和泰国进行实地试验，分析大豆锈病的发生、流行和产量损失情况。1983年Kingsolver等通过比较美国气候和中国台湾、东南亚国家气候条件，得出如果大豆锈菌传入美国，将会造成流行的定性风险分析结论。

（2）第二阶段　将实验数据与历史资料和大豆锈菌流行所需要的气候条件相结合，建立3个病害流行预测模型和大豆生长模型，1991年Yang比较了3个病害流行预测模型在评估大豆锈病流行中的作用，其中病害模型（SOY-RUST）能解释81%的病害流行情况。1991年Royer利用美国气候资料、病菌流行与大豆生长天数模型，使用地理信息系统，预测了大豆锈病在美国宾夕法尼亚州和马里兰州的潜在流行图。Yang等利用大豆生长模型（SOYGRO），对佛罗里达1976—1987年大豆产量的模拟分析表明，大豆锈病引起的产量损失为5%～48%，并估计大豆锈菌对美国经济的潜在损失为每年大于7.2亿美元，并得出应严禁大豆锈菌入侵的结论。该结论虽以数字形式给出了大豆锈菌的风险程度，但从严格意义上讲，仍为定性的有害生物风险分析。

2. 有害生物定量风险分析案例——小麦矮腥黑穗病对中国小麦生产的风险评估　小麦矮腥黑穗病［*Tilletia controversa* Kühn（TCK）］是麦类黑穗病中为害最大、最难防治的一种，在我国尚未发现。该病菌的冬孢子和菌瘿可随种子、粮食的调运远距离传播，中美两国专家针对美国小麦矮腥黑穗病菌疫区小麦输往中国，开展了“中华人民共和国进口美国磨粉小麦携带小麦矮腥黑穗病菌冬孢子风险评估”研究。该有害生物风险分析报告是中美最终达成《中美农业合作协议》小麦条款的重要基础。

中美两国有害生物风险分析课题组详细分析了输入中国的小麦中矮腥黑穗病菌冬孢子可

能传入中国的各种途径，在充分搜集中国相关资料的基础上，根据植物病理学中“病害三角”原理设计了小麦矮腥黑穗病定量分析框架，利用场景分析和蒙特卡洛方法对小麦矮腥黑穗病进入麦田的可能性进行了计算，并建立地理植病模型，模拟了其在田间发病及定殖情况。

（1）*场景分析* 小麦矮腥黑穗病导致的风险场景，可按顺序分解为进入麦田、侵染发病、产量损失几个部分。

①进入麦田：随输入中国小麦进入我国的小麦矮腥黑穗病冬孢子有多条途径可达麦田。具体途径包括运输、制粉、饲料运输及禽畜粪便处理等传播过程。每个传播过程都会有不同比例的小麦矮腥黑穗病冬孢子进入麦田。

②侵染小麦：小麦矮腥黑穗病冬孢子萌发后，从尚未拔节的小麦茎基部（分蘖节）进入植株体内，并到达生长锥。小麦分蘖节位于土表以下 2cm 处，土表以下 2cm 处的环境条件（温度、湿度和光照）是影响小麦矮腥黑穗病萌发、侵染的主要因素。

③导致的产量损失：小麦矮腥黑穗病是系统性病害，导致小麦全穗发病，其田间发病率一般即为损失率。因此，可用田间发病率来直接估算其产量损失。

（2）*实施评估* 场景分析结果表明，小麦矮腥黑穗病导致产量损失的关键是其能否进入麦田，并引起小麦发病。因此，中美两国专家围绕这两个关键环节展开了风险评估。

因实际情况相当复杂，专家仅对其中的主要环节进行了试验，部分事件使用了专家估计值及调查数据。例如，小麦制粉后小麦矮腥黑穗病冬孢子的存活和流向是个关键环节，美国科学家对此进行了试验，结论认为面粉中不含小麦矮腥黑穗病冬孢子，绝大部分冬孢子存在于下脚料及饲料中，估计 10%～30%的孢子可以被发现，然后用β（4，2）分布拟合制粉后下脚料及饲料中检测到小麦矮腥黑穗病冬孢子的概率，并确定其范围为 0.1～0.3，均值为 0.233 33。其他事件也以类似的方法建立统计模型，完成所有事件的建模后，将其按时空关系进行组合，再用蒙特卡洛方法模拟，即得出了输入中国小麦中所带小麦矮腥黑穗病每年流入中国麦田总量的概率分布。

（3）*侵染导致小麦发病* 该评估有以下三个步骤。

①环境因素分析及建模：影响小麦矮腥黑穗病发病的因素主要是麦田土表 2cm 的环境，结合小麦矮腥黑穗病的萌发侵染生理试验，利用历史气象观测资料，建立了其地理植病模型。

温度：小麦矮腥黑穗病冬孢子萌发最适温为 3～8℃，萌发需要 21～35d，当温度在 −2～12℃时，冬孢子不能正常萌发；据此引入 Schrödter 真菌生长公式，建立了温度与小麦矮腥黑穗病冬孢子萌发时间的关系模型。

湿度：适宜小麦矮腥黑穗病萌发的土壤相对持水量为 60%～80%，这一条件与温度条件相结合可评估不同地区麦田中小麦矮腥黑穗病萌发所需的时间。

光照：小麦矮腥黑穗病冬孢子萌发需要弱光照，这一因素与小麦分蘖节的位置，共同决定了小麦矮腥黑穗病孢子萌发和侵染的环境应位于土表层 2cm 处。由于小麦矮腥黑穗病侵入部位为小麦茎的基部，菌丝在侵入小麦植株后必须到达生长点才能随生长点一起上移，并导致系统发病，这样只有小麦出苗后到拔节前是小麦被小麦矮腥黑穗病侵染的生育期。

因此，小麦矮腥黑穗病萌发模型与小麦生长模型的配合使用，才能判定在当时条件下小

麦矮腥黑穗病能否成功侵染。

②计算机分析与风险评估：将我国各气象站点多年的逐日观测数据与上述模型相结合，逐站、逐年评估小麦矮腥黑穗病在各地的侵染与发病情况，并对运算结果进行统计分析，评估出各地的风险。

③风险区划：由于各地的风险评估值呈离散分布，因此，使用地理信息系统（GIS）将离散点数据转为区域数据，并进行地理区划，最终得到了小麦矮腥黑穗病在我国的风险区划图，为风险管理提供了重要依据。

（4）评估结果

①孢子量：输入中国小麦中的小麦矮腥黑穗病冬孢子携带量是该风险的本质。美方确定允许量的依据是其试验中冬孢子最低发病接种量，即 8.8 个/cm^2，美国农业部（USDA）据此假定，如果每公顷播种小麦 100kg，则 50g 小麦中含有43 000个孢子是安全的，并在风险分析报告中提出了每 50g 出口小麦样品中冬孢子允许量为43 000个。然而 2001 年中美两国科学家在美国 Logan 的联合试验结果为最低发病接种量为 0.88 个/cm^2，将冬孢子允许量降至每 50g 4 300个。但在签订《中美农业合作协议》时，经过两国协商，将冬孢子允许量确定为每 50g 30 000个。

②接种阈值：美方在风险分析报告中提出冬孢子接种量为 8.8 个/cm^2，但他们经 3 年阈值研究后认为，实验小区面积过小是导致在过去试验中得出 8.8 个/cm^2 最低发病接种量的主要原因之一。2000—2001 年中美双方的试验不仅证明了美方的上述推断，还证实冬孢子最高接种量达88 448个/cm^2 时的发病率高于 95%，最低接种量为 0.88 个/cm^2 时的发病率为 0.21%。

③定殖风险：美方在其有害生物风险分析报告中认为，小麦矮腥黑穗病只能在中国积雪地区才能发生，其适生面积占中国冬小麦面积的 3.8%。2002 年陈克等根据小麦矮腥黑穗病的萌发、侵染条件及我国的气象数据，利用地理信息系统分析了该病在中国定殖的可能性，确定了 1984—2002 年出现适合小麦矮腥黑穗病发生的年份，证明小麦矮腥黑穗病不仅能在中国积雪地区能发生，也能在我国非积雪的冬小麦地区发生。该病高、中风险区占中国冬麦面积的 19.3%。

第二节　检疫的原则与监管

森林植物检疫必须依据相关的法律、法规、制度和原则，防止人为传播危险性有害生物，以维护我国的全局和长远利益为最高目标，并履行有关的国际义务。但要保障和实现检疫的根本目标，则必须对检疫过程进行监督与监管。

一、动植物检疫的依据、内容和原则

动植物检疫的法律、法规、规章与国际条约等，不仅是进出口和国内检疫的依据，也规定了进行检疫的内容与应遵循的原则。

（一）动植物检疫的依据

动植物检疫的依据包括法律、行政法规、规章、地方性法规与规章、国际条约及国际惯例和贸易合同、检疫对象及检疫措施与处理依据等。

1. 法律依据 法律依据主要包括由全国人大及其常委会制定的用以调整出入境检验检疫工作的法律，包括《中华人民共和国进出口商品检验法》、《中华人民共和国国境卫生检疫法》、《中华人民共和国进出境动植物检疫法》、《中华人民共和国食品卫生法》、《中华人民共和国刑法》等。这些法律是出入境检验检疫机构从事检验检疫工作的法律依据，其他检验检疫依据都不能与之相违背。

2. 行政法规依据 行政法规依据主要包括由国务院通过的调整出入境检验检疫工作的行政法规及法规性文件。如《中华人民共和国进出口商品检验法实施条例》、《中华人民共和国国境卫生检疫法实施细则》、《中华人民共和国进出境动植物检疫法实施条例》等。

3. 规章依据 规章依据主要包括由国家出入境检验检疫局、农业部、卫生部以及原国家商检局，根据法律、行政法规制定的调整进出口商品检验、国境卫生检疫、进出境动植物检疫工作的规章。

4. 地方性法规、规章依据 地方性法规、规章依据主要是指有立法权的地方人大和政府，在不与我国法律、行政法规相抵触的前提下，制定的在本辖区内实施的调整出入境检验检疫工作的地方性法规和规章。

5. 国际条约、国际惯例和贸易合同依据 包括我国参加制定的有关出入境检验检疫的国际条约，但我国声明保留的条款除外；在国际交往中经过许多国家长期反复实践后逐渐形成，并为各国所接受并承认其法律效力的有关出入境检验检疫的行为规则；在不违反法律和社会公益的前提下，国际贸易合同约定的检验检疫条款。

6. 检疫对象、检疫措施与处理依据

（1）*动植物病虫害名录* 动植物病虫害名录包括我国规定的动植物检疫性病虫害名录、国际和地区条约及双边协议中的动植物病虫害名录、外贸合同中制定的动植物检疫性病虫害名录、贸易国动植物检疫性病虫害名录。

（2）*检疫措施与要求* 检疫措施与要求包括国家发布的动植物检疫操作规程，主管部、局发布的单项动植物检疫技术规程和管理办法中的检疫要求；国际或者地区标准及其通行做法。如《国际兽疫局动物疾病诊断方法和疫苗使用标准手册》、《国际植物保护公约》、《欧洲检疫性有害生物》、《亚洲和太平洋区域植物保护协定》中规定的检疫措施和办法。

（3）*检疫处理规定和措施* 包括我国有关检疫性动植物有害生物除害处理和出入境动物检疫处理的规定。《运载动物、动物产品的运输工具处理标准》和《运载植物、植物产品运输工具的处理标准》等。

（二）动植物检疫的内容

动植物检疫的实施范围和内容，具体指在动植物检疫中应检疫的物品。我国将动植物检疫的实施范围归纳为四大类物品，即动植物及其产品，装载容器、包装物及铺垫材料，运输工具，其他检疫物。

1. 动植物及其产品 依法检疫的动物指饲养与野生动物：① 通过贸易、科技合作、赠送、援助等方式进出境的动物，种用或饲养的家畜、家禽（如牛、马、猪、羊、鸡、鸭、鹅、兔、鸽等）及野生动物。② 旅客携带的进境动物，如宠物（猫、狗等）和观赏动物（如鹦鹉、金鱼等）。③ 邮寄进境的动物，如蜂（王）、蚕（卵）等。④ 过境动物，如演艺

动物、竞技动物、展览的观赏动物（如狮、象、熊、犬）等。

依法检疫的动物产品指来源于动物、未经加工或虽经加工但仍有可能传播疾病的产品：① 通过贸易、科技合作、赠送、援助等方式进出境的动物产品，如肉类、毛类（如羊毛、猪鬃等）以及皮张（如猪、牛、羊、兔、貂皮）等。② 旅客携带进境的动物产品，如皮张、毛类和肉制品（如火腿、香肠）等。③ 邮寄进境的动物产品，如肉制品、奶制品、毛类、皮张、动物水产品类（如鱼、虾蟹等）、动物性药材（如鹿茸、蛇胆等）及蹄、骨、角类（如牛蹄、虎骨、鹿角、象牙）等。

依法检疫的植物是指栽培或野生植物及其种子、种苗和其他繁殖材料等：① 通过贸易、科技合作、赠送、援助等方式进出境的植物，包括我国农林业科研单位和生产单位引进的种子、种苗（如水稻、小麦、玉米、棉花、油料、柑橘、苹果、花卉、林木种苗等）。② 旅客携带的进境植物，如盆栽花卉、绿化和观赏树苗、蔬菜种子及果树苗木、接穗、插条等。③ 邮寄进境的植物，如蔬菜、瓜果种子及各种花卉繁殖材料。

依法检疫的植物产品指来源于植物、未经加工或虽经加工但仍有可能传播病虫害的产品：① 通过贸易、科技合作、赠送、援助等方式进出境的植物产品，如粮谷（如水稻、小麦、玉米等）、水果（如柑橘、苹果、龙眼等）和木材。② 旅客携带进境的植物产品，如水果、蔬菜、干果以及粮食、药材、烟叶等。③ 邮寄进境的植物产品，如各种植物种子、干果、中药材等。

除此之外的其他检疫物还包括动物疫苗、血清、诊断液及动植物性废弃物等。

2. 装载容器、包装物和铺垫材料　装载容器是那些可多次使用、易受病虫害污染并用于装载进出境货物的容器，如笼、箱、桶、筐等，其中集装箱是目前应用最广的装载容器。大多数动植物产品在运输中需要包装和铺垫物，这些包装和铺垫物多为植物性产品，质量次、又未经特殊加工处理，极易感染和传播病虫害，已成为检疫范围中非常重要的内容。检疫范围主要是：① 进出境动植物及其产品和其他检疫物的装载容器、包装物、铺垫材料。② 装载过境动植物及其产品和其他检疫物的装载容器、包装物。

3. 运输工具　依法检疫的运输工具主要包括 4 类：① 来自动植物疫区的运输工具（如船舶、飞机、火车等），对运输工具上可能隐藏有害生物的处所（如餐车、配餐间、厨房、储藏室等）必须严格检疫。② 进境的废旧船舶，包括供拆船用的废旧钢船、我国淘汰的远洋废旧钢船。③ 装载出境动植物及其产品和其他检疫物的运输工具。④装载过境动物的运输工具。

（三）动植物检疫的原则

所有动植物检疫措施都应在各类检疫法、国际法规、协定等限定的范围内进行，尤其是国际贸易中的检疫，更应遵从国际检疫惯例和国际原则，尽可能地避免不必要的检疫纠纷与摩擦。

1. 国际贸易中的检疫原则　在国际贸易中，交易双方一方面要遵守各所在国的法律与法规，还必须遵守各国家对外缔结或参加的有关国际贸易、国际运输、商标、专利、工业产权与仲裁等方面的条约和协定，如《联合国国际货物销售合同公约》等。此外，在国际贸易长期实践中逐渐形成、并得到国际公认的国际贸易惯例，也是从事国际货物买卖活动的行为规范和应当遵守的准则。我国合同法规定，国际贸易的当事人在订立合同、履行合同和处理合同纠纷时，应当遵循下列基本原则。

（1）契约自由、自愿原则　根据《联合国国际货物销售合同公约》和许多国家的法规，在国际货物买卖中，交易双方应在平等互利的基础上，本着契约自由和诚实信用等原则，依法订立合同、履行合同和处理争议。订立合同应当遵循当事人自愿的原则，即当事人依法享有自愿订立合同的权利，违背当事人真实意思的合同无效，不具有法律效力。但是，实行合同自愿的原则，并不意味着当事人可以随心所欲地订立合同而不受任何限制和约束，必须在法律规定的范围内订立和履行合同。

（2）平等原则　订立、履行合同和承担违约责任时，当事人的法律地位一律均等，都享有同等的法律保护，任何一方不得将自己的意志强加给另一方，也不允许在适用法律上有所区别。

（3）公平原则　合同当事人应当遵循公平的原则确定各方的权利和义务，在订立、履行和终止合同时，应遵循公平原则。合同不得有失公平，应公正、公允、合情合理，不允许偏向任何一方。

（4）诚实信用原则　该原则将道德规范和法律规范融合为一体，并兼有法律调节与道德调节双重功能。当事人在订立、履行合同和行使权力、履行义务时，应当遵循诚实信用的原则。诚实信用原则是一项强制性规范，不允许当事人约定排除其适用性，任何违反诚实信用原则的合同行为，均不受法律所保护。

（5）合法原则　当事人订立、履行合同是一种法律行为，有效的合同是一项法律文件。只有依法订立合同，才对双方当事人具有法律约束力。因此，当事人订立、履行合同时应当遵守法律、尊重社会公德，不得扰乱社会经济秩序，损害社会公益。

2. 国际植物保护公约（IPPC）中的动植物检疫原则

（1）主权（sovereignty）　以防止检疫性有害生物进入本国领土为目标，认可国家行使主权，使用动植物检疫措施限制有害生物及其载体进入。

（2）必要性（necessity）　只有从动植物检疫角度上，考虑有必要实施某项措施时，国家才可以建立限制性措施，防止检疫性有害生物进入。

（3）最小影响（minimal impact）　动植物检疫措施应与涉及的有害生物风险相一致，检疫措施应该对人口、商品及财产的国际流动限制性最小。

（4）调整（modification）　动植物检疫措施要尽快随情况变化及新问题的出现而修改，或者及时增补能保证成功的禁令、限制和必要的要求，或者及时取消那些不必要的措施。

（5）透明（transparency）　国家必须公布并宣传动植物检疫禁令、限制和要求，并根据要求提供采用这些措施的理由。

（6）一致性（harmonization）　只要有可能，动植物检疫措施应在国际植物保护公约框架内制订，并以国际标准、指南和建议为基础。

（7）等效性（equivalence）　国家应承认那些方法不同，但效果相同的动植物检疫措施，在检疫中具有等效性。

（8）争端解决（dispute settlement）　两国间任何有关动植物检疫措施的争端，最好在双方技术水平上解决。如果在合理时间范围内双方无法达成一致，那么将通过多边争端解决机制来处理。

（9）合作（cooperation）　各成员国之间应合作防止检疫性有害生物的扩散和进入，并及时改进官方的控制措施。

（10）技术权威（technical authority）　各成员国间应设立一个官方保护机构。

（11）风险分析（risk analysis）　各成员国要确定什么样的有害生物应是检疫性有害生物，并确定对它们采取何种力度的检疫措施，应使用建立在生物和经济证据基础上的有害生物风险分析方法，并应依据国际植物保护公约框架建立各种程序。

（12）管理风险（managed risk）　由于存在检疫性有害生物传入的风险，各成员国在制订动植物检疫措施时应就风险管理政策达成一致。

（13）无害区（pest-free areas）　各成员国如确定了无特定有害生物发生的地区并设立了禁区，应依据国际植物保护公约框架设立的程序，说明其领土内禁区的情况。

（14）紧急行动（emergency actions）　在面对新的或意想不到的动植物检疫情况时，成员国应立即采取紧急措施，这些暂时措施应以有害生物风险初步分析为基础，暂时措施的有效性和使用期限应尽可能快地服从于详细的有害生物风险分析。

（15）不履行公告（notification of non-compliance）　进口国家应尽可能及时地通知出口国，如存在任何不履行植物卫生检疫禁令、限制或要求时的后果情况。

（16）非歧视（non-discrimination）　如果成员国能证明他们在有害生物管理中采用同一或等效的动植物检疫措施，该措施就能非歧视地应用于具有相同动植物检疫情况的国家。一个国家内的检疫性有害生物，也应像对待进口货物一样，采取非歧视检疫措施。

二、检疫监管

检疫监管（quarantine supervision）又称检疫监督管理，是检疫机关对进出境或过境的动植物及其产品的生产、加工、存放等过程，及动植物有害生物疫情实行监督管理的一种检疫措施。在动植物检疫体系中，该措施有监督检疫过程与程序、防范检疫检验失误、防止故意逃避检疫现象、督促检疫工作者严格执法的重要作用。

（一）检疫监管作用与范围

许多国家的动植物检疫部门已实行了检疫监管与措施。如智利动植物检疫机关已对本国出口水果（葡萄、樱桃等）的生产和加工过程进行了全程监管。检疫监管的主要作用有两方面：①促进经济贸易的发展。国际贸易的飞速发展使动植物检疫口岸待验货物的数量不断增加，这就要求检疫机关必须提高验放的速度。采取检疫监督管理的措施，对部分应检物的部分检疫内容实行前置或后续检疫，能够避免货物因检疫程序要求而发生滞留的现象，在保障安全的同时，促进经济贸易的发展。② 进一步控制动植物有害生物的传播。检疫监督管理措施能够进一步避免现场检验中漏检问题，解决尚在潜伏期的动植物有害生物的检验问题，从而保证检疫质量，严防管制性疫病和有害生物的传播。

进境动植物及其产品共同检疫监管范围主要包括六个方面的内容：① 进境动植物及产品的除虫、灭菌过程。② 批准引进的禁止进境物的使用、存放过程。③ 进出境水果、蔬菜和肉类制品、奶制品的加工、存放过程。④ 进出境生皮张、生毛类、肠衣的生产、加工过程。⑤ 进境动植物由进境口岸到隔离检疫场所的运输过程。⑥ 国际展览会或博览会期间动植物及其产品的参展过程。其中，对于出境动植物及其产品，要根据输入国的检疫要求，决定是否对其加工、存放过程实行检疫监管；对于过境动物，主要针对活体动物的运输过程进行检疫监督管理；对于危险性动植物疫情，根据主管机关的部署实施监管措施。例如美国的加利福尼亚等州为了促进本地柑橘等水果的出口，对地中海实蝇等实行专门的检疫监管措施。

（二）检疫监管的基本方法

我国动植物检疫部门所采取的检疫监管方法，主要包括下述四方面的内容。

1. 实行注册登记制度 为了快速便捷地为生产厂商、营销商提供检疫服务和对其进行相关管理，动植物检疫部门对涉及动植物及其产品进出口业务的生产厂商、营销商实行注册、登记制度，并建立相应的数据库进行管理。

2. 进行防疫工作指导 动植物检疫部门指派检疫专家，定期对熏蒸队等从业人员进行技术培训和指导，以提高除害处理的效果。

3. 建立监管库区 动植物检疫监管库区是经口岸动植物检疫机关同意，并批准设立存放进出境动植物及其产品的监督管理场所。凡经国家有关部门批准的经营外贸、外事运输、仓储和代理报检业务的企业，均可申请建立监管库区。检疫监管库区必须具有经营文件及执照，具备开展业务必备的设施和条件，配有兼职疫情监测员，具备符合动植物检疫要求的管理制度。在动植物检疫工作中，对监管库区实行特殊政策，例如优先将未检货物运输到库区、检疫机关在库区内实施检疫、兼职疫情监测员可进行一般性检疫处理、检疫费实行定期结算等。

4. 进行疫情监测 对重要动植物疫情进行调查和监测是动植物检疫监管的基本方法。疫情调查和监测的主要目的是及时发现、了解危险性动植物有害生物的定殖和传播情况，为严格管制这些有害生物提供基础信息。例如，我国自20世纪80年代起对地中海实蝇等展开了疫情监测工作，积累了较为丰富的经验。

（三）我国口岸的检疫监管

我国检验检疫风险预警和快速反应机制日趋完善，各地检验检疫机构进一步强化了口岸卫生检疫、卫生监督和传染病监测，提高了口岸卫生监督水平。国家质量监督检验检疫总局2003年10月30日发布了《国家质检总局口岸非典型肺炎卫生检疫“八项制度”工作规范和要求》，这八项制度即出入境健康申报制度、体温检测制度、医学巡查制度、病人控制制度、通风消毒制度、疫情报告制度、自身防护制度、宣传教育制度。自2003年以后，该制度的精神已成为进出境检疫的工作规范，各个口岸检疫机关在对外检疫中，必须巩固检疫查验八项制度，提高口岸检疫查验应急能力；建立和完善疾病监测体系，提高疾病检出率；建立口岸卫生监督屏障，提高口岸卫生安全防范能力；建立卫生处理安全管理制度，提高安全操作和质量控制水平。其目的就是要依法加强对出入境人员、交通工具、集装箱、货物、行李、邮包、特殊物品、尸体的卫生检疫、疾病监测、卫生监督、卫生处理，防止传染病及其传播媒介传入传出，维护我国生态环境安全，保护国民健康。

1980年原国家动植物检疫局引进国外实蝇监测诱捕技术，采用地中海实蝇引诱剂（trimedlure）、橘小实蝇引诱剂（methyleugenol）和瓜实蝇引诱剂（cuelure）及酒杯状诱捕器（steiner），在南方部分地区开展了对实蝇的监测诱捕工作。自1994年起，为适应国际动植物检疫的新形势，在全国口岸大面积开展了对地中海实蝇的监测。从2000年起，国家质

量监督检验检疫总局决定进一步建立和完善我国防止外来检疫性实蝇传入的预防体系，已基本完成了实蝇快速反应网络系统的建设。实蝇监测结果表明，至今在我国尚未发现地中海实蝇等危险性实蝇。

从 2001 年 4 月国家质量监督检验检疫总局成立到 2006 年 12 月，检验检疫系统共检验进出口商品1 242万批，货值4 555亿美元，检验出不合格商品63 405批，货值 29 亿美元；针对国外暴发的炭疽、霍乱等疾病及时发布了质检公告，对 231 万出入境人员进行了检疫监测，对 155 万出入境人员进行了艾滋病监测，对 231 万出入境人员进行了预防接种。为了切实防止境外有害生物通过货物、包装或运输工具传入我国，质检总局加强了动植物和食品的风险分析和评估，共检疫出入境动植物及其产品 219 万批，货值 495 亿美元，从中截获大量动植物疫情，仅 2002 年就截获1 300多种、22 280批次有害生物。

第三节　森林动植物检疫法规

森林动植物检疫是植物检疫的一部分，植物检疫法规也就是森林动植物检疫的法规。在我国对外检疫工作中，植检、森检共用一个法规。在国内植检工作中，为适应森林动植物检疫的特殊需要，我国还颁布有部分专门的法规。按制订检疫法规的机构和行使法规的行政范围划分，检疫法规有国际、全国和地方性三种类型。

一、国际动植物检疫法规

最早的国际性动植物检疫法规是 1881 年在瑞士伯尔尼签订、1889 年修订的《葡萄根瘤蚜公约》。这个公约于 1929 年在罗马修改为《国际植物保护公约》，联合国粮农组织于 1951 年在其第六次大会上正式通过了这个公约，又于 1979 年进行了修改，到 2005 年已有 138 个国家加入了这个公约。其次是国际兽疫局于 1968 年通过后又几经修订的《国际动物卫生法典》。还包括在乌拉圭回合谈判中形成的《关税及贸易总协定》的法律附件，即 1995 年 1 月 1 日生效的《实施卫生和植物卫生措施协定》。该协定是世界贸易组织成员为确保卫生与植物卫生措施的合理性，并对国际贸易不构成变相限制所应遵循的一套规定、原则和规范。

国际上还陆续建立了一些区域性植物保护组织。如欧洲与地中海区域植物保护组织（EPPO）、东南亚和太平洋地区植物保护委员会（SEAPPC）、近东植物保护委员会（NEPPC）、非洲植物检疫理事会（IAPSC）、南美洲国际农业保护委员会（CIPA）、中美洲农牧保健组织（OIRSA）、北美洲植物保护组织（NAPPO）、加勒比地区植物保护委员会（CPPC）等。每一个区域性植物保护组织都有他们自己的植物检疫协定、协议等相关法规。如区域性的国际公约《亚洲和太平洋区域植物保护协定》、《欧洲经济共同体植物健康条例》、《欧洲经济共同体关于从第三国进口牛、猪活禽和鲜肉的卫生检疫条例》等。此外，世界各国在贸易和其他交往中，为了加强合作，还签订了一些协定、备忘录或其他法律文书，使缔约双方能共同采取一些必要的措施，防止双方签订的检疫性病虫害传入，以保护双方农林业生产安全。

植物检疫法规由一个国家或地区的国内法规发展成国际法中的组成部分及国家（地区）间的双边合作和多边合作协定，表达了各国人民在防治危险性有害生物方面的共同心愿。这种合作既是国际检疫协作（包括协定、协议、公约或备忘录等规定的内容），又是缔约双方或多方在该国必须履行和遵守的检疫规范。

二、动植物检疫法规的发展规律

在动植物检疫300余年的历史中，动植物检疫法规是人类与动物疫病、植物有害生物长期斗争的产物。人类在与森林动植物病虫害作斗争的过程中，逐步认识了制定动植物检疫法规的必要性和重要性，促使了森林动植物法规的产生与发展。

1. 动植物检疫法规的产生 最早的动植物检疫法规当属1660年法国颁布的铲除小檗植株并禁止传入、防治小麦秆锈病的法令。19世纪中叶至20世纪初，在世界范围内发生了一系列由于危险性有害生物人为传播而造成的重大经济损失事件。如葡萄根瘤蚜的传播和为害使法国的酿酒业遭受了沉重的打击，牛瘟的传入使英国不得不扑杀遭受传染的全部病牛。动物疫病和植物有害生物的国际性传播、蔓延促使一些受害国家开始关注动植物检疫工作，并有针对性地制定了相关的法令，禁止从发生疫情的国家或地区进口某种动植物及其产品。例如，英国于1869年制定了《动物传染病法》，法国在1872年颁布了禁止从国外输入葡萄枝条的法令，印度尼西亚于1877年颁布了亚洲地区最早的一个动植物检疫禁令，即禁止从锡兰（现斯里兰卡）进口咖啡植物和咖啡豆，以防止咖啡锈病的传入，意大利于1879下令禁止进口美国的肉类制品，奥地利、德国和法国于1881年相继宣布禁令，禁止美国肉类产品的进口，以防止疫病的传入。

2. 单项禁令由综合性法规所替代 随着经济贸易的发展以及科学技术的进步，人类逐步认识到上述带有“禁运”特征的法令有一定的局限性。这种局限性的突出表现严重影响了国际贸易的发展，忽略了人类对危险性疫病和有害生物的控制能力。于是，动植物检疫从笼统的“禁运”发展到对疫病和有害生物的检验、检测与处理，动植物检疫法规也由最初的单项禁令向针对性、灵活性统一的综合法规方向发展。例如，针对马铃薯甲虫的为害，英国于1877年制定和颁布了禁止马铃薯进口的《毁灭性昆虫法令》，并于1907年和1927年两次对该法令进行修订和补充，于1965年颁布了一部综合性的植物检疫法规，即《植物健康法令》(Plant Health Act)。

3. 各个国家法规逐渐由国际性法规所替代 在动植物检疫的发展过程中，最初的动植物检疫法规都是某个国家根据本国自身的需要而制定。随着人类对动植物检疫认识的深入，一些双（多）边协定及国际公约形式的国际性动植物检疫法规逐步出现。其原因首先是，生物地理区域的概念使人类认识到属于同一个生物地理区域的国家其疫情紧密相关，必须努力将该区域作为整体，设法免受某种疫病和有害生物的危害，才能使这个区域内各个国家的农林业生产、人类健康得到有效的保护；其次是，国际贸易飞速发展、人员频繁往来，使疫病和有害生物在世界范围内的传播风险空前增高，这就要求国家之间必须密切合作，采取共同的检疫措施才能降低疫病与有害生物的传播风险，促进国际贸易的发展。

4. 国际组织的形成与发展 在动植物检疫法规国际化发展过程中，一些区域性动物卫生组织或植物保护组织应运而生。这些组织制定了相应的国际性动植物检疫法规，并要求签约国遵守和实施。如世界动物卫生组织（World Organization for Animal Health；法文为

Office International des Epizooties，OIE；中文译为国际兽疫局）制定的《国际动物卫生法典》等，联合国粮食及农业组织（Food and Agriculture Organization of the United Nations，FAO）制定的《国际植物保护公约》等。此外，国际贸易的发展与需求促进了世界贸易组织的产生，为了协调各成员国的动植物检疫措施，以使其不对贸易产生不必要的壁垒，该组织制定了《实施卫生和植物卫生措施协定》。

5. 动植物检疫法规的不断补充和完善　动植物检疫法规实施后，由于疫情及贸易等的发展和变化，这样无论是国际性、还是各国政府制订的动植物检疫法规，都存在不断补充和完善的问题。例如，我国的进境植物检疫危险性有害生物名录，从1954—2007年先后共修订颁布了6次，比较这些名录可以发现，新名录都是根据疫情的变化以及贸易的发展，对原有名录进行了修订，名录中所包含的危险性有害生物种类也发生了较大的变化，由最初的30个种（属）发展为现在的435个种（属）。

三、动植物检疫法规的基本内容

动植物检疫法规由国际组织或各个国家（地区）政府负责制订、颁布和实施。这些法规的具体内容有所不同，但基本框架一致。1983年联合国粮食及农业组织（FAO）向各成员国传发了《制定植物检疫法须知》，介绍了制定植物检疫法规时应考虑的11项基本内容。主要内容如下。

1. 法规名称　法规要有名副其实的名称，名称如有变动，必须指明新、旧法规各自的名称。

2. 立法宗旨　法规中的宗旨应开门见山，简单明了。

3. 执法的主管部门和各级执法机构　应说明这些部门和机构的主要职能和权力。

4. 名词术语解释　对本法规所涉及的名词、术语应有明确的定义。

5. 检疫法规分项和检疫范围分项　具体说明进境检疫、出境检疫、过境检疫、携带与邮寄物检疫、运输工具检疫等的检疫范围、权限。

6. 规定禁止进口或限制进口物品　列明禁止进境物或需检疫的动植物及其产品。

7. 检疫程序　说明检疫的步骤，包括许可、报检、检验与检测、处理和监管等。

8. 奖惩和法律责任　应明确指出违反法规，并视情节的严重程度，所给予相应等级的惩处。

9. 其他规定　阐明法规中上述各部分尚未包含的内容。

10. 公布与生效日期　法规要有具体的公布日期和生效日期。

11. 实施规章　根据法规的制定，要有具体实施规章和方法。

四、重要的国际性动植物检疫法规与组织

国际性植检法规是由有关的国家政府共同协商，为保护签约国共同利益而制订的法规，如《国际植物保护公约》就是一部签约国已达140多个、影响范围最大的国际性植检法规和公约。

(一)《国际植物保护公约》

1.《国际植物保护公约》简介 国际植物保护公约组织是联合国粮食及农业组织(FAO)的下属机构，总部设在罗马，使用的官方语言为联合国粮食及农业组织的所有正式语言。《国际植物保护公约》(International Plant Protection Convention，IPPC)是1951年通过的一个有关植物保护的多边国际协议，1952年开始生效，由设在联合国粮农组织植物保护处的国际植物保护公约秘书处负责执行和管理。1979年和1997年联合国粮农组织分别对《国际植物保护公约》进行了两次修改。2005年10月20日经国务院批准，我国驻联合国粮农组织代表向该组织递交了关于加入1997年修订的《国际植物保护公约》的加入书，成为该公约的第141个缔约方，我国的官方联络点设在农业部。

2.《国际植物保护公约》的主要内容 《国际植物保护公约》的任务是加强国际植物保护的合作，更有效地防治有害生物及防止动植物危险性有害生物的传播和扩散，统一国际植物检疫证书格式，协调各国植保植检机构的活动，促进国际植物保护信息交流。该公约虽名为“植物保护”，但中心内容均为植物检疫。《国际植物保护公约》包括序言、条款、证书格式附录3个方面，共有23项条款。

第一条，为缔约宗旨与缔约国的责任。

第二条，为公约中的相关术语解释。主要解释植物、植物产品、有害生物、检疫性有害生物等。

第三条，为国际协定的关系。本公约不妨碍缔约方按照有关国际协定享有的权利和承担的义务。

第四条，主要阐述各缔约国应建立国家植物保护机构。明确其职能，同时各缔约国应将各国植物保护组织工作范围及其变更情况上报联合国粮食和农业组织。

第五条，为植物检疫证书。主要规定植物检疫证书应包括的内容和国际标准。

第六条，对有害生物的限定。要求采用不应严于该输入缔约方领土内存在同样有害生物时所采取的限定措施，同时各缔约方不得要求对非限定性有害生物采取植物检疫措施。

第七条，进口检疫要求。涉及缔约国对进口植物、植物产品的限制进口、禁止进口、检疫检查、检疫处理(消毒除害处理、销毁处理、退货处理)的约定，并要求各缔约国公布禁止及限制进境的有害生物名单，要求缔约国所采取的措施应对国际贸易的影响达最低限度。

第八条，国际合作。要求各缔约国与联合国粮农组织密切情报联系，建立并充分利用有关组织，报告有害生物的发生、发布、传播危害及有效的防治措施的情况。

第九条，区域性植物保护组织。该条款要求各缔约国加强合作，在适当地区范围内建立地区植物保护组织，发挥它们的协调作用。

第十条，各缔约方合作制定执行国际标准，区域标准应与本公约的原则一致。

第十一条，在联合国粮农组织内建立植物检疫措施委员会，制定并通过国际标准。

第十二条，植物检疫措施委员会设立秘书处。负责实施委员会的政策和活动，并履行本公约可能委派的其他职能。

第十三条，争端的解决。着重阐述缔约国间对本公约的解释和适用问题发生争议时的解决办法。

第十四条，声明。即在本公约生效后，以前签订的相关协议失效，这些协定包括1881年11月3日签订的《国际葡萄根瘤蚜防治公约》、1889年4月15日在瑞士伯尔尼签订的《国际葡萄根瘤蚜防治补充公约》、1929年4月16日在罗马签订的《国际植物保护公约》。

第十五条，适用的领土范围。主要指缔约国声明变更公约适应其领土范围的程序，公约规定在联合国粮农组织总干事接受到申请30d后生效。

第十六条，为各缔约方可对特定区域、特定有害生物、特定植物产品、植物和植物产品国际运输的特定方法签订补充本公约的条款，补充协定应以促进公约的发展为宗旨。

第十七条，批准与参加公约组织。主要规定了加入公约组织及其批准的程序。

第十八条，为鼓励非缔约方接受植物检疫措施的国际标准。

第十九条，规定本公约及缔约方提供文件的正式语言应为联合国粮农组织的所有正式语言。

第二十条，通过双边或有关国际组织向有关缔约方提供技术援助，促进本公约的实施。

第二十一条，涉及公约的修正。指缔约国要求修正公约议案的提出与修正并生效的程序。

第二十二条，指公约对缔约国的生效条件。

第二十三条，为任何缔约国退出公约组织的程序。

（二）《实施卫生与植物卫生措施协定》

以关贸总协定乌拉圭回合为代表的多边自由贸易体制的发展，对动植物检疫提出了更高、更严格的要求。这种要求集中体现在乌拉圭回合所制定的《实施卫生与植物卫生措施协定》(Agreement on the Application of Sanitary and Phytosanitary Measures，SPS) 上。

为限制技术性贸易壁垒，促进国际贸易发展，1979年3月在国际贸易和关税总协定(GATT) 第七轮东京回合的多边谈判中通过了《关于技术性贸易壁垒协定草案》，并于1980年1月生效。该草案在第八轮乌拉圭回合谈判中正式定名为《技术贸易壁垒协议》(TBT)。由于GATT、TBT对这些技术性贸易壁垒的约束力仍然不够，要求也不够明确，为此，乌拉圭回合中许多国家提议制定针对植物检疫的《实施卫生与植物卫生措施协定》。该协定对检疫提出了比GATT、TBT更为具体、严格的要求。《实施卫生与植物卫生措施协定》是《世界贸易组织协议》附件1a中的一项法律文件，其内容涉及动植物及其产品和食品的进出口检验检疫国际规则，是所有世界贸易组织成员都必须遵守的协定，并作为世界贸易组织“单一承诺”(single undertaking) 的一部分而被签署，随着1995年1月1日世界贸易组织的成立而生效。该协定是调整货物贸易的多边协定的组成部分，在世界贸易组织法律框架中具有不可替代的地位，在国际货物贸易的实践中有避免和解决争端的重要功能。

1.《实施卫生与植物卫生措施协定》的宗旨　该协定是世界贸易组织成员为确保卫生及植物卫生措施的合理性，并为保障各国在实行检疫措施时对国际贸易不构成变相限制，经过长期反复的谈判和磋商而签订的法律文件。其中的各项规定，以有关卫生与植物卫生措施、国际标准、指南和建议、风险评估、适当的卫生与植物卫生保护水平、病虫害非疫区、病虫害低度流行区等为基础，并规定了各缔约国的基本权利与相应的义务，其宗旨就是：① 同意各成员有权采取必要的措施保护人类、动物、植物的生命或健康，但这些措施不能对情形相同的成员构成不合理的歧视，也不能对国际贸易构成变相限制或产生消极影响；②要求缔约国尽可能参加如国际植物保护公约等相关的国际组织，通过建立多边规则指导各成员制定、采用和实施卫生与植物卫生措施；③ 将对贸易的消极影响减少到最低程度；④ 要求缔约国所采取的检疫措施应以国际标准、指南或建议为基础。

2.《实施卫生与植物卫生措施协定》的主要内容 其主要内容是保护人类或动物的生命或健康免受由食品中添加剂、污染物、毒素或致病有机体所产生的风险；保护人类的生命免受动植物携带的疫病的侵害；保护动物或植物的生命免受害虫、疫病或致病有机体传入的侵害；保护一个国家免受有害生物的传入、定居或传播所引起的危害；与上述措施有关的所有法律、法规、要求和程序，包含最终产品程序、工序及生产方法，含检测、检验、出证和审批与批准程序、各种检疫处理和有关统计方法、抽样程序、风险评估方法的规定、与食品安全直接有关的包装和标签要求。

《实施卫生与植物卫生措施协定》包括 14 项条款及 3 个附件，是对出口国有权进入他国市场，进口国有权采取措施保护本国人体、动物和植物安全两个方面权力的平衡。如第三条第一款规定“各成员方的检疫措施应基于现有的国际标准、指南或建议制定”。为了进一步明确“国际标准、指南和建议”的含义，附件 A 第三条规定“国际标准、指南和建议”包括：① 关于粮食安全，指食品法典委员会制定的与食品添加剂、兽药和除虫剂残余物、污染物、分析和抽样方法有关的标准、指南和建议及卫生惯例的守则和指南。② 关于动物健康和寄生虫病，指国际动物卫生组织主持制定的标准、指南和建议。③ 关于植物健康，指在《国际植物保护公约》秘书处主持下及在《国际植物保护公约》范围内运作的区域组织合作制定的国际标准、指南和建议。④关于上述组织未涵盖的事项，指经动植物检疫委员会确认的，由其向所有世界贸易组织成员开放的其他国际组织公布的有关标准、指南和建议。

3.《实施卫生与植物卫生措施协定》的特色 该协定体现了关贸总协定对动植物检疫可能作为非关税壁垒的约束机制，对检疫管理提出了更高的要求，使检疫工作的难度更大。因此，各国政府都面临着调整检疫法规，增加透明度，加快检疫规程和检疫方法标准化的进程，积极开展有害生物风险分析，加强检疫管理的信息交流和国际交流等项任务。因此，真正落实《实施卫生与植物卫生措施协定》，必将使检疫工作发展到一个新水平，使检疫与国际贸易朝着良性互动方向发展。

①协定要求缔约国坚持非歧视原则，即出口缔约国已经表明其所采取的措施已达到检疫保护水平，进口国应接受这些等同措施；即使这些措施与自己的不同，或不同于其他国家对同样商品所采取的措施。协定还要求各缔约国所采取的检疫措施应建立在风险性评估的基础上。规定了风险性评估考虑的诸因素应包括科学依据、生产方法、检验程序、检测方法、有害生物所存在的非疫区相关生态条件、检疫或其他治疗（扑灭）方法。在确定检疫措施的保护程度时，应考虑相关的经济因素，包括有害生物的传入、传播对生产和销售的潜在危害和损失，进出口国进行控制或扑灭的成本，以及以某种方式降低风险的相对成本。

②协定特别强调各缔约国制定的检疫法规及标准应对外公布，并且要求在公布与生效之间有一定时间的间隔。要求各缔约国建立相应的法规、标准咨询点，便于回答其他缔约国提出的问题或向其他缔约国提供相应的文件。为完成协定规定的各项任务，各缔约国应该建立

动植物检疫和卫生措施有关的委员会。

③协定强调各国必须遵守该协议，没有一个国际行为准则，各国自行其是就无法统一，国际贸易就无法进行。但各国没有主权范围内的法则，动植物有害生物的传播也就不可避免。因此，要求各成员国制定的植物检疫法、实施细则、应检有害生物名单都应经过充分的科学分析，各项规定要符合国际法或国际惯例。各国不能随意规定检疫性有害生物名单，所列名单必须经过有害生物风险分析；若未经科学分析制定的检疫法规等同于科学论据不足，将被认为是歧视和非关税的技术壁垒，并可能受到起诉、报复甚至制裁。

（三）国际区域性植物保护组织

国际区域性植物保护组织，是国家与国家之间为防止外来有害生物传入，根据各自所处的生物地理区域和相互经济往来的情况，自愿组成的一种国际专业组织。其主要任务是促进区域内植物检疫的国际合作，协调各成员之间的植物检疫活动，传递植物检疫的情报信息。

世界上现已有9个区域性植物保护组织，覆盖了世界大部分国家和地区，并各有自己的检疫法规或协定。其活动可以分为两类：一类是直接隶属于联合国粮农组织，如亚洲及太平洋地区植物保护委员会、近东植物保护委员会、加勒比地区植物保护委员会，其日常工作由联合国粮农组织直接派官员主持。另一类是独立的区域性植物保护组织，联合国粮农组织不直接参与其日常事务，如南美洲国际农业保护委员会、非洲植物检疫理事会、北美洲植物保护组织等。在这些区域性组织中，我国参加了与我方有较大关系的亚洲及太平洋地区植物保护委员会。该组织有《亚洲及太平洋区域植物保护协定》，我国许多著名的专家曾受联合国粮农组织的聘派在该组织工作过，如昆虫学家黄可训、植物病理学家竺万里及狄原渤等。

1. 欧洲及地中海地区植物保护组织（EPPO）　1951年成立，现有35个成员国，总部在法国巴黎。

2. 亚洲及太平洋地区植物保护委员会（APPPC）　原称东南亚及太平洋地区植物保护委员会。1956年成立，现有24个成员国，总部在泰国的曼谷。

3. 近东植物保护委员会（NEPPC）　1963年成立，现有成员国16个，总部在埃及的开罗。

4. 南美洲国际农业保护委员会（CIPA）　1965年成立，现有6个成员国，总部在阿根廷的布宜诺斯艾利斯。

5. 加勒比地区植物保护委员会（CPPC）　1967年成立，现有14个成员国，总部在特立尼达和多巴哥的西班牙港。

6. 傅利瓦尔地区农业牧业卫生检疫组织（OBSA）　1965年成立，现有3个成员国，总部在哥伦比亚的波哥大。

7. 非洲植物检疫理事会（IAPSC）　1954年成立，现有成员国41个，总部在喀麦隆的雅温得。

8. 北美洲植物保护组织（NAPPO）　1976年成立，现有3个成员国，总部在墨西哥的墨西哥城。

9. 中美洲农牧保健组织（OIRSA）　1955年成立，现有7个成员国，总部设在萨尔瓦多的圣萨尔瓦多。

各区域组织的最高权力机构是全体成员国大会，所有重大问题都要通过全体成员国大会解决。大会一般每两年举行1次。两个国家之间根据贸易和植保植检事业的需要，常由双方政府协商签订双边植保植检协定，或在贸易合同中签订有关的植物检疫条款。此外，各区域组织还设有秘书处，负责本组织的日常工作。有些区域组织还定期出版专业刊物，如欧洲及地中海地区植物保护组织的《EPPO通报》、亚洲太平洋地区植物保护委员会的《通讯季刊》等。

五、我国动植物检疫法规

我国自1914年在罗马签订国际植物病虫公约至现在，国家立法机关或国家授权的政府有关部门已发展完善了相关的动植物检疫法律、法规和政策，各省（自治区、直辖市）也颁布了有地方特色的政策及条例。我国动植物检疫法规体系的完善，逐步实现了和西方国家植物检疫法规与体制的接轨，改变了我国在国际贸易活动中受限制的局面。我国的检疫法规旨在防止从国外传入本国规定不准传入的病、虫、杂草及其他有害生物，预防和限制危险性病虫在国内传播，保护我国农林业生产安全，也防止我国的有害生物传出，以履行有关的国际义务。

我国现行的与植物检疫相关的法规，以1992年4月1日施行的《中华人民共和国进出境动植物检疫法》、2004年8月28日施行的《中华人民共和国种子法》、2015年10月1日实施的《中华人民共和国食品安全法》为主。辅助法规包括1997年1月1日施行的《中华人民共和国进出境动植物检疫法实施条例》、《植物检疫条例》、《植物检疫条例实施细则》、《植物保护条例》、《中华人民共和国农药管理条例》、《中华人民共和国生物安全管理条例》、《引进林木种子苗木及其他繁殖材料检疫审批和监管规定》、《进境植物危险性病、虫、杂草名录》、《进境植物禁止进境物名单》、《中华人民共和国进境植物检疫潜在危险性病、虫、杂草名录（试行）》（简称三类有害生物名录）、《中华人民共和国禁止携带、邮寄进境的动物、动物产品及其他检疫物名录》，以及我国政府签订的各种有关国际公约或协定，如《生物多样性公约》和《生物安全议定书》等。

（一）《中华人民共和国进出境动植物检疫法》

本法共九章五十七条，1991年10月30日第七届全国人大常委会第二十二次会议审议通过，1992年4月1日起施行。

第一章　总则，共九条。表明了本法的立法目的、检疫内容、检疫机构设置、检疫机关职权范围，禁止进境物种类及处理意见，国外发生疫情与国内应采取的措施，检疫机关的工作，监督对象等。

第二章　进境检疫，共十条。规定了进境时的动植物及其产品、其他检疫物检疫审批手续和相关证书、合同的种类。规定了对检疫物的处理措施和处理程序。

第三章　出境检疫，共三条。规定了动植物、动植物产品及其检疫物出境的报检手续以及在何种情况下重新报检。

第四章　过境检疫，共五条。规定了过境动植物及其产品、其他检疫物所需要遵循的

原则。

第五章　携带、邮寄物检疫，共六条。规定了携带物和邮寄物的检疫机关和检疫处理措施。

第六章　运输工具检疫，共五条。规定对于来自疫区的运输工具的检疫措施，强调对运输工具上携带物的处理。

第七章　法律责任，共七条。规定对于不符合检疫手续，违反本法规定的行为，应处以罚款及吊销单证，对于检疫人员渎职、犯罪等各种违法行为，轻则给予行政处分，重则追究刑事责任。

第八章　附则，共五条。对本法中的一些专业用语进行了含义解释，规定了本法与其他有关国际条约之间的关系。

(二)《中华人民共和国食品安全法》

我国于 1995 年 10 月 30 日颁布了《中华人民共和国食品卫生法》。2009 年 2 月 28 日第十一届全国人民代表大会常务委员会第七次会议通过了《中华人民共和国食品安全法》，2015 年 4 月 24 日第十二届全国人民代表大会常务委员会第十四次会议通过了修订的《中华人民共和国食品安全法》。本法自 2015 年 10 月 1 日起施行，共十章一百五十四条。

第一章　总则，第一至第十三条。表明了立法目的、适用主体和范围、行政监管部门和职责等。

第二章　食品安全风险监测和评估，第十四至第二十三条。规定了对食源性疾病、食品污染以及食品中的有害因素，进行监测和评估法定部门、范围、处理措施和信息管理等。

第三章　食品安全标准，第二十四至第三十二条。规定了食品安全标准及制定、颁布和评估标准的规定等。

第四章　食品生产经营，第三十三至第八十三条。第一节，一般规定，共十一条；规定了食品生产经营、禁止产品、生产许可等。第二节，生产经营过程控制，共二十三条；规定了食品生产原料、生产过程、贮存、包装、运输、召回等管理规定。第三节，共七条；规定了食品标签、说明书和广告标识及内容。第四节，特殊食品，共十条；规定了保健食品、特殊医学用途配方食品和婴幼儿配方食品等特殊食品的监管措施。

第五章　食品检验，第八十四至第九十条。规定了食品检验法定部门、检验标准、检验程序等。

第六章　食品进出口，第九十一至第一百零一条。规定了进出口食品安全实施监督管理、检验、处理、风险预警和控制措施、信息管理等。

第七章　食品安全事故处置，第一百零二至第一百零八条。规定了各级政府建立食品安全事故应急预案、安全处理、安全事故报告、责任追究等。

第八章　监督管理，第一百零九至第一百二十一条。对县级以上政府进行食品安全监督管理、风险评估、生产经营许可、处理、违反投诉和举报、信息管理、约谈追责等。

第九章　法律责任，第一百二十二至第一百四十九条。规定了食品生产经营、广告说明、安全事故处置和报告、进出境管理、运输、检验、风险监测和评估、信息发布等违法处理办法。

第十章　附则，第一百五十至第一百五十四条。规定了本法的术语和含义，及转基因食品和食盐、铁路和民航等食品安全管理办法。

（三）《中华人民共和国种子法》

本法共十一章七十八条。2004 年 8 月 28 日中华人民共和国第十届全国人民代表大会常务委员会第十一次会议通过并施行。

第一章　总则，共七条。表明了立法目的，适用范围和适用对象，本章规定了行政主管部门。

第二章　种质资源保护，共三条。规定种质资源受国家依法保护，享有主权，任何单位和个人必须依法办事。

第三章　品种选育与审定，共九条。规定了培养新品种的措施，转基因植物品种的安全评价，农作物技术品种推广的可行性报告，审定品种的相关规定。

第四章　种子生产，共六条。规定种子生产实行许可制度，规定了申请领取种子生产许可证的条件，商品种子生产的技术规程和检验、检疫程序，以及相关档案制度。

第五章　种子经营，共十三条。规定种子经营的许可制度，申请领取种子经营许可证的条件以及管理制度，商品种子加工、分级、包装、标识必须规范，建立档案制度。

第六章　种子使用，共四条。规定扶持使用林木良种，因种子质量问题引起的损失和纠纷，经营者应承担相应责任。

第七章　种子质量，共五条。规定了种子质量管理办法和行业标准由农业、林业主管部门制定，规定了种子质量检验机构以及种子检验员的条件，对于假种子给予了定性。

第八章　种子进出口和对外合作，共六条。规定种子进出口必须实施检疫，按相关法规办理。

第九章　种子行政管理，共四条。规定了种子的行政主管部门，禁止主管部门及其工作人员参与与种子有关的经营活动，禁止乱收费。

第十章　法律责任，共十五条。规定了在种子生产与经营活动中存在违法行为的处罚措施及处罚金额，构成犯罪的，追究刑事责任。对于工作中有渎职行为的工作人员，追究行政责任，构成犯罪的，依法追究刑事责任。

第十一章　附则，共五条。对一些专业用语的含义进行了解释。

（四）《中华人民共和国进出境动植物检疫法实施条例》

本条例共十章六十八条。1996 年 12 月 2 日李鹏总理发布国务院令，1997 年 1 月 1 日起实行。

第一章　总则，共八条。规定了检疫对象，主管部门、国外重大疫情发生时，国内应采取的紧急预防措施，检疫名录的确定和公布，由农业行政部门制定。

第二章　检疫审批，共七条。规定了具体的检疫审批手续。

第三章　进境检疫，共十五条。规定了进境检疫的检疫物的具体报检日期，检疫人员的工作程序，现场检疫的工作规定，隔离场所及隔离日期，调离手续和调离措施等。

第四章　出境检疫，共六条。规定了出境检疫物的报检程序。

第五章　过境检疫，共三条。规定了过境检疫物的程序和安全要求。

第六章　携带、邮寄物检疫。规定了携带和邮寄物进境时的放行和处理措施。

第七章　运输工具检疫，共七条。规定了对运输工具的检疫处理措施和检疫处理程序。

第八章　检疫监督，共六条。规定了对进出境检疫的生产、加工、存放过程实行检疫检查，对检疫处理措施进行监督、指导，出具相关证书。

第九章　法律责任，共五条。规定了具体违法行为的罚金数额和行政处罚措施。

第十章　附则，共五条。对一些专业用语的含义进行了解释。

（五）我国现行的主要森保法规

我国现行的森林保护法律、法规是指我国法律、法规和规范性文件中关于森林保护法律制度的总和。除前述我国现行植物检疫法规中与森林保护有关的法规外，1989 年 12 月国务院令第四十六号发布的《森林病虫害防治条例》，对森林病虫害防治的方针、责任制、预防、除治等做了明确规定。《中华人民共和国森林法》、《中华人民共和国森林法实施条例》也对植物检疫和森林病虫害防治作了相关规定。另外，根据这些法律、法规的规定，国家林业局也制定了一些关于植物检疫和森林病虫害防治方面的规章、规范性文件，如《国家林业局林木种苗质量监督管理规定》、《国内森林植物检疫收费办法》等。这些法律、法规、规章和规范性文件的制定，为依法实施森林植物检疫提供了法律依据。

《森林病虫害防治条例》已经将“预防为主、综合治理”的方针和“谁经营谁治理”的责任制以法规的形式进行了明确规定。发生暴发性或者危险性的森林病虫害时，当地人民政府要根据实际情况成立临时指挥机构，制定紧急除治措施；要保证除治森林病虫害所需的药剂、器械等物资，保障除治森林病虫害所需的经费等。

复习思考题

1. 影响有害生物地理分布的因素有哪些？为什么有害生物传入新区后危害性比原产地重？

2. 动植物风险分析的含义和作用是什么？动植物检疫风险分析包括哪些主要步骤？

3. 动植物检疫的依据是什么？主要检疫范围有哪些？

4. 什么是检疫监管？

5. 动植物检疫法规的基本内容和要求有哪些？我国现行植物检疫主要法规有哪些？

参考文献

王国平 . 2006. 动植物检疫法规教程 [M]. 北京：科学出版社 .

李志红 . 2004. 动植物检疫概论 [M]. 北京：中国农业大学出版社 .

李尉民 . 2003. 有害生物风险分析 [M]. 北京：中国农业出版社 .

徐海根 . 2004. 外来物种入侵生物安全遗传资源 [M]. 北京：科学出版社 .

贾有茂 . 1997. 动物检疫与管理 [M]. 北京：中国农业科技出版社 .

徐汝梅 . 2003. 生物入侵数据集成、数量分析与预警 [M]. 北京：科学出版社 .

郭光智，杨广海，许霞，等 . 2005. 我国森林病虫害防治法制化的问题及对策 [J]. 山东农业大学学报：社会科学版（2）：80-85.

陈洪俊，范晓红，李尉民．2002．我国有害生物风险分析（PRA）的历史与现状［J］．植物检疫，16（1）：28-32．

周茂建．2004．我国检疫性森林有害生物发生现状及其分析［J］．植物检疫，18（3）：164．

魏初奖．2004．植物检疫及有害生物风险分析［M］．长春：吉林科学技术出版社．

>>> 第四章　森林动植物检疫检验

【本章提要】本章在介绍森林动植物检疫检验定义和类型的基础上，重点介绍了检疫检验的抽样标准与方法，虫、螨、杂草与种子、动植物病原物的检验技术，并论述了各类分子生物技术在检疫检验中的应用。

在植物检疫中以发现、检出和鉴定植物病原物、害虫、杂草和其他有害生物为目的，作为出具证明或进行检疫处理的科学依据，所进行的现场检查、实验室检验即动植物检疫检验。

检疫检验与除害处理，都是控制有害生物的重要环节。检验结果的准确与否，关系输出地和输入地对有害生物除害处理措施的选择。我国的森林植物检疫工作起步较晚，一些切实可行的检疫检验方法及标准还不成体系，尤其在大批量调运森林植物及其产品的过程中，以抽取少量样品，并在有限的时间内，要准确无误地检查出疫情数据（检疫对象、危险性病虫、危害程度等）非常困难。但随着森林动植物检疫法规与政策的完善，其检疫检验的操作规程已逐步规范，检验方法和技术的研究与应用正在不断深入。

第一节　检疫检验与抽样

森林动植物检疫检验在于从检疫物中检出危险性有害生物，鉴定其种类，并及时处置。在《国际植物保护公约》中，检疫是指根据植物检疫法规对动植物及其产品采取的官方限制，以便观察和研究或进一步检查、检测与处理。检验（detection）是指对动植物及其产品或其他限定物进行官方的直观检查，以确定是否存在有害生物或是否符合植物检疫法规。森林动植物检疫检验（quarantine detection of forest plant and animal）是使用一定的技术手段，对检疫法规所规定的森林动植物及其产品进行检查与检验，以确定其是否携带检疫对象。

在对森林动植物及其产品或其他商品的调运过程中，应检物的数量通常很大，一般无法对所有的应检物进行检验，常采取抽样的方法进行检验，用所抽取样品的检验结果判断所检验货物携带检疫性有害生物的状况。

一、检疫检验的类型

根据动植物检疫的特点，将国内检疫中的检疫与检验称为内检，进出口检疫中的检疫与检验称为外检。按照工作顺序可将检疫检验分为前检、关检和后检。前检为装运前的检疫，关检为关卡检验，后检为引入后的检疫。按照我国的管理体制，检疫行业可分为农业检疫检验、林业检疫检验及口岸检疫检验。根据检疫对象的不同，检疫检验还包括害虫、病害和杂草检疫检验等。根据检验地点又可区分为产地检疫检验和调运检疫检验。森林动植物及其产品类别[苗木、种子、木材(板材、方材等)、中药材等]及检疫对象、应检物、检验场所等不同，检验方法与技术也各有区别。但无论内检、外检、产地或调运检验，都要进行现场检疫检验和实验室检疫检验。

1. 检疫检验的要求与程序 检疫检验的基本要求是准确可靠、灵敏度高、能检出低量有害生物，快速、简单、方便、易行，有标准化操作规程、重复性好，安全、不扩散有害生物。森林动植物检疫检验包括抽样检验、室内分析、结果整理、处置等四个步骤。常用的方法主要有观察、镜检及分子检测。调运检疫方法比较简单，主要包括抽样检验、室内技术分析、结果整理、发证放行或处理几个步骤。产地检验程序比较复杂，工作量相对较大，但技术容易掌握（第六章将详述）。

2. 现场检验 现场检验是按照操作细则抽样，使用肉眼或借助放大镜、显微镜观察以检查受检样品与材料（如种子、苗木、插条、接穗、原木、藤、竹、中药材等）的病变部分(如斑点、肿瘤、流脂、溃疡等)、虫体及其为害症状等，以确定所检查的货物、包装物及运输工具是否感染或携带危险性有害生物。当输入、输出的森林动植物及其产品和其他检疫物抵达口岸时，检疫人员登机、登船、登车或到检验检疫机关认可的货物停放场所实施检疫检验，检查货物及包装物是否被病虫害侵染或携带害虫、杂草等，并按规定抽取样品供实验室检验，或森检人员对申请检疫的单位或个人的种子、苗木和林产品等在原产地进行检疫检验，检查其是否有危险性有害生物。入境的植物及植物产品一般在卸货前及卸货时进行现场检验，进出境动物则需要作临床观察，检查其有无传染病症状。现场直观检验简便、易行，但准确率不高，一般只能准确地检出和鉴定出部分检疫性有害生物。原因是有些被害状不甚明显或之间没有区别，或难以作出正确的判断，如一些良好种子与受潮发霉的种子在形态与色泽上极为相似，只有与其他检验方法相结合时才能加快检验速度，提高检验的准确性。

3. 实验室检验 不能在现场检验中确认的种类则需要抽取有代性的样品带回实验室进一步检验。按照法定程序，借助实验室的各种仪器、设备条件对现场检验所抽取的待检物样品进行有害生物检查、鉴定称为实验室检验检疫。如果现场检疫检验不能鉴定出病虫杂草时，需要抽取一定量代表性样品或病、虫、杂草等带回实验室内借助仪器进行检验鉴定。实验室检验包括解剖检验、过筛检验、相对密度检验、染色检验、形态检验及分子生物学检验等。

4. 检验处理 现场检验合格的，签证、放行；若检验不合格，必须在相关检疫单证上签署处理意见，要求货主进行处理，并重新检验合格后签证、放行。如携带有危险性有害生物，而货主又不能处理时，不能随意放行，应按照有关检疫法的规定进行处理。现场检验不能确定的，必须转入室内检验。室内检验后的处理方法与现场检验相同。

5. 检疫检验记录 在检疫检验过程中，要做到随时调查、检验，随时记录，并使用统一的记录标准，以便于资料的分析整理与存档。

二、抽样的基本概念

抽样是指从产品中随机抽取样品组成样本的过程。从产品总体中随机抽取部分产品或原材

料进行检验，并根据结果对总体质量做出判断的过程称抽样检验。其中所抽部分单位产品（或样本单位）的全体称为样本，样本单位数称为样本量或样本大小。所有森林动植物检疫中的抽样均以“批”为单位。“批”具体是指来自同一国家或地区、同一日期、使用同一运输工具、同一物品名、同一商品标准、有同一收货人或发货人的一批商品。在一批货物中，每个独立的袋、筐、桶、捆、托等称为件。散装货物则以100kg为一件计算。按规定的方法从一批货物中抽取一定量的代表性部分即样品，动植物检疫中按“批”检验、处理、放行。

样品可以分为很多级，如小样、混合样品、平均样品、试验样品等（图4-1）。小样又称初级样品，是由一批货物的不同容器或散装货物的不同层次部位抽取的样品。混合样品又称原始样品，是指将所抽取的小样进行适当的混合。平均样品又叫集合样品、送检样品，是指将混合样品按机械分样或对角线分样以减少到足够检验检测用数量的样品。小样数量少时可直接作为送检样品，从送检样品抽出部分进行检验分析即试验样品。当送检样品送达实验室后，数量仍偏多，则需要经再次分样后才能进行检测的样品为试验样品。投入到检验中、获得检测值并赖以计算的那一部分样品称为试料。

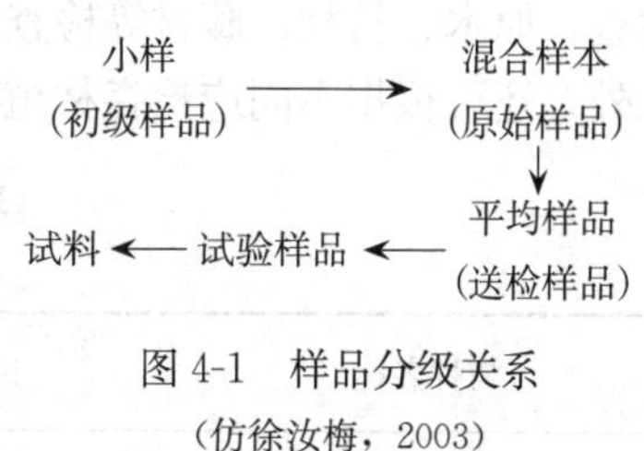

图4-1　样品分级关系
（仿徐汝梅，2003）

三、抽样标准

抽样是检验的重要环节，所抽取样本的均匀性和代表性是影响检验结果准确性的重要因素，取样量越多，准确性就会越高。但是，在检疫检验过程中应检物的数量通常很大，不可能对所有应检物都进行检疫检验，只能抽取一定量的样品进行检验。为了使抽样具有科学性，各国都制定了相关的抽样标准。取样数量按照类型区分包括容量法、质量法，其标准根据有害生物的携带量、检验方法的灵敏度、检验所要求的精度、货物种类及特点、检验所允许的时间和费用等决定。

1995年，国家技术监督局发布了《农业植物调运检疫规程》（GB 15569—1995），我国动植物检疫抽样标准还有《对外植物检疫操作规程》、《进口动物产品和饲料检疫管理工作程序》、《出入境动物、动物产品检疫采样标准》及《国内森林植物检疫技术规程》。

（一）森林植物及其产品抽样标准

需要抽取的初级样品数应根据货物类型而定。森林动植物检疫取样常采取百分比法抽样，即不论货物批量的大小，均按照相同的比率从每批货物中抽取一定比例的样本。根据《国内森林植物检疫技术规程》的规定，不同种类和批量的森林植物及其产品的抽样标准如下：

1. 种子与果实（干、鲜果）　按一批货物总数或总件数抽样，抽样量为0.5%～5%。

2. 鲜活繁殖材料　苗木（含试管苗）、块根、块茎、鳞茎、球茎、砧木、插条、接穗、花卉等繁殖材料，按一批货物总件数抽取，抽样量为1%～5%。

3. 生药材　按一批货物的总件数抽取，抽样量为0.5%～5%。

4. 木材类　原木、锯材、竹材、藤及其制品（含半成品）、需要再次调运的进境森林植物及其产品，按一批货物总数或总件数抽取，抽样量为0.5%～10%。

5. 散装物　散装种子、果实、苗木（含试管苗）、块根、块茎、鳞茎、球茎、生药材等，按货物总量的0.5%～5%抽查。种子、果实、生药材少于1kg，苗木（含试管苗）、块根、块茎、鳞茎、球茎、砧木、插条、接穗少于20株，全部检查。

6. 其他森林植物及其产品 可参照上述各类办理执行。但抽样检查的最低数量不得少于5件，不足5件应全部检查。若怀疑某批货物携带检疫对象或其他危险性有害生物的货物，要扩大抽样数量，抽样数量不得低于上述规定的上限。

7. 试验样品的抽取数量 种实类参照表4-1，苗木5～10株（根），不足上述数量的全部检查。原木、竹材、藤材等检查局部组织，不再抽取试验样品。在抽取样本时，除参照规定标准外，还可根据不同应检森林植物及其产品、不同包装、不同件数进行抽样（表4-2）。

表4-1 种实试验样品抽样标准数量

（宋友文，1999）

树种名称	试验样品（g）	树种名称	试验样品（g）
核桃、核桃楸	2 500	油松、湿地松、火炬松	250
板栗、麻栗、栓皮栎	2 000	金钱松、侧柏、相思树	200
银杏、油桐	1 500	柠条、白蜡、刺槐	200
榛子、皂角	1 300	马尾松、黑松、黑荆树	85
红松、华山松、棕榈	1 200	紫穗槐、臭椿、沙棘	85
白皮松、元宝槭、乌柏	850	樟子松、云杉、白榆	60
沙枣、沙杉、红枣	800	杉木、木荷	50
国槐、樟树、火力楠	600	落叶松、云杉	35
水曲柳、合欢、杜仲	400	木麻黄、枸杞、水松	15
黄连木、檫树	350	黄杨、大叶桉、泡桐	6

表4-2 现场抽样件数标准

（洪霓，2005）

种　类	按货物总件数	抽样比例（%）	抽样最低数
种子类	大于或等于4 000kg 少于4 000kg	2～5 5～10	10件 10件
苗木类	大于10 000株 100～10 000株	3～5 6～10	100株
种实类、块根茎		0.2～5.0	5件或100kg
中药材、烟草		0.2～5.0	5件

注：①散装种子100kg为1件，苗木100株为1件。②不足抽样最低数的全部检验。

（二）森林动物及动物产品抽样标准

目前，我国还没有发布有关森林动物及动物产品检疫的抽样标准，在检疫检验时应参照《出入境动物、动物产品检疫采样标准》（GB/T 18088—2000）进行抽样（表4-3）。

表 4-3　动物及动物产品抽样标准

应检物种类	批量货物总数	抽样数量	批量货物总数	抽样数量
兽、两栖、爬行类及鸵鸟		逐头采样		
其他禽鸟类（或种蛋）、实验动物、种蚕（蚕卵）	≤50 只/枚	20 只/枚或逐个	251～500 只/枚	26 只/枚
	51～100 只/枚	23 只/枚	501～1 000 只/枚	27 只/枚
	101～250 只/枚	25 只/枚	>1 000 只/枚	27～30 只/枚
动物性药材、动物皮张	≤100kg/张	7 kg/张	251～10 000kg/张	9 kg/张
	101～250 kg/张	8 kg/张	>10 000 kg/张	最多 10kg/张

四、抽样方法

检疫抽样时要考虑应检有害生物的生物学特性、分布规律、货物的种类、包装、数量、存放场所及装载方式等因素，也要考虑取样均匀及代表性。常用的取样方法有对角线取样、棋盘式取样、分层取样及随机布点取样 4 种。

1. 对角线取样　调运检验时，在每一车厢、船舱、堆垛货物上可采用对角线法进行取样（图 4-2a），即用粉笔在应检物或产品上画出对角斜线，沿对角线选 5 点抽样。产地检验当中，在检查苗木或果树时，可先根据对角线法选取标准地，针叶树种苗繁育基地每块标准地面积为0.1～5m²，阔叶树种苗繁育基地每块标准地面积为1～5m²，标准地的累积总面积应不少于调查总面积的0.1%～5%，然后对标准地的样株进行逐株检查。

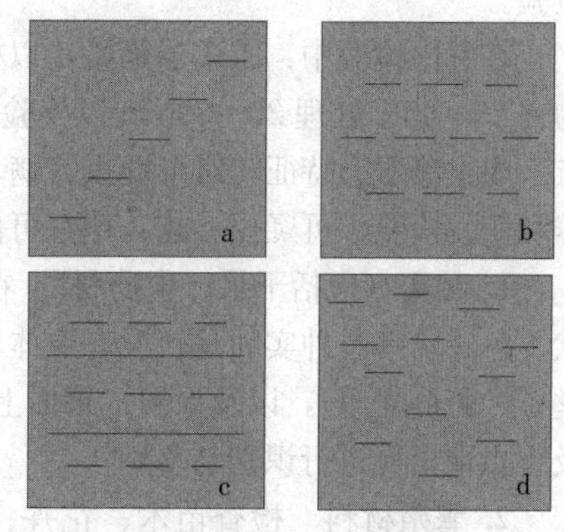

图 4-2　四种取样方法示意
a. 对角线取样　b. 棋盘式取样
c. 分层取样　d. 随机布点取样

2. 棋盘式取样　在产地检验，及车厢、船舱上对货物进行检疫检验时，可采用棋盘式取样（图 4-2b）。检验调运的种子时，每舱或每船按棋盘式随机选取 30～50 个点，必要时可增加至 90 个点。

3. 分层取样　如果货物堆垛较高时，为了使抽样结果更具有代表性，常采取分层抽样(图 4-2c)。抽样时先将货物分为上、中、下三层，再从各层中分别抽取品。

4. 随机布点取样　有时由于货物、产品及苗木等分布不均匀，也可以采用随机布点取样(图4-2d)，抽样时尽量抽取怀疑具有有害生物的样本。

采用以上方法取样时，应按照所抽取样品的数量多少，选取适当送检样品，并装入容器内带回试验室。应注意每份样品必须附有标签，记明样品的种类、品种、来自何地、批次、件数、取样日期、抽样方式及货物堆放场所等。

第二节　虫、螨、杂草种子的检验

检验虫、螨、杂草种子的方法和技术很多，在检疫过程中所采用的检验方法因应检物（植物种苗、动植物产品、包装材料及运输工具等）的不同而有差别。常用的检验方法主要有直接检验、染色检验、过筛检验、相对密度检验等，隐蔽性害虫的检验可用染色法、相对密度法、解剖法、软X光检查。其中有些方法既可以用于检验害虫，又可以检验螨类和杂草种子，而有些方法只能检验某一种或某一类特定的害虫或螨类，有时则需要数种检验方法联合使用才能鉴别某一种害虫、螨类或杂草种子。

现场及室内检验中检出虫、螨、杂草等有害生物后，应根据其形态特征进行种的鉴定。部分情况下所采的昆虫需要饲养后才能鉴定，杂草种子则需种植获得适当材料后才能进行准确鉴定。

一、直接检验

直接检验又称直观检验，是利用肉眼或借助放大镜直接识别害虫（包括为害状）、螨类及杂草种子的一种试验方法。可用于检查动植物及其产品、包装材料、运载工具、堆放场所、铺垫物料等应检物。在现场检验中，可用于卵、幼虫、蛹、茧和各种虫态的死活虫体，害虫及螨类的为害状、食痕的为害状检验，害虫的排泄物、蜕皮及其他遗留物检验，杂草籽、叶、茎等检验。

在室内检验中：①多层筛检，以检出虫、螨，虫粒、病粒，杂草籽及其他杂物，下层筛出物在23～45℃处理20～30min以检验螨类。②形态分析鉴定检验，根据害虫的卵、幼虫、蛹、茧、成虫等形态特征，对可疑虫、螨、草籽进行检验。③室内间接检验，如植物种子可采取培养和萌发检验，可疑虫、螨、草籽可使用生物化学分析检验。

1. 种实（包括干果、生药材） 在检查种实（包括干果、生药材）时，仔细观察种实的形状、色泽，察看种实间是否混有虫体、虫卵、蛹、幼虫、虫瘿、杂草种实（如毒麦、列当、菟丝子、野燕麦等），以及果梗、果面上是否有异色斑驳及细小孔洞等，然后将色泽异常的种粒及害虫取出再进行识别与鉴别。

2. 繁殖材料 检查苗木、花卉、插条、接穗等繁殖材料时，应注意观察根、茎、叶、花各部位，特别是皮层的缝隙，包卷的叶片和芽苞，仔细检查是否有虫体依附、害虫取食痕迹、虫瘿及螨类、杂草种子。应注意收集所发现的虫体、杂草种子和有虫组织，然后再使用其他检验方法进行鉴别。

3. 块根类 块根、块茎、鳞茎要特别注意芽眼、洼陷处、伤口和附着泥土处。仔细检查是否有害虫或螨类及其为害状，是否附着有杂草种子。

4. 木材类 检查木材、原木、藤材、竹材时，仔细观察原木、藤材、竹材表面有无虫孔、虫粪、蛀屑和虫体依附。如感觉可疑再进行解剖检查，找出虫体进行鉴别。

5. 堆放货物 对堆放货物四周残留的碎屑及散遗物应认真检查，不能遗漏。发现和检出害虫、螨、杂草种子后，应根据形态特征鉴定到种。若现场不能确定到种类时，则带回室内经过饲养或分离培养后再行鉴定。

二、染色检验

染色检验法是指利用不同种类的化学药品，对森林动植物及其产品的某一组织进行染色，

然后根据颜色的变化判断其是否携带有害生物。染色检验主要用于检验种实和植物组织中隐藏的害虫，可检出病、虫籽粒。常用的染色检验方法如下。

1. 高锰酸钾染色法 用于检查种子中的米象、谷象等害虫。将样品去杂后置于铁（铜）丝网袋中，在30℃温水中浸1min，再移入1%高锰酸钾溶液中浸1min，取出用清水冲掉附着在种子表面的高锰酸钾，再将种子放置在白瓷盘或白纸上，用放大镜仔细检查，若种粒上有直径0.5mm的紫黑色点，再解剖种粒检查其中的昆虫，并鉴定种类。

2. 碘或碘化钾染色法 适合于稀有珍贵种子的检验，能在不破坏被检种子的前提下检查种实内是否带虫，主要用于检查豆象类害虫。将待检验种子放入铁纱网中（或用纱布包裹），浸入1%碘化钾或碘酒溶液中1～1.5min，然后再浸入0.5%氢氧化钾（氢氧化钠）溶液中20～30s，显色后立即取出用清水冲洗30s；然后倒入白瓷盘内用扩大镜观察，若种粒表面有直径1～2mm黑色圆点或种皮有异常色变，则其内部可能隐藏有豆象，再逐粒解剖检查异常种粒，并鉴定种类。

3. 品红染色法 取样品适量倒入铁丝网上，在30℃温水中浸1min，然后移入酸性品红溶液中浸2～5min，取出用清水冲洗干净，在白色底物上用放大镜检查，若表面有0.5mm的樱桃红小点，且颜色较深、斑点规则，即解剖检查，并鉴定种类。

三、过筛检验

过筛检验是指根据健康种子与虫体、虫卵、虫瘿、杂草种子等个体大小的差异，将应检物品通过不同孔径的规格筛、分离检出的方法。主要用于现场和室内检验种子、油料、小粒干果、生药材等当中的害虫、螨类等。

筛选时放入的样品不宜过多或过少。样品多时，种子在筛内没有来回振荡的余地，要检查的对象不易筛出。筛选振荡的时间也不宜过长或过短。时间短，夹杂在种实间的虫体不能全部筛出；时间长，虫体的附肢在种实间反复摩擦容易被损坏而不利于鉴定。

过筛检验颗粒状干果、生药材等植物产品时，可在货物（或种子堆垛）不同部位，抽取一定件数或一定数量的样品，根据种粒及虫体的大小来选择相应孔径的标准筛和筛层，按照筛层孔径的大小（大孔径的筛层在上，小孔径的筛层在下）依次套好，然后将样品放入筛的最上层，样品以占该筛层容积的2/3为宜，加盖后用回旋法筛选。手动筛选时左右摆动20次，机械筛选振荡时间应根据虫种而定，但一般振荡筛选0.5min即可（图4-3）。

筛后，分别将第1层、第2层、第3层…的筛上物各倒入不同的白瓷盘内成一层，用肉眼或扩大镜仔细检查其中的害虫、害虫排泄物、伪茧、植物残体、杂草种子等，并分类收集，以备识别、鉴定和保存。将最下层筛底的杂物收集放入黑色玻璃板或培养皿中，用双目解剖镜仔细检查其中小个体的害虫、虫卵、螨类和杂草种子等；也要分类收集，以备识别、鉴定和保存。在气温较低时，部分害虫有冻僵、休眠、假死习性，可将各层筛出物置于20～30℃温箱内处理15～20min，待其复苏后再检查。所检种

图4-3 筛选振荡器

子当中的害虫、螨类、杂草种子的含量计算公式：

$$害虫含量（头/kg）=\frac{害虫头数或卵粒数}{代表样品质量（g）}\times 1\,000$$

四、相对密度检验

相对密度检验是根据健康种实与被害种实间相对密度的差异，使用不同浓度的溶液或清水，将它们分离开来的一种方法，尤其在种子含虫率较低的情况下更为实用，可检出混杂在种实间的害虫和线虫的虫瘿、菌核、杂草籽及隐藏在种实组织内部的害虫。相对密度检验如与其他检验方法相结合，很容易查出要检查的害虫，能缩短检疫检验时间，提高工作效率。

1. 方法 按照种子、溶液1∶5的比例，将供试的种子样品放入事先准备好的清水或溶液中，用玻璃棒充分搅拌后计时，按照预定的静置时间，捞出漂浮于上层的种子，分别放在培养皿中，解剖检查。

2. 溶液选择 供漂选分离种实的溶液很多，如清水、糖水、盐水、乙醇溶液、硝酸铁溶液、硝酸铵溶液等。如在检查种粒较重的林木种实时，可选用食盐水（常用浓度为20%）、硝酸铵溶液；检查种粒较轻的种实时，可选用清水和硝酸铁溶液。

3. 浓度选择 同一种溶液，浓度越大，浮力越大。若浓度选择不当，健康与被害种实则不容易分离。检查种粒较重的种实时，可选用高浓度的溶液；检查种粒较轻的种实时，选用的浓度应低一些。

4. 滞留时间 种实在溶液中的滞留时间，因种类不同，差异很大。不论哪类种子，在溶液中浸泡到一定程度，都会全部下沉。因此，选择健康与被害种实在溶液中的滞留时间时，应因种类而确定。如一般林木种实在清水中静置1min即可，但要利用清水分离漂选落叶松种子中小蜂为害的种子时，必须在水中滞留10h以上。

五、形态检验

现场、室内检验中要特别注意采集各类害虫、螨类、杂草实物标本，然后根据其特征，与相关的资料、文献中检疫有害生物的形态特征进行比较，以确认其种类，为检疫处理、签证和放行提供依据。

1. 害虫和螨类的形态检验 使用的工具主要是解剖镜（体视显微镜），需要进行细微特征鉴别的还要使用扫描电镜。进行形态鉴别时，应该将所采的标本的特征与文献记载特征进行仔细的比较，必要时应请分类学家或专家对鉴定结果进行核实，以避免误鉴。

2. 病原的形态检验 使用的主要工具是显微镜，必要时也使用透视、扫描电镜。对在检疫检验中所获得的病原进行鉴定时，不应只根据其形态特征判别病原的种类，必要时还应参考病原的培养性状（如菌落特征）、生化特征确定病原的种类。

3. 杂草的形态检验 在检疫检验中，如收集到可疑杂草种子，首先应对照有关资料书籍进行鉴定，如不能确定种类，则应进行种植鉴定：①外观形态（目测、镜检）鉴定。根据形状、大小、颜色、斑纹、种脐、附属物检验，但也受环境、遗传变异、成熟度的影响。②解剖特性（浸泡软化后进行）鉴定。根据内部形态、结构、颜色、胚乳质地及色泽，胚的形状、大

小、位置、颜色、子叶数目检验。③幼苗鉴定。根据萌发方式、胚芽鞘、胚轴、子叶、初生叶形态，甚至气味和分泌物等鉴定。④种植鉴定（在隔离试种圃进行）。根据花、果等鉴定。

六、其他检验方法

森林动植物检疫检验，除上述4种常用的方法外，还有X射线检验法、解剖检验法和诱捕检验法等也较常用。

1. X射线检验　X射线检验是利用X射线的透视摄影原理，根据被检物品在荧光屏、放大纸、胶片上所产生的影像，判断被检物品组织内是否携带有害虫的一种检验方法。适合于检查潜伏于稀有、珍贵种子、种苗组织内部的害虫，适于用种子、果实、木材、药材等检验。现用于检验种子的软X光机主要为HY-35型农用X光机（图4-4），常用的波长为0.06～0.09nm的软X射线。

图4-4　HY-35型农用X光机

X光检查种子、苗木的原理是种子、苗木、害虫的物质组成与组织密度不同，所透过X射线的多少也不一样。种苗组织的密度较大、透过的X射线较少，害虫的组织密度较小、透过射线则较多；或由于安放在X光机上的相纸感光程度不同，在X光机的荧光屏上即可显现出种子、种苗组织和害虫的不同图像，清楚地观察到潜伏于种子、种苗组织内部害虫的形态和所处位置，从而辨别出种子和种苗组织内有无害虫为害及为害情况。

软X光检验是一种比较简单、快速、准确的检验方法，又不破坏害虫的生境，还可用于定期跟踪检验。使用X光机时，要根据感光材料和供试样品的结构、密度、厚度，选用不同的电压、电流、曝光时间进行摄影。在摄影过程中，应不断调整电压、电流，从胶片上的影像来分析摄影条件，以获得清晰的图像为准。

软X射线检验的方法有两种：一种是用2、3号放大纸直接摄影，每次只可得到一幅照片；另一种是利用胶片摄影，一次可得到多张照片，而且可以放大。使用胶片摄影时，以成本较低的8DN黑白文件反拍片或能够拍摄细小种粒的8DN电影拷贝片效果最好。具体操作方法如下。

首先在暗室将放大纸或黑白文件反拍胶片按照需要的尺寸切好，装入黑纸袋中，并做好反、正面的标记，再将被检的种苗样品放在黑纸袋（放大纸或胶片的正面）上，置于HY-35型农用软X光机载物台上，调好焦距、打开电源，调好电压、电流和曝光时间，开机拍摄。然后在暗室将放大纸或胶片取出，用D-72显影液显影、酸性定影液定影，最后根据照片上的害虫影像进行识别。种壳、种仁连成一体呈白色者为健康饱满的种子；种壳轮廓清晰，种壳内呈暗灰色者为空粒种子；种壳轮廓清晰、种壳内暗灰色，在暗灰色中央有一个白色幼虫影像者为被害种子，若暗灰色中央有几个白色幼虫影像重叠在一起者常为寄生天敌幼虫。

2. 解剖检验　解剖检验就是将疑似潜藏有某种害虫和螨类的森林植物及其产品用工具剖开，然后进行检验的一种检验方法。常在直接、相对密度、染色、X射线等检验基础上使用，也用于室内熏蒸、野外帐幕熏蒸、真空熏蒸、微波加热等处理效果的检查。适用于检查被害状明显，蛀入到森林植物及其产品组织内的害虫、螨类，及钻蛀种子、果实、木材害虫的检验。

解剖种粒时，为尽量获取完整的虫体，便于种类鉴定，要根据种粒大小和种皮、果皮的坚硬程度，选择相应的工具（如鹰嘴剪、手术剪、大头针、手指挤压、钳子等），按照害虫在种实内所处的位置来确定下针、下剪的位置，以免损坏虫体，不便于种类的鉴定。

3. 诱器检验 诱器检验主要是根据某些害虫对某种化学物质有趋性的特点，将对该害虫有引诱作用的特殊物质（性信息素或诱饵）放于诱捕器中，然后将诱捕器挂在适当场所，诱集需要检查的害虫。该办法常用于产地、港口、货场等地的现场检验。

诱芯是诱集剂的负载材料，可以是塑料、橡胶、脱脂棉、海绵等材料。诱芯不同，负载能力和释放速率差异很大，使用时需仔细选择。经常使用的诱集剂主要有信息素和诱饵两类。信息素是一种灵敏度高、特异性很强的化学物质，诱集危险性检疫害虫的效果较好，可以节省大量的抽样工作量。如白杨透翅蛾信息素、美国白蛾信息素、松纵坑切梢小蠹、西部松大小蠹、山松大小蠹、欧洲榆小蠹等由雌虫分泌的聚集信息素，实蝇类的信息素包括诱虫醚、诱蝇酮、实蝇酯等。诱饵则是利用害虫的趋化性，将其所嗜好特殊化学物质与食物按一定比例制成诱饵，如糖醋液可诱集球果蝇等。

捕器的种类很多，常用的有船形、三角形、圆筒形等。诱捕器的设置方法和挂放数量要根据现场情况、诱集剂、害虫种类而定。在苗圃、花圃、果园、种子园等地，可将诱捕器挂在附近的树枝上或用支架等架起；在港口、货场等种苗、原木的集散地，可将诱捕器挂在离地面1～2m高的物体上。挂放诱捕器后应每天检查1次，并根据诱集剂的有效期及时更换诱芯。

4. 螨类分离器检验 在进行种子及其加工品检验或过筛检验螨类时，由于螨类喜湿、怕干、畏热等习性，需要用螨类分离器，即以加温的方法检出种子中的螨类。每次可称取100～200g应检物，将其均匀铺在分离器的细金属丝纱盘上，厚度约5mm，并在金属网下放置干净玻璃片（或黑玻璃板），玻璃板四周预先涂上一薄层甘油，以防止螨类逃逸。然后加热，使盘面温度保持在43～45℃、持续20～30min，再详细检查盘下的玻璃板上是否有螨类，并计算其数量、收集标本（注明样品来源、日期等），再进行形态分析检验。亦可结合过筛检，观察筛下物中是否附有螨类。

第三节 病原物检验

种子、苗木、插条、接穗以及动物及动物产品携带的病原物，远距离传播的风险性很大，病原物附着在这些材料上传入后，常能在很短的时间内定殖，并造成危害和损失。因此，在森林动植物检疫中病原物的检验相当重要。但不同病原物引起的病害或疾病不同，其检验方法也不一样。

一、植物病原检验

引起植物病害的病原物有真菌、细菌、病毒、类菌质体、立克次氏体、类病毒、寄生性种子植物、线虫、螨类和藻类等。检验这些病原物常用方法包括染色、洗涤、保湿萌芽、分离培养、血清学检验等。

（一）染色检验

部分植物被病原细菌感染或该病原物本身经特殊化学药品处理会呈现特有颜色，由此可帮助检出和区分不同病原物，这种方法即为染色检验法。

1. 鞭毛染色　植物病原细菌的鞭毛数量和着生方式各有差异，但细菌的鞭毛很细，直径0.02～0.03μm，在普通光学显微镜下不易观察，通过染色后则较容易在显微镜下观察，并进行种类的初步鉴定。鞭毛染色主要是在媒染剂的作用下，使染色剂沉积在鞭毛上使之加粗。常用的鞭毛染色有西萨基尔染色法（Ceseres-Gill）和银盐染色法。其操作步骤一般为涂片后，先用媒染剂处理数分钟，用清水冲洗，晾干后，再用染液染色数分钟；最后经水洗，干燥，即可在显微镜下观察。

经鞭毛染色和革兰氏染色检验后，参照表4-4中的重要植物病原细菌的鞭毛染色和革兰氏染色反应特点，再结合症状鉴定，便可确诊。

表4-4　重要植物病原细菌属的鞭毛染色和革兰氏染色反应特点

属　名	鞭毛数量及着生特征	革兰染色反应
假单胞菌属［*Pseudomonas*］	1根或多根，极鞭	阴性
黄单胞菌属［*Xanthomonas*］	1根，极鞭	阴性
土壤杆菌属［*Agrobacterium*］	1～6根，周鞭	阴性
欧文菌属［*Erwinia*］	多根，周鞭	阴性
棒形杆菌属［*Clavibacter*］	无鞭毛或少数极鞭	阳性

2. 革兰氏染色　革兰氏染色反应是鉴定植物病原细菌的重要依据。不同细菌胞壁的结构和化学特征不同，染色反应也不一样。常用的方法是先用新鲜的培养菌涂片，结晶紫染色液染色，通过媒染剂碘液着色处理，用乙醇脱色，再经番红复染。最后在光学显微镜下观察，如呈红色则为革兰氏阴性菌，呈深紫色即为革兰氏阳性菌。

3. 内寄生线虫染色　染色检验法还适于检验植物组织中的内寄生线虫。先在烧杯中加入酸性品红乳酸酚溶液，再加入洗净的植物组织材料，透明染色1～3min后，取出用冷水冲洗，然后转移到培养皿中，加入乳酸酚溶液褪色，即可用解剖镜检查植物组织中有无染成红色的线虫。

（二）洗涤检验

检查附着在种子等受检材料表面的各种真菌孢子（如黑粉菌冬孢子、霜霉菌卵孢子、锈菌夏孢子以及多种半知菌的分生孢子等）、细菌或颖壳上的病原线虫时，由于病原体个体小、数量少，肉眼或放大镜不易检出，一般可用洗涤检验。

检验时，可将定量的种子放在三角瓶内，加定量无菌水振荡制成悬浮液，将悬浮液用离心机浓缩后，取沉淀液滴于载玻片上，置显微镜下观察有无病菌。以种子检验为例，其操作程序如下。

1. 洗脱孢子　将一定数量的种子样品放入三角瓶内，并加入一定量蒸馏水或其他洗涤液，振荡5～10min，使孢子脱离种子、转入洗涤液。在洗涤时，可在蒸馏水中加入0.1%的润湿剂（如0.1%肥皂液或磺化二羧酸），以减少表面张力，使种子表面的病原物洗得更彻底。

2. 离心 将孢子液移入离心管，2 500～3 000r/min 低速离心 10～15min，使孢子沉积在离心管底部。

3. 镜检鉴定 弃去离心管内上层清液，取沉淀液滴放载玻片上，置显微镜下观察有无病原菌，并进行病原物种类的鉴定。当需要计算每粒种子的孢子负荷量时，可以采取血细胞计数法或用每视野平均孢子数法推算。在洗涤检验时，每个样品至少要洗涤检验两次，至少镜检5片玻片，每个玻片检查10个视野。

（三）保湿萌芽检验

由于植物种子体积小，运输和携带方便，国际及地区间交流十分频繁且数量巨大。因此，种子带菌很容易通过试种或繁育向外扩散，是远距离传播植物病害的最有效途径之一。

一般黏附在种子表面、潜伏在种子内部的病原菌，在适当的温、湿度条件下，当种子萌发后，常会在幼苗早期产生明显的病害症状。因此，可采用种子保湿萌芽进行检验。这种检验方法，操作简单，不需要特殊的设备，应用广泛。如种子所带病菌，在萌发期或苗期又不表现症状时，则不宜用这种方法进行检验。

种子保湿萌芽检验主要有沙培养法、标准的土壤培养法和试管培养法。其原理是将种子播种在灭菌的土壤、腐殖质、沙或其他类似的基质中，在一定的温度和湿度条件下，被病菌侵染的种子和幼苗就可产生与在自然条件下相似的症状。但若为种子内部带菌，检验时应先将种子表面消毒，以杀死黏附在种子表面的其他真菌孢子和细菌，然后再进行萌芽检验，确定其带菌率。

1. 沙培养 将灭菌的细粒沙湿润后作为基质，在种子上覆盖2～3cm厚的粗粒沙，当种子较小时，覆盖1cm即可。然后加适量水，约培养2周即可观察。

2. 标准的土壤培养法 采用多营养钵的塑料盘，将土壤填入小钵，播种后，在适当的温度（因寄主植物和目标病菌而异）条件下培养，但应在塑料盘上面覆盖一层塑料薄膜，以保持湿度。培养2～4周后即可观察幼苗的症状。这种方法的测验条件与田间条件相近，对幼苗的评价比在人工基质上更准确。但这种方法仅能观察到幼苗的寄生病原菌症状。

3. 试管培养法 在无菌操作条件下，采用直径为16mm的试管，每管加入10ml水琼脂培养基，放入1粒种子，封好试管口，放在20℃条件下直立培养，并提供光照与黑暗交替12h/12h的人工光照周期。待幼苗生长达到管顶部时，将管盖取掉；一般培养10～15d症状表现后即可统计发病情况及种子带菌率。其中，培养温度因病原和寄主材料的不同可调节，培养时间依幼苗发育和症状表现而定。所用基质也可用营养液或选择性培养基代替，或在培养一定时间后再加入营养。该法虽需要准备培养基和大量的无菌试管，操作起来也较其他培养方法烦琐。但幼苗症状表现明显，容易观察幼苗根部和绿色部分的症状，也可避免邻近植株间的相互感染。

保湿萌芽培养也有局限，如寄主生长发育不良时，某些腐生菌可能变成萌芽阶段的寄生菌，使幼芽发生病变。另外，萌芽检验主要依靠肉眼检查，由于多种病害可以产生类似的病征，就是同一病害也可以发生不同的症状。这些情况常影响检验结果的准确性。要克服这些

缺点，必须与其他辅助办法相结合进行检验。

（四）分离培养检验

分离培养是常用的鉴定病原菌的方法，也是植物病原检疫上常用的检验方法。不同的病原物有不同的分离方法。真菌、细菌和线虫的分离方法如下。

1. 病原真菌的分离培养检验　除专性寄生菌如白粉菌类、某些锈菌和霜霉菌外，许多植物病原真菌都能在适当的培养条件下从植物组织中分离出来，在人工培养基上进行培养，获得纯培养物，观察病菌的生长特性，进行形态学观察，较快地对某些病原真菌进行种类鉴定。

植物病原真菌分离培养特别适用于检验潜伏在种子、苗木或其他植物组织病斑及内部的病原菌。常用的培养基是马铃薯蔗糖琼脂培养基（PSA）或马铃薯葡萄糖琼脂培养基（PDA）。但在分离某些较难培养的病原真菌时，必须用特殊的选择性培养基。另外，分离培养成功与否的关键之一是选择培养材料。应选择新发病的器官或组织作为分离材料，以剪取病健交界处的组织最好，可以减少腐生菌的污染。当选好培养材料后，应先进行组织的表面消毒，杀死表面的腐生菌。常用的消毒剂有0.1%氯化汞溶液、3%～5%次氯酸钠水溶液和70%乙醇。

（1）*组织分离法*　组织分离法即从待分离材料上切取大小为4～5mm的块状病变组织，经表面消毒，用无菌水洗涤后，在适宜的温度下用琼脂平板培养基培养，待病原菌长出后进行形态学鉴定，或进一步纯化后鉴定。其中，表面消毒时间的长短常对分离能否成功有很大影响，时间不足容易出现腐生菌的污染，时间过长可杀死组织内部的病原菌。

（2）*稀释分离法*　用于某些能产生大量孢子的病原真菌的分离。操作程序是，先从发病部位挑取少量孢子，放入试管的无菌水中制成孢子悬浮液，并稀释成不同浓度，再与冷却并呈熔化状态的琼脂培养基混合后，倒入培养皿中培养。待病原菌长出后再进行形态学鉴定或进一步纯化后鉴定。使用这种方法，因病原菌孢子附着在植物的表面，且未经消毒处理，很容易出现其他微生物污染，故应及时观察判断真正的病原菌，并及时纯化培养。此外，各种病害的发病部位和病原所在的植物组织不同，选用分离方法时应区别对待。如分离潜伏于种子表层或深层的病菌，可先将种子表面消毒、灭菌水洗涤，将整粒或破碎后的种子置于培养基上；如需要确定病菌的潜伏部位，可将种子表面消毒、灭菌水洗涤，放入消毒过的培养皿内，在无菌条件下用解剖刀分切，再移植于培养基上培养，或先将种子分成不同部分，再表面消毒，然后培养。在分离块茎、块根及苗木、接穗等繁殖材料所带的病菌时，可先将病部用乙醇或氯化汞液作表面消毒、洗涤，再挑取内部组织进行培养；或者切取病健交界组织，进行表面消毒和洗涤，然后再培养。

（3）*土壤带菌检验*　土壤带菌或真菌菌丝体、其他形成的菌核、休眠孢子等可以在土壤中存活很长时间，也能成为重要的传播和侵染源。但分离土壤中的病原真菌时应根据病原菌种类、繁殖体类型，采用不同的方法与选择性培养基。如有些病原真菌以休眠孢子囊在病残体和土壤中越冬，可采用如氯仿漂浮法、二溴乙烷漂浮法和油漂浮法等进行分离；土壤中的菌核可用过筛方法分离，即采用不同孔径的筛子进行筛选，然后用放大镜检查筛下物。所有这些从土壤中分离得到的菌核或休眠孢子，都应经消毒处理后在培养基上培养、纯化、鉴定。

2. 细菌的分离培养法 植物病原细菌的检验常需进行分离培养，并根据其培养特性或生理生化测定指标、致病性等进行鉴定。植物病原细菌的分离一般采用稀释分离法。通过稀释培养可以使植物组织中的各种细菌分离，形成分散的菌落。根据所培养菌落的形状、大小及颜色等即可初步鉴别或纯化培养。分离病原细菌常用的有普通营养培养基，如牛肉胨培养基（NA）和马铃薯葡萄糖（或蔗糖）培养基。在鉴别性培养基上，目标细菌的菌落有明确的鉴别特征，选择性培养基则促进目标菌生长，而抑制其他微生物生长。

（1）培养皿稀释分离 培养皿稀释分离法是将分离的组织切成小块，经表面消毒和无菌水洗涤后，在无菌条件下，放于培养皿中加少量无菌水研碎，使组织中的细菌释放到水中，然后用移植环取 2～4 环至另一盛有少量无菌水的培养皿中，混合均匀，以同样的方法从第二个培养皿移到第三个培养皿中。然后在各培养皿中倒入冷却至 45℃左右的培养基，凝固后在适宜的温度下培养观察。

（2）平板画线分离 采取与上述相同的方法制备组织浸液，用灭菌移植环蘸取组织浸液在琼脂平板上画平行线 3～5 条，再在第二条线上画出 3～5 条垂直线，然后培养。不同病原细菌要求的培养条件不同。如黄单胞菌要求培养温度较高，应选择较高的温度培养。各种病原菌生长速度不同，出现菌落所需时间也不一样。如假单胞菌属和欧文菌属细菌生长较快，1～2d 即出现菌落，黄单胞菌属细菌 3～4d 出现菌落，而棒状杆菌属出现菌落则需 5～8d。

在获得细菌纯培养物后，有时还需进行生化测定才能准确鉴定。常见的测定包括测定其对碳源的利用与分解、对氮素化合物的利用和分解情况，以及产酸、产气、颜色变化等。如检测甘蓝黑腐病原细菌时，植物组织提取液在含淀粉牛肉浸膏蛋白胨的培养基上产生黄色菌落，当在培养物上滴加鲁戈尔试液时，菌落周边培养基不被染色，培养基中的淀粉已被水解，即该菌落可能为甘蓝黑腐病原细菌。

3. 植物病原线虫的分离检验 植物病原线虫大多用口针刺吸寄主植物的营养，受害植物的症状如根结、丛根、根腐、地上部分似缺素症等，常与一般的病害症状相似，只有在分离鉴定的基础上，才能进行准确的检验。常用的植物病原线虫分离法（贝尔曼漏斗、浅盘分离法），主要是依据线虫在水中的密度大于水，当待检的植物材料被适当破碎后，在 20～25℃条件下浸泡一定时间，线虫通过自身的活动到达水中后即沉入水底，然后收集浸泡液，离心浓缩，即可在显微镜下观察并进行鉴定。

（1）贝尔曼分离法 将直径 10～15cm 的玻璃漏斗置于漏斗架上，下面接长约 10cm 的橡皮管，并装上止水夹（图4-5）。取适量经适当粉碎的植物分离材料用两层纱布包好，放入漏斗中，并向漏斗中注入刚好浸没分离材料的清水，静置 4～24h，线虫即离开植物组织，并在水中游动，最后沉降到漏斗底部的橡皮管中。打开止水夹，取底部 5～15ml 水样，在解剖镜下检查，如果水样中线虫数量少，可用离心机在1 500r/min 离心 2～3min 沉淀后再检查。土壤中线虫的分离使用改良的贝尔曼分离法，即先在漏斗内加一只不锈钢或塑料的筛网，将纱布铺在筛网上，再放入土样和水，线虫即从土壤中游离至水中，并沉降于漏斗末端的乳胶管中。

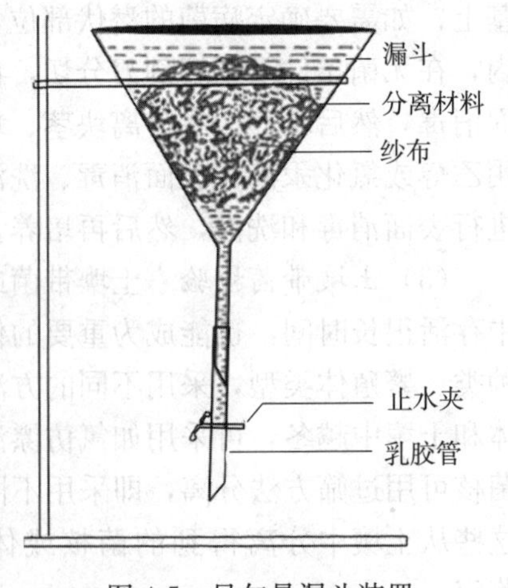

图 4-5 贝尔曼漏斗装置

（2）浅盘法　浅盘分离装置由两只不锈钢浅盘组成，其中略小、底部具粗网筛的筛盘叠套在大盘上面（图4-6）。先将两层纱布打湿铺于筛盘上，再将粉碎的样品置于纱布上，慢慢注入清水，使其浸没样品，然后静置分离。分离结束后，移去筛盘，将大盘内的分离液集中于小烧杯内，经自然沉降或1 500r/min，离心2～3min浓缩至适量后镜检。

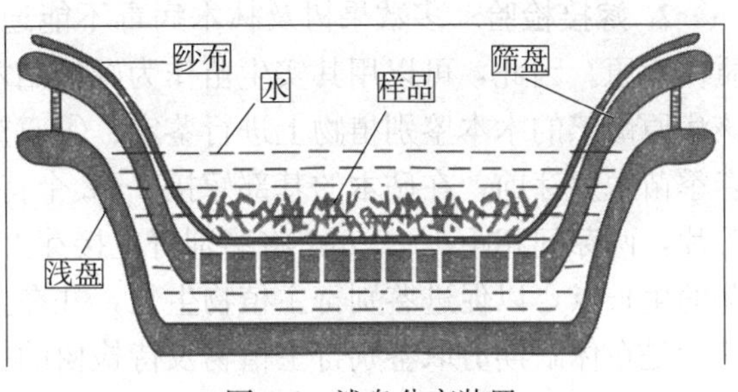

图4-6　浅盘分离装置

（3）芬威克漂浮分离法　芬威克（Fenwick）漂浮分离法适合分离土壤中的各种胞囊线虫。芬威克装置包括上筛、漏斗、具有排污孔及环颈水槽的漂浮筒。使用时先堵住排污孔，在漂浮筒内注满水，并打湿16目上筛和60目底筛。将风干的土样用6mm筛过筛后，取200g放入上筛内，用水流冲洗。胞囊和草屑漂在水面并溢出，进入漂浮器，经簸箕状水槽流至底筛中。用水将底筛上的胞囊冲洗到瓶内，静置10min，胞囊即浮于水面，然后轻轻倒入铺有滤纸的漏斗中过滤，胞囊即附着在滤纸上，晾干滤纸后即可镜检。

也有部分线虫在植物上为害，形成胞囊。如树干组织内的线虫，对该类线虫也可采用漂浮法进行分离。先直接观察木质部是否干枯、有无受媒介昆虫栖息等症状，再从有上述症状的部位取木块，并适当破碎，然后按照贝尔曼分离法分离、检查。

（4）简易漂浮法　适于检查含有少量胞囊的土样。该法用粗目筛筛去风干土样中的植物残屑等杂物，称取50g筛底土，放入750ml三角瓶中，加水至1/3处，摇动振荡几分钟后，再加水至瓶口，静置20～30min，土粒沉入瓶底，胞囊浮于水面。将上层漂浮液倒于铺有滤纸的漏斗中，胞囊沉在滤纸上，再镜检晾干后的滤纸。

（五）鉴别寄主检验

有些种子或繁殖材料，检疫现场不易发现病征或病原体，如病原菌潜育期长的病毒类、类菌质体类、细菌类等，只能通过隔离试种的生长阶段进行病原物检疫检验。对经分离培养检验后仍不产生病原特征的可疑受检材料，可通过人工诱发接种，用鉴别寄主进行检验。鉴别寄主植物常能够检验症状不明显的病毒和细菌。通过汁液摩擦接种和嫁接传染接种后，许多病毒和细菌在敏感的鉴别寄主上常能表现出特殊的症状。这些症状即成为判断应检物是否携带某种病原物的指标。

1. 汁液摩擦接种检验　进行草本病毒检验鉴别时常用汁液摩擦接种法。所用鉴别寄主包括藜科、茄科、豆科等植物。检验时先制备缓冲液。常用的缓冲液有0.02mol/L、pH 7.2～7.8的磷酸缓冲液（PB）或pH8.2的Tris-HCl缓冲液。当待检测样品为木本植物时，缓冲液中应加一定量的抗氧化剂，以降低寄主植物中多酚及单宁类物质的氧化产物对病毒的钝化作用，以提高接种的成功率。汁液摩擦接种的步骤为：先从待检草本植株叶片、花瓣、根和皮上取一定量的组织，加2～5倍的缓冲液，在低温条件下研磨，然后将提取汁液喷在撒有金刚砂的供试鉴别植物叶片上，洗净手指，在叶片上轻轻摩擦接种，操作完毕后立即用蒸馏水冲洗净叶片上残留的汁液，将接种后的植物放在22～28℃、半遮阳条件下培养，定期观察并记录鉴别植物上的症状反应。

2. 嫁接检验 多数果树及林木病毒不能通过种子传播，但能通过嫁接传染病毒、类菌质体病原。因此，可以用其实生苗作为嫁接砧木，可将待检果树、林木材料的接穗嫁接到对该病原敏感的木本鉴别植物上进行鉴定：①双重芽接法检验。一般是在8月中、下旬或翌年春季苗木发芽前，在砧木的基部嫁接1～2个待检样本芽片，然后在其上方嫁接一鉴别寄主芽片，两芽间相距1～2cm，将鉴别寄主接芽上方约1cm处剪除砧干，苗木发芽后摘除带检芽的生长点，以促进鉴别寄主植物生长，并在生长过程中注意观察和鉴别。②双重切接法检验。是在休眠期剪取鉴别寄主植物及待检树的接穗，砧木萌发后将带有2个芽的待检树接穗嫁接在砧木上，然后将鉴别寄主植物嫁接到待检接穗的上部。为促进伤口愈合可在嫁接后套上塑料膜保湿保温。双重切接法嫁接成活率低，操作时应尽量仔细。

3. 试管内离体微嫁接法 试管内离体微嫁接法是检测果树病毒时常用的方法。该法比用木本指示植物检测病毒所需时间短、检出率可靠。该法是以带病毒材料的试管苗作砧木，指示植物试管苗为接穗，根据试管内或生根移栽田间后指示植物上的症状来判断所检植物是否带病毒。

（六）血清学检验

血清学检验方法快速、灵敏、操作简便，可同时进行大量样品检测，在动植物病毒检验中应用广泛。其原理是病毒表面抗原与其对应的抗体发生特殊结合形成“抗原—抗体”复合物。复合物特有的沉淀现象及其理化检测特征，是鉴别和鉴定该病毒的有效手段。常用的血清学方法包括沉淀反应、凝聚反应、免疫电镜和酶联免疫吸附等。

1. 沉淀反应测定 含有抗原的植物汁液与稀释的抗血清在试管中等量混合，培育后即可发生沉淀反应，在黑暗的背景下如可见絮状或致密颗粒状沉淀，即表明该植物携带有病毒。

2. 琼脂扩散法（凝聚反应） 用加热熔化的琼脂或琼脂糖制成凝胶平板，在板上打直径为0.3～0.4cm的孔，两孔间距离0.5cm，然后将待测植株、种子或待测物的提取液和抗血清加到不同的孔中。测定液中若有抗原存在，则抗原和抗体在扩散、相遇处形成沉淀带。该法灵敏度高，是常用的病毒检验方法。

3. 免疫电镜法 该法是将病毒粒体的电镜直接观察与血清反应的特异性相结合，进行病毒的检测，可检测多种种传病毒；并对抗体血清质量的要求不太严格，能使用效价较低或混杂有非特异性抗体的抗血清。

4. 酶联免疫吸附法 在动植物病原物的血清学检验中，应用最广泛的是酶联免疫吸附法（enzyme linked immunosorbent assay，ELISA）。该方法尤其适合植物病毒和细菌的检验。其优点是：①灵敏度极高，可检出微量病原，检测值可达1ng/ml；②所需反应物量少，每毫升抗血清测定样品数可达10 000个；③方法简便，工作效率高；④稳定性高，操作简便。同时，可用肉眼和简单仪器观察结果。酶联免疫吸附法主要有直接法、间接法、夹心法、竞争法、酶抗体法和双抗体夹心法6种。其中以双抗体夹心法（DAS-ELISA）在植物病原物鉴定上应用最广泛。酶联免疫吸附检测法的关键是制备抗体（抗血清）。常用的抗体有多克隆抗体（PAb）和单克隆抗体（MAb）。多克隆抗体制备较简单，应用普遍，但除了与检测目标反应外，有时也会与非目标蛋白产生反应；而单克隆体制备较复杂，专化性较强。大多数植物病毒都有商品化抗体试剂盒出售，并附有病毒样品的制备、血清学操作程序

和结果判定及注意事项等。国内也已制备了多种单克隆抗体，成功地用于检测柑橘溃疡病菌等多种植物病毒。

（七）光学显微镜与电镜形态检验

根据所收集的病菌形态、参阅相关的形态描述进行形态检验鉴别，基本可以确诊至属，甚至具体的种类。

1. 光学显微镜检验 将检疫检验中的真菌、细菌、线虫、病毒等病原物制成各种玻片（如细菌涂片、真菌水片等），在光学显微镜下分别用低倍、高倍、油镜进行观察鉴定，是森林动植物检疫检验中最常用的形态鉴别方法。

2. 电镜检验 有些病原物（如真菌、细菌、病毒等）由于个体十分微小，在光学显微镜下不能准确鉴定，则需要借助电镜进行鉴定。根据性能不同，电镜有透射电镜和扫描电镜两类：①透射电镜。透射电镜是由入射电子束穿过样品直接成像，放大倍数可达80万倍。但因其电子透射力较弱，要求样品厚度在50～100nm范围内。样品制备技术和过程比较复杂。一般的制备程序包括取材（组织或细胞）、固定、漂洗、脱水、浸透、修整定位、超薄切片及染色。也可用负染法、投影法及冰冻复型法等方法制备样品。最后将制备好的样品装入样品台上进行观察。观察时应选择标本上最佳区域进行拍照、观察和形态记录。②扫描电镜。扫描电镜的电子束在样品表面作光栅扫描运动，然后激发出样品浅表的电子（称二次电子）。二次电子经过二次电子检测器检出，再经视频放大，然后在显像管上显示成像。其样品制备方法比较简单，其步骤为取样、固定、脱水、干燥、在真空装置中喷镀碳和金，最后进行电镜扫描观察。

二、动物病原检验

动物病原检疫检验所使用的方法与植物病原有所区分。除症状检验诊断外，主要包括病原鉴定和免疫学诊断等。

（一）微生物学检疫检验

动物病原学检查检验，是动物疫病检疫及诊断的重要方法。但动物病原的检验过程较复杂，其方法和步骤如下。

1. 病料的采集 正确采集病料是微生物学诊断的重要环节。所用病料采集器皿均应严格消毒，先根据可疑病的类型和特性决定所采取的器官或组织，应从病原微生物含量多、病变明显的部位采集病料，但也要兼顾采取、保存和运送的方便。所采病料要力求新鲜，最好能在动物濒死或死后数小时内采取，并尽量减少杂菌污染。如果缺乏临诊资料，检验时又难于对疫病种类进行分析和诊断的，应全面采集如血液、肝、脾、肺、肾、脑和淋巴结等病料，尤其是要注意采集病变部位的病料。

2. 病料涂片镜检 应该用有显著病变的不同器官和组织制片、染色、镜检，即可对一些具有特征性形态的病原微生物作出迅速诊断。但涂片镜检只能为大多数传染病病原的进一步检查、诊断提供依据或参考。

3. 病原物的分离和鉴定 如涂片镜检不能确诊，则要从病料中分离病原体，经过人工培养然后诊断。动物病原细菌、真菌、螺旋体等均有可选择的人工培养基，病毒等则可选用禽胚、各种动物或其组织、动物细胞培养和鉴定。

4. 动物接种试验 从病料中分离病原后，只有通过接种检验才能确定其是否为目标病原。接种时应选择对该种传染病病原最敏感的动物，进行人工感染试验。人工接种后，应根据所接种的病原对不同动物的致病力、症状和病理变化等特点进行诊断。当实验动物死亡后，应立即解剖观察其体内器官的病变，并采集病料、涂片、复检，并再次分离、比较鉴定，最后确诊。

从病料中分离出的微生物，虽是确诊的重要依据，但也应注意健康动物的带菌现象（健康带菌）。因此，分离结果还需与临诊、流行病学、病理变化相结合进行分析。有时即使在分离中未发现病原体，也不能完全否定根据症状所作出的诊断。

（二）免疫学诊断

动物疫病和传染病常用免疫学方法进行诊断。常用的免疫学诊断方法包括血清学诊断和变态反应诊断两种。

1. 血清学诊断 血清学方法即利用抗原与抗体的特异性结合反应进行诊断。可用已知的抗原测定被检动物血清中的特异性抗体，也可用已知的抗体（免疫血清）测定被检材料中的抗原。常规的血清学诊断试验有中和试验（毒素抗毒素中和试验、病毒中和试验等）、凝集试验（直接凝集试验、间接凝集试验、间接血凝试验、SPA协同凝集试验、血细胞凝集抑制试验、溶血试验）、沉淀试验（环状沉淀试验、琼脂扩散沉淀试验和免疫电泳等）、补体结合试验（溶菌试验、溶血试验）及免疫荧光试验、免疫酶技术、放射免疫测定、单克隆抗体和核酸探针等。

（1）中和试验 病毒或毒素与相应的抗体结合后，失去对易感动物的致病力即中和试验。试验方法主要有简单定性试验、固定血清稀释病毒法、固定病毒稀释血清法、空斑减少法等。其用途包括：①从待检血清中检出抗体，或从病料中检出病毒，从而诊断病毒性传染病。②用抗毒素血清检查材料中的毒素，或鉴定细菌的毒素类型。③测定抗病毒血清或抗毒素效价。④对新分离的病毒进行鉴定和分型。

（2）凝集试验 该法是将病原细菌的生理盐水混悬液，与相应的免疫血清或者被检动物血清混合，在一定条件、经一定时间后，该细菌可被凝集成肉眼可见的凝集块，沉于试管底部，这一现象为凝集阳性反应，该病菌即为目标检测病原。如果细菌混悬物仍呈均匀混浊状态，或部分细菌成圆点状沉于管底，即为凝集阴性反应。

（3）沉淀试验 将具有抗原的透明液（沉淀原），重叠于免疫血清（抗体、沉淀素）的上面，经过一定时间后，在两液面交界处呈现一整齐薄层，呈灰白色的沉淀物，即沉淀物阳性反应；无此现象出现者，为沉淀阴性反应。在诊断疫病时，多用已知抗体（沉淀素血清）检查病料中未知的抗原（沉淀原）。沉淀反应包括在液体中进行的液相沉淀试验（包括环状试验、絮状试验）和在琼脂凝胶上进行的琼脂扩散试验。琼脂扩散进一步与电泳技术结合，又发展为免疫电泳、对流电泳、火箭电泳等技术。

（4）补体结合试验 可溶性抗原与抗体结合后，有时还能与补体相结合，但不出现可见反应，该现象或作用过程即溶菌系统（反应系统）。在该溶菌系统中若加入适量的补体，补体则被全部或部分吸收，如再加入红细胞或溶血素（溶血系统或指示系统），其反应为不溶

血或只部分溶血，出现可见反应。这种利用溶血系统作指示剂，测定溶菌系统中抗原和抗体是否对应的试验，称补体结合反应。罹患某些传染病的动物血液内，常有一种具有高度特异性的补体，应用该方法检测其血液中与补体相结合的未知抗体，即能准确诊断其所患疾病的种类。

（5）*免疫荧光试验*　将荧光染料与提纯的抗体球蛋白分子相连接后，用荧光染料标记的抗体与相应的抗原结合时，就产生有荧光的抗原—抗体复合物，可在荧光显微镜下被检出。该方法包括直接法、间接法和抗补体法3种。

（6）*免疫酶技术*　免疫酶技术是在20世纪60年代发展起来的新技术。最初是用酶代替荧光素标记抗体，进行生物组织中抗原的鉴定和定位，此后建立了酶联免疫吸附测定方法，用于可溶性抗原或抗体的定量检测，既特异又敏感。

2. 变态反应诊断　变态反应是动物罹患某些传染病（尤其是慢性传染病）时，常对该病原体或其物质（如某种抗原）再次侵入体内产生强烈反应。其中，能引起变态反应的物质（病原体、病原体产物或抽提物）称为变态原，如结核菌素、鼻疽菌素等。应用已知的变态原，对待检验的动物点眼或注射（皮内、皮下），可引起局部或全身特异性变态反应，能够诊断结核病、布鲁菌病等传染病。

第四节　分子生物学检验与诊断

越来越多的外来有害生物已传入我国，部分有害生物已具有传入我国的潜在危险，为能及时准确检测、减少国外有害生物的入侵风险，阻止其扩散与传播，检疫检验技术必须特异性强、灵敏度高、检测时间短、对微量检疫性有害生物的检验结果准确。上述传统检验方法存在耗时长、灵敏度低、操作过程复杂等局限性，已不能适应目前检疫检验形势的要求。使用现代分子生物学技术检测与鉴定检疫性动植物有害生物是检疫检验的需要。常用的分子生物学技术主要包括聚合酶链式反应、核酸杂交、生物芯片以及分子标记技术等。其中聚合酶链式反应技术应用最为广泛。

一、聚合酶链式反应

1985年美国PE-cetus公司人类遗传研究室的Kary B. Mullis等人，发明了体外无限扩增核酸片段的聚合酶链式反应（polymerase chain reaction，PCR）技术，对现代世界生物医学研究产生了巨大推动作用，并成为所有分子标记技术中应用最广泛的技术。1993年发明人因此而获得了诺贝尔化学奖。

聚合酶链式反应是利用耐热DNA聚合酶，短时间内将少量DNA片段扩增数百万倍的方法。其原理类似于DNA的复制，即模板DNA经高温（92～95℃）变性，DNA双链解开成两条单链；在退火温度（40～60℃）下，加入引物，引物与模板DNA序列互补段发生特异性结合，形成部分双链结构（即退火）；再在72℃条件下，DNA聚合酶催化单个脱氧核苷酸（dNTP），将其引入至引物的3′—OH位，并沿模板DNA的5′→3′方向延伸，合成与模板互补的DNA链（产生双链）。如此经过变性→退火→延伸反复循环，目的基因每次循环的产物都可能成为下一次扩增的模板，因而聚合酶链式反应产物量以指数方式递增，经过

25～30个循环后，模板DNA的量可被扩增106万～200万倍。聚合酶链式反应的扩增产物，可用凝胶电泳技术加以分析。从理论上讲，一个DNA分子经过扩增后也可进行检测。

（一）常用方法

聚合酶链式反应技术操作较简单、成本低、结果稳定，已广泛用于生物系统分化、分类和个体鉴定，及动植物、微生物及其产品的检验检疫等领域。PCR技术具有快速、灵敏、安全等特点，在人类和动物疾病尤其是过去那些一直难以诊断的疾病的鉴别上有明显的优势。聚合酶链式反应技术已在常规方法的基础上，根据应用目的不同衍生出了一系列改良方法，常用方法：

1. 普通PCR技术 该方法要求目标DNA序列为已知，以目标片段两侧一定大小的碱基序列互补链为引物对，并与4种单核苷酸（dNTPs）、DNA合成酶（Taq）、缓冲液以及模板DNA等组成PCR混合液，在适当的循环变温条件下进行扩增。此方法的特点是结果精确、重复性极高，但必须预先知道目标DNA片段的序列。目前，国内外转基因产品的外源基因定性PCR检测和定量PCR检测，使用的就是该分子标记技术。

2. MPCR技术 MPCR技术（multiplex-PCR，MPCR）指在同一个PCR反应体系中，采用多对特异性引物，同时针对几个目标片段进行扩增反应，实现在一个反应体系中同时检测不同目标的DNA或RNA。要求所扩增的产物片段大小不能重叠，以免难以进行电泳分析。该技术效率高，能对多个靶位点进行同时检测，其检测结果较普通的PCR更为可靠，已被应用于转基因产品的定性PCR和定量PCR分析。

3. 随机多态扩增技术RAPD 随机扩增的多态性DNA（random amplified polymorphic DNA，RAPD-PCR＝RAPD）由Williams和Welsh提出，它是普通PCR技术的延伸，但其所用的引物是单个的10bp大小的随机寡核苷酸，扩增的片段随机、模板DNA序列未知。其中，所谓的多态性即扩增产物间的差异性。该技术简便、易操作，是生物种群鉴定和亲缘（血缘）关系估测中最常用的分子标记技术之一，已广泛应用于那些核与细胞器中未知DNA序列的研究。与RAPD相似的技术还有随机引物PCR技术，即AP-PCR（arbitrary primer-PCR）和RP-PCR技术（random primer-PCR）。

4. 巢式PCR技术 巢式PCR技术（nested PCR）采用两对特异性引物进行两次扩增，其中第二对引物位于第一对引物内侧。第二次扩增在第二对引物的介导下，以第一次扩增产物为模板进行，最终扩增产物的大小由第二对引物决定。巢式PCR检测的特异性和灵敏度明显高于常规PCR技术，在植物病毒和细菌等检测中应用广泛。

5. 反转录PCR 反转录PCR（reverse transcription PCR，RT-PCR）在病毒检测中应用最为广泛。根据基因组核酸类型的不同，病毒可以分为DNA病毒和RNA病毒。PCR反应中所使用的酶，是只有存在DNA时才能发生作用的DNA聚合酶，即以DNA为模板指引互补DNA（cDNA）的合成。因此，对基因组为RNA的病毒和类病毒，本技术必须先使用反转录酶，以RNA为模板合成互补DNA，然后再进行PCR扩增。

6. 实时荧光PCR 实时荧光PCR（real time fluorescent quantitative PCR）即通过特殊仪器对反应监控，荧光探针与扩增产物的结合检测和定量分析一步完成，因此也称同步PCR。借助荧光信号检测PCR产物，不仅提高了检测的灵敏度，也收集了PCR反应中各次循环的数据，能够建立实时扩增曲线及准确确定ct值，并根据ct值计算起始DNA的拷贝数，真正实现

DNA 的定量分析。

（二）PCR 技术在害虫诊断中的应用

在检疫检验上用于诊断鉴定害虫的 PCR 技术，包括随机多态扩增技术（RAPD）、PCR 限制性片段（长度）多态性分析技术（PCR-RFLP）等。

随机扩增的多态性 DNA 技术，是一项能有效检测种及种下一级 DNA 多态性的方法。它是在 PCR 反应原理的基础上，以单个随机引物扩增基因组 DNA，经电泳分离和溴化乙锭染色，直接在紫外灯下检测其扩增结果的简易分子生物学方法。对难用形态学方法鉴定的成虫、蛹、幼虫，使用该技术可快速、准确地进行鉴定。1992 年 Black 等首先用 RAPD-PCR 技术对蚜虫进行了鉴定比较，他们采用了 4 种 10 个碱基的随机引物对 4 种蚜虫进行了 RAPD-PCR 试验，检测了它们扩增产物的差异（多态）性，在电泳图谱上能明确区别这 4 个种。他们还用该技术检测和鉴定了蚜虫体内的两种寄生蜂，将这项技术用于小麦瘿蚊、叶蝉、螨等的鉴定研究。在 1994 年 Haymer 等应用 RAPD 技术成功鉴定了地中海实蝇不同地理种群间的 DNA 多态性，Williams 等应用该技术检测了侵入新西兰的阿根廷茎象甲［*Listronotus bonariensis*（Kuschel)］不同地理种群的 DNA 多态性，并判定该种来自南美东海岸。1995 年雷仲仁等应用 RAPD 技术鉴定了棉铃虫属的两个近缘种，即棉铃虫［*Helicoverpa armigera*（Hübner)］和烟青虫［*H. assulta*（Guenée)］。在所使用的 18 种随机引物中，有 17 种可检出多态性，为这两种害虫幼虫和蛹的鉴定提供了可靠依据。1996 年翁宏飚应用 RAPD 检测家蚕、野蚕及桑尺蠖幼虫的多态性，成功地区别了这些种类，并统计了它们的遗传距离。

（三）PCR 技术在植物病原诊断中的应用

PCR 技术在植物病原如病毒、类菌原体、细菌、真菌、线虫等病害的鉴定已有不少成功的例子。由于不要求检测物是活体，在危险性病害的检验中更为安全。

1. PCR 检测植物病毒 在检疫检验中，病毒的检测和鉴定最困难。分子生物学的方法将病毒检测灵敏度由血清学的纳克水平提高到了皮克级（表 4-5）。1992 年 Robinson 等用 PCR 方法进行了烟草环斑病毒（TRSV）的检测研究。烟草环斑病毒是我国进出境和国内的重要检疫性有害生物。1995 年相宁等用 RT-PCR 检测了烟草环斑病毒提取液中的 RNA 病毒，灵敏度达 400pg，并可直接从受侵染叶片汁液中检出烟草环斑病毒。

表 4-5 不同实验方法测定植物病毒灵敏度比较

实验方法	可检测病毒最低量	实验方法	可检测病毒最低量
生物学侵染测定	100～1 000μg/ml	免疫电镜	100～500pg/ml
琼脂双扩散反应	500～1 000μg/ml	核酸分子杂交	10～50pg/ml
电子显微镜检测	100ng/ml	PCR 技术	10～100fg/ml
酶联免疫吸附法	1～10ng/ml		

注：$1g=1\times10^3mg=1\times10^6\mu g=1\times10^9ng=1\times10^{12}pg=1\times10^{15}fg$。

2. PCR 在细菌检测中的应用检测 梨火疫病［*Erwinia amylowra*（Burrill）Winslow et al.］是重要的检疫性有害生物，1989 年 Zellerh 等建立了梨火疫病菌 DNA 杂交技术，1992

年又根据 PEa29 质粒上的特异性片段，设计了一对引物，建立了反应体系，将检测灵敏度提高到 50 个菌体细胞；之后随着对 *E. amylowra* 基因序列的进一步研究，新发展的 nested-PCR 技术的检测灵敏度已达到单个菌体。此外，发生于亚洲、非洲 40 多个国家的细菌性柑橘病害、柑橘黄龙病是我国内检及世界性柑橘生产上的重要病害。该病能通过接穗、苗木和木虱虫媒传播；使用 PCR 技术能准确快速地检测田间和室内的柑橘、长春花以及带菌柑橘木虱样本中的柑橘黄龙病病原，并可进行定量分析。

3. PCR 在真菌检测中的应用 分子生物学方法能够解决植物病原真菌鉴定中形态难以区分，或种苗内部少量带菌时难以鉴定的问题。大丽轮枝菌［*Verticillium dahliac* Kleb］是为害数十种作物的土传病原菌。其中的棉花黄萎病为我国农业植物检疫对象。1995 年 Tatiarm 等用其特异性引物直接进行了土壤带菌的检测；1998 年朱有勇等在对大丽轮枝菌核糖体基因 ITS 区段测序的基础上，设计并合成了一对特异性引物，由其所扩增的分子片段可作为鉴定、探测大丽轮枝菌的分子标记。

小麦印度腥黑穗病［*Tilletia indica* Mitra］其冬孢子与黑麦草腥黑粉菌［*T. walkeri* Castlebury & Carris］、水稻腥黑粉菌［*T. horrida* Takahashi］及狼尾草腥黑粉菌［*T. barclayana* Brefeld］等的冬孢子粉形态特征十分相似，与黑麦草腥黑粉菌难以区别。这些病菌常混杂在进口小麦中，检疫检验很困难。程颖慧、章桂明等根据线粒体 DNA 的序列，分别设计了扩增小麦印度星黑穗病与黑麦草腥黑粉菌的特异性引物，并根据 ITS 区 DNA 片段，设计了扩增腥黑粉菌属真菌的引物，用这 3 对引物及 PCR 法能有效地鉴别小麦印度星黑穗病与黑麦草腥黑粉菌及其他近似种或相关种。

4. 定量荧光 PCR 技术在植物线虫检测中的应用 定量荧光 PCR 技术已用于松材线虫、拟松材线虫［*Bursaphelenchus mucronatus* Mamiya & Enda］、马铃薯金线虫［*Globodera rostochiensis*（Wollenweber）Skarbilovich］、马铃薯白线虫［*G. pallida*（Stone）Mulvey & Stone］、鳞球茎茎线虫、马铃薯腐烂线虫［*Ditylenchus destructor* Thorne］和甜菜胞囊线虫（*Heterodera schachtii* Schmidt）等的快速鉴定。得到虫源后，先选定靶标基因，将靶标基因进行扩增克隆测序，所得的序列用生化软件进行分析比较，找出具种内保守、种间特异的基因或片段，然后进行探针和引物的设计，就可进行检测体系的测试和应用。在线虫检测方面已使用的有 TaqMan 探针、MGB、SYBR Green 等，这些方法具有自动化程度高、快速、准确、灵敏等优点。

（四）PCR 技术在动物疫病检验中的应用

PCR 技术是多种疫病的重要检测与诊断技术和手段。如正黏病毒科、流感病毒属、A 型流感病毒的禽流感病毒（AIV），广泛分布于世界各地许多家禽和野禽当中，严重为害家养火鸡和鸡。依病毒表面的两种糖蛋白血凝素（HA）和神经氨酸酶（NA），现已将 A 型流感病毒区分为 15 种 HA 和 9 种 NA 亚型；高致病性禽流感（HPAIV）均由 H5 和 H7 引起，其流行常使养禽业遭受毁灭性打击。

2003 年中期高致病性 H5N1 型禽流感病毒开始侵袭东南亚地区的家禽、野生鸟类和人，现已传播至非洲和欧洲，是有科学记载以来暴发面积最大、为害最严重的动物流行病；2006 年大约有 45 个国家报告了 H5N1 型禽流感病毒在家禽、野生鸟类中的暴发，1997 年 12 月起已发现该病毒能在人群中传播，并引起严重的疾病，死亡率达 55%，对公共卫生产生了

较为严重的影响。

荧光（反转录）RT-PCR 是广泛用于 H5N1 型禽流感的快速检测方法之一。利用该技术可在取得标本后约 2h 内得出检测报告。因此，利用快速有效的 PCR 检疫检验方法能及时发现病原，为有效控制该病毒的扩散与传播争取时间，其效果对人类的公共卫生和养禽业都至关重要。

二、核酸杂交技术

核酸杂交（nuclear hybridization）是分子生物学的基本方法之一。其基本原理是将有一定同源性的两条核酸单链，在一定条件下实现碱基互补，配对形成双链即核酸杂交。使用该技术时，采用特定方法标记已知核酸片断，利用该已知核酸片断检测待测样品中是否存在与之互补配对的核酸，该特定标记的核酸片断称为核酸探针（probe）。核酸杂交具有敏感、特异、可同时检测大量样品等特点，杂交后的产物可干燥保存，杂交探针易于商业化生产，已广泛应用在植物病毒、类病毒、类菌原体、细菌、线虫等的疫病检验和诊断。但杂交技术常受探针浓度、类型（DNA 或 RNA）、温度、离子强度、pH 等因素的影响，操作过程烦琐，常缺少灵敏的标记探针，因而限制了其普及与应用。

（一）核酸探针的制备

核酸探针包括 DNA 及 RNA 探针。可用 PCR 技术克隆目标片断，或使用直接提取基因组等方式获得目标核酸或其片断。但该目标核酸必须具有高度特异性、有实际用途。然后对目标核酸或其片断进行标记。常用的标记物如同位素^{32}P 等、非放射性的异羟基洋地黄毒苷元（地高辛、一种免疫剂，digoxigenin，Dig）和生物素（标记抗体 biotin）等。使用缺口平移、末端标记、随即引物或 PCR 扩增等标记方式，可将标记物整合至核酸探针的序列中。其中，同位素标记灵敏度高、费用也高，实验条件严格，常有放射性危害，标记好的探针存放数周，其放射活性将衰减至不能使用，限制了其应用范围。

非放射性的生物素克服了同位素标记的缺点，具有灵敏度高、费用少、对人体无害、保存时间长且稳定等特点，非常适合检疫检验的要求。在柑橘裂皮病［*Citrus exocortis viriods*（CEV）］的检测中已使用了光生物素、生物素肼和地高辛 3 种生物素。其中地高辛标记的探针灵敏度最高，应用最广。使用生物素 11-d 尿苷磷酸标记的探针与同位素标记的探针同时检测马铃薯白线虫，用生物素标记的探针其检测灵敏度几乎与^{32}P 探针相似，并可探测到相当于单个马铃薯白线虫的卵或其幼虫的 DNA 量。在检测类病毒中，光生物素标记探针同样也具有与同位素探针一样的灵敏度。非放射生物素的标记检测系统（biotin avidin system），已被用于各种病害如马铃薯白线虫、柑橘裂皮病、南方根结线虫［*Meloidogyne incongnita*（Kofold & White）Chitwood］等的检测。

（二）核酸杂交

核酸杂交通常在变性条件下及固相杂交膜如醋酸纤维素膜和尼龙膜上进行，先使核酸完全解链，再与探针充分杂交，最后根据杂交信号的有无判断检测结果。杂交方式包括斑点杂交（dot blotting）和核酸转移杂交。斑点杂交是将待检样品粗提液或核酸直接点于膜上。

核酸转移杂交是将待检样品的核酸用限制性内切酶剪切为大小不同的片断，经琼脂糖凝胶电泳分离后，转移至膜上。

核酸杂交技术已应用于植物病害诊断和植物病原物的检测。如对病毒病害柑橘病毒病、兰花病毒病、香石竹环斑病毒病等，类菌原体病桃 X 病、玉米丛矮病、翠菊黄化病、白蜡黄化病、月见草变叶病、椰子致死黄化病、核桃丛枝病、苹果簇叶病等，类病毒病马铃薯纺锤块茎类病毒、柑橘裂皮病、椰子败生类病毒、啤酒花矮化类病毒、鳄梨日灼类病毒、番茄雄花不育类病毒病、番茄簇顶类病毒病、黄瓜白果类病毒病的检测；对植物病原细菌梨火疫病、丁香假单胞菌［*Pseudonomas syringae* pv. *syringae* M. K. Fakhr］等，真菌如核盘菌［*Sclerotina* spp.］、丝核菌［*Rhizoctonia* spp.］、疫霉菌［*Phytophthora* sp.］、镰刀菌［*Fusarium* sp.］等，线虫如毛形线虫［*Trichinella* sp.］、小杆线虫［*Caenorhabditis* sp.］、索线虫［*Romanomermis* sp.］、根结线虫［*Meloidogyne* sp.］、马铃薯金线虫、马铃薯白线虫等的检测。

（三）DNA 芯片技术

DNA 芯片（DNA chip）即基因芯片（gene chip）或 DNA 微阵（DNA microarray），是生物芯片的一种。该技术具有微型化和能够同时处理大规模信息的特点。DNA 芯片是采用光导原位合成或微量点样等技术，将数以万计的 DNA 片断（探针）高密度有序地固定在固相支持物（玻片、硅片、聚丙烯酰胺凝胶）上，产生二维 DNA 探针阵列。阵列中每个分子的序列及位置都按预先设定好的序列点阵排列。由于常用硅芯片作为固相支持物，制备过程中运用了计算机芯片的制备技术，所以也称为芯片技术。当已标记样品中靶分子与 DNA 探针阵列进行杂交时，通过特定的仪器可对杂交信号的强度进行高效、快速的检测分析，实现对所检样品中靶分子的高效判定和定量。其检测结果敏感度高于传统方法，操作简单，重复性好，缩短了检测周期。DNA 芯片使用基本过程如下。

1. 样品的制备 先对待检样品进行扩增，并用荧光色素 Cy-3、Cy-4 或生物素 dNTP 等标记。标记后用与核苷酸链有亲和—偶联特性的荧光素等进行检测，使所扩增的 DNA 片断具有荧光标记。

2. 分子杂交 要根据探针类型和长度等，选择和优化杂交条件，以提高杂交过程的稳定性。其余与核酸杂交相同。

3. 检测结果分析 洗去未杂交的分子后，使用软件对序列点阵中各点的荧光信号的强弱进行分析。在激光的激发下，荧光分子发出的荧光强度与二者杂交程度相关。与样品中靶分子的数量成正相关。样品与探针严格配对的杂交分子，热力学稳定性高，产生的荧光强度最强；完全不能杂交时，热力学稳定性低，荧光强度最弱。

4. DNA 芯片的用途 基因芯片主要用于测序、基因表达水平分析、基因诊断和药物筛选等。该技术在口岸检疫中已用于有害生物的鉴定与检验。Carl 等采用了基因芯片检测方法对大肠杆菌、痢疾杆菌、伤寒杆菌、空肠弯曲菌进行了鉴别。

在设计鉴别诊断芯片时，靶基因应是各菌种间的核苷酸差异序列（高度保守基因序列），同种细菌不同血清型所特有的标志基因，也要将所有细菌共有的细菌感染标志 16SrDNA（保守序列）为靶基因，并分别将其固着于芯片表面。这样利用基因芯片完成一次检测，即可在短时间内获取大量信息，对细菌进行种、属或菌株水平的基因分型。如进一步将 DNA

分子杂交和单核苷酸多态性（SNP）分析相结合，可同时鉴别不同种、属的病原菌。如Szemes等开发的通用植物健康芯片（plant health chip），所设计的Padlock探针，能够检测11种植物病原微生物。

（四）限制性片段长度多态性

限制性片段长度多态性（restriction fragment length polymorphism，RFLP）技术，是Bostein于1980年建立的一种DNA遗传标记技术。RFLP分析技术具有敏感性高、所需样品少、快速简便等优点。该法是用已知的限制性内切酶消化目标DNA，通过电泳印迹（分离酶解后的片段及染色），再用DNA探针杂交，并放射自显影，可检测到酶切后长度不同的与探针互补的DNA序列。其中，所用的模板DNA可以是核DNA、细胞质DNA、叶绿体DNA和线粒体DNA。

不同的物种其遗传物质DNA的单核苷酸（碱基）排列顺序和空间结构存在差异。在用DNA的限制性内切酶进行酶切时，其酶切位点也不一样，酶切产物即DNA片段的大小也存在差异。这种差异可通过电泳技术(电泳印迹),或使用放射性物质标记的DNA片段(低拷贝)探针序列,进行分子杂交分析（放射自显影与检测）而展现。其差异大小可反映出物种间亲缘（血缘）关系的远近。因此，该方法已被广泛用于生物起源、进化、物种分类鉴定、基因定位等研究。

RFLP是一项比较复杂且耗时长的DNA检测技术，但它又是研究植物病原种群结构和遗传变异较好的工具，可用于植物病原物、害虫等的鉴别。如在原核生物的鉴定中，可用多种限制性内切酶对16SrDNA和23SrDNA的PCR产物进行酶解，然后电泳分析，通过电泳带谱区分不同种类，快速鉴定到病原物的种、变种、专化型和生理小种。如区分和鉴定亲缘关系较近的马铃薯金线虫和马铃薯白线虫、北方根结线虫的生理小种A和B，真菌如核盘菌［*Sclerotina* spp.］、小蜜环菌（牛肝菌）［*Armillariella* spp.］、丝核菌［*Rhizoctonia* spp.］等。用线粒体mtDNA的RFLP技术区别大豆疫霉病和苜蓿疫霉［*Rhytophthora megasperma* var. *sojae*］，利用mtDNAs的差异鉴别尖孢镰孢菌［*Fusarium oxysporum* Schlecht］的不同专化型及枯萎病菌［*Fusarium oxysporum* f. sp.］的3个生理小种。

限制性片段长度多态性分析技术，现主要用于快速鉴定实蝇类检疫性害虫。如2005年吴佳教等人应用PCR-RFLP技术，对我国口岸截获频率较高的橘小实蝇、番石榴实蝇［*Bactrocera correcta*（Bezzi)］、辣椒实蝇［*B. latifrons*（Hendel)］、昆士兰实蝇［*B. tryoni*（Froggatt)］、锈实蝇［*B. rubigina*（Wang & Zhao)］、瓜实蝇［*B. cucurbitae*（Coquillett)］、南瓜实蝇［*B. tau*（Walker)］、宽带实蝇［*B. scutellata*（Hendel)］和地中海实蝇进行了研究。他们利用限制性内切酶MSE1和DRAI对PCR扩增产物进行酶切，所得到的酶切位点，可明显区分这9种实蝇。该检验不受供试实蝇地理来源及食物源的影响，对卵、幼虫、蛹和不同性别的成虫均能快速检验鉴定。

复习思考题

1. 森林动植物检疫检验的类型有哪些？如何进行森林动植物检疫检验？
2. 在进行森林动植物检疫检验时，如何进行抽样？抽样标准有哪些？

3. 试设计5种以上检验华山松种子携带多种有害生物（虫、螨、杂草种子）的方法。

4. 试述比较植物病原真菌、细菌和病毒的检验方法。

5. 以松材线虫为例，说明病原线虫的检验方法。

6. 试述分子生物学在动物病原检测与诊断中的应用。

7. 试述 PCR 技术的反应原理、步骤及常用的方法。

参 考 文 献

马贵平 . 1993. 进出境动物检疫手册［M］. 北京：北京农业大学出版社 .

曹骥，李学书，管良华，等 . 1988. 植物检疫手册［M］. 北京：科学出版社 .

曹爱新，葛建军，赵月，等 . 2006. 定量荧光 PCR 技术在植物线虫诊断中应用 . 彭德良，廖金铃 . 中国线虫学研究［M］.（第 1 卷）. 北京：中国农业出版社 . 227-232.

鲍丽芳，孟建中 . 2000. 浅谈森林植物检疫检查程序［J］. 植物检疫，14（1）：23-25.

冯学平 . 2005. 澳大利亚动植物检验检疫扫描［J］. 中国检验检疫（3）：25-26.

高步衢，任浩章 . 1997. 森林植物检疫害虫的检疫技术［J］. 森林病虫通讯（2）：43-46.

徐国淦，刘沣华 . 1997. 关于害虫检疫抽样检疫技术的商榷［J］. 植物检疫，11（4）：246-248.

王兵，谢叙生，侯丰，等 . 1994. 植物调运检疫［J］. 植物检疫，8（1）：20-23.

吴晓斌，徐贵升，张文国 . 2003. 进口俄罗斯原木检验检疫方法及对策［J］. 森林工程，19（4）：22-23.

安榆林，朱宏斌，焦国尧 . 1997. RAPD-PCR 及其在检疫性害虫鉴定中的应用［J］. 中国进出境动植物检疫（2）：38-39.

李全录，孙淑清 . 2003. PCR 技术在动物疫病检验中的应用概况［J］. 中国动物检疫，20（10）：43-44.

相宁，周雪荣，孙彤，等 . 1995. RT-PCR 检测烟草环斑病毒的研究［J］. 植物检疫，9（6）：337-339.

程颖慧，章桂明，王颖，等 . 2001. 小麦印度腥黑穗病菌 PCR 检测［J］. 植物检疫，15（6）：321-325.

吴佳教，胡学难，赵菊鹏，等 . 2005. 9 种检疫性实蝇 PCR-RFLP 快速鉴定研究［J］. 植物检疫，19（1）：2-6.

陈福生，罗信昌，周启 . 1999. 酶联免疫技术检测植物病原真菌［J］. 植物检疫，13（1）：33-35.

肖荣堂 . 1993. 聚合酶链反应及其在植物病毒鉴定中的应用［J］. 植物检疫，7（4）：320-322.

陈文炳，王志明，李寿崧 . 2002. 分子标记技术及其在动植物检验检疫中的应用与展望［J］. 检验检疫科学，12（3）：1-4.

宁红，秦蓁 . 2002. 分子生物学技术在检疫性有害生物诊断中的应用［J］. 植物检疫，16（2）：98-100.

杨国海，梁广勤 . 1992. 同工酶电泳技术在植物检疫害虫鉴定中的应用［J］. 植物检疫，6（5）：335-338.

吴兴海，陈长法，张云霞 . 2006. 基因芯片技术及其在植物检疫工作中应用前景［J］. 植物检疫，20（2）：108-111.

关少枫，张秀丽 . 1997. 悬滴培养制片在真菌检疫方面的应用［J］. 植物检疫，11（1）：16-17.

关书琴，沈建成，印丽萍等 . 1996. 杂草籽实的鉴定方法［J］. 植物检疫，10（1）：39-40.

韩丽娟 . 1998. 草坪种子检疫性病虫及检测方法［J］. 植物保护，24（2）：43-45.

杨淑霞，张爱玲，丁志强 . 2002. 略谈危险性病虫杂草的检验方法［J］. 植保技术与推广，22（7）：37-38.

商明清，魏梅生 . 2004. 植物病毒检测新技术研究进展［J］. 植物检疫，18（4）：236-240.

吴雅琴，章德明 . 2002. 用离体微嫁接法快速检测苹果潜隐病毒［J］. 落叶果树（2）：4-6.

周国义，陈永黄 . 1990. A 蛋白—金颗粒复合物（pAg）诊断和检测植物病毒的研究［J］. 植物病理学报，20（1）：33-36.

Hewitt W B，Luigi Chiarappa. 1977. Plant health and quarantine in international transfer of genetic resources Cleveland：CRC.

Robinson，R J. 1992. Detection of tobacco rattle virus by reverse transcription and polymerase chain reaction [J]. Journal of Virological Methods，40：57-66.

Schrader，G，Unger，Jens-Georg. 2003. Plant quarantine as a measure against invasive alien species：the Framework of the International Plant Protection Convention and the Plant Health Regulations in the European Union [J]. Biological Invasions (5)：357-364.

>>> 第五章　森林动植物的检疫处理技术

【本章提要】 本章主要介绍了动植物检疫的处理原则，检疫性害虫、病害、动物疫病的处理途径，详细论述了熏蒸处理及常用的熏蒸药剂、药剂处理和物理处理等处理方法的使用范围和注意事项。

检疫处理是在国内或国际贸易的检疫检验中，发现危险性有害生物或一般活体害虫等超标后，为防止有害生物的传入、传出和扩散，由检疫机关依法采取的强制性处理措施。我国自加入世界贸易组织以来，严格履行了世界贸易组织的各项协定规定的义务，我国的动植物检疫处理措施与国际标准逐渐接轨，现已正式发布出入境植物检疫行业标准 92 项，植物检疫国家标准 36 项，其中转基因标准 8 项、出入境植物检疫标准 4 项、国内植物检疫和林业森林检疫国家标准 24 项。所有这些标准为我国在国际贸易及国内动植物检疫中，进行检疫处理提供了法律与技术依据。

第一节　原则和方法

检疫处理是由检疫机关依据法律规定，对携带危险性有害生物的动植物及其产品、其他应检物及其装载容器、包装材料、铺垫物、运输工具以及货物堆放场所、仓库和加工点等，监督和强制执行的检疫措施，以铲除有害生物为目的。在检疫检验中，为了保证检疫处理的顺利进行，达到检疫的目的，检疫处理应遵循基本的原则和标准如下。

一、检疫处理的原则

检疫处理是动植物检疫检验中必不可少的环节。检疫处理的原则按照其性质可区分为宏观性原则和实际处理原则。宏观性原则是指导检疫处理及其过程的基础，也是基本原则；实际处理原则是执行检疫处理时的具体操作准则，也是处理准则。

（一）基本原则

所有的检疫处理都必须符合检疫法规的规定，在法律允许的范围内应采取科学、有效的方法。具体如下。

1. 针对性原则　检疫处理应根据具体情况（处理的物品及场所），所采取处理方法或处理技术科学合理、可靠，以获得最好处理效果。

2. 最小原则　检疫处理应使处理过程造成的损失最小、处理成本最低、对货物不影响或影响小。不降低植物存活能力、繁殖材料的繁殖能力，不降低植物产品的品质、风味、营养与商品价值，不污损其外貌。

3. 安全有效原则　检疫处理方法应当快速、高效、安全，处理时间短，除害彻底，完全杜绝有害生物的传播，保障被处理的货物和处理人员的安全，不发生中毒事故，无残毒，不污染环境。

4. 一致原则　凡涉及环保、食品卫生、农药管理、商品检验及其他行政部门的处理措施，实施前要经过协商取得一致意见，应征得有关部门的认可并符合有关规定。

（二）处理准则

对应检物的检疫检查，是为了决定其是否携带有危险性有害生物，以决定其能否调运或入境。在检疫检验当中，如果未发现应检物携带有限制性有害生物，则不必处理，即可放行；如确认携带有危险性有害生物时，应按照检疫规定对其进行处理。

1. 直接避害　如确认应检物携带危险性有害生物，但无除害办法，应采用退货或销毁处理。具体情况包括：①未事先办理特许审批手续，企图输入《进境植物检疫禁止进境物名录》中规定的植物和植物产品。②经现场或隔离检疫检验，确认输入的植物种子、种苗等繁殖材料感染了危险性有害生物，或者输入的植物、植物产品携带一类危险性有害生物。③输入植物、植物产品携带有害生物，且危害严重，已失去使用价值。

2. 间接避害　经过检疫检验，确认所输入的植物种子与苗木等繁殖材料、植物与植物产品虽携带有害生物，但能通过限制措施防止有害生物的传播，这样可针对不同情况，采用以下措施：①转港卸货，改变用途。②限制使用范围和使用时间。③限制加工地点、加工方式及加工条件等。

3. 除害处理　凡能通过除害处理予以消灭的，由检疫机关通知货主或其代理人执行除害处理，除害处理方法包括熏蒸、消毒及冷、热处理等。具体情况包括：①输入的植物种子、种苗等繁殖材料、植物、植物产品等，携带危险性有害生物。②携带有害生物活体，且超过了规定标准。③携带大量危害性强的非检疫性有害生物。

4. 预防处理　当怀疑应检物可能携带某种危险性有害生物，但又无有效检验办法进行确认，则必须进行预防处理。预防处理方法包括熏蒸、消毒及冷、热处理等。

5. 铲除处理　当发觉某危险性有害生物已经传入，但未定居，则务必在其定居前按照检疫法的规定，立即启动和执行铲除处理措施。

二、检疫处理的方法

有害生物的防治常需要协调使用多种防治手段，而检疫处理常采用最有效的单一方法。检疫处理方法按其类型可区分为：①生态学方法（避害方法），包括改变运输方向、改变用途、限制使用范围及加工方式、退货或销毁。②物理学方法（排除、铲除），包括机械处理（如筛选、风选、水选）、剪除病虫部位、热处理、冷处理、辐射处理、微波处理。③化学方法（排除、铲除），包括广泛使用的熏蒸、喷药、拌种、药剂浸渍等。④生物方法，包括脱毒等。

1. 退回处理 当货主或代理商不愿销毁携带有危险性有害生物的检疫物时，应当将货物退给物主，不准其进境、出境，或不准其过境，或就地封存，不准货主将货物带离运输工具。

2. 除害处理 除害是检疫处理的主要措施，可直接铲除有害生物而保障贸易安全。常用的除害方法有：①机械处理，即利用筛选、风选、水选等选种方法汰除混杂在种子中的菌瘿、线虫瘿、虫粒和杂草种子，或人工切除植株、繁殖材料已发生病虫为害的部位，或挑选出无病虫侵染的个体。②熏蒸处理，熏蒸是当前应用最广泛的检疫除害方法，即利用熏蒸剂在密闭设施内处理植物或植物产品，以杀死害虫和螨类，部分熏蒸剂兼有杀菌作用。③化学处理，即利用熏蒸剂以外的化学药剂杀死有害生物，但处理后应注意保护检疫物在储运过程中免受有害生物的再污染。化学处理是防除种子、苗木等繁殖材料病虫害的重要手段，也常用于交通工具和储运场所的消毒。④物理处理，即用高温、低温、微波、高频、超声波以及核辐照等处理方法。该方法多兼具杀菌、杀虫效果，可用于处理种子、苗木、水果等。

3. 限制处理 该处理措施不直接杀死有害生物，仅使其"无效化"而不能接触寄主或不能产生危害，所以也称为"避害措施"。限制的原理是使有害生物在时间或空间上与其寄主或适生地区相隔离。限制处理方法有：①限制卸货地点和时间，如热带和亚热带植物产品调往北方口岸卸货或加工，北方特有的农作物产品调往南方使用或加工。植物产品若带有不耐严寒的有害生物，则可在冬季进口及加工。②改变用途，例如植物种子改用加工或食用。③限制使用范围及加工方式，如种苗可有条件地调往有害生物的非适生区使用等。

4. 隔离检疫处理 隔离检疫也称为入境后检疫。进境植物繁殖材料在特定的隔离苗圃、隔离温室中种植，在生长期间实施检疫，以利于发现和铲除有害生物，保留珍贵的种质资源。

5. 销毁处理 当不合格的检疫物无有效的处理方法或虽有处理方法，但在经济上不合算、在时间上不允许时，应退回或采用焚烧、深埋等方法销毁。国际航机、轮船、车辆的垃圾、动植物性废弃物、铺垫物等均用焚化炉销毁。

在各类有害生物当中，昆虫、螨类、杂草种子等已有较多有效的除害处理方法，而目前部分植物病原物则缺乏简便、易行、效果较好的处理方法。即使是成功的处理方法，随着有害生物、植物和环境条件诸因素的变化，其处理技术也需不断改进和提高。

第二节 检疫性害虫除害处理技术

检疫性有害生物的除害处理方式大体有机械处理、熏蒸处理、化学处理和物理处理四类。但随着科学技术的发展，检疫处理技术也在不断发展和变化，如原本广泛使用的溴甲烷熏蒸剂，却因被发现对臭氧层有破坏作用而招致逐渐取代、禁用的命运，而原来很少使用的气调、辐照等新处理技术的使用日渐增多。

一、热水浸烫

在林木检疫工作中热水浸烫是一种经济、实用、古老的除害处理方法。原理是利用植物材料与有害生物耐热性的差异，选择适宜的水温和处理时间，在不损害植物材料的同时又杀

死有害生物。可用于处理植物种子、无性繁殖材料、鳞茎，杀死其表面和潜藏于种皮内部的病原真菌、细菌、线虫、某些昆虫和螨类。也可根据实际情况，在热水中加入杀菌剂或湿润剂（如福尔马林）加强处理效果。但在实际操作之前，需要系统研究各种温度和处理时间的组合效果，以使处理效果最理想。方法有热水恒温浸烫、热水变温浸烫两种。

1. 热水恒温浸烫　将恒温容器内的水温调到70℃，保持恒温条件，然后将待处理的种子倒入（种子与热水的容积比为1∶5），浸烫10min后捞出，晾干水分，24h后随机抽取种子样品逐粒检查杀虫效果，并做发芽试验。

2. 热水变温浸烫　在较大的容器内倒入90℃的热水，然后倒入所要处理的种子，充分搅拌后捞出；再按照同样方法分别倒入80℃、70℃热水，搅拌，最后将种子捞出晾干，24h后随机抽取种子样品检查杀虫效果。检查方法和发芽试验与热水恒温浸烫方法相同。由于对不同种子还无具体的浸烫时间作参考，实际使用时应根据所处理种子的具体情况掌握处理时间。

苗木用温水浸烫处理，也可杀死其中的病毒和线虫。如用50℃温水处理桃苗10min可以防治水叶病，桑苗在48～52℃下处理20～30min可以杀死根瘤中的线虫，也可用温汤浸泡方法消灭泡桐根内的丛枝病菌原体。但是，不同种类的种苗，其性质、性状、种皮与苗木皮层的厚薄、木质化程度、吸水速度、导热性能各不一样，浸烫时使用的温度、浸烫时间各不同，对种子的发穿率和苗木的影响也有差别，处理后种子能否再储藏、苗木能否成活等问题还有待解决。

二、微波加热杀虫

微波和高频微波波长在1mm～1m，其波长短、振荡频率高、穿透力强、加热速度快，在国民经济、国防、通讯、医疗及动植物检疫处理等方面有着十分广泛和重要的用途。其除害原理是可使被处理物体物质分子产生激烈摩擦而迅速产生大量热量，导致水分的大量蒸发，使生物体内的蛋白质发热变形，改变细胞质的通透性，使细胞结构功能紊乱，生长发育受到抑制，而使有害生物死亡。该除害处理方法具有杀虫灭菌速度快、安全、效果好、无残毒、操作简便、费用较低等优点。但多数情况下适用于处理数量少或体积小的材料。使用电磁和高频微波，可处理小批量种子、粮食、干果、竹木制品、中草药、贵重食品等，是口岸旅检、邮检、旅检中比较理想的小批量货物的除害处理方法。

使用微波炉时，将随机抽取的种子样品置于微波炉载物盘上摊开，然后开机。当达到预定的处理温度后停机，在停机24h后，检查灭虫效果。如利用ER-692型（输出功率650kW，工作频率2 450MHz）、WMO-5型微波炉处理检疫林木种实虫害时，每次可处理种子1～1.5kg，加热至60℃，持续处理1～3min，即可100%杀死落叶松种子广肩小蜂、柠条豆象、紫穗槐豆象的幼虫、刺槐种子小蜂、柳杉大痣小蜂、皂荚豆象的幼虫和蛹；如果处理温度在70～80℃，持续处理1～5min，被处理的林木种子，在苗圃播种后，出苗不整齐，较对照出苗晚2～3d，但4个月后，苗高、地茎生长与对照相比差异不显著。当微波频率为2 450MHz时，能够穿透厚度为10cm的杨树木材；当微波功率为900W时，10cm×10cm×10cm和10cm×10cm×25cm新木块中的黄斑星天牛幼虫完全死亡时间分别为2min和5min，而干木块中则仅需30s和3min。室内利用高频微波处理松材线虫疫木，先短时间大功率快速升温，后转至中等温度保温，既不损害疫木材质，又可杀死疫木中松褐天牛、松材线虫及其卵，杀死率达到100%。采用发射功率15kW/h、900MHz的微波处理供试木样，保持处理对象表面温度50～60℃，处理4～6min就可以完全杀死厚度为2～15cm木材中的松褐天牛幼虫和松材线虫。

利用微波加热灭虫与种子发芽是有矛盾的，温度越高，杀虫越彻底，对种子发芽率影响越大；在一定温度条件下，持续处理时间越长，杀虫效果越好，对种子发芽越不利。因此，在利用微波灭虫时，既要考虑杀虫效果，又要顾及种子的发芽。另外，微波处理时能量分布不均匀，样品表层温度低，而内层温度高，这一问题也应给予注意。

三、水储处理

水储处理主要用于处理原木。我国内河多，各口岸及木材调运处多具水储处理的优越条件。特别是对进口原木，由于体积大、笨重、装卸和调运都较困难，当发现进口或国内调运的原木携带有害虫且其数量大时，即可采用水浸灭虫的方法进行处理。

原木水浸灭虫处理：①先设置水深约3m的水上储木场。水上储木场可设于海港附近的浅海区、内河及湖泊的适宜位置；在储木场四周用钢筋混凝土立桩架设围墙，场内每隔一定距离设一排水泥桩，以固定木排。②将需要进行灭虫处理的原木运至水上储木场，将需要处理的原木扎排，也可二层或多层叠放在一起用铁丝等扎牢后，徐徐放入流动的河水中，再用铁丝或绳索将木排固定在立桩上，以防被河水冲走。以全浸处理方法效果最佳；对露出水面的原木可采用表面喷药处理，但效果较差；半浸效果最差。如部分原木表面露出水面，可用手动或机动喷雾器，部分进行表面杀虫处理，药液以浸润原木表面为宜，必要时可喷7次。③水浸时间的长短，要根据害虫的死亡情况决定，浸泡时间要足以保障彻底杀死木材中的害虫。一般处理时间为20～30d，对难以浸死的害虫可水浸1～2个月，乃至6个月。在水浸当中，幼虫和蛹的死亡率高于成虫，其死亡率与水储时间的长短有一定的关系，因此，要特别注意掌握水浸时间。④调运时也可直接将有病虫害的原木，就近推入附近的池塘中水浸30d以上，每周将原木翻动1次，即可达到彻底消灭蛀干幼虫的目的。原木水储处理的主要费用是扎排费与钢丝、绳索等材料费，因而费用低、效率高，也有利于木材周转。

四、熏蒸处理

熏蒸处理是一种极为重要的检疫处理措施，是利用熏蒸剂产生的有毒气体在密闭的各类设施或容器内杀死有害生物的方法。对害虫，其作用机理是有毒气体分子经害虫的呼吸系统或体壁，进入昆虫体内而产生毒害作用。

对潜伏在植物体内或隙缝内的有害生物，一般药剂很难发挥毒效，甚至无效；而熏蒸剂的渗透性强，能穿透到被熏蒸物质中去，杀死有害生物，且消毒过程快，可一次集中处理大批量货物，药剂费用和人工费用都较节省，比喷雾、喷粉、药剂浸泡等有效。另外，当熏蒸结束时，有毒气体又能通过通风、散气从被熏蒸的货物中散出，不留任何残留。但一般的杀虫剂、杀菌剂常存在严重的残毒问题。

熏蒸处理不仅适用于国内产地检疫和调运检疫，也适合口岸植物检疫。能被熏蒸处理的材料很多，如粮食、种子、干果、核果、药材、木材、棉花、油料、烟叶以及羊毛、皮张、

衣服、家具、土壤等物体。但如用之不当，也可杀死活的植物如苗木、插条、接穗、块茎、鳞茎等。

熏蒸处理包括常压熏蒸和真空熏蒸（减压熏蒸）。其中常压熏蒸依其场所和工艺难易程度又可分为产地野外帐幕熏蒸、熏蒸箱熏蒸、室内熏蒸、大船熏蒸、简易循环熏蒸等；根据控制温度的不同，常压熏蒸又可分为常温熏蒸、低温熏蒸和高温熏蒸。熏蒸处理的效果除药剂本身的理化性能外，也受密闭状况、温度、压力以及被处理材料的种类、有害生物的种类及习性等多种因子的影响。熏蒸处理工作也是一项复杂的技术工作，如不注意安全，常会发生中毒和人员死亡事故。

熏蒸处理的主要特点为：①有毒气体经过昆虫的呼吸系统、体壁进入虫体而发生作用，可杀虫、螨、鼠、线虫、部分致病菌。②必须在密闭的场所才能使用。③处理物品包括种子、苗木、无性繁殖材料、水果、蔬菜、动植物产品、土壤、工业品等。④作用快，处理货物量大，省工、省时，费用低，处理彻底。⑤残余毒气容易散发，残毒低。

熏蒸技术在使用中在不断改进和发展，如改善熏蒸条件以保证熏蒸场所的密闭性，加入熏蒸剂增效剂以保证处理效果，减少熏蒸剂的用量，探索新的熏蒸方式及其使用范围和技术。

（一）常压熏蒸

常压熏蒸是在常压下，在密闭的设施或容器内对货物进行熏蒸处理。其中，熏蒸剂的用量要根据密闭环境的容积与货物体积间的比率、货物对熏蒸剂的吸附量、漏气程度等来确定。操作规程包括严格按规章施药，放置虫样管，按时测定设施内药剂浓度、查漏及其补救，达到规定时间后散毒，检查虫样管中的杀虫效果，处理残留毒剂及用具。

1. 帐幕熏蒸　适用于大批量种子、苗木、木材害虫的除害处理。该方法简便易行、成本低，在森林动植物检疫工作中已广泛应用。帐幕熏蒸常用的材料有塑料布、胶布、乳胶管、磅秤、量筒、防毒面具等。熏蒸前应查清熏蒸对象的相关情况，制定熏蒸实施方案，将货物码垛覆盖，测量堆垛体积，计算实际用药量，根据熏蒸剂的不同剂型采用不同的施药方法。

（1）*固态熏蒸剂的施放*　常用的固态熏蒸剂有磷化铝、磷化钙、磷化锌等。如使用磷化铝片剂熏蒸，在覆盖帐幕过程中，应根据情况将放置磷化铝药片的器皿合理安放在货物垛堆中，然后按照预定的施药量，分别将磷化铝药片倒入器皿内，随即密闭堆垛。在常温条件下，磷化铝片的分解和毒气释放速度较慢，在绝对安全的前提下可不需佩戴防毒面具。

（2）*液态熏蒸剂的施放*　液态熏蒸剂多用铁桶或塑料桶包装。如使用氯化苦熏蒸时，可用漏斗法投药。货物码垛后，将施药点布设在堆垛的上层，在施药点处放置容器或堆放足够的吸附物（如旧麻袋、旧破布、吸水纸等）。密闭帐幕后在施药点上方的帐幕上打一合适的洞口，透过该洞口用漏斗将氯化苦药液倒入施药点的容器或吸附物，然后用胶布将帐幕上的小洞封闭。氯化苦对人眼有强烈的刺激作用，施药时必须佩戴防毒面具。

（3）*气态熏蒸剂的施放*　气态熏蒸剂均储存在耐高压的钢瓶里。施药前，根据帐幕、货物体积计算出施药的重量，再用磅秤对储毒钢瓶称重，将磅秤标尺上的游码移至减去用药重量后的位置上。施药时在覆盖堆垛的帐幕上打两个洞，其中一洞安装甲烷测定器接口（投药、检测前后，需用夹子夹紧）；另一洞用乳胶管将药瓶阀门口与帐幕孔洞连接、密封，然后打开储毒钢瓶阀门施药，气态熏蒸剂即缓缓流入熏蒸堆垛。待磅秤标尺达到水平位置时，立即关闭施药开关，稍停1～2min，待导管内的药液全部挥发后，从帐幕上抽出乳胶管后，立即用胶布将帐幕上的施药口封闭，并开始计算熏蒸时间。

（4）*施药后及熏蒸后的措施* 施药后应检查帐幕周围是否漏毒，以便及时采取补救措施。达到预定的熏蒸时间后，应逐渐揭开帐幕散毒。大的熏蒸堆垛散毒时，工作人员必须佩戴防毒面具。应先迅速掀开帐幕的四角，散毒一段时间后再将帐幕全部揭开，及时处理熏蒸剂残余物及残渣，并检查熏蒸效果。如对种子进行熏蒸，熏蒸后还应检查种子的发芽率。

2. 简易循环熏蒸 简易循环熏蒸，即对袋装甚密的货物如水果、中药材、干鲜林产品等，可通过机械引力穿透法将熏蒸剂蒸汽通入被熏蒸物内，借鼓风机使其在短时间内分布均匀，以杀死有害生物。与大船熏蒸相比，此法处理彻底，不受天气和气温限制。对温度敏感的货物如水果、蔬菜等，采用有控温装置的循环熏蒸库（如改建后的冷库）可有效地杀除检疫性有害生物，并保持货物品质。熏蒸粮食可缩短时间约10d。

简易循环熏蒸装置如图5-1。在非熏蒸状态时，关闭1～11号全部阀门。熏蒸Ⅰ号仓时，将阀门2、4、8打开，形成气流循环通路。开动鼓风机12，根据货物温度和害虫种类，用计量器控制溴甲烷进入汽化器和膨胀器14的用量。汽化器用加热器加热，以补充溴甲烷汽化时所需的热量。鼓风机将溴甲烷蒸气通过筒仓Ⅰ底部的阀门4压入筒仓，在筒仓上部造成负压，使其底部溴甲烷蒸气上升，经过几小时循环，使溴甲烷蒸气分布均匀。熏蒸24～48h后，检查筒仓内溴甲烷蒸气浓度和害虫死亡情况，决定是否通风散气。水果等产品对温度反应敏感，熏蒸时应低温熏蒸，熏蒸时间一般不超过3h。

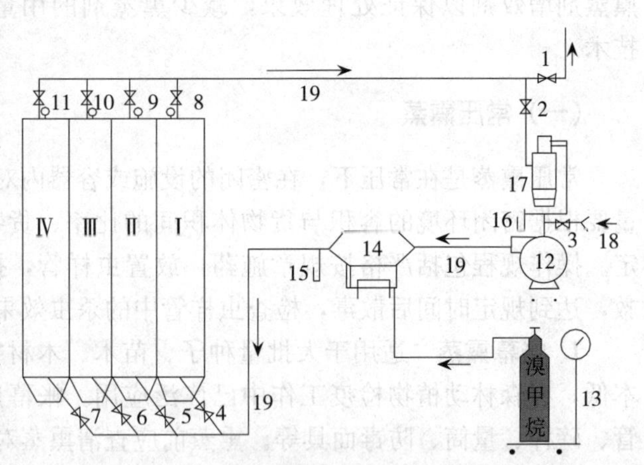

图5-1 筒仓溴甲烷熏蒸流程示意图
1～11. 阀门 12. 鼓风机 13、15、16. 压力计
14. 膨胀器和溴甲烷汽化器 17. 滤尘器
18. 新鲜空气进入口 19. 管道
（引自《森林植物检疫》，1999）

通风散气时，将阀门2关闭，阀门1和3打开，开动鼓风机，新鲜空气通过其入口18进入鼓风机压入筒仓Ⅰ。通过阀门8、1排往高空，或通过残余熏蒸剂处理装置后再排往高空。用新鲜空气经数小时清洗，查明已达安全标准，货物即可出仓。

3. 其他方式的常压熏蒸

（1）*熏蒸箱处理* 适宜小批量样品的处理或熏蒸剂浓度的筛择试验。用可完全密封的材料加工熏蒸箱，熏蒸箱的容积根据需要而定，箱内放置待处理样品，箱外任一侧的右上角和中部可各开一可密闭的圆孔。①用固体熏蒸剂时，可通过所开圆孔将准确称量的药剂放于箱内的器皿中。②使用气体熏蒸剂时，用与圆孔直径相同的塑料管将右上角的圆孔与储毒钢瓶接头接通、密封，中部圆孔与甲烷测定器接口（投药、检测前后，需用夹子夹紧）连接、密封，最后按所需药量准确缓慢投药，处理时间按要求进行。③结束后开启箱盖，待充分散气

后，取出样品检查效果。

(2) 大船熏蒸　大船熏蒸主要应用于进口粮食、洋垃圾、废旧船舶等的检疫处理。大船熏蒸的优点是不卸载货物，处理时间短，有害生物扩散机会少，处理场所远离居民点，比较安全。但轮船结构以及堵漏技术较为复杂，并要求通风条件好。

(3) 室内熏蒸处理　处理方法类似熏蒸箱处理。

(二) 真空熏蒸

真空熏蒸处理实际上是减压熏蒸，是将密闭容器内的空气抽出使其达到一定的真空度，然后施药熏蒸。该法安全、快速、有效。抽气减压其优点是利于熏蒸剂的气体分子扩散和渗透，缩短熏蒸时间，处理效果好；熏蒸密闭条件好，杜绝了毒气的外逸，减少环境污染，改善了工作条件；应用范围广，种子、苗木、花卉、土壤、资料、标本均可使用，在商品交换繁忙的码头、机场、车站更为实用。

与常压熏蒸比较，其操作规程在于熏蒸处理结束后，应先抽出残余毒气，反复通入空气进行清洗。处理的物品主要是烟叶，压缩成包的货物。常用的熏蒸剂如溴甲烷，处理食品常用“氧化乙烯＋CO_2”混合剂，烟叶常用“丙烯腈＋四氯化碳”混合剂，及环氧乙烷、氢氰酸、丙烯腈等也可根据需要使用。但在真空条件下，磷化铝不稳定，有可能发生爆炸，应禁止使用。

1. 持续减压熏蒸　待熏蒸货物装入熏蒸室后，抽气减压到3 333.05～19 998.3Pa，用管道施入药剂后（压力少许回升）熏蒸 1.5～4h。达熏蒸要求的时间后，先抽出毒气、泵入新鲜空气，然后抽气、用新鲜空气反复冲洗数次，待检测熏蒸室内空气达到要求后，即可出货。有些活植物能忍受50 662.36Pa 的持续减压处理，休眠期的苗木能忍受1 332.2Pa 下持续 2～3h 的熏蒸处理。该法对处理植物茎干或其他组织内的蛀食性害虫特别有效。

2. 复压熏蒸　抽气到一定负压后，采取下述方法使之恢复到正常大气压：①逐渐复压，即在 3h 的密闭时间内，将所需剂量的熏蒸剂释放后，逐渐通入空气，直到 2h 后恢复常压。②定时复压，即施入熏蒸剂后，持续约 45min，而后迅速放入空气。③立即复压，即施放熏蒸剂后，立即恢复到正常大气压。④采用专用计量仪器，将熏蒸剂和空气保持一定比例，同时放入熏蒸。

不论何种方式的真空熏蒸，在熏蒸结束后，均应用新鲜空气反复冲洗多次，以散去货物中的残余毒气。

(三) 常用药剂

森林动植物检疫处理中常用熏蒸剂主要包括溴甲烷、硫酰氟、磷化铝、二硫化碳、二氧化碳及氢氰酸、二溴乙烷。

1. 溴甲烷

(1) 理化性质　商品溴甲烷（methyl bromide，CH_3Br）是压缩在钢瓶中的液体，纯度为 98%。低温下溴甲烷是一种无色、无味液体。相对分子质量为 94.95，气体相对密度为 3.27（0℃），沸点 3.6℃。难溶于水，易溶于乙醇、乙醚、二硫化碳等有机溶剂。在酸、碱介质中稳定，在乙醇的碱性溶液中能发生水解。纯品对金属不腐蚀，液态与铝起反应，液体则可溶解橡胶、树脂等。但空气中含溴甲烷达 13.5%～14.5%时，遇火花可以燃烧。

（2）毒性　溴甲烷是高效中等毒性的熏蒸杀虫剂。大鼠急性经口 LD_{50} =100mg/kg，急性吸入 LD_{50} =3 120mg/L（15min）。对人安全的阈限浓度值（TWA）为 5mg/kg，一周接触 1 次为 1.00mg/(kg・7h)、200mg/(kg・h)、1 000mg/(kg・0.1h)，每周连续 5d 时为 5mg/(kg・8h・1d)。

（3）作用特点　溴甲烷是广谱性杀虫剂，药效显著，扩散性好。尽管毒性较高，目前仍用以防治仓储害虫，是植物检疫除害处理中最常用的一种熏蒸剂。该药在正确使用情况下对种子发芽率及多种物品无不良影响。

（4）防治对象及使用方法　用于处理金属、棉、丝、毛织品、木材、储粮等，可防治多种仓储害虫，防治各种林木、林产品及多种货物上的多种害虫（表 5-1），但在处理菠萝、梨、芒果时不能使用。由于溴甲烷比空气重，施药时一般采用顶部施药法。高温季节的用药量为 20～30g/m³、熏蒸 16h，低温季节的用药量为 30～40g/m³、熏蒸 24～48h。

表 5-1　溴甲烷熏蒸货物温度、剂量、时间

（引自《森林植物检疫》，1999）

货物种类	防治对象	熏蒸温度（℃）	剂量（g/m³）	熏蒸时间（h）
林木种子	刺槐小蜂	5～15	30	24～48
	柠条豆象幼虫	15～25	35	48
	紫穗槐豆象	15～25	35	48
坚果、果仁、干果	鳞翅目及鞘翅目害虫	<10	45	24
		10～14	35	24
		14～20	30	24
		21～25	24	16～24
		>25	16～24	16～24
苗木、花卉、温室植物、草本植物、林果插条、接穗等	盾蚧、粉蚧、蓟马、蚜虫、红蜘蛛、白蝇、潜叶蝇及部分钻蛀害虫	11～15	50	2～3
		16～20	42	2～3
		21	35	2～3
		25	28	2
		16～30	24	2
		>31	16	2
木材	欧洲榆木小蠹等	>15	48	48

（5）注意事项　①施药人员必须穿戴安全的防毒面具和防护手套，以防中毒；任何可能接触浓度超过 5mg/kg 熏蒸场所的工作人员都必须佩戴防毒面具，并及时地更换滤毒罐。②储藏溴甲烷的钢瓶应存放在干燥、阴凉、通风良好的仓库中，严防受热；搬运时轻拿轻放，使用时钢瓶应置于熏蒸室外，用乳胶管导入施药。③严格控制施药量和熏蒸时间，同时尽量避免重复熏蒸种子，以免产生药害。

（6）安全防护　操作人员轻微中毒表现为头晕、晕眩、全身无力、恶心、呕吐、四肢颤抖、嗜睡等；中等和严重中毒时，走路摇晃、说话困难、视觉失调、精神呆滞，但保持知觉。如发现有轻微中毒者，应立即将其带离熏蒸场所，呼吸新鲜空气，多喝糖水等，并送入医院检查和治疗。液态溴甲烷与人体皮肤长时间接触，易产生烫伤或冻伤，操作者应穿戴皮靴和橡胶手套，防止液体同皮肤接触；如果溴甲烷液体溅在皮肤上，应立即用肥皂水洗净。

（7）溴甲烷的淘汰问题　自从 1932 年法国的 LeGoupil 发现溴甲烷的杀虫活性以来，溴

甲烷一直作为广谱、高效的杀虫灭菌剂，被广泛应用于土壤消毒、纺织、面粉厂等仓储害虫的熏蒸以及国内、国际调运的检疫除害处理。近年研究发现，溴甲烷进入大气平流层之后，可与平流层中的臭氧发生化学反应，降低臭氧浓度，其损害臭氧的能力比氯原子强 40 倍。大气中的溴甲烷，主要是海洋生物海藻所产生，燃烧某些植物也能释放溴甲烷。据联合国环境规划署（UNEP）估计，全世界每年在熏蒸过程中排出的溴甲烷约为溴甲烷年排放总量的 25%，约56 000t，且每年递增率为 5%～6%。

为了保护臭氧层，国际社会于 1987 年通过了《关于消耗臭氧层物质的蒙特利尔议定书》，1992 年《议定书》哥本哈根修正案正式将溴甲烷列为受控消耗臭氧层物质；1997 年 9 月 17 日在加拿大蒙特利尔召开的第九次《议定书》缔约国大会上，明确了溴甲烷的淘汰时间表，即发达国家 2005 年淘汰溴甲烷，发展中国家到 2015 年淘汰溴甲烷。同时，要求 2002 年将溴甲烷的消费水平限制在 1995—1998 年的平均水平。中国政府于 2003 年批准了《蒙特利尔议定书》的哥本哈根修正案，按照要求 2005 年应将溴甲烷的消费量减到 1995—1998 年平均水平的 80%。

国际“溴甲烷技术方案委员会”（MBTOC）调查表明，目前尚没有单一的替代品或替代技术可以全面取代溴甲烷，其替代品和替代技术的研究滞后。目前的研究主要集中在：①提高气密水平，加强溴甲烷回收利用技术及与其他熏蒸剂包括二氧化碳混用技术的研究，以减少溴甲烷的用量和排放量。②加强溴甲烷替代品的筛选研究。③加强物理处理方法的研究，主要包括蒸气热处理、热空气处理、“低温＋气调”处理和辐照处理技术的研究，从而在处理水果等方面替代溴甲烷。

2. 硫酰氟

（1）理化性质　硫酰氟（sulphuryl flouride，SO_2F_2）液化后装入钢瓶中的液体，含量为 98%～99%。常温下是一种无色、无味的气体，在空气中的相对密度为 2.88，沸点－55.2℃，不溶于水，在碱性中易分解。化学性质稳定，不燃不爆，具有高的蒸气压力。无腐蚀作用，渗透性强。

（2）毒性　硫酰氟是一种惊厥剂。大鼠急性吸入 LC_{50}＝1 060mg/m^3，对高等动物的毒性属中等，对人的毒性偏大。在 100mg/kg 浓度下，每周接触 5d（7h/d），经 6 个月，实验动物可忍受。

（3）作用特点　广谱性熏杀剂。渗透力强、用药量少、解吸快，对熏蒸物安全，无需加热设备，尤其适合低温熏蒸。对昆虫胚后期毒性大，虫体吸入后进入中枢神经系统，使其产生损害而致死。硫酰氟在低温条件下挥发性好，适合我国北方使用。

（4）防治对象和使用方法　①可有效地防治多种仓库害虫。成虫用药量为 0.59～3.45g/（m^3·16h），卵为 54～75.8g/（m^3·16h），防治效果可达 95%以上。温度为 11～14℃、15～19℃、20～24℃、25～30℃时，用药量分别为 50g/m^3、40g/m^3、35g/m^3 和 30g/m^3，皆熏蒸 24h。在 17～20℃的室内，小批量熏蒸紫穗槐豆象幼虫、柠条豆象幼虫、蛹，剂量为 25g/（m^3·24h）时，杀虫效果 100%。②帐幕熏蒸防治落叶松、红松原木所携带的小蠹虫成虫、幼虫、蛹、天牛幼虫，剂量 30g/（m^3·48h），杀虫效果可达 100%。美国常用于熏蒸木材、木制品等，21℃以上用药量 64g/m^3，10～15℃时用药量 80g/m^3，皆熏蒸 24h。③用塑料布密闭熏杀白蜡树和银杏树干部害虫（小木蠹蛾幼虫），温度 20℃，剂量 30～40g/（m^3·48h），剂量 40～50g/（m^3·24h），效果均可达 90%～100%；同法防治松树干部的小蠹虫成虫、天牛成虫、吉丁虫幼虫，剂量 30g/（m^3·48h），效果 100%。④对植物有药害，不能熏蒸活植物、水果和蔬菜等，但对大多数植物种子萌发力无不良影响，还可用作木材防腐等。

（5）注意事项　①在含有高蛋白和脂类的货物上（如肉类和奶酪中），有较高残留，应慎用。②人体安全浓度应低于 5mg/L，操作时应佩戴防毒面具及合适的滤毒罐。如发生头昏、恶心等中毒现象，应立即离开熏蒸现场，呼吸新鲜空气。如果呼吸停止，要施行人工呼吸，并请医生治疗。③储存、保管与溴甲烷相同。

3. 磷化铝

（1）理化性质　磷化铝（aluminium phosphide，AlP）是一种淡黄色或灰绿色松散固体，商品剂型一般是片剂，（3.2g±0.1g）/片，磷化铝净含量为 56%（GB 5452—2001）。①磷化铝吸收空气中的水汽后水解可放出磷化氢（PH_3）气体，其吸水水解速度取决于温度和湿度，温度较高时 2～3d 可分解完，当温度在 15℃以下、相对湿度在 10%以下时则需3～6d。②磷化氢是一种无色、略带蒜臭味的气体，相对分子质量 34，沸点－87.5℃，气体相对密度 1.183。空气中磷化氢含量达 1.7%时可燃烧，能腐蚀铜、铜合金、黄铜、金和银，因而磷化氢能损坏电子及电器设备、房屋设备及某些复写纸和未经冲洗的照相胶片。但不会与被处理农产品发生不可逆化学反应，也不会使其产生不正常气味或变质。

（2）毒性　剧毒熏蒸剂。人不能接触任何浓度的磷化氢气体，否则即导致中毒。但磷化氢气体不能通过皮肤进入人体而使人中毒。

（3）作用特点　磷化铝是种子的高效熏蒸剂，具有用量少、药效快、穿透力强、低残留、无药害、使用方便等优点。

（4）防治对象及使用方法　磷化氢帐幕熏蒸时基本类似溴甲烷，但不必进行强制性环流。可杀死仓库害虫和螨类，但不能杀死休眠期的螨类。对人、畜高毒，高温、熏蒸时间长时常降低种子的发芽率。在检疫除害处理上的使用见表 5-2。

表 5-2　磷化氢检疫熏蒸处理

（引自《森林植物检疫》，1999）

货物类别	防治对象	温度（℃）	药量	处理时间（d）
木材、木制品、树皮、软木	蛀虫类、树蜂类、天牛幼虫、长蠹科种类	15～25	每 30$m^3$32 片	3
锦葵和秋葵种子和蒴果	墨西哥棉铃象	10	每 30$m^3$36 片	3

（5）注意事项　①磷化铝及磷化钙对人、畜比较安全，但遇水则分解成磷化氢气体，对人、畜有剧毒，操作时必须佩戴防毒面具，用手投放片剂或丸剂时应戴防护手套，严禁操作时吸烟或吃食物。②熏蒸种子时，要掌握气温，如果气温超过 28℃，熏蒸时间不能过长，否则影响种子发芽率。③熏蒸时不能把药物堆放在一起，以免自燃或爆炸。应将规定数量的片剂、丸剂、药袋等，放在浅盘或纸片上，并推入帐幕下，或者在布置帐幕时将其均匀放置在货物中的载体上。④放药后应立即密封帐幕等，并离开，以免中毒。熏蒸结束后应通风散气，并用磷化氢测定管检查是否散毒彻底，检测磷化氢和拆除帐幕时应戴防毒面具。⑤盛装磷化铝片剂的金属筒不要轻易启封，以免受潮水解。同时，应将其保存在阴凉、干燥的库房内，切勿在居室内保存和开封。⑥磷化氢对聚乙烯有穿透作用，如用聚乙烯薄膜做熏蒸帐幕时，其厚度应在 0.15～0.2mm。

(6) 安全防护　空气中磷化氢浓度达 2.8mg/L（2 000mg/kg）时，可在非常短的时间内将人致死。轻度中毒感觉疲劳、耳鸣、恶心、胸部有压迫感、腹痛和呕吐等；中度中毒上述症状更明显，并出现轻度意识障碍、抽搐、肌束震颤、呼吸困难、轻度心肌损害；严重中毒者尚有昏迷、惊厥、脑水肿、肺水肿、呼吸衰竭、明显心肌损害。发现中毒症状者应立即将其带离熏蒸现场，呼吸新鲜空气；然后使患者坐下或躺下，注意保暖，等待医生前来救治。操作时必须戴上防毒面具，用手拿、取、投放药片时必须戴上手套。使用过程中不能依靠磷化氢的气味判断空气中是否存在磷化氢，要依靠化学或物理的方法进行测定。熏蒸结束必须妥善处理残渣，将其埋于土中，并用磷化氢测定仪器测定散毒是否彻底。

4. 二硫化碳

(1) 理化性质　商品二硫化碳（CS_2）为 99.9%的纯品，储存在金属桶或金属罐内。工业品有臭鸡蛋气味，相对分子质量 76.13，相对密度 2.64，沸点－111℃，水中溶解度为 0.22g/100ml（20℃）。按体积计算，空气中的燃烧极限 1.25%～40%，闪点约 20℃，100℃左右能自燃。

(2) 毒性　对人高毒。皮肤与高浓度二硫化碳蒸气或液体长时间接触，可造成严重烧伤，起泡或引起神经炎。

(3) 作用特点　挥发性及穿透力较强，是低温地区良好的熏蒸剂。在高温地区便于蒸发，更具有实用价值。对多数水果、种子安全。主要用以熏蒸除治出口的水果、种子害虫。对生长期的植物和苗木毒性很强。

(4) 防治对象及使用方法　在安全剂量内可有效除治柑橘小实蝇、苹果蠹蛾、桃小食心虫等苹果、梨、柑橘等水果害虫。用帐幕熏蒸，在 25℃下除治柑橘小实蝇，剂量 63g/(m^3·7h)，在 17～23℃下除治苹果蠹蛾，剂量 60～70g/（m^3·10h），致死率均达 100%。

(5) 注意事项　①二硫化碳气体易燃，储存时应避免阳光直射，避免接触任何火源、热源或可能产生火花的物体。应存放在低温、阴凉、通风的房间，高热天气应喷洒冷水降温。②二硫化碳气体有毒，避免皮肤直接接触，使用时应佩戴防毒面具和手套。

(6) 安全防护　空气中二硫化碳含量达 0.15mg/L 时，经 1 个月可以引起慢性中毒；含 0.5mg/L 时，短期内即可中毒；含量达 5%以上时，可致人死亡。中毒轻者头痛、晕眩、恶心、腹泻，重者神经错乱、呕吐、充血、呼吸困难以致死亡。中毒轻时，迅速转移到新鲜空气处即可恢复。中毒较重时，应将患者移至新鲜空气处，进行人工呼吸，用冷水擦身，用氨水蘸湿棉花使患者吸入，喝浓茶，并请医生诊治。使用时，必须佩戴防毒面具、橡胶手套，液体接触皮肤后应立即用肥皂液洗净，并注意防燃、防爆。

5. 二氧化碳

(1) 理化性质　二氧化碳（CO_2）经高压液化、储存于耐高压的钢瓶内，是无色气体，相对分子质量 44.6，相对密度 1.5，溶点－56.6℃，沸点－78.5℃，水中溶解度 1∶1（体积比）。

(2) 作用特点　高浓度 CO_2 可将昆虫致死，但在低浓度下可促进昆虫兴奋。目前主要利用这一特性作为其他熏蒸剂的增效剂使用。

(3) 注意事项　CO_2 的用量以 10%～20%为好，用量不能太多。如果浓度太高，反而引起昆虫昏迷假死，减少对熏蒸剂的吸收，从而降低药效。

6. 其他熏蒸剂

(1) 氢氰酸　处理船舶、空仓库、空温室。剧毒。

(2) 二溴乙烷 (CH_4Br_2)　处理水果、蔬菜。剧毒，有残毒，已不多用。

(3) 10%环氧乙烷+90%CO_2　处理粮食、面粉、空船舱等，杀死蜗牛、真菌。但降低发芽率，不宜熏蒸种子。

五、辐射处理

2003年4月，国际植物保护公约组织（IPPC）发布了第18号国际植物检疫措施标准《辐照用作植物检疫措施的准则》(ISPM18)，将辐射处理正式纳入检疫除害处理措施。辐射除害处理不仅以是否杀灭有害生物为标准评价其效果，而且还可通过使有害生物灭活，或防止有害生物成功发育（如不出现成虫），或使有害生物无力繁殖（如不育），或使植物失活（如种子可以萌发，但幼苗不生长）等反应以达到除害处理效果。选择何种反应评价除害效果，应以有害生物风险分析为依据，特别是应考虑促成有害生物定殖的生物因素及最小影响原则。ISPM18指出，在对某种病原媒介处理时，杀灭可能是评价其除害效果的适宜反应，而对非媒介和商品上的有害生物，其除害效果的适宜反应则可能是不育。

辐射法适合处理水果、食品等。可杀虫、灭菌及食品保鲜，但成本高。对处理货物安全、无残毒、无毒副作用、不污染环境，使用剂量很低、处理效果理想，所需处理时间短，一般处理10～20min即可。辐射不会增温，也不会影响一些农产品的后熟；对从冷库中运出的商品可在常温下立即进行处理，不需要过渡到室温。

已使用的辐射装置具备传送机构，可实行装卸全部自动化和全天作业，适合口岸应急处理。常用的辐射源有γ射线、X光、红外线、紫外线、无线电波等。辐射杀虫作用机理如下。

1. 导致不育　辐射射线可以破坏昆虫的生殖细胞，使雄虫不能产生精子或者产生的精子没有受精能力，使雌虫不能产卵或者卵不能孵化。通过大面积释放这种人工饲养的不育雄虫，可使之与自然界有生殖力的雌虫交配，能抑制甚至消灭野生种群。

2. 射线诱变　射线照射引起昆虫染色体畸变和基因突变，使后代出现劣性性状，不能适应环境和性比偏离而消亡。如将从辐射诱变中筛选出的偏食人工饲料的苹果蠹蛾突变体，与野生型交配后，其后代食性改变，不取食苹果。

3. 直接杀虫　昆虫死亡的速度与照射剂量密切相关。剂量高时迅速死亡，反之缓慢。但昆虫种类与虫态不同，对辐照的敏感性差异很大，所用的放射源及辐照剂量各不相同。鞘翅目、直翅目比双翅目、膜翅目昆虫更为敏感，而鳞翅目害虫的敏感性则差；正在分裂、分化的细胞比成熟细胞敏感；卵、幼虫比成虫敏感；雌虫比雄虫敏感。

辐射处理杀虫是利用同位素射线杀虫，当前研究和利用的主要是^{60}Co γ射线。γ射线主要优点是穿透力强，可对已包装的农副产品进行深部杀虫，并可防止再感染。从杀虫效果、卫生安全标准和降低辐射费用等方面综合考虑，用^{60}Co γ射线对检疫物处理时，0.3kGy ($1rd=10^{-2}Gy$) 是较为理想的辐射剂量。

辐射处理是一种新的杀虫技术，在我国起步较晚，有关的研究工作约始于1985年，至今仅见对部分检疫性害虫和水果害虫的辐射剂量进行过研究和报道。

六、气调检疫处理

长期以来，在动植物检疫处理当中，熏蒸方法一直占主导地位。但是随着人们对熏蒸方法对环境所带来的负面影响认识的深入，不断地在寻求一种新的无毒、高效、环保的检疫处理方法。而气调处理就是这类新方法之一。该方法对人和自然几乎不存在任何危害。

1. 气调检疫的原理　气调通常简称为CA，是通过调节密闭处理容器中的气体成分含量、温度及相对湿度，创造出一种有害生物不适宜生存的气体环境，而使其不能生存或死亡。

2. 气调处理对气体环境的要求　在气调检疫处理中，使用的主要的气体有O_2、N_2、CO_2。其中N_2的主要作用是调控O_2的含量。①O_2含量，低含量的O_2与高含量的CO_2一样对目标害虫有致死作用，如用低于2%的O_2可以除灭水果中的实蝇；但将柑橘类水果储藏于O_2含量低于10%的低氧环境条件下时，果实则进行厌氧呼吸，导致其变味、变质；在低氧的条件下，果汁中乙醚的含量明显增加，其结果也将对水果的品质产生影响。②CO_2含量，一定比例的CO_2对目标害虫有致死作用，但当CO_2含量超过一定比例时，对所处理的林产品有负面影响。用CO_2处理不同目标害虫及不同林产品时，所需的CO_2量不同（表5-3）。

表5-3　不同含量CO_2对部分害虫的毒杀作用

CO_2的含量	40%	60%	90%	95%
温度	—	0℃以下	2.5℃	—
杀虫作用	加勒比桉实蝇卵及幼虫	花蓟马、蚜虫	蓟马	苹果小卷蛾
备注	—	—	48h	48h

（1）温度　温度是影响气调杀虫效果的重要因素之一。提高处理温度，可促进气调的杀虫效果；当温度高于10℃时，其杀虫效果比在温度低于10℃时杀虫效果好；从高于10℃开始逐渐降温，气调杀虫效果也随即下降，而当温度接近0℃时，气调杀虫效果又增加。

（2）相对湿度　害虫的存活与其所处环境中的相对湿度关系密切。低湿度的环境将导致害虫水分散失或其他生理失控。当害虫体内水分散失量越过一定的临界限度值时将导致其死亡。水果品质的稳定性，与能否减少其水分散失有密切关系。气调处理水果所要求的相对湿度为90%～95%；如在低湿度环境下气调处理水果，将导致其水分散失，影响其品质。

（3）目标害虫　不同种类的目标害虫对影响气调杀虫效果的因子反应不同，这与害虫的生物学等因素有关。在气调处理中，应针对林产品的性质、害虫的虫态（以耐受力最强的虫态为准）等，设计具体的气调方案和方法。

七、其他处理方法

除上述处理方法外，森林动植物检疫的处理方法还包括解板处理、剥皮处理、其他药剂处理、物理处理。

1. 解板处理 如对小批量的带有光肩星天牛的原木，在没有其他有效的检疫处理办法时，可以将原木解成2cm厚的板材，解板后可再喷80%的敌敌畏乳油1 000倍液处理，或熏蒸处理。

2. 剥皮处理 如小批量的林木携带有蚧类或只为害韧皮层的害虫，可将带虫的树皮剥下集中烧毁，并用50%杀螟松乳油200～300倍液喷洒剥皮现场，以防落地的虫卵、若虫或成虫就地扩散。

3. 药剂处理 ①种子处理。可采用拌种、浸种。②无性繁殖材料处理。可采用杀菌剂处理苗木、接穗、球茎、块茎，用阿维菌素、高效氯氰菊酯浸渍杀虫。③运输工具及储运场所消毒。可使用熏蒸、喷洒杀虫与杀菌药剂。

4. 物理处理 ①干热处理。常用于蔬菜、种子、粮食、饲料、面粉、植物性材料的病毒、细菌、真菌、部分害虫的除害处理。但若处理不当，常降低种子的发芽率。②蒸气热处理。可用于蔬菜、水果、种子、苗木的除害处理，应注意控制处理时的温度和时间。③低温处理。可用于热带水果除害处理，但要注意控制温度。④速冻处理。可用于处理加工用水果、蔬菜的除害处理。

第三节 检疫性植物病害除害处理与控制

病原物由于其隐蔽性强，为害后多侵入植物组织内部，因此，选择和实施有效的检疫处理措施尤为重要。植物病害的检疫处理方法包括物理处理、化学处理、植物病毒脱毒处理等。

一、物理处理

物理处理是利用高温、微波等方法处理检疫物，以杀灭有害的病原菌。应依据检疫物的不同及设备和条件选用不同的处理方法。微波灭菌在检疫病害除害处理中的应用还较少。其中热处理是利用物理加热产生的热能杀灭有害生物。热处理主要用于处理种子、苗木、水果、包装材料、土壤等，对多种种传病毒、细菌及真菌都具有理想的除害效果。

1. 干热处理 干热灭菌处理一般在烤炉或干燥箱中进行。干热处理除害的关键在于确定材料内部中心的温度及保持所要求的处理时间。干热处理主要用于处理种子、包装材料、土壤等。不同植物种子耐热性不同，处理温度和时间设置不当易降低其发芽率。但干热处理安全、环保、效果好。

2. 热水浸烫 主要用于处理种子、果实和无性繁殖材料。可杀死其中的病原真菌、细菌、病毒、线虫等。热水处理时加入相应的杀菌剂可提高其效果，同时，也可避免其他病原的为害。但是，有些种子不适于用热水处理，有些种子遇水后会吸水膨胀或发生黏化、溶解，直接影响种子发芽率。

热水处理种子的温度和时间应根据对象的不同而设置。其处理步骤：①预浸。即先用冷水浸渍4～12h，刺激种内休眠菌丝体的生长，降低其耐热性。②预热。即将种子浸在比处理温度低10℃的热水中预热1～2min。③热水处理。即将预热过的种子浸泡在事先确定温度和浸泡时间的热水中。④冷却干燥。即对热水浸过的种子进行晾晒或通风，以快速冷却、干

燥，防止发芽。

3. 蒸气处理　本法是采用达到饱和状态的热蒸汽处理材料。可杀死种子、苗木及其他材料中的病原菌。蒸汽热处理对种子发芽的影响一般比较小，其杀菌的有效温度比干热处理和热水处理稍低，效果也较好，但要准确掌握处理时间。

与熏蒸处理相比较，热处理除害安全、环保，既杀虫，也能杀菌，操作简便，耗时短，成本低，不会受天气影响。但是，热处理对工艺要求较高，尤其在完成湿热除害处理程序，进入烘干阶段时，应注意掌握好热处理室的温、湿度，不要升温过高、降湿过快，以避免损伤处理材料、防止及减少包装材料的变形。

二、化学药剂处理

化学处理是采用各种化学杀菌剂与技术的灭菌方法。常用的方法有熏蒸、喷药、药剂拌种、防腐处理等。使用的药剂有杀菌剂、抗菌素、除草剂、杀线虫剂。主要用于种子、无性繁殖材料、运输工具和储存场所的消毒处理，不适合处理水果、蔬菜和其他产品。该方法所需设备简单、操作方便、经济快速，但难以取得彻底铲除的效果，所用药剂可能有较强的毒性和残留。

1. 种子处理　用药剂处理种子可以抑制或杀死种传病原菌，并保护种子在储运过程中免受病原菌的污染。处理方法有拌种法、浸种法、包衣法等：①拌种法。简单易行，适于处理大批量种子，可在种子出境前或进境后拌药。常用的药剂有福美双、克菌丹等低毒、广谱保护性杀菌剂。如与内吸杀菌剂多菌灵等复配使用，可以增强对种胚和胚乳部病菌的防除效果。②浸种法。其药效优于拌种法，但操作麻烦，浸后需立即干燥。浸种法所用的药剂多为抗菌素类。

2. 无性繁殖材料处理　多采用杀菌剂或抗菌素浸渍。可处理苗木、接穗、球根、块茎等无性繁殖材料。

3. 运输工具和储存场所的消毒　车辆、船舶、飞机等运输工具凡不能熏蒸处理的，可喷洒杀菌剂消毒。

三、熏蒸处理

检疫性病原物的熏蒸处理适用面广、高效、灭菌彻底、操作简单易行、费用较低、残毒问题相对较轻。广泛应用于木材、粮食、水果、种子、苗木、花卉、树叶、蔬菜、药材、土壤、文物、资料、标本上的各类真菌、线虫等的除害处理。

但灭菌熏蒸处理与灭虫处理一样，也存在易受环境条件（包括环境温度、湿度、压力或密闭状况）、熏蒸剂本身的理化性能、有害生物的种类以及所熏蒸货物的类别和堆放情况等方面的影响，且常规熏蒸处理存在耗时长、污染环境、危及操作人员安全等方面的缺陷。

（一）影响熏蒸效果的因素

熏蒸除菌效果主要受药剂的物理化学性质、熏蒸条件、熏蒸物体的性质、环境因素、病原物的种类、熏蒸场所的密闭程度等因素的影响。

1. 药剂的物理化学性质 药剂的挥发性和渗透性强，易进入物品内部，杀菌效力高。一般讲，药剂的沸点较低，分子质量较小时其渗透性也较强；有毒气体浓度越高，物品间空隙越大，药剂能迅速均匀地扩散，其渗透量也越高；所熏蒸物品各部位能接受足够的药量，熏蒸效果也较好，所需熏蒸时间也较短。

2. 熏蒸物体的性质 任何一种固体表面都有对气体吸附的性能。熏蒸剂分子质量越大，沸点越高，越容易被吸附，越不容易解吸；货物颗粒比表面积越大，含水、含油率越高，吸附能力越强；温度越高，货物的吸附能力越低；货物的装载量越大，被吸附的熏蒸气体总量也越大。

3. 环境因素 影响药剂气体衰减的环境因素主要是熏蒸场所的密闭性和温度。①因为任何熏蒸空间都是漏气的，外界的风力会使密闭帐幕空间的迎风面压力增大，导致外界空气进入帐幕，而背风面压力的降低，常使帐幕中的药剂气体外泄。②密闭空间的空气与外界的温度不同，气体密度也不同，由此会导致密闭空间内外气体压力的差异，造成熏蒸气体外泄或外界气体进入；若密闭空间的温度升高，药剂挥发性增强，熏蒸效果好。如其温度降低则需增加药量或延长熏蒸时间。

4. 密闭程度 熏蒸容器要求越封闭越好，尤其是在施药期间，容器内压力增大，稍有漏气就会造成熏蒸气体的大量损失，从而降低效果，甚至导致失败。

（二）主要灭菌熏蒸剂

用于检疫处理的理想灭菌熏蒸剂应具备的条件：①作用迅速，毒杀有害病原物效果好。②不溶于水。③有效渗透和扩散能力强，吸附率低，易散毒。④对植物和植物产品无药害，不降低植物生活力和种子萌发率。⑤不损害被熏蒸物的使用价值和商品价值，不腐蚀金属，不损害建筑物。⑥对高等动物毒性低，无残毒。⑦不爆、不燃，操作安全、简便。但实际上，现有熏蒸剂很难达到所有条件。

1. 环氧乙烷 环氧乙烷［$(CH_2)_2O$］是剧毒的致癌物质，但对真菌、细菌毒性强，渗透力高，散毒容易。适用于熏蒸原粮、成品粮、烟草、衣服、皮革、纸张、空仓等。一般用药量为15～30g/（m^3·48h）。该熏蒸剂会严重降低小麦等禾谷类种子以及其他植物种子的发芽率，不适于处理萌芽和生长期的植株、水果、蔬菜等。

2. 三氯硝基甲烷 三氯硝基甲烷（CCL_3NO_2）又名氯化苦。味酸，渗透力较强，但挥发速度较慢，使用时应尽量扩大蒸发面。主要用于空仓库和土壤的熏蒸，也用于器材、加工厂农副产品和水分含量为14%的豆类种子熏蒸。可杀灭线虫和真菌，也能杀死害虫。该药剂易被多孔物体吸附，散气迟缓，对金属有腐蚀性，对人、畜有剧毒，降低种子的发芽率，不适宜熏蒸粮食和种子。

四、植物病毒脱毒处理

病毒为专性寄生物，属于系统侵染性病原，在侵入植物体内后，可随植物繁殖材料或种子传播为害，在种苗和繁殖材料调运过程中很容易使病毒传到异地。检疫处理中病毒的脱毒处理常用热处理、组织培养、微芽嫁接等方法。但具体的脱毒方法要根据植物种类及其所感染的病毒种类来确定。

1. 热处理脱毒　热处理是应用比较早且有效的脱毒方法之一。用热水温汤处理带病毒种苗及无性繁殖材料，可杀死其中的病毒：①热处理的时间及温度应依据病毒种类和植物耐热性而确定。但若在植物耐热性允许的范围内，提高热处理的温度，脱病毒效果会更好。如带毒甘蔗插条在50℃温水中处理30min，可有效杀死病毒，育成健康植株。②有些植物品种不耐高温，可采用变温处理的方法减少对植物的损伤。如将感染了褪绿叶斑病毒的桃树品种，放置于32℃的人工气候室中预处理1周，再在37℃下处理4周，然后切取新梢顶端1cm，嫁接到健株上，可以有效脱毒。

2. 组织培养脱毒　组织培养脱毒就是在无菌的条件下，将离体植物组织、器官、细胞等放在适宜培养基上，在人工控制的环境里培养。

植物某些器官或组织如茎尖不带或少带病毒的原因如下：①茎尖属分生组织，分生组织内部不存在微管系统，而病毒在植物体内的传播要通过微管系统。②分生组织细胞分裂速度超过病毒的繁殖速度。③分生组织内源生长激素含量较高，起到钝化病毒的作用。因此，通过茎尖分生组织培养可以获得脱毒苗，一般茎尖越小脱毒率越高。但是，所取茎尖越小，操作难度加大，突变率增大，成活率也降低，因此应注意取材的合适度。

茎尖脱毒组培步骤如下：①培养基的选择及制备。②脱毒材料的消毒处理。③茎尖的剥离培养。④诱导分化。⑤小植株再生。⑥新生植株是否经过带毒检测。⑦确认新生植株无病毒后，诱导生根和移栽。

3. 微芽嫁接脱毒　微芽嫁接是在无菌条件下，切取待脱病毒材料的茎尖嫁接至实生砧苗上，使其发育成为完整植株以达到脱毒效果，同时，还可解决某些植物组织培养苗生根困难的问题。由于实生砧木苗是通过种子繁殖，因此不带病毒。如对经组织培养获得的无病毒桃苗离体植株，切取其叶原基茎尖进行嫁接，成活率可达40%以上，并能有效除去其中的病毒。采用该技术嫁接脱毒的柑橘苗，脱毒率达80%以上。

组织培养如与茎尖培养、化学处理相结合，可以提高脱毒效果。如抗病毒醚（ribavirin）对病毒的复制和扩散有一定的抑制作用，在茎尖组织培养的培养基中加入适量抗病毒抑制剂可提高脱毒效率。如有人将试管芽经37℃±1℃热力处理30d，再切取0.2～0.3mm的微茎尖培养处理，可有效除去水仙花病毒。再如通过组织培养获得葡萄试管苗，然后在38℃光照培养箱内热处理2个月，可培育出脱毒的葡萄苗。

第四节　动物传染病的防疫处理

动物传染疫病的处理措施包括预防和扑灭两类措施。前者是预防传染疫病发生的经常性措施，后者是扑灭已经发生传染疫病的紧急措施，两者缺一不可。动物检疫性传染病的防治必须以“预防为主”，应针对其流行过程的三个环节采取综合性防治措施，即查明和消灭传染源、切断传播途径（消灭传播媒介）、提高动物对传染疫病的抵抗力。

一、动物防疫的基本原则

检疫性动物疫源、疫病的防疫原则不同于检疫性植物病虫害，其特点在于动物的活动范围大、检疫监管比较难、疫源不稳定、疫病复杂且变异性强、人畜共患率大。

1. 预防为主 在人类与人兽共患疫病的斗争中，人类往往处于仓促上阵与被动应付的局面，而且每每付出高昂的代价，其根本的原因就是由于人类对所发生的人兽共患病事先缺少了解与应对准备。这包括对疫病病原的最初来源、传播途径与媒介缺乏了解，缺乏检疫检验与有效预防的方法，缺乏进行治疗的药剂。为此，人类必须紧密结合人兽共患疫病的特点，充分组织、调动人医和兽医方面的科研技术力量，开展野生动物源性疫病的流行病学和自然疫源地调查；通过分子流行病学研究，查明相关病原的遗传变异特点与致病机理；建立简、快、准的诊断方法；研制出安全有效的治疗与预防制剂，为有效应对野生动物源性疫病的发生与流行做好技术储备。真正实现“预防为主”，提高对野生动物疫源性疫病的预防方法、诊断和治疗技术。

2. 动物疫源、疫病监测体系与防疫机构 建立和完善国家陆生野生动物疫源、疫病监测体系和各级防疫机构，理顺家国动物疫情的监测与报警系统，是动物疫病管理的关键。动物疫源、疫病监测体系与防疫机构的建立与正常运行，能够加强人医和兽医防疫系统的交流和合作；在人兽共患病疫情发生时，可迅速追查病原的来源和从动物向人类传播的途径与媒介。同时，可确定有效的沟通与合作渠道，做到资源共享、优势互补，强化对检疫性动物疫病、人畜共患疫病的监管。

3. 依法防治 为依法有效防治检疫性动物疫病、人畜共患疫病、保护野生动物，我国已经先后制定了《中华人民共和国卫生防疫法》、《中华人民共和国野生动物保护法》，而且还签订了《生物多样性公约》、《濒危野生动物植物国际贸易公约》等世界公约，并结合我国具体实际，建立了艾滋病、口蹄疫、禽流感、SARS 等重要疫病的防治预案与办法。当检疫性动物疫病、人畜共患疫病开始传播、发生或扩散时，应立即依据相关法律与法规，启动紧急预防和防治预案，采取坚决措施和手段阻止其发生和蔓延。但是，我国现有的防疫体系在应对和处理突发性疫病事件时还存在缺陷和不足，有必要借鉴一些发达国家的经验，提高我国卫生防疫体系的工作效率，完善我国各级卫生防疫检疫体系的组织机构，增加卫生防疫与科研力量。

二、动物防疫的措施

动物传染病的流行，是由传染源、传播途径和易感动物三个环节互相联系而构成的复杂过程。在这三个环节采取适当的防疫措施，可以消除或切断其流行和传播。在采取防疫措施时，要根据每种传染病在各个流行环节中的特点，分别轻重缓急，确定出更有效、省时与省力的控制措施。

（一）传染疫病的预防措施

各级防疫机构和组织要根据本地的实际，制定切实可行的防疫计划，对人畜共患疫病的预防要定期接种防疫，加强疫病的监测与管理。该三项措施的使用应互相配合和互补。

1. 制定防疫计划 根据各种动物传染疫病在本地区当前和以往的发生与流行情况，结合现有条件，制定能够实施的具体防疫计划，并认真执行。制定防疫计划时应考虑的因素包括当地疫病发生史、疫源及传播媒介、防疫人员的技术和力量等。

2. 定期预防接种 根据所确定的防疫计划和有关法律与政策的规定，定期接种相应的

菌（疫）苗，做好人畜共患疫病预防。

3. 疫病的监测与管理　动物传染性疫病的检测与管理，关键在于加强当地野生动物饲养管理中的防疫和消毒，增强其抗病能力，减少疫病的发生和传播。①饲料来源管理。即杜绝从疫区或可疑疫区购入饲料、饲草及垫草，用畜禽屠宰副产品饲喂肉食动物之前必须查明其是否携带疫病，如为可疑的病死畜禽，则一律禁用。②饲料储存时要保障不被污染，不发生变质、发霉、腐败等变化。③饲料加工时的环境与条件必须卫生，不降低饲料的营养价值和畜禽的适口性。④饮水要清洁，需要时可适当加温、灭菌。⑤建立合理的定期消毒卫生制度，即饲料加工室、加工机械、所有的饲喂用具如桶、槽、盆、车及动物的笼舍和栏圈要保持清洁，粪尿及污物要清理并进行无害化处理。⑥贯彻自繁自养原则，尽量不由外场引进种兽，以减少疫病传入的机会。

（二）日常防疫措施

坚持日常防疫工作，是防止疫病传入的关键。①家养动物及野生动物饲养场的出入口要设立消毒岗、消毒槽，有专人看守，出入人员及车辆必须消毒。②严禁来自疫区或可疑疫区的人员进场，其他区域的外来人员必须进入者要经彻底消毒后方可允许进入，并应防止外来野犬、猫及畜禽窜入饲养场。③从外地饲养场工作后的归来人员，要经彻底消毒后才能进入本饲养场；需要由外地或外场引进种兽时，应事先调查，选择清净场、经过检疫、预防接种，购入后必须隔离观察一段时间，确定其健康后才可混群饲养。④病死动物一律由兽医进行检验，对肉尸进行无害处理或销毁，皮张要消毒。⑤定期杀虫、灭鼠，粪便及污物应及时清理并进行无害化处理。⑥加强动物疫病的联防。当地的防疫机构应对本地的动物饲养场和当地疫情分布十分清楚，并与邻近地区相应机构建立联系和联防业务，以防止外来疫病的侵入。⑦认真贯彻执行国境检疫、交通检疫、市场检疫和屠宰检疫等各项规定，及时发现并消灭传染源。

（三）传染病的扑灭措施

动物传染疫病发生后，应严格按照相关法律与法规执行扑灭措施。我国现行的主要扑灭措施：①及时发现、诊断和上报疫情，并通知邻近单位做好预防工作。②迅速隔离患病动物，对污染的地方要进行紧急消毒，若发生危害性大的疫病如口蹄疫、禽流感等，应采取封锁、坚决铲除等综合性防治措施。③对未发生疫病的动物，使用疫苗紧急接种，对已患病，但可救治的动物进行及时治疗；对患病动物及饲养中的淘汰动物，根据实际情况可采取深埋、焚烧、高温加工处理等技术。

复习思考题

1. 植物检疫处理的主要原则是什么？
2. 常用的熏蒸剂有哪些？熏蒸方式主要有哪些？
3. 常用的物理检疫处理方法有哪些？
4. 核辐射杀虫作用的机理是什么？
5. 病害的检疫处理方法包括哪几个方面？植物病毒病原如何进行检疫处理？

参考文献

洪霓．2006．植物检疫方法与技术［M］．北京：化学工业出版社．

朱西儒，徐志宏，陈枝楠．2004．植物检疫学［M］．北京：化学工业出版社．

许志刚．2003．植物检疫学［M］．北京：中国农业出版社．

浙江《植保员手册》编写组．1972．植物检疫［M］．杭州：浙江人民出版社．

河北省林业厅．1999．森林植物检疫［M］．北京：中国环境科学出版社．

奚小华，葛吕琴，柳希来，等．2004．高频微波速杀松材线虫试验［J］．浙江林业科技，24（6）：21-23.

沈培根，何丹军，叶西．2004．微波技术处理木材中天牛和线虫的研究［J］．检验检疫科学，14（1）：12-17.

>>> 第六章　森林动植物检疫及疫情调查

【本章提要】本章主要介绍了进出境森林动植物检疫和国内森林动植物检疫程序、对象、范围和技术规程。重点介绍了产地检疫、调运检疫、邮包检疫、国外引种检疫、进出境检疫、过境检疫、旅客携带物检疫和隔离试种检疫等的检疫方法和措施，并详细介绍了森林动植物检疫的技术规程。

森林动植物检疫包括进出境森林动植物检疫和国内森林动植物检疫，这二者在构筑我国抗御生物灾害入侵和危害当中各担负不同的重要作用。森林动植物检疫以法律、法规为依据，禁止或限制带有特定病、虫、杂草等有害生物的动植物或其产品在国家间或国内地区间的调运，以防止动植物传染病、寄生虫病及植物危险性有害生物传入或传出国境，保护我国农、林、牧、渔业生产、人体健康和国土生态安全，促进我国林业产业和对外贸易的健康发展。

第一节　进出境动植物检疫

根据我国的动植物检疫法规，国家质量监督检验检疫总局负责全国口岸出入境动植物检疫工作，垂直管理设置在各地的出入境检验检疫机构及业务，制定与贸易伙伴国的国际双边或多边协定中有关检疫条款，处理贸易中出现的检疫问题，收集世界各国疫情，提出应对措施，办理检疫特许审批，负责制定与实施口岸检疫科研计划等。

各地的口岸动植物检疫机构执行进出境植物、动物的检疫。口岸动植物检疫机构实施的进境检疫，既能实现国家对进境动植物和动植物产品等的宏观调控，也是有效防止危险性病虫杂草传入的保证。其任务包括进境、出境、旅客携带物、过境、邮寄、运输工具检疫等。

一、进出境动植物检疫管理

进出境检疫制度是用以确保检疫措施的贯彻和执行的保障。依据《中华人民共和国进出境动植物检疫法》，进出境动植物检疫的主要管理内容如下。

（一）进出境检疫制度、对象及检疫

1. 检疫制度　进境、出境、过境、邮寄、运输工具等检疫当中的检疫制度有检疫对象

管理制度、检疫审批制度、报检制度、现场检验制度、隔离检疫制度、调离检疫物批准制度、检疫放行制度、检疫监督制度、废弃物处理制度、检疫收费制度及法律责任制。

2. 进出境动植物检疫对象 我国的进出境动植物检疫对象，主要是1991年10月30日颁布的《中华人民共和国进出境动植物检疫法》，1992年10月1日起实行的由农业部制定的《中华人民共和国进境植物危险性病、虫、杂草名录》、《中华人民共和国进境植物检疫禁止进境物名录》，1997年原国家动植物检疫局制定发布的《中华人民共和国进境植物检疫潜在危险性病、虫、杂草（三类有害生物）名录（试行）》明确公布的有害生物种类。名录之外的危险性有害生物按农林部相应的规定处理。上述法律、法规所公布的有害生物具体包括：①一类。危险性特大，难以防治和铲除的昆虫、线虫、细菌、病毒、类菌质体，32种及1个属共33项。②二类。危险性和防治难度较高的昆虫、螨类、软体动物、线虫、真菌、细菌、病毒、杂草，51项（49种，3个属）。③根据不同国家或地区检疫法规、外贸合同、协定、检疫备忘录的规定，进出境检疫的应检病虫各有所不同。2007年5月29日公布的名录包括有害生物435种，取消了一、二类划分方式。

3. 检疫范围 依据我国法律与法规，进出境森林动植物的检疫范围是：①森林动植物及其产品，包括野生植物、木材种子、苗木和其他繁殖材料；竹类、药材、花卉、乔灌木、果品、盆景等。②与动植物及其产品有关或无关的，但可能被有害生物污染了的其他货物、物品，如其装载器及包装物、森林动植物性废弃物、特许进口的土壤和有机肥料等。③装载森林动植物及其产品的装载容器和包装物，各种进出境和过境运载工具。④其他检疫或贸易合同所规定的货物、物品。

（二）进出境森林动植物检疫措施

检疫措施是法规所规定的由动植物检疫机关采取的强制性行政措施，包括禁止进境、检疫检验、检疫处理、防疫消毒、紧急预防措施。

1. 禁止进境措施 检疫法所规定的禁止入境物有动植物病原体、害虫和其他有害生物；动植物疫情流行国家和地区的有关动植物和动植物产品及其他检疫物；动物尸体和土壤。

2. 检疫检验和检疫处理措施 包括口岸检疫、产地检验和入境目的地检验；检疫处理包括退回、封存、限制使用地区、除害处理等。

3. 防疫消毒和紧急预防措施 包括对入境的车辆、装载动植物及其产品的运输工具和被污染的场所作防疫消毒处理；国外发生重点疫情并有可能传入中国时，国务院下令封锁有关口岸或禁止来自疫区的运输工具入境。

（三）样品和档案管理

动植物检疫当中所采集与收集的各类样品及相关的档案材料，是执行检疫处理的证据，也是发生检疫纠纷时的法律佐证，因此，必须按照有关规定妥善保管。

1. 样品管理 样品管理包括：①样品是确定一批货物是否带有危险性病、虫的重要依据，应建立严格的管理制度。②抽取检验样品要给报检人签发《采样凭证》。③在检疫过程中发现检疫对象和其他危险性有害生物时，必须保存样品，保存期至少3个月。对不宜长期保存的样品，可根据具体情况缩短保存时间。④样品要制成标本保存。标本要注明寄主、调入（出）地和发现时间；不宜制成标本的被害状及现场，可摄制照片、录像片等存档备查。⑤样品要有专

人负责管理，保存期间要注意防潮、防虫，以免受损变质。⑥根据样品种类登记造册，列明报检单位、货物名称、样品数量、取样时间、存放起止日期、检疫结果和最后处理意见。

2. 档案管理　森林动植物及其产品的各种检疫记录、检疫单证，需建立专门档案，以备检查、查询及研究之用。《植物检疫证书》等各种检疫单证属法律文书，一般需保存3年，可根据具体情况适当延长或缩短保存期。

二、进境动植物检疫

进境动植物检疫是为了防止森林动植物危险性病、虫、杂草及其他有害生物传入我国，保护我国农林牧业生产安全、国土生态与国民经济安全，履行相关的国际植物检疫义务。

(一) 进境动植物及其产品的审批

按我国根据《条例》第十二条、《实施细则》第二十三条的规定，在输入或需过境时森林植物、植物种子、种苗及其他繁殖材料前，引进单位、个人、进口商或代理商，须事先向所在地的省、自治区、直辖市检疫机构提出申请，填写《引进林木种子、苗木和其他繁育材检疫审批单》，办理相关的审批手续。检疫审批包括引进一般的林木种子、苗木和其他繁殖材料的一般性引进检疫审批，及国家禁止进境的各种检疫物的特许引进检疫审批。

1. 进境动植物及其产品审批的原因　因为世界各国或地区的动植物疫情很复杂，外贸企业或个人不一定了解国外疫情，也不能完全掌握我国法律的具体规定，盲目进口动植物、动植物产品，在抵达进境口岸时可能会被退货或销毁，而造成经济损失。因此，输入检疫物或者过境运输检疫物时，事先要由口岸动植物检疫机关对其进口情况进行审查，并根据已掌握的输出国家或地区疫情情况，决定是否同意其输入或过境。采取审批制度，对促进有目的、有计划地从国外引进优良健康的动植物种类，防止有害生物传入我国，减少不必要的损失，都能起到很好的作用。

2. 我国进境动植物检疫审批机关　我国具有进境植物检疫审批权的主管机关及工作范围分别是国家质量监督检验检疫局负责禁止进境物特许审批，口岸出入境植物检疫检验局负责按照国家质量监督检验检疫局的授权对禁止进境物特许进行审批，农业部种植业管理司或是各省、自治区、直辖市农业厅（局）植保植检站按农业部的授权范围对农作物种子、苗木审批，国家林业局植树造林司或者是各省、自治区、直辖市林业厅（局）所属的森林动植物检疫机构按照国家林业局的授权范围对林木种子、苗木及其繁殖材料审批，对进境花卉植物、种子、种球的审批由农业、林业系统共同负责，野生珍稀濒危保护植物的进口审批由国家濒危物种管理办公室及派驻各地的机构审查核实。

3. 符合办理审批手续的条件　凡符合下列条件的，方可办理检疫审批手续：①输出国家或者地区无重大动植物疫情。②符合中国有关植物检疫的法律、法规、规章的规定。③符合中国与输出国或者地区签订的有关双边检疫协定（含检疫协议、备忘录等）。因此，引进方在填写审批单时，所填写的引种数量要准确、隔离试种场地要落实，病虫名称除书写中文名外，还要书写拉丁学名，并要求出口国出具官方的《植物检疫证书》等。

4. 特许进口审批单办理程序　引进单位及个人向所在地口岸检疫机关出具上级主管部门的证明或营业执照的复印件，提供特批物的名称、产地、用途及管理措施，由口岸检疫机关审查合格后填写《植物检疫特许进口审批单》，并上报国家质量监督检验检疫局审批。

5. 特许手续的办理 ①根据《进境植物检疫危险性病、虫、杂草名录》、《进境植物检疫禁止进境物名录》和《我国尚未发现或分布不广的危险性林木病虫名单》（草案）等植检法规的具体要求，森检机关在审批时必须要求引进单位和个人将我国的检疫要求列入贸易合同和有关协议。②属于国家规定的禁止进境物（或称为特批物），必须事先向国家质量监督检验检疫局办理、申请特许手续；因科研、教学需要引进生活害虫、植物病原物及其他有害生物、土壤和国家规定禁止进境的植物及其产品，也必须向国家动植物检疫局办理特许审批手续。如从日本引进樱花树苗时，应向国家林业局植林造林司办理特许审批。③林木种子、苗木及其繁殖材料由国家林业局植树造林司审批，国家林业局授权范围内的林木种子、苗木及其繁殖材料可由各省、自治区、直辖市林业厅（局）所属森林动植物检疫机构或森林病虫害防治检疫站审批。④属于国务院有关部门所属在京单位引进的森林动植物及其产品，由国家林业局植树造林司审批；其他单位或个人引进时，由所在地省级森林动植物检疫机构审批；属于外事、民航及国内各大宾馆、饭店等自用或边境小额贸易进口的，一般可向进口单位所在地的口岸动植物检疫机关办理特许审批；属于各国驻华使馆、领事馆进口自用的，须由有关大使（领事）签署使、领馆信函。

各级检疫机关在审批对外检疫的要求时，不应笼统提供外检对象名单，应检有害生物和一些非检疫规定的有害生物名称，或只提不带活虫要求，或在审批意见时只提“同意引进”，而不提“隔离试种”，从而增加国外危险性有害生物传入我国的危险性。

（二）进境检疫程序

依据我国《植物检疫条例》、《进出境动植物检疫法》和《植物检疫条例实施细则（林业部分）》的规定实施，为了防止危险性森林病虫的传播蔓延，确保林业生产安全，使检疫工作规范化、制度化，外检时执行农林部 1974 年 12 月《中华人民共和国农林部对外植物检疫操作规程》，对进出口贸易性或非贸易性的展品、援助、交换、赠送、入境邮、携、托运的动植物及其产品进行检疫检验。其检疫程序包括接受报检、检疫审批、检疫前的准备、现场检疫、室内检疫、评定与管理、放行处理或禁止入境等（图 6-1）。

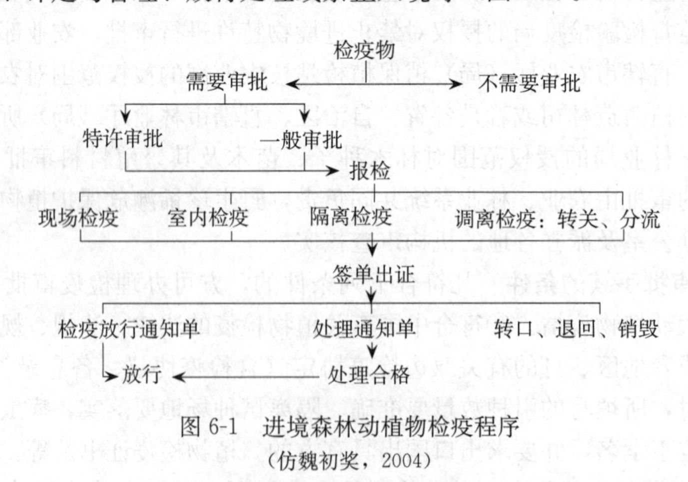

图 6-1 进境森林动植物检疫程序

（仿魏初奖，2004）

1. 报检 在货物进境前或森林动植物及其产品到达口岸前或到达口岸时，由货主、承

运单位、收货单位或其代理人，填写《植物检疫检验单》，并向出入境检疫机关申请检疫。①报检时应提供检疫审批单、输出国家或地方的官方检疫证书、贸易合同、货运单及贸易双方签订的协议合同、信用证或输入国家要求等有效单证。如果是种子、苗木和其他繁殖材料，还得提交《引进种子、苗木检疫审批单》；如果是国家禁止进境的物品，必须提交《植物检疫特许审批单》。②检疫部门接受报检后，经审证，即可制定检疫方案，准备检疫。③对未经检疫审批引进的种子、苗木、繁殖材料以及国家禁止进境的物品，口岸动植物检疫机关有权依法进行处理。

2. 受理　检疫机构受理报检单后，受理检疫业务的森检员，要认真审查报检单及所有单证、票证，有无可疑之处，是否真实可信，并分析疫情，明确检疫要求，严格按照相关规定对出入国境的动植物及其产品和其他应检物品进行检疫检验。

3. 现场检疫检验　进出境动植物检疫检验是口岸植物检疫所的主要任务之一，要求快速、准确检验，处理和处置要正确、可靠，符合检疫法的规定和技术指标的要求，并有详细的现场检疫记录。①进出境检疫包括动植物及其产品、运输工具、包装物和铺垫材料、集装箱、废旧船舶、废纸等。②对每一批货物都要按照规定抽取样品，并按照林业部颁发的《国内森林植物检疫技术规程》的比例和方法抽样。③仔细核查森林动植物及其产品的种类、标签上的品种、名称、产地、数量是否与报检、输出国的植物检疫证书（单）一致，是否属于同一批货物，有无掺杂使假、冒名顶替等作弊现象。④现场检疫检验时，应严格按照相关的检验规定和规程，详细观察、调查、取样，以确定应检物是否携带有检疫对象、应检病虫、危险性有害生物。⑤若能在现场进行可靠判断，当场即可放行或做出除害处理决定。

4. 室内检疫检验　①若现场检疫不能对检验结果做出可靠判断，要按照植物检疫操作规程的规定，抽取一定数量的样本及在现场检疫中发现的可疑样本及其危害物，一起送室内或专家做进一步的化验或鉴定，然后根据室内检疫检验结论，进行检疫评定与处理。②对现场和室内检验截获的检疫性有害生物，除经国家质量监督检验检疫局批准允许保留的活体标本外，均应进行灭活处理。③对在现场及室内检疫中，如难以确认的动植物活体是否携带有害生物或危险性有害生物，应按照相关规定在口岸检疫机关指定的隔离场所进行隔离检疫。如日本在动物检疫方面，规定了长达30d的隔离期，以观察是否携带有潜伏的有害病原。

5. 隔离检疫检验　隔离试种检疫，就是将从国外引进的种子、苗木等繁殖材料，移送到隔离试种圃（所或区）中在隔离条件下进行试种，经过在生长期间的观察和多种手段检测、检验，以确证其是否携带危险性有害生物的一种检疫措施。①隔离试种圃的技术条件与设备、人员及其专业素质、对栽培植物的管理程序都有严格的要求，其地址应选择在有良好隔离条件的地区，要远离作物栽培区和林木种植区。②隔离试种检疫对象是在现场和室内（包括萌发检验）检疫检验中，难以确诊是否携带有害生物的种子、苗木、繁殖材料。③隔离试种检疫要严格执行国家的检疫检验操作技术和程序，即必须在国家、地方政府建设和指定的隔离试种苗圃进行种植、栽植，在各个发育阶段进行观察和检疫鉴定直至成熟期。一年生的森林植物隔离试种检疫检验、观察期限不得少于一个生育周期，多年生的森林植物不得少于两年。④经过隔离试种检疫，证明所引进的材料健康、未携带有害生物，则按照相关手续由商户从该苗圃提货，将引进的材料或繁殖出的后代归还货主；若发现其携带检疫性有害生物，尤其是我国所没有的有害生物，则应全部销毁。

6. 检疫处理（评定与签证） 检疫处理执行《中华人民共和国进出境动植物检疫法》的有关规定及原则，即根据检疫检验的结果，对携带和没有携带检疫有害生物的应检货物按照规定进行处理。①经检疫合格的（不携带有害生物），口岸动植物检疫机关签发《检疫放行通知单》或加盖检疫放行章，货主或报验人可凭《检疫放行通知单》或加盖检疫放行章的货单向海关申请放行。②对引进的林木种子、苗木和其他繁殖材料，交由国内森检机关监督的隔离试种单位进行试种检疫。③经检疫检验发现携带有检疫对象或其他危险性有害生物时，口岸动植物检疫机关应根据情况签发《检疫处理通知单》，通知报检人根据植检法规的规定作熏蒸、消毒、控制使用（或改变用途）、就地加工、退回、禁止进境或销毁处理。④对需要出证索赔的货物，检疫机关应按照规定签发《植物检疫证书》作为索赔的证件，并收存好有关的样品和标本，作为索赔的依据。

7. 禁止进境 我国禁止进境的物品有三类：第一类是活害虫、植物病原生物及其他有害生物；第二类是疫情严重流行国或地区有关的植物种子、苗木、繁殖材料及易感病的植物产品；第三类是土壤。森林动植物检疫中，明确规定的禁止进境的包括榆树苗木、松树苗木和接穗，樱花树苗等。

另外，近来内地与香港地区的经济联系更加紧密，货流、人流和交通工具的流量进一步增大，有害生物通过香港传入内地的可能性有增无减。内地口岸动植物检疫机关应与香港的检疫机构在业务和技术等方面密切合作，对来自或去往香港的货物、旅客、运输工具等，按照《中华人民共和国进出境动植物检疫法》及其实施条例的规定进行检疫。

三、出境动植物检疫

输出植物、植物产品和其他检疫物的检疫依据是输入国或地区与中国的有关植物检疫规定、双边检疫协定或协议、贸易合同中订明的检疫要求。

根据物品输入国的检疫要求，按照《中华人民共和国进出境动植物检疫法》及其《实施条例》等有关规定，出境植物、植物产品和其他检疫物均要实施检疫。出境检疫程序一般包括三个环节：报检、检疫检验和签证放行（图6-2）。

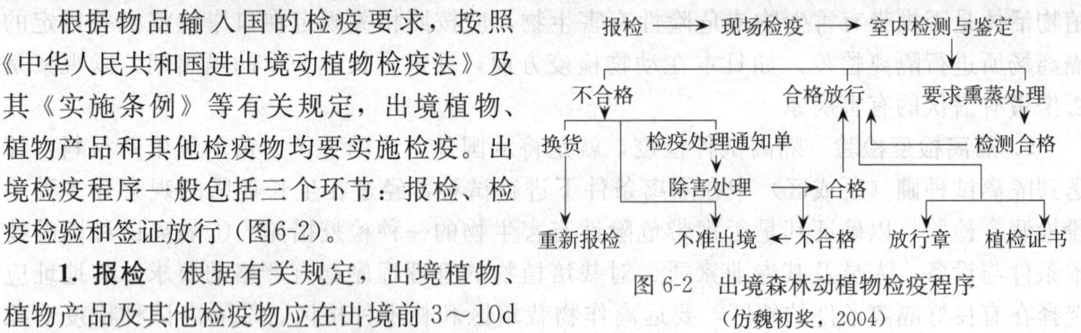

图 6-2 出境森林动植物检疫程序
（仿魏初奖，2004）

1. 报检 根据有关规定，出境植物、植物产品及其他检疫物应在出境前3～10d办理报检手续，需做熏蒸处理的应提前15d报检，并填写《出境植物报检单》。报检时必须携带出境物品种出口批准件或销售确认书、贸易合同和输入国提出的检疫条款、产地检疫证明。对国家禁止出境的动植物资源，报检时必须提交国务院有关部门签发的特许出口证件。报检时必须持特许出口证件的动植物及其产品主要有三类：一类是珍稀野生动植物，由国家濒危物种进出口管理办公室办理特许出口审批；一类是珍稀中药材，由国家医药管理局办理特许出口审批；一类是动物标本，由中国科

学院或国家科学技术委员会办理特许出口审批。

2. 接受报检 当地口岸动植物检疫机关接受报检后，要仔细审证，查看货主所提供的各种单证是否符合要求（报检单、货物出口学科证件、贸易协定、贸易合同、输入国的检疫要求，特许批准出口审批证件）。然后确定是否允许出口，是否由口岸检疫机关进行现场、实验室检测或隔离检疫。

3. 检疫检验（现场和室内） 审证通过后，检疫机关应根据输入国的检疫要求对出境的森林动植物及其产品进行查验。凡输入国与我国签有植物检疫协定的，应按照协定中的规定查验。凡输入国与我国签订贸易合同中有检疫条款的，按照合同中规定的检疫要求进行查验，属于出口单位和个人申请检疫的，按照出口单位和个人申请的检疫要求查验。

4. 签证、处置与放行（评定与签证） 对出境的森林动植物及其产品，经检验符合输入国检疫要求的或按照输入国的检疫要求作相应的除害处理后合格的，口岸动植物检疫机关签发国际通用的出境植物检疫证书，海关凭口岸检验检疫机关签发的植物检疫证书或者在报关单上加盖的印章进行验放，准予出境。不符合输入国检疫要求的，不准出境，检疫不合格又无有效方法做除害处理的，不准验放出境。

四、过境、携带、邮寄物、隔离试种检疫

过境的森林动植物及其产品，入境旅客、交通员工随身携带的或托运的森林动植物及其产品也属于动植物检疫的范畴。由游客等流动人员携带动植物及其产品传播有害生物的几率很高，发达国家对过境、携带、邮寄物、隔离试种检疫十分重视。

（一）过境检疫

过境检疫程序包括报检、检疫检验、检疫处理、签证放行。但应特别注意的是，森林动植物及其产品过境期间，未经出入境检验检疫机关批准，不得开拆包装或者卸离运输工具。

1. 报检 凡用飞机、火车、汽车等装运森林动植物及其产品和其他检疫物通过我国国境时，由承运人或者押运人填写报验单或持货运单，在进境时向口岸出入境检验检疫机关报检。如报检时同时提供了输出国家或者地区政府动植物检疫机关出具的检疫证书，出境口岸的动植物检疫机关不再检疫。

2. 检疫检验 ①口岸出入境检验检疫机关接受报检后，按照惯例，主要检验出口国的检疫证书，检查包装物、装载容器或运输工具外表（不对物品进行检疫检验）。但如无出口国的检疫证书则必须检疫所承运的货物，必要时可按操作规程取样做室内检验。②火车、汽车、飞机装运过境的森林动植物及其产品，需要在我国口岸换车（机）时，在换车（机）过程中检查包装外表；原车过境的，只检查车辆外表。

3. 检疫处理 如发现携带有检疫性有害生物的，要求其做除害处理后过境或者不准过境；对被其污染的场地、工具等，承运人应按口岸出入境检验检疫机关的要求做除害处理；装载容器、运输工具和包装物有散漏的，要求其采取密封措施，无法采取密封措施，不准过境。

4. 签证放行 经检查未发现检疫对象或经过检疫处理合格后，签发《检疫放行通知单》或在货运单上加盖检疫放行章，准许过境。

（二）携带物检疫

携带物检疫是指对进出境旅客携带或随船、车、飞机托运的进出境动植物、动植物产品及其他检疫物实施检疫。口岸植物检疫员必须到机场、轮船、国际列车上，对入境旅客、交通员工随身携带的或托运的森林动植物及其产品进行查验。对入境旅客携带的相关物品进行检疫检查时，如无检疫对象，采取随检随放的方式处置；发现检疫对象的可除害后放行或没收销毁；在现场不能马上得出检疫结果时，出具截留检疫凭单予以截留，再根据检验结果和处理原则，将处理结果及其原因通知货主。但发达国家的要求很严格，不允许旅客携带活体生物及水果等入境，否则将给予高额罚款或做相应的处罚。

1. 携带进境繁殖材料的处置 旅客携带进境的植物、植物种子、种苗及其他繁殖材料，必须事先申请办理检疫审批手续。如未依法办理检疫审批手续的，由口岸出入境检验检疫机关做退回或销毁处理。如发现有我国规定的检疫性有害生物，应做除害处理；如无有效方法做除害处理，应做退回或销毁处理。

2. 禁止进境检疫物的处置 凡携带我国禁止携带进境的动植物、动植物产品和其他检疫物进境时，一律做退回或销毁处理。

3. 其他动植物及其产品的检疫处置 旅客携带水果、鲜切花及茄科蔬菜进境时，一律做退回或者销毁处理；携带供个人观赏用的其他花卉或盆景植物进境时，如带有土壤，应做换土处理；如发现携带有危险性有害生物时，一律给予销毁；携带蔬菜、植物性调料、干菜及中药等进境时，经现场检疫合格后，当场放行。需要进行实验室或者隔离检疫时，由口岸出入境检疫机关签发截留凭证；截留检疫合格后，携带人持截留证向口岸出入境检验检疫机关领回；逾期不领回，做自动放弃、销毁处理。

4. 携带出境物的检疫 携带出境的动植物、动植物产品和其他检疫物，当物主有检疫要求时，由口岸出入境检验检疫机关实施检疫，并出具检疫证明。

（三）邮寄物检疫

邮寄物检疫是指对通过国际邮递进境或出境的动植物、动植物产品和其他检疫物实施的检疫。邮寄禁止邮寄物以外的其他检疫物进境时，由口岸出入境检验检疫机关指派专人在国际邮件互换局，对国际邮包、邮件采取现场检疫的办法进行检疫，经检疫合格的予以放行，交邮局运递。未经检疫的不得运递。

1. 检疫处理 如检疫合格，在邮包表面签章放行邮寄；如发现被检对象，经除害处理后，将邮寄包裹及检疫处理通知单一起寄出；若不能做无害处理时，贴退回标签，将包裹退回寄件人；对寄至我国国内的含有活害虫、病原微生物及天敌的包裹，如无特许证件者一律退回；根据寄件人的检疫要求，经口岸出入境检验检疫机关检疫合格时，出具《植物检疫证书》。

2. 繁殖材料 邮寄植物种子、苗木及其他繁殖材料进境时，在邮寄前应事先提出申请，办理检疫审批手续；未办理审批手续进境的，通知收件人限期办理；逾期未办理的，做退回或销毁处理。出境邮包或托运出境的森林动植物及其产品，可根据货主要求，实施检疫和出具证书。

3. 禁止进境材料 禁止邮寄限制进境的动植物、动植物产品和其他检疫物。对未办理

特许审批的国家禁止进境的邮寄物，可视情况通知收件人补办，或退回，或做销毁处理。

第二节　国内森林动植物检疫

国内森林动植物检疫主要包括产地检疫、调运检疫和邮包检疫。根据我国现行的植检法规，国内的森林动植物检疫由省、地、县森林病虫害防治检疫站实施。国内森林动植物检疫包括产地检疫和调运检疫。根据森林动植物及其产品的调运方向，又可将调运程序分为调出检疫和调入检疫两部分。其目的是防止国内局部发生或新传入的危险性有害生物的传播，以保护农、林、牧生产的安全（把关、服务、促进生产）。其工作业务范围包括制定贯彻检疫法和制度，对检疫对象进行调查、划定疫区、保护区，进行产地检疫、调运检疫，国外引进林木种子、苗木等繁殖材料的审批和引进后检疫及隔离试种检疫，进行紧急防治，进行相应的组织、管理、培训。

检疫对象是由森林动植物检疫法，国家林业局和各省（自治区）森林动植物检疫条例等明确规定的局部发生、危险性大、人为传播的有害生物种类。根据《植物检疫条例实施细则（林业部分）》第六条及各省、直辖市的实施办法和规章制度，森林动植物检疫范围包括林木种子、苗木、接穗、试管苗、细胞繁殖体及其他植物繁殖材料，乔木、灌木、竹类、花卉和其他森林植物、木材、竹材、药材、果品、盆景，其他加工及未加工的林产品，运输工具及包装材料等。所检疫的有害生物包括国家林业局2013年1月9日正式实施的《14种全国林业检疫性有害生物名单》中的种类，以及各省、自治区、直辖市林业主管部门根据本地区的需要所补充检疫种类（上报国务院林业主管部门备案）。

一、产地检疫

产地检疫就是动植物检疫机构在检疫对象发生地对森林动植物及其产品进行的检疫，是森林检疫人员对申请检疫单位或个人生产的种子、苗木及其他繁殖材料在原产地进行的检疫检验，调查是否有动植物检疫对象和其他危险性有害生物，并实施必要的监管和除害处理，做出评定意见，决定是否签发《产地检疫合格证》的全过程。

（一）重要性与任务

产地检疫是国内森林动植物检疫的重要环节（第一道防线），是防止疫情扩散、危险性病虫远距离传播的根本措施。产地检疫和调运检疫相比，其优点如下：①可以通过森林动植物及其产品生产的各个环节，将森检对象消灭在种苗生长期间或调出之前，在疫情的发源地更快、更早、更彻底地扑灭疫情；②可以将一些调运检疫过程中不易发现的危险性病虫控制在原产地之内，从源头上阻击了疫情的发生；③可避免和减少在调运途中检出森检对象时，进行除害处理所造成的货物流通迟滞和不必要的损失。

因此，产地的任务是查清本地区植物检疫对象的发生情况，特别是供应种子、苗木产地的检疫对象的发生情况；控制及尽量消灭当地已发生的检疫对象，防止新检疫对象的传入；建立无检疫对象的林木种子、苗木繁育基地，生产健康种苗。检疫的范围包括森林动植物及其产品，即苗圃、花圃、种子园、良种场、穗圃等生产基地，以及农林科研院校等单位生产、试验、推广的种子、苗木等繁殖材料和大棚、果园、储木场等，森林商品的生产、储存、经营、加工基地。

（二）产地检疫程序

森林动植物产地检疫程序包括产地检疫申报、产地检疫调查、产地检疫处理、产地检疫签证 4 个环节（图 6-3）。

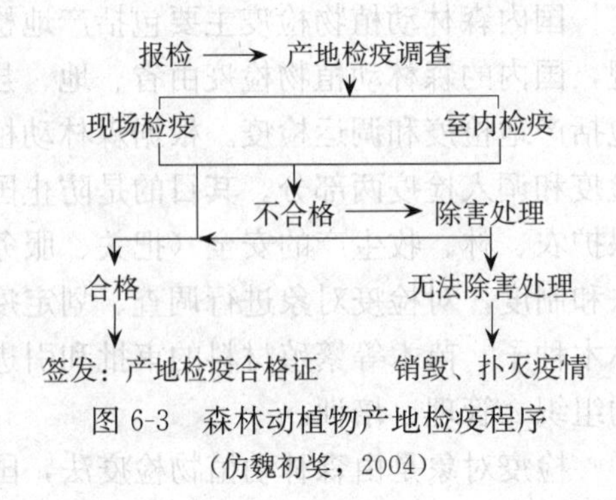

图 6-3　森林动植物产地检疫程序

（仿魏初奖，2004）

1. 产地检疫申报　需要进行产地检疫的单位或个人，应在年初将本单位当年的种苗繁育计划，包括种苗名称、品种、来源、繁育面积及地点、联系人等，呈报所在地的森林动植物检疫机构，请求进行产地检疫，检疫机构即可统一安排实施检疫。

2. 产地检疫调查　森林动植物产地检疫调查方法按照《国内森林动植物检疫技术规程》进行，在森林动植物生长期和检疫对象发生期进行。调查对象是种子园、良种场、苗圃、花圃、采穗圃等生产基地和大棚、集贸市场、储木场等商品生产、储存、经营、加工等地的森林动植物及其产品，主要调查检疫对象及其他危险性有害生物的发生情况。

3. 产地检疫处理　根据产地检疫现场调查检验、室内检验结果进行处理。①如发现产地的动植物及其产品染有检疫对象或其他危险性有害生物，应签发《除害处理通知单》，督促并指挥生产单位或个人及时进行除害处理；如除害处理不合格，则令其停止调运；对目前尚无有效办法进行除害处理的森林动植物及其产品，应令其改做他用或经省级森检机关批准后销毁。②对新发现的危险性有害生物，应采取有效措施彻底扑灭，以防其进一步传播蔓延，并依法及时向当地政府和省级森林动植物检疫机关报告疫情。

4. 产地检疫签证　产地检疫调查后（包括现场和室内检疫），对无森检对象的森林植物繁殖、生产场地及其产品，或除害处理后经复检合格后，签发《产地检疫合格证》。①在调运森林动植物及其产品时凭《产地检疫合格证》换取森林《植物检疫证书》，但《产地检疫合格证》的有效期一般不超过 6 个月。②或经检疫检验未发现国内森检对象或贸易合同中规定的应检有害生物时，由省级森检机关或被授权的地（市）、县森检机关签发植物检疫证书放行；省内县（市）间调运的森林动植物及其产品，由所在地森检机关签发植物检疫证书放行。

（三）无检疫对象的种苗繁育基地建设

无检疫对象的种苗繁育基地应符合以下要求：①生产单位或个人在新建种子园、苗圃、花圃等种苗繁育基地前，应在当地森检机构指导下，选择无检疫性的林业有害生物分布地区作为繁育基地。基地要有较好的自然隔离条件。②种苗繁育基地所用的野生、栽培种子、果实、苗木（含试管苗）、插条、接穗、砧木、叶片、芽体、块根、块茎、鳞茎、球茎、花粉、细胞培养材料等繁殖材料及农家肥，不得带有检疫对象和其他危险性有害生物。③种苗繁育基地周围定植的植物应与所繁育的材料不传染或不交叉感染检疫对象和其他危险性有害生物。④已建的种苗繁育基地如发生检疫对象和其他危险性有害生物时，应立即采取措施限期

扑灭，所繁育的种子与苗木和其他繁育材料必须经检疫合格后控制使用。⑤在种苗生长期间，种苗繁育集中的区域（单位），应配备兼职森检员负责本区域（单位）的疫情调查、除害处理；当地森检机关应定期进行疫情的发生动态调查，并督促繁育单位进行有害生物的防治。

由于检疫对象在不断变化，森林动植物及其产品也在不停地流通，危险性有害生物随时都有可能侵染种苗繁育基地，种苗繁育基地的疫情也在不断变化，因而通过产地检疫的种苗繁育基地不一定就是无检疫对象的种苗繁育基地。

二、调运检疫

森林动植物调运检疫是指森林动植物及其产品在调出原产地之前、运输途中及到达新的种植或使用地点之后，根据国家和地方政府颁布的检疫法规，由森林动植物检疫部门，对应施检疫的森林动植物及其产品所采取的一系列的检疫检验和除害处理措施。调运检疫是国内森林动植物检疫的核心任务之一，是防止森检对象人为传播的关键。

根据植物检疫条例及其实施细则规定，省间调运苗木、种子、其他繁殖材料、森林动植物及其产品，应按森林动植物检疫技术规程实施检疫，并由调出和调入的有关省、地、县（市）双方的检疫机构共同负责。即调入时须事先征得本地省级森检机构同意，并向调出单位提出检疫要求，调出单位持该检疫要求向当地省级森检机构或其委托单位申请检疫，检疫合格或处理合格、并取得植物检疫证书后方可调运，如无法消毒处理时则不能调运。交通运输和邮政部门一律凭《植物检疫证书》承运或收寄森林动植物及其产品，调入地检疫机构应当查验证书并可进行复检。省内地区、县之间调运苗木、种子、森林动植物及其产品时，是否进行检疫，由省、自治区、直辖市人民政府确定。按照森林动植物及其产品调运的方向，可将其划分为调出检疫和调入检疫两部分。

（一）调出检疫

国内的调出检疫工作程序包含受理报检、现场检查、室内检查、除害处理（若发现有害生物时必须进行）、结果评定与签证放行或停止调运 5 个环节。

1. 报检　在货物出境前，由货主、承运单位或其代理人向所管辖地区的森检机构申请调运检疫，并必须填写森林《植物检疫报检单》，出示《产地检疫合格证》（未进行产地检疫的除外）；调入地有检疫要求时，还应出具调入地森检机构的《植物检疫要求书》。若森林动植物及其产品系从外地调进后，又需要调出时，则应按照《国内森林动植物检疫技术规程》的要求，出示森林《植物检疫证书》。森检机关授理报检后，应及时安排实施检疫。

2. 受理报检　属省际调运时，由省级或经省级森检机关授权的地（市）、县森检机关受理货主的检疫申请；属省、自治区、直辖市内调运时，由所在地的森检机关受理。检疫机关受理报检后，应仔细审核申报人提供的证件，根据报检单分析疫情，明确检验要求，准备检疫工具，确定现场检疫时间（15d 内），并通知报检人。邮包寄件人在报检时，要同时交验邮包。

3. 现场检验　除货主出示有相关检疫证件的可直接签发植物检疫证书外，其余的应检森林动植物及其产品必须经过现场检查。进行现场检疫时，首先应根据报检单，仔细核对受检的种类、数量、产地等，然后根据国内森林动植物检疫技术规程的有关规定，进行抽样检查。若现场不能得出检疫结果，应抽取样品进行室内检验。抽取检验样品时，要给报检人签发《采样凭证》。①种子、果实外部检验。将抽取的种实样品倒入事先准备好的容器内，用肉眼或借助扩大镜直接观察种实外部有无伤害情况，把异常的种子、果实拣出，放在白纸上剖粒检查果肉、果核或经过不同规格筛选出的虫体、虫卵、病粒、菌核等，做初步鉴定。②苗木检验。将抽取的苗木（含试管苗）、砧木、插条、接穗、块根、块茎、鳞茎、球茎等检验样品，放在一块100cm×100cm白布（或塑料布）上，逐株（根）进行检查，详细观察根、茎、叶、芽、花等各个部位，有无变形、变色、溃疡、枯死、虫瘿、虫孔、蛀屑、虫粪等，做初步鉴定。③枝干、原木、锯材、竹材、藤及其制品（含半成品）检验。现场仔细检查枝干、原木、锯材、竹材、藤等外表及裂缝处有无溃疡、肿瘤、流脂、变色、虫体、卵囊、虫孔、虫粪、蛀屑等，做初步鉴定。④中药材、果品、野生及栽培菌类检验。用肉眼或借助扩大镜直接观察表面有无为害症状（斑点、虫孔、虫粪等），并剖开检查内部，确定病虫种类、数量，做初步鉴定。同时，也应注意检查其包装材料、填充物、堆放场所、运输工具、装载容器、铺垫材料等。

4. 室内检验 应按照国内森林动植物检疫技术规程的有关规定，根据病原物和害虫的生物学特性、传播方式选用相应的检疫检验方法进行检验。试验样品不仅是检疫检验的材料，而且还是处理检疫纠纷的原始证据，应按照有关规定进行保管。

5. 检疫处理 对应施检的森林动植物及其产品，在现场检查或室内检验中如发现携带有森检对象或其他应检有害生物时，应签发《除害处理通知单》，责令受检单位或个人、托运人按照森检机关的要求，在指定的地点进行除害处理。处理后，经复查合格时才能放行。对尚无有效办法进行除害处理的货物或有害生物，应停止调运，令其退回、改变用途或控制使用。若上述办法均无效时，应责令其就地销毁。但销毁货物的总值超过10 000元时，须经省级森检机构批准。

6. 结果评定与签证 现场检查和室内检验及除害处理结束后，应根据现行的森检法规或贸易合同中的检疫条款做出检疫结果评定。检疫机关在检疫检验，并进行检疫评定后，对符合有关检疫法规要求的森林动植物及其产品，应签发森林《植物检疫证书》。

森林动植物检疫检验的最终结果是签发森林《植物检疫证书》或《检疫处理通知单》。《植物检疫证书》是检疫机关准予调运森林动植物及其产品的法律文书，是检疫机关行使检疫执法权力的一种形式，是防止人为传播检疫对象的关键措施。①凡列入《应施检疫的森林动植物及其产品名单》的森林动植物及其产品，必须在取得《植物检疫证书》后方可调运。②《植物检疫证书》按一批一证开具（同一地区、同一日期、使用同一运输工具、同一品名的森林动植物及其产品），货证同行。③省际属二次或因中转更换运输工具，调运同一批次的森林动植物及其产品，存放时间在1个月以内的，凭森检机构的有效《植物检疫证书》更换签新证。但如果转运地疫情严重，有可能染疫的，应重新实施检疫，合格后再签发《植物检疫证书》。④森林《植物检疫证书》由县级以上林业主管部门所属的森林动植物检疫机构中的专职检疫员用钢笔或签字笔签发，证书中所有条目填写无缺后，检疫员要亲笔签名，不能盖私章，最后加盖本单位的检疫专用章，并填好有效期的起止时间。⑤签发《植物检疫证书》时书写要工整规范，应逐项详细填写，不能缺项，所填内容不能涂改，若涂改应视为无效证书。证书栏目中的编号应按所在省的规定统一编号，植物或植物产品名称不能使用俗名

或地方名称，包装及运输工具应填写具体（如草袋、麻袋或纸箱、木质等，汽车、火车、轮船或飞机），件数及重量（株数）的数字要大写，并使用国家法定的计量单位；属省际调运的货物，产地要写明省、县、乡名称，省内调运的要写明县、乡、村名称，发货、收货单位应从县开始写全称；起运地点应写明森林动植物及其产品的所在地点，省际调运时其运往地点要写至省、县，省内调运的要写至县、乡。⑥“本证根据”“证明上述植物或植物产品未发现”“签发意见”栏目，应分别填写产地检疫或调运检疫，国内、省内（补充）检疫对象，同意调运。

7. 及时处理《植物检疫证书》 证书的正本交货主，随货寄运；副本网上发至收货方所属的检疫机关（省际调运的寄给调入省的检疫机关）；另一份与供货单位或个人提交的调运检疫报告单和植物检疫要求书一起交签证检疫机关存档备案。

8. 依法收取调运检疫费 依据承运单位或个人出示的销售合同书或销售发票所列的数量、单价、金额等内容，根据林业部、财政部、国家工商行政管理总局发布的《森林动植物检疫收费标准》，检疫机关依法收取检疫费。根据《实施细则》第二十六条的规定，森林动植物检疫机构收取的检疫费，只能用于宣传教育、业务培训检疫工作补助、临时工工资、购置和维修检疫试验用品、通信和仪器设备等森林动植物检疫事业，不能挪作他用。但2016年我国已暂停了收费项目。

（二）调入检疫

根据《植物检疫条例实施细则（林业部分）》的规定，省际调运森林动植物及其产品时，调入单位或个人必须事先征得所在省、自治区、直辖市森林动植物检疫机构同意。调入者还应从其所在地森检机构取的、向调出单位明确提出检疫要求的《森林动植物检疫要求书》，调运者将该要求书交调出单位，按照要求进行检疫。

1. 检疫要求 提出检疫要求的根据是国家颁布的森检对象、各省（自治区、直辖市）补充的森检对象、其他危险性有害生物的疫情资料。

2. 复检 当森林动植物及其产品调入后，调入地的森检机构（包括经省人民政府批准的木材检查站、森检检查站）应先查验调出地《植物检疫证书》，然后进行复检。①当复检时发现货物携带有检疫对象或其他危险有害生物时，应下达《检疫处理通知单》，立即采取相应的防范疫情扩散的措施，并监督、指导收货人进行除害处理，并将有关情况及时通告调出地省级森检机构，双方的检疫机构应协商解决疫情的后续处理事项。②如发现国内、省内尚未发生的危险性有害生物时，应立即采取除害处理措施，并报上一级森检机关。③如发现一般性有害生物，应视其危害程度和可能对当地林业生产带来的危害性，建议货主做适当的处理。

3. 补检 过往森检检查站的应施检的森林动植物及其产品，如无调出地的《植物检疫证书》，则必须到当地森检机构进行补检，补检合格后，补发《植物检疫证书》，并准其调运，并按《林业行政处罚程序规定》予以处罚。

（三）邮包及携带物检疫

邮包检疫是杜绝有害生物传播的又一途径，国外很多国家已采取了不允许携带和邮寄所有动植物及其活品入境的检疫措施。国内邮寄应施检的森林动植物及其产品，由邮寄单位或个人携带邮包到当地森检机构报检。①经检疫检验，未发现森检对象时，由检疫单位签发《植物检疫证书》，寄件人持该证书到邮局办理邮寄手续；如检出有害生物，经除害处理合格后签发《植物检疫证书》；对目前尚无有效办法进行处理的有害生物及其邮寄物，则要责令寄件人停止邮寄。②对无《植物检疫证书》并邮寄至当地邮局的植物及其产品和其他检疫物，邮局应给予暂扣，通知所在地的森林动植物检疫机构进行补检，并按有关法规处罚；经检疫合格或除害处理合格后再行运递，如无有效方法进行除害处理，责令其改变用途、销毁或退回。

三、国外引种检疫审批与检疫

随着世界各国种质资源的交往与交换，各类品种培育所需的繁殖材料及新品种的引进，因其同样具备携带检疫有害生物的条件。按照检疫法规定，凡是从国外引进和交换森林动植物的种子、苗木、新品种和其他繁殖材料时，必须事先得到植物检疫部门的许可，对可预测的检疫危险提出预防性检疫措施，并进行严格的检疫与检验。因此，引种前首先应报批，再由当地检疫机构对被引种国的检情进行调查，引种至海关后报关，由口岸检疫机构检疫，至目的地后由当地检疫机构进行检疫、隔离试种检疫及检疫监管。

1. 报审 从国外引进林木种子、苗木和其他繁殖材料时，引种单位（或代理单位）必须在对外签订贸易合同或协议前30d，向所在地的省、自治区、直辖市森检机构提出申请，国务院有关部门所属的在京单位向国家林业局森检管理机构或者其指定的森检单位提出申请，并填写“引进林木种子、苗木及其繁殖材料检疫审批单”。申请引种审批时，需提供所引种苗在原产国（地）的病虫害发生情况材料，引进种苗的隔离试种计划和管理措施，再次引进相同品种种苗时需出示国内种植地森检机构出具的疫情监测报告。

2. 审批受理 审批机构在接到审批单15d内依照规定进行审批，并依据国内林业生产发展的需要和有害生物危害等情况，决定是否引进、引进数量。①对同意引进种苗，确定或指定引种后的隔离试种地点，安排管理单位（或个人）和监管措施等，提出对外检疫要求。②引种单位在取得审批单后，必须将审批单中提出的检疫要求列入贸易合同或协议中。③引进时，需取得输出国植物检疫证书，证明符合我国检疫要求。

3. 隔离试种 所有引进和交换的种苗在进境后，引种单位（或个人）须执行审批单位指定的监管措施，在口岸检疫机构指定的隔离试种苗圃进行试种检疫，由国内动植物检疫机关隔离试种、检疫、监管、观察1～2年，当证明其确实未携带危险性有害生物时，方可分散种植；若一旦发现其携带有危险性有害生物，必须就地进行除害处理，严禁扩散。隔离试种场所必须具备的条件：①有围墙、防疫沟等自然间隔或不同植物的隔离带。②周围一定距离内（按不同引种植物而定）不得种植同一科、属植物。③灌溉及排水条件应符合检疫和除治要求。④有完善的管理措施，并配备有病虫害防治专业技术人员。⑤经审批单位审定合格后，方准使用或分散种植。

4. 监督管理 隔离试种期限国家有专门规定，即一年生植物不少于一个生长周期，多年生植物不得少于两年。①引进的林木种子、苗木和其他繁殖材料在隔离试种期间，森检机构应对其进行调查、观察和检疫，指导、监督引种单位（或个人）对发现的检疫对象和其他危险性有害生物进行处理。②引种单位（或个人）应加强对引进的林木种子、苗木和其他繁

殖材料的生产（经营）管理，定期进行病虫害调查和监测，发现检疫对象和其他危险性有害生物时，应查明情况，果断采取措施，防止扩散蔓延，并及时书面报告当地森检机构；若发生重大疫情时，应向省级森检机构和国家林业局报告。③引进的林木种子、苗木和其他繁殖材料，经森检机构调查、检疫，确认无检疫对象和其他危险性有害生物后，引种单位（或个人）方可分散种植。

第三节　疫情与产地检疫调查

森林动植物的检疫首先要分析疫情，否则就会处于被动局面。如森林动植物及其产品的流通情况如何，它们有可能携带哪些有害生物，这些有害生物的危害性如何，这些有害生物在随森林动植物及其产品进入其他地区后又分散到哪些地方，在这些地方发生消长、立足生根的情况又如何等，这些都属于疫情调查的范畴。

国家公布的检疫法律与法规规定，对从国外引进可能潜伏危险性有害生物的动植物及其产品，必须隔离试种、试种检疫调查与观察和检疫，若在隔离试种过程中发现疫情，必须及时采取封锁、控制和扑灭措施，严防疫情扩散；各级动植物检疫机构，对本地区的动植物检疫对象，每隔3～5年调查1次，重点检疫对象每年调查；重大疫情应报告国务院农林主管部门，以便国家部署并采取措施，严防扩散，彻底消灭。

一、疫情调查

森林动植物检疫疫情调查的主要对象是尚未发生或虽已发生而分布未广的检疫性有害生物。有害生物发生危害的情况可能很普遍，成为检疫对象的种类可能较少，在检疫中能截获、阻止其扩散蔓延的种类可能更少。这些被截获且更少的种类及其动向，就是森林动植物及其产品可能传带的疫情。

我国1984年、1996年公布的森林动植物检疫对象名单，是在当时的历史条件下，根据当时的疫情所制定的。随着时间的推移疫情发生了变化，有些有害生物已分布很广，有的危害已不严重。为此，国家林业局于2004年、2013年对检疫对象名单重新作了修订。修订后的国内森检有害生物从原来的35种减少到14种，删除了一些经过多年实践认为可以不列入名单的种类，新增危险性有害生物190种。但不论森林动植物检疫对象名单如何变动，森林动植物检疫都要以疫情调查为基础，只有掌握疫情，才能取得检疫工作的主动权。还需要注意的是由于虫、杂草、病原物等种类不同，其特征和发生规律也不同，产地调查与检验的方法各有差别。

（一）疫情的发生特点

检疫性有害生物的发生和蔓延，与其本身的特性、人为和环境因素等有关。因此，在分析疫情及其趋势时，应该注意以下问题。

1. 疫情的动态性　疫情是动态的，在不断地变化，对森林动植物疫情的调查应该有主动性，不应该到了出现或发生疫情后才去调查。尤其是在经济不断发展的形势下，国内外危险性有害生物传入的渠道增多，疫情的发展情况更为复杂，更应加强检疫和疫情调查意识。

2. 疫情的迟缓性　疫情发生的效应比较迟缓，常在传入几年后才可能发生，在未看到疫情效应时，人们往往认识不足，重视不够，在进行疫情调查时，应充分考虑这一点。如美国白蛾、红脂大小蠹、松突圆蚧、松材线虫都可能在被发现之前的4～5年就已传入了我国。

3. 疫情效应的长期性 有些危险性有害生物一旦传入并发生危害后，在较短的时间内很难扑灭。如美国白蛾于1979年在辽宁丹东发现后传播扩散到了我国许多地方，尽管采取了各种除治措施，耗费大量人力、物力、财力，只有陕西实现了根除，至今仍在辽宁、河北、山东、上海、天津、北京发生和危害，很难彻底消灭，只能减缓它的蔓延扩散速度。因此，在进行疫情调查时，应充分认识到疫情效应的长期性。

4. 疫情的发展趋势 疫情发生后的发展趋势、社会与经济效应，所采取的防范措施及其结果，常难以预料和准确判断。因此，在对疫情进行调查时，应克服困难，准确把握疫情的发展和变化趋势，为控制疫情提供可靠的资料。

（二）疫情及其表示方法

森林动植物及其产品的种类、数量、批次、调运频率等，均可能与被传带的有害生物种类、数量和传播概率有关。在调运检疫当中，疫情泛指在一个运载单位内的森林动植物及其产品上，凭手持扩大镜就能发现的危险性有害生物的感染情况（必须通过镜检才能发现的不包括在该概念之内），如种子上的疫情用千克种子内含虫数（或虫尸数）、霉坏种子数表示，苗木、接穗（或切花）等用单位长度或株等表示发现的病虫数。

疫情一般用最高而不是用平均数表示，疫情的表述一般不涉及样品的代表性问题，也不涉及样品的抽样方法。抽样法都与疫情的概念无关。即使在上百万株植物上查到一株携带危险性有害生物，也代表该批植物上有疫情。在林业部发布的《国内森林动植物检疫技术规程》当中，也是出于这种情况对种实、苗木、生药材、木材类等规定了最低抽样要求。因此，调查疫情时应尽可能多做细致的检验，以期找到这批植物及其产品的最高疫情。

（三）疫情调查的组织与准备

疫情调查工作量相对较大，疫情发生后情况常比较复杂，涉及的部门也可能较多。为保障调查的可靠性与取得的信息的准确性，进行疫情调查前应做好充分的准备。准备工作包括调查队伍的组织、调查时间的确定等。但应对需调查范围内是否有疫情做出判断，如无疫情发生，可不进行调查；对疫情的轻重也应有初步的了解，以便组织人力、物力。

1. 组织队伍 疫情调查工作量较大，靠一个部门常难以较好地完成任务，需要社会力量协助。在调查前，应召集相关人员，举办培训班。应详细讲解调查的对象、生活习性、鉴定特征、调查标准、调查记录、获取数据的标准、调查线路、调查范围等，否则将难以保障调查效果。

2. 调查时期选择 疫情调查应充分考虑调查对象的发生时间，对害虫在其盛发期或发生比较集中的时间调查最合适，对病害在其外部病状、病征表现较为明显的时期调查最为有利。

3. 调查材料的准备 包括调查用具、调查记录表格、标本采集和收集工具等。应特别注意的是，应向参加调查人员详细说明填写记录表格的规范和方式。同时，应强调在调查过程中搜集检疫对象标本是很重要的工作，所搜集的检疫对象标本是表明调查区域是否发生疫情的凭证。

（四）疫情的调查方法

疫情调查按其性质可区分为普查、详查等。调查目的不同，其工作重点和方法也有所区分。

1. 调查取样方法 由于不同苗木其发生规律和生育期要求不同，调查方式和方法也不同。常见的调查方法有对角线法、棋盘式多点法、五点法、Z形法等。

2. 普查 2013年国家林业局公布的检疫对象名单，是对各省、自治区、直辖市所提出的森林动植物检疫对象名单的综合；而各省的补充名单，则是其对所管辖范围内的森林病虫害进行普查后，根据各自的主要森林动植物及其产品的经营、病虫发生特点所确定的。国家林业局公布的检疫对象名单及各省的补充名单，其依据都是普查的结果和结论。普查可根据具体情况，采用布点、定点或随机抽样的方法进行调查。

3. 详查 如需要划定疫区，则事先需在中央、省、直辖市的统一安排下，进行全面细致的检疫对象专题详查。明确发生区与未发生区的界限，确定疫情的具体范围和边界（警戒线），为对在疫区内发生的危险性有害生物采取铲除、消灭、封锁措施提供决策依据。详查可根据疫情的发生情况、所掌握的疫情动态和范围，采取全面调查（对估计可能发生的区域全查）、在疫区及其可能的边界布点等方式进行调查。

4. 专题调查 如为澄清检疫对象的扩散蔓延的趋势，需疫情发生省（或县、市）的周边数省（或县、市）明确重点，进行联合调查。类似这类问题的调查就是一项专题调查。专题调查可根据具体情况，在可能发生疫情的范围及其边界区域，采取布点或普查的方法进行调查。

5. 一般性调查与重点调查相结合 一般性调查即根据不同应检物、不同时期选择有代表性的调查点进行调查。若调查区是发生检疫对象的地区，一旦发现疫情，应严加防范，及时进行处理。重点调查就是对新引种试验区的调查，要对种苗繁殖单位提出的调查对象进行重点调查。调查范围应包括邻近地区繁殖种苗地；种植感病品种的地块，以及曾经发生过病、虫害的地块，以及种植名、优、特、新和经济价值高的苗木等，都是重点调查对象。

6. 记录 不论哪种类型的调查，调查内容应包括本地区的有害生物种类、分布范围、发生危害情况、传播媒介、寄主范围、生活习性、发生及流行规律、防治措施等。所有调查与检验必须随时调查随时记录，并使用统一的记录标准，以便于资料分析整理和共享。

（五）疫情调查结果的整理与保密

省级检疫对象的调查，调查结果均以县为单位进行整理和汇总，疫情也应以县为单位绘制分布图。一个县，只要有一个区、乡、镇发现疫情，对该县全部范围也要标上某种表示有疫情标志的记号（或颜色），以表明该县有检疫对象的分布。但《实施细则（林业部分）》第九条规定，县级的森检机构也要对检疫对象在各个乡、区、镇的疫情分布进行调查。

疫情调查后，检疫对象的分布情况是否要公布，应看公布后对社会经济、林业生产是否有利。如需要公布，只能由中央及省级林业主管部门，从宏观角度权衡我国农、林业生产发展和对外贸易的需要及利弊后进行公布，这体现了检疫工作的权威性和对社会发展的负责性。但检疫对象是客观存在的事物，公布与否，应根据我国保密法的规定和国内外贸易的实际需要确定。《植物检疫条例》第十五条、《实施细则》第十条规定了森林动植物重大疫情由国家林业局公布的具体条款，及我国某些检疫对象应对外保密的要求。如国家林业局公布的森林动植物检疫对象名单中的某些种类，就注明有对外保密的字样。

二、产地检疫调查与检验

产地检疫调查是预防森林动植物有害生物在国内、省区间传播扩散的关键环节，是我国森检机构重要的任务之一。产地调查的内容和特点如下。

（一）产地检疫调查

森林动植物及其产品类型多而复杂。森林动植物产地检疫调查重点包括种苗繁育基地、种子园与母树林、储木场及加工场（点）及森林动植物的集贸市场。

1. 种苗繁育基地检疫调查 检疫调查中应注意的问题：①调查时间，即应根据检疫对象不同、危险性有害生物的生物学特性，在其发生盛期、某一虫态发生高峰期、病害发生末期进行，每年不得少于两次。②在调查前调查人员应询问种苗繁育基地的种苗来源、栽培管理及检疫对象和其他危险性有害生物的发生情况，然后确定调查重点和调查方法，准备观察、采集、鉴定用的工具和记录表格等。③检疫调查一般先选择有代表性的路线踏查。踏查线路要穿过种苗繁育基地，必要时可采用定点（定株）检查。踏查苗木时，要仔细查看顶梢、叶片、茎干及枝条等有无病变、病害症状、虫体及被害状等，必要时挖取苗木检查根部。在初步确定有害生物种类、分布范围、发生面积、发生特点、危害程度后，如需进一步掌握其危害情况，则应设立标准地（或样方）详细调查。④标准地应选于有害生物发生区域内有代表性的地段。花卉、中药材、经济林木及其他苗木标准地的总面积不应少于调查总面积的0.1%～5%，针叶树种苗繁育标准地应为0.1～5m²/块或长度为1～2m 的条播带。然后对标准地的样株逐株检查，统计调查总株数、有害生物种类、被害株数和危害程度，计算感病株率、感病指数、虫口密度、有虫株率等。

2. 种子园与母树林检疫调查 ①种子园、母树林应设置标准地进行调查，标准地应选设在有代表性的地段。同一类型的林分，面积在 5hm² 以上时应不少于 4 块标准地；面积在 5hm² 以下时选设一块标准地，每块标准地林木株数不少于 10～15 株。②在立木上抽样时，应在每株树冠的上、中、下部，随机采摘叶片、枝条、种子（果实 10～100 个），逐个进行检查（解剖果实种子）。如在种子收获前期或收获后调查，应从种子堆里取样检查（取样量见调运检疫）。③检查时要仔细观察或借助放大镜检查叶片、枝条、种子（果实）表面有无病害症状、虫体或危害特征（斑点、虫孔、虫粪）等，如种子表面色泽异常，应剖开种粒检查种子内部是否有病害症状、虫体及被害状，并确定有害生物种类、被害数量及被害率。

3. 储木场及加工场（点）的检疫调查 ①储木场及加工场（点）的检疫调查应视疫情发生情况进行，抽样时应从楞垛表面抽样或分层抽样调查。②对原木、锯材、竹材、藤等，每堆垛（捆）抽样不得少于5m³ 或 3～6 根（条），不足上述数量的全部检查。③仔细查看所抽样品表面有无蛀孔屑、虫粪、活虫、茧蛹、病害症状等，并要铲起树皮，查看韧皮部或木质部内部有无害虫和菌体。

4. 集贸市场的检疫调查 对集贸市场检疫调查时，包括经营木、竹材、藤及其制品

（含半成品）和种苗、花卉、经济林木、中药材、果品等。数量大时按货物总量的0.5%～15%抽样检查，量少时应全部检查。

5. 检疫调查记录和标本采集　检疫调查记录和标本采集应严格履行相关的检疫规定，具体包括：①将各项调查结果填入《产地检疫调查表》。②对踏查中发现的检疫对象和其他危险性有害生物，应采集标本若干份，附上采集标签。③病害标本要有典型症状，并且带有病原体，虫害标本要求虫体完整，具被害状。

（二）产地调查检验

有害生物产地调查中的检验重点是害虫和病害的检验。检验时可根据已积累的经验，借助仪器或进行室内检验。

1. 害虫检验　对混杂在种子间的害虫用回旋筛检验。对隐藏在种子内的害虫，可采用剖粒、相对密度、染色或软X射线透视、药物染色等进行检查。对隐蔽在叶部或干、茎部的害虫，用刀、锯或其他工具剖开被害部位或可疑部位进行检查，剖开时应保持虫体完整。采集到能够进行鉴定和鉴别的虫态后，借助解剖镜、显微镜等仪器设备，参照已定名的昆虫标本、有关图谱、资料等进行识别鉴定；对一些鉴定的害虫虫态，应采取人工饲养方法，养至成虫期鉴定或结合观察各虫态特征及其生物学特性，再进行准确鉴定。必要时送请有关专家鉴定。

2. 病害检验　对在现场不能确定种类的病原物，应进行培养，然后鉴定。①病原真菌检验，采集一定数量症状典型的病害和寄主标本，用徒手切片或石蜡切片等方法，借助显微镜观察病原真菌形态特征，或用组织分离法或孢子稀释法分离培养致病真菌；必要时进行生理生化测定及病原接种，进行识别鉴定。鉴定中要记载病原真菌特点、培养性状。②病原细菌检验，观察寄主症状是否具典型细菌性病害的溢菌、菌脓，并用显微镜检查病组织，观察病健组织交界处是否有大量细菌游出，初步确定是否为细菌病害。再采用稀释分离法从病组织中分离培养病原细菌，并通过稀释或画线法获得纯培养菌株；然后用柯克氏法则进一步鉴定病原细菌的致病性，利用植物过敏反应快速筛选致病性细菌；从接种植物感病组织中再分离获得细菌，并与原来病株上分离获得的细菌比较；根据细菌形态大小特征、菌株生理生化特点、致病性等确定其种类。③寄生线虫检验，直接采取新鲜病变的组织、器官或根围土壤，采用贝尔曼法或浅盘法分离线虫；如果是非转移型线虫，可直接用手剥离，分离后直接检查；需保存或用显微镜观察的线虫用固定液固定后鉴定。④病毒检验，通过田间调查、症状观察，初步确定是否为病毒病害；采集病毒样品，并用摩擦接种观察接种后症状表现，及其变化是否与感病植物一致；用电镜观察病毒形态，或进行细胞病理解剖或用血清学、聚合酶链式反应等技术进行鉴定。

复习思考题

1. 简述进出境森林动植物检疫和国内森林动植物检疫程序。
2. 试述国内森林动植物检疫对象及检疫范围。
3. 产地检疫的方法和措施有哪些？如何进行产地检疫？
4. 简述国外引种检疫、调运检疫、隔离试种检疫方法与规程。

参考文献

王春林 . 2000. 植物检疫理论与实践 [M]. 北京：中国农业出版社 .

倪礼传，黄德聪 . 1994. 进出境动植物检疫指南 [M]. 厦门：鹭江出版社 .

夏红民 . 1998. 中国的进出境动植物检疫 [M]. 北京：中国农业出版社 .

国家林业局植树造林司，国家林业局森林病虫害防治总站 . 2005. 中国林业检疫性有害生物及检疫技术操作办法 [M]. 北京：中国林业出版社 .

国家林业局 . 2001. 中国森林动植物检疫对象检疫技术操作办法 [M]. 沈阳：辽宁科学技术出版社 .

>>> 第七章　检疫性森林害虫

【本章提要】本章分别介绍了国内及我国对外检疫的林木食叶、蛀干、种实和枝梢害虫及国外重要的林木害虫种类，重点介绍了内、外检疫害虫的分布、形态特征、生物学、传播途径、检疫与处理和防治方法。

第一节　检疫性林木食叶害虫

危险性及检疫性林木食叶害虫，一旦传入、定居和为害，其传播和蔓延迅速，常能在短期内造成重大的经济损失，并对当地的生态环境的安全构成严重威胁。

一、国内检疫性林木食叶害虫

国内检疫性林木食叶害虫包括椰心叶甲、美国白蛾、松突圆蚧，重要种类还包括湿地松粉蚧、曲纹紫灰蝶等。

（一）椰心叶甲

椰心叶甲［*Brontispa longissima*(Gestro)］属鞘翅目叶甲科。国内分布于广东、海南、香港和台湾等地。国外分布于东南亚、大洋洲及太平洋岛国及岛屿。为害棕榈科如椰子类、葵类、槟榔类、油棕、中东海枣等18种林木，成、幼虫取食嫩心叶。

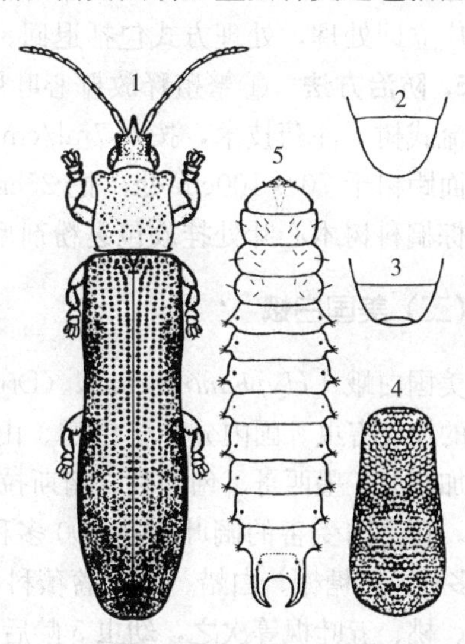

图7-1　椰心叶甲
1. 成虫　2. 雌成虫腹末　3. 雄成虫腹末
4. 卵　5. 幼虫
（参考杨长举《植物害虫检疫学》）

1. 形态特征（图7-1）

（1）成虫　体长8.0～10.0mm，宽约2.0mm，扁平狭长。头红黑色，前胸背板、鞘翅及基部、足黄褐色，部分鞘翅或仅后部黑色。触角线状，11节，1～6节红黑色、7～11节黑色，被绒毛。前胸背板方形，长宽相当，刻点不规则。前缘向前稍突出，两侧缘略内凹；后缘平直，前侧角圆而外扩，后侧角具1小齿。鞘翅两侧基部平行，中、后部最宽，端部收窄，末端稍平截，中、前部刻点8列，中、后部10列。足粗短。腹面刻点细小、光滑。

（2）卵　长1.5mm，宽约1.0mm。椭圆形，褐色，两端宽圆。表面有细网纹。

（3）幼虫　体白至乳白色。触角2节，单眼前3后2排列，上颚2齿。1龄体长1.5mm，宽0.7mm，体表具刺，胸部两侧各具毛1根，腹侧突毛2根，尾突内角1大弯刺，背、腹缘刚毛各5～6根；2龄幼虫腹侧突毛4根，前胸毛8根，两侧各4根，中、后胸侧毛前2根，后1根。成熟幼虫体长9.0mm，宽2.3mm，扁平，两侧近平行。前胸和各腹节两侧各有1对侧突，腹8节，末端1对钳状尾突，基部1对气门，末节腹面有肛门褶。

（4）蛹　长约10.0mm，宽约2.5mm，浅黄至深黄色。头部1突起，腹部2～7节背刺突2横列，共8个，第8腹节刺突2个，腹末1对钳状尾突。

2. 生物学及习性　在海南1年4～5代，世代重叠。卵期3～4d，幼虫5龄，30～40d，预蛹期3d，蛹期5～6d，成虫期可达200d以上。雌成虫产卵前期1～2个月，每雌产卵约100粒。卵产于寄主心叶虫道内，或2～5个纵列黏于叶面上，常被虫粪覆盖。若10头以上成虫聚集，则大量产卵，卵孵化率高；若仅有2～3头成虫聚集，产卵极少或仅产2～3粒，孵化率很低。

成虫惧光，具假死性。白天多爬行，不飞行，早晚飞行。成虫和幼虫均取食寄主未展开的心叶表皮薄壁组织。被害心叶展开后出现褐色坏死条斑或皱缩、卷曲、破碎枯萎或仅存叶脉，被害叶表面常有破裂虫道和排泄物。成年树受害后树冠整体褐变至死亡，幼树及衰弱木易受害，成虫为害期大于幼虫。

3. 传播途径　椰心叶甲靠成虫飞行扩散蔓延。成虫潜藏来自检区的包装物及运输工具。成、幼虫、蛹、卵潜藏或附着在棕榈科种苗心叶部位，随调运而远距离传播。

4. 检疫技术与方法　①禁止从椰心叶甲分布国家和地区进口棕榈科种苗。②检查未展、初展心叶是否有为害状，或潜藏成、幼虫。③检查装载容器如集装箱、纸箱等箱体有无此虫。④现场检疫如未见虫体，仅有为害状时，将受害叶带回室内检查是否有卵。⑤若发现虫情，应立即处理，处理方式包括退回、烧毁和熏蒸等。

5. 防治方法　①繁殖释放椰心叶甲啮小蜂［*Tetrastichus brontispae*（Ferrière）］。②利用自流式树干注药技术，按0.7ml/cm的药量注射14%吡虫啉或敌敌畏注干液剂。③树干根基地面距树干70～100cm处，挖25cm宽环形沟，埋3%呋喃丹50～150g，浇透水覆土。④在棕榈科树木心叶处挂放包裹粉剂型农药（如椰甲清粉剂）的药袋。

（二）美国白蛾

美国白蛾［*Hyphantria cunea*（Drury）］属鳞翅目灯蛾科。又名秋幕毛虫、秋幕蛾，是世界性的检疫害虫。国内分布于辽宁、山东、天津、河北、上海等省、直辖市；国外分布于美国、加拿大、墨西哥、匈牙利、南斯拉夫、奥地利、俄罗斯、波兰、保加利亚、法国、日本、朝鲜。在美国受害的阔叶树达100多种，欧洲、日本、我国辽宁被害植物分别为230、317、100多种。以糖槭、白蜡、桑及蔷薇科植物受害最重，杨、柳、臭椿、悬铃木、榆、栎、桦、刺槐、桃、五叶枫等次之，幼虫5龄后分散转移可食害树木附近的农作物、观赏植物和杂草。

1. 形态特征（图7-2）

（1）成虫　雌翅展34～42.4mm，雄25.8～36.4mm。雄触角双栉齿，雌锯齿状。复眼黑色，前足基节及腿节端部橘红色，前足胫节有1对短齿，后足胫节有1对短距。翅白色，

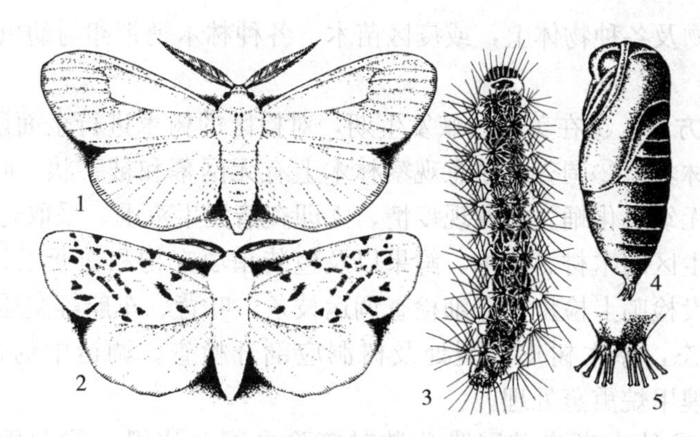

图 7-2　美国白蛾

1. 雌成虫　2. 雄成虫　3. 幼虫　4. 蛹　5. 蛹的臀棘

（引自李孟楼《森林昆虫学通论》）

但雄蛾前翅常有黑斑点；前翅 R2-5，两翅 M2-3 共柄。雄性外生殖器爪突钩状下弯，基部宽，抱器瓣端部细，阳具端具小刺。

（2）*卵*　球形，初产淡黄绿或灰绿色，后灰褐色，长 0.4～0.5mm。卵块行列整齐，被鳞毛。

（3）*幼虫*　分红头与黑头二型。我国多为黑头型。老熟幼虫体长 28～35mm，黄绿至灰黑色，背部色深，体侧和腹面色淡。背部毛瘤黑色，体侧毛瘤多橙黄色。毛瘤上生黑、白两色刚毛。趾钩单序中列式，中部的长。

（4）*蛹*　长 8～15mm，暗红褐色。臀棘 8～17 根，排成扇形。茧薄，灰色杂有体毛。

2. 生物学及习性　辽宁年 2 代，陕西年 2 代，有不完全的第 3 代。以蛹在墙缝、7～8cm 浅土层内、枯枝落叶层等处越冬。辽宁晚发生 30～40d。第二年 4 月初至 5 月底越冬蛹羽化，4 月中旬到 6 月上旬为卵期，4 月下旬到 7 月下旬为幼虫期，6 月上旬到 7 月下旬为蛹期。2 代成虫发生于 6 月中旬至 8 月上旬，幼虫发生于 6 月下旬至 9 月中旬。该代 8 月上旬开始下树化蛹，大多数以蛹越冬，少数羽化。3 代成虫 8 月下旬至 9 月下旬发生，9 月初出现幼虫，并造成一定的为害，但到 4～5 龄时因不能化蛹越冬而死亡。各代卵期为 9～19d、6～11d、12d；幼虫期 6 龄的 35d、7 龄的 42d，各龄期为 5d、4～5d、5d、5d、5d、7～10d、7～10d；预蛹期2～3d，蛹期 9～20d，越冬蛹 8～9 个月。越冬蛹发育起点温度 13.34℃，有效积温 170.02℃。各代产卵量 726～1 742粒、584～1 242粒、360 粒。雌蛾寿命 6～8d，雄蛾 4～6d。

成虫白天静伏，夜间活动，可远飞约 1km，在海边借助风力可扩散 20～22km，趋光性较弱，灯下诱到的多为雄虫。每雌产 1 卵块历时约 3d，嗜食树种如泡桐、法桐、核桃、桑等，树冠下部落卵最多。幼虫耐饥能力强，5 龄后耐饥饿达 5～13d，1～4 龄为群聚结网阶段，初孵幼虫在叶背吐丝缀叶 1～3 片成网幕，食叶下表皮和叶肉而使叶片透明；2 龄后分散为 2～4 小群再结新网，3～4 龄食量和网幕不断扩大，其中常有 1～4 龄幼虫数百头，少数网幕可长达 1.5m；5 龄后脱离网幕分散生活，6～7 龄食量占幼虫期的 56%以上。

1～3 龄幼虫由蜘蛛引起的致死率为 30%～90%；蛹期主要有寄生蜂和寄生蝇类，杨忠岐教授在陕西发现的白蛾周氏啮小蜂［*Chouioia cunea* Yang］对蛹的寄生率达 80%以上，该天敌已成功地人工繁殖，并大量释放使用。

3. 传播途径　美国白蛾成虫飞行，幼虫随风及雨水飘散近距离扩散。远距离传播方式包括幼虫附着在动物及各种物体上，或疫区苗木、各种林木携带卵与幼虫，或运输工具与包装物携带幼虫。

4. 检疫技术与方法 ①在美国白蛾发生期，对检区的树木进行全面调查，特别是铁路、公路沿线、村庄的林木。②调查时注意观察林木上有无网幕和被害状，叶片背面有无卵块，树干老皮裂缝处有无幼虫化蛹。如发现疫情，立即查清发生范围，采取封锁消灭措施。③对来自疫区或疫情发生区的木材、苗木、鲜果以及包装箱填充物和交通工具等必须严格检疫。在与非疫情交界处设检哨卡检疫，仔细检查调运枝条、叶背、车船等交通工具的隐蔽处是否带有美国白蛾各虫态，原木树皮开裂处及树洞应剖开检查。调运中的带虫原木等可采用56%磷化铝片剂或溴甲烷熏蒸处理。

5. 防治方法 ①幼虫尚未破网膜分散时摘除虫网并烧毁。②利用引诱剂进行诱杀。③繁殖释放白蛾周氏啮小蜂。④在防治适期喷洒25%杀虫双、氟虫腈25～50g/hm^2、20%氰戊菊酯乳油4 000倍液、5%高效氯氰菊酯5 000～7 000倍液等；或用6kg/hm^{2}的50%杀虫净油剂与柴油1∶1混配超低容量喷雾。

（三）松突圆蚧

松突圆蚧［*Hemiberlesia pitysophila* Takagi］属同翅目盾蚧科。分布于我国福建、台湾、广东、香港、澳门，以及日本。为害马尾松、湿地松、加勒比松、光松、南亚松和黑松等松属植物。在叶鞘及针叶上为害，受害处缢缩，变黑和腐烂，针叶枯黄、卷曲或脱落，树势衰弱，直至死亡。

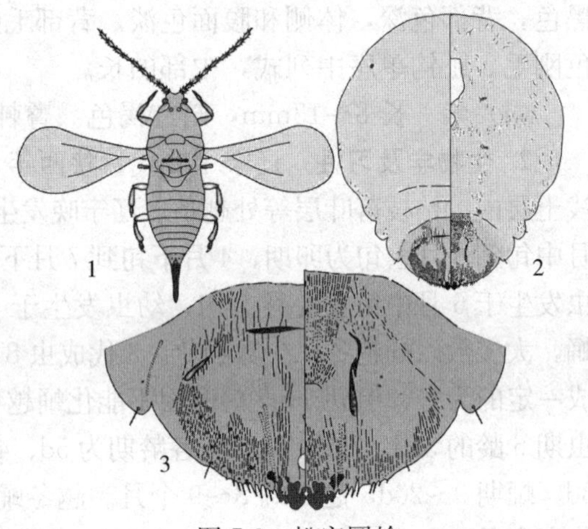

图 7-3 松突圆蚧

1. 雄成虫 2. 雌成虫 3. 雌成虫臀板

1. 形态特征（图 7-3）

（1）成虫 雌成虫介壳直径约 2mm，孕卵前灰白、扁平、近圆形，壳点中位，橘黄色；孕卵后介壳梨形。虫体淡黄色，倒梨形，长 0.7～1.1mm。第 2～4 腹节侧缘向外稍突。触角疣状，具刚毛 1 根。臀板后部较宽圆，臀叶 2 对，中臀叶突出，端圆，每侧各 1 缺刻，第 2 臀叶小，两臀叶间有 1 对硬化棒。腺刺细且短，背腺管细长，腹腺管细小。雄介壳灰白色，长椭圆形，壳点褐色，偏于一端。成虫体长约 0.78mm，触角 10 节，每节生细毛数根，单眼 2 对，前翅膜质，有 2 条翅脉，平衡棒端刚毛 1 根，交尾器稍弯曲。

（2）若虫 初孵若虫淡黄色，椭圆形，体长 0.2～0.3mm。单眼 1 对，触角 4 节，端节 3 倍于其余 3 节之和，口器和足发达。

（3）雄“蛹” 离蛹。附肢明显，口针消失，介壳形状与 2 龄若虫相似。

2. 生物学及习性 在广东 1 年 5 代，无明显越冬现象，世代重叠。初孵若虫高峰期为 3 月中旬至 4 月中旬，6 月初至 6 月中旬，7 月底至 8 月中旬，9 月底至 11 月中旬。初孵若虫，多在介壳内滞留一段时间，环境适宜时才从母体介壳边缘的裂缝中爬出，在松针上来回爬动，经 1～2h 后将口针插入针叶内固定取食，5～19h 后开始泌蜡，20～30h 蜡粉遮盖全

身，再经1～2d蜡被增厚变白，形成圆形介壳。

2龄若虫后期，雌雄性可以区别：寄生在叶鞘内的多为雌虫，寄生在松针和球果上则多为雄虫。雄成虫羽化后多在介壳内蛰伏1～3d，出壳即寻找雌虫交尾，数小时后死亡，有多次交尾的习性。雌成虫于交尾后10～15d开始产卵。各代雌蚧产卵期1～3个月或更长，产卵量以越冬代（第5代）和第1代最多，64～78粒，第3代最少，约39粒。

3. 传播途径 松突圆蚧1龄幼虫可随风飘荡而在树木间扩散。固定在苗木、各种林木上的活蚧体、卵随调运而远距离传播。

4. 检疫技术与方法 ①严格检查来自疫区的苗木、盆景、松枝、松针和球果、原木及运载工具；取上年生针叶、去掉叶鞘查看是否有该蚧若虫、雌成虫及卵。②调运过程中发现带虫苗木、枝条、盆景等，应就地停止调运或销毁。木材（带皮原木）带虫时用40g/m³ 磷化铝熏蒸处理72h或剥皮后再继续运输。苗木等带虫时用6.6g/m³ 磷化铝熏蒸处理1.5～2d。③如采到该虫应置于70%乙醇+1%甘油浸渍液中，然后将虫体移入加有5～10ml、20%氢氧化钾和0.5%甘油液的玻璃容器内，80℃水浴加热20～30min，然后取出虫体用热水冲洗3～5次，再移入加有5ml乳酸—石炭酸液的玻璃容器中浸泡10min；在表面皿上滴适量乳酸—石炭酸液及酸性品红液（2∶1），移入虫体，置50℃恒温箱内染色10～20min；将染色后的虫体移入丁香油中，洗去虫体表面的脏物和浮色，再移入二甲苯中定色约20min；最后从二甲苯中用解剖针挑取虫体至载玻片上，在解剖镜下整姿、装片、干燥、镜检。

5. 防治方法 ①严禁从疫区调进苗木；对疫区或疫情发生区的马尾松、湿地松等松属植物的枝条、针叶和球果，严禁外运，就地处理，木材调运时要剥皮。②对受该虫为害的松林应进行修枝间伐，保持冠高比为2∶5，侧枝保留6轮以上，以降低虫口密度，增强树势，或剪去病虫枝，清除受害株，清除虫源。③保护当地天敌，繁殖松突圆蚧花角蚜小蜂［*Coccobius azumai* Tachikawa］，并采用人工挂放或用飞机撒施携蜂枝条的办法放蜂。④在初孵若虫发生期，可用松脂柴油乳剂（0号柴油、松脂、碳酸钠按22.2∶38.9∶5.6混合）3～4倍稀释液或37%高效氯马乳油1 000～1 500倍液、40%速扑杀乳油1 000～2 000倍液、0.9%爱福丁乳油4 000～6 000倍液、40%乐斯本乳油1 000倍液，喷洒树冠1～3次；或刮去树干粗皮后用25%杀虫脒20倍液或40%氧化乐果乳油50倍液涂干。在该虫为害期，可用40%氧化乐果乳油或50%久效磷乳油树干打孔注药，每株用药0.5～3ml。

（四）其他重要害虫介绍

1. 湿地松粉蚧 湿地松粉蚧［*Oracella acuta*（Lobdell）Ferris］属同翅目粉蚧科。国外分布于美国，1988年传入我国，现扩散至广东及广西。主要为害火炬松、湿地松、萌芽松、长叶松、矮松、裂果沙松、黑松、加勒比松和马尾松。

（1）形态特征（图7-4）

①成虫：雌成虫粉红色，梨形。中后胸最宽，腹部向后尖削，长1.52～1.90mm，宽1.02～1.20mm。触角7节，胸气门2对，胸足3对，爪下侧无小齿。体背面前后有1对背裂唇，腹面在第3、4腹节交界的中线处横跨一个较大的脐斑，肛环有许多小孔纹，肛环刚毛6根，腹末尾片末端各有1长刚毛。雄成虫有翅或无翅。有翅型体粉红色，触角基部和复眼赭红色，中胸黄色，体长0.88～1.06mm，翅展1.50～1.66mm，翅白色，脉简单；无翅

型浅红色，腹末无白色蜡丝。

②卵：浅黄色至红褐色，长椭圆形，长0.32～0.36mm，宽0.17～0.19mm。

③若虫：椭圆形至梨形，长0.44～1.52mm，宽0.18～1.03mm。足3对，腹末具3条白色蜡丝。

④雄“蛹”：体粉红色，复眼赭红色，足浅黄色，长0.89～1.03mm，宽0.34～0.36mm。

(2) 生物学及习性　在广东1年4～5代。以1龄若虫在老针叶的叶鞘内越冬。5月中旬虫口密度最大，7月下旬至9月上旬虫口密度最小。雌成虫在松针基部或叶鞘内取食，分泌的蜡质物形成蜡包覆盖虫体，卵产于蜡包内。

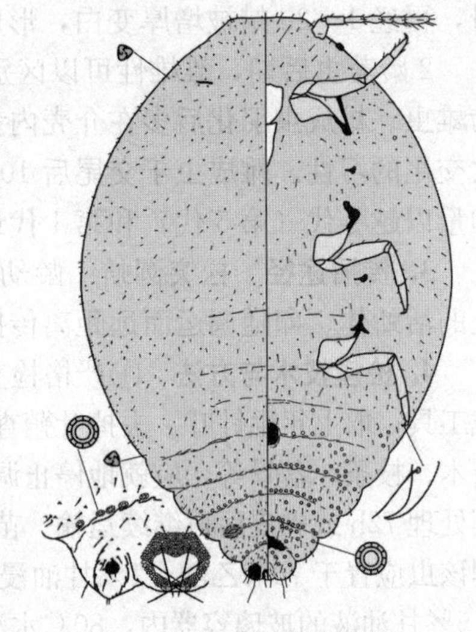
图7-4　湿地松粉蚧雌成虫

初孵若虫在蜡包内停留2～5d，爬出蜡包1～4d后聚集，固定在老针叶束的叶鞘内、球果或春梢新针叶束之间。至2龄雌雄分化后雌若虫爬向松梢顶端，在新针叶基部固定寄生，泌蜡形成蜡包。2龄雄若虫则聚集在老针叶叶鞘内或枝条、树干的裂缝处，分泌蜡丝形成白绒状团蜡，在其中经预蛹和蛹羽化为雄成虫。

(3) 传播途径　湿地松粉蚧初孵若虫借风力等在发生地扩散，并借助松类苗木、盆景、花卉、松枝、具针叶原木等运输及夹带松针的运输工具远距离传播。

(4) 检疫技术与方法、防治方法　参见松突圆蚧。

2. 曲纹紫灰蝶　曲纹紫灰蝶［*Chilades pandava* Horsfield］属鳞翅目灰蝶科。又名苏铁小灰蝶、黑背苏铁小灰蝶、苏铁绮灰蝶、东升苏铁小灰蝶。分布于东南亚。20世纪90年代初传入我国，先扩散于浙江、福建、广东、广西、香港、台湾等地。幼虫为害苏铁属30多种植物的新叶。

(1) 形态特征（图7-5）

①成虫：体长8～12mm，翅展20～35mm。体黑色，翅蓝紫色，翅反面灰褐，缘毛褐色。前翅外缘黑色，亚外缘2条灰白带，后中横斑列具白边，2A和Cu_2室具斑斜，中室端纹棒状。后翅外缘的黑、白边细，亚外缘黑带窄，新月纹具白边，Cu_2室端部橙黄斑大，M_2至Cu_2室3黑斑连成一弧纹，基部反面3黑斑。尾突细长，端部白色。

②卵：直径0.5～0.7mm，淡绿色，扁圆形，中央稍凹，表面有小刻及网纹。

③幼虫：4龄。老熟幼虫长扁椭圆形，大小为8～12mm×3～5mm，青黄、青绿、紫红、浅黄或棕黄色，具短毛及1青黄、3红色纵条纹，第7腹节背面有1背腺，能泌露。

④蛹：长7～10mm，宽3～4mm，背面褐色，腹面淡黄色，翅芽淡绿色，短毛棕黑色。

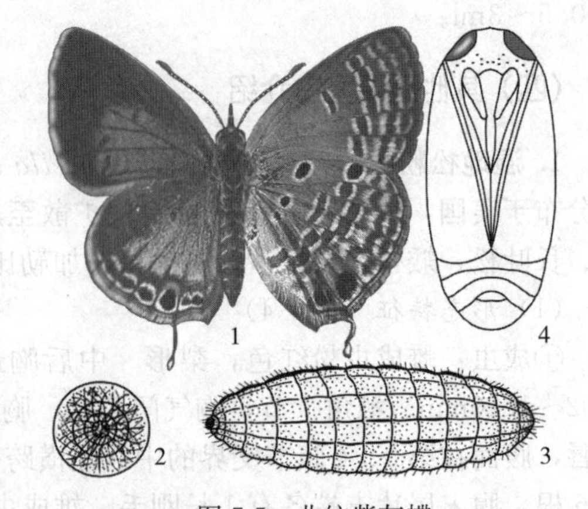

图7-5　曲纹紫灰蝶
1. 成虫　2. 卵　3. 幼虫　4. 蛹

（2）生物学及习性　在广东1年8～10代，世代重叠，无明显越冬现象；福建4～5代。以老熟幼虫在苏铁轴茎顶端上越冬。翌年3月下旬羽化、交尾产卵。卵期3～4d，幼虫期4龄，9～11d，蛹期7～9d，成虫寿命4～18d。成虫喜在向阳开阔、距地面1～2m处飞舞。成虫卵散产于苏铁嫩芽或新叶背面、柄部，每雌产卵20～100粒或更多。初孵幼虫先食卵壳，后从苏铁新抽羽叶嫩芽处蛀入为害，蛀道直至嫩叶芽内部，2～3龄幼虫常蛀入展开不久的幼芽内，4龄老熟幼虫躲于落叶褶皱部位或植株叶基部的绒毛中化蛹。幼虫从嫩叶基部开始取食，常可将叶肉组织食尽，仅留表皮，或造成叶片缺损、叶柄空洞、全部叶与芽被食尽。受害叶变色、皱缩、干枯，叶片和幼嫩轴茎上可见大量的虫粪，叶芽基部有流胶。若苏铁抽心处连续被为害2～3次，则整个植株长势衰退或枯死。

（3）传播途径　自然扩散靠成虫飞行。幼虫、蛹与卵潜藏与寄主并随调运而远距离传播。

（4）检疫技术与方法　①详细调查产地苏铁属植物有无染虫。发现疫情后，应立即全面调查，采取封锁消灭措施。②调运苗木时仔细观察苏铁属植物嫩芽、新叶、褶叶处有无卵粒、幼虫和蛹。③严禁从疫区调出苏铁苗木或其繁殖材料。

（5）防治方法　①摘除卵块、蛹、虫苞，捕捉幼虫，清除病残叶。②保护和利用红黄举腹蚁、螳螂、食虫鸟类及寄生性天敌；幼虫期用100×10^8个/g的青虫菌孢子悬浮液或100～1 000倍苏云金杆菌液、1×10^8～2×10^8个/ml的白僵菌孢子悬浮液、5×10^8个/ml的孢子乳剂喷雾。③暴发成灾时可用50%久效磷乳油1 000倍液、10%氯氰菊酯4 000倍液、20%杀灭菊酯乳油3 000～5 000倍液等喷杀幼虫。

二、外检林木食叶害虫

我国外检性林木食叶害虫除非洲大蜗牛、木薯单爪螨外，还包括椰心叶甲、美国白蛾、松突圆蚧、曲纹紫灰蝶等。

（一）木薯单爪螨

木薯单爪螨［*Mononychellus tanajoa*（Bondar）］属蜱螨目叶螨科。分布于非洲及南美。为害木薯及木薯属内其他种。寄主叶片被害后褪绿，出现黄斑，变形、变黑而不能正常发育，可致幼茎坏死，整株枯死者少见。

1. 形态特征（图7-6）

（1）成螨　雌螨体长约350μm，雄螨体长约230μm，体绿色。须肢端感器粗而短，口针鞘前端钝圆，气门沟末端球形；表皮纹突明显，前足体后端表皮纹微网状。前体背毛，后体背侧毛，肩毛的长度与其基部间距相当。后体背中毛长约为其间距的1/2。足Ⅰ胫节9根触毛、1细感毛，跗节5根触毛、1细感毛；足Ⅱ胫节7根触毛，跗节3根触毛、1细感毛。

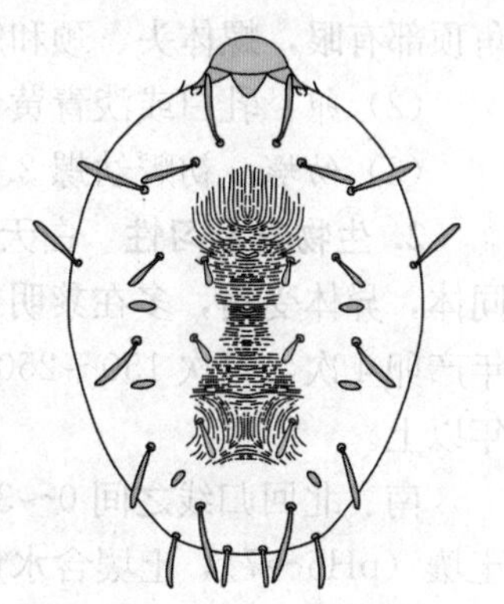

图7-6　木薯单爪螨雌成螨

（2）卵　球形，产于木薯插条的叶片、叶柄或枝干上。

（3）若螨　幼螨足3对，若螨足4对，无生殖孔，第1、2

若螨与成螨体型大小、腹面毛数、生殖孔可资区别。

2. 生物学及习性 多发生于高温、干旱季节。气温28～32℃，相对湿度60%利其发育。逢雨种群数量下降。在27℃和相对湿度55%～82%条件下，发育历期各为卵3～4d、幼螨1～2d、第1若螨1～2d、第2若螨2～3d。雌螨可存活2～3周，而雄螨只存活数天。但发生频率高、传播速度快，可致木薯减产20%～40%或更多。

3. 传播途径 卵、幼螨、若螨、成螨潜藏与木薯随其移植、调运而扩散或远距离传播。

4. 检疫技术与方法 ①用手持放大镜仔细观察入境木薯类插条的叶、芽等处。若发现螨类应收集、保存、制成玻片标本镜检。②用杀螨剂对入境木薯枝条、苗木进行灭害处理，并在隔离苗圃种植观察。③引种时选育叶、芽表面微毛较长的抗性品种，发生地应保护利用捕食性螨、瓢虫、草蛉、蜘蛛、蝽类、蓟马和瘿蚊等天敌，并用杀螨剂等喷雾防治。④本种与加勒比单爪螨［*Mononychellus caribbeanae* McGregor］极相似，区别在于本种的须肢端感器明显短，后半体后部无网纹。

（二）非洲大蜗牛

非洲大蜗牛［*Achatina fulica*（Bowditch）］属柄眼目大蜗牛科。又名褐云玛瑙螺、非洲巨螺、法国螺、菜螺、花螺、东风螺。国外分布于东南亚、太平洋岛屿、美洲、印度及印度洋岛屿、非洲中部及西班牙、日本。国内分布于广东、广西、云南、福建、海南、香港、台湾等地。食性杂，为害木瓜、木薯、面包果、橡胶、可可、茶树、柑橘、菠萝、椰子、香蕉、竹芋、番薯、菜豆、花生、仙人掌、落地生根、铁角蕨、谷类等近500种植物，也取食真菌。

1. 形态特征（图7-7）

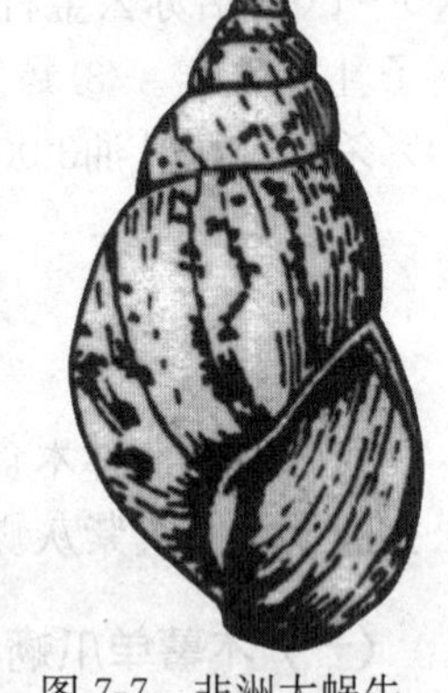
图7-7 非洲大蜗牛
（引自杨长举、张宏宇，《植物害虫检疫学》）

（1）成螺 个体大小130mm×54mm，重可达750g。贝壳长卵圆形，有光泽，壳面黄或深黄底色，具焦褐色雾状花纹。螺层6～8层，体螺层膨大，螺旋部圆锥形，壳顶尖，缝合线深。胚壳常玉白色，其他螺层有不连续的棕色花纹，生长线粗，且明显，壳内淡紫或蓝白色。壳口椭圆形，口缘完整、简单，外唇薄而锋利。内唇贴覆于体螺层上，形成S形的蓝白色胼胝部，轴缘外折，无脐孔。头部有两对棒状触角，后触角顶部有眼，螺体头、颈和触角部有网状皱纹，足背面棕黑色，趾面灰黄色，黏液无色。

（2）卵 乳白或淡青黄色，圆形，长4.5～7.0mm，外壳石灰质。

（3）幼螺 初孵幼螺2.5个螺层，壳面色与成螺相似。

2. 生物学及习性 白天喜栖息于阴暗潮湿的各种隐蔽处，主要在夜间活动取食。雌雄同体，异体受精，多在黎明或黄昏时交配。生长快，繁殖力强，发育5个月即可交配产卵。年产卵4次，每次150～250粒，一生产卵6 000余粒，卵经30d孵化。寿命5～6年，甚至9年以上。

南、北回归线之间0～39℃，相对湿度15%～95%的热带地区为其适生区。喜中性偏酸土壤（pH5～7），土壤含水量为50%～75%、pH6.3～6.7时适合其产卵。成螺摄食凶猛，可咬断幼芽、嫩叶、嫩枝、树茎表皮。该螺抗逆性强，遇到低温、酷热等不利生存条件时即

进入休眠状态；是棕榈疫霉、芋疫霉菌及烟草疫霉等病菌和寄生虫的传播媒介，也是广州管圆线虫病、肝吸虫病和广眼吸虫病等重要寄生虫病的中间寄主。天敌有蟾蜍、青蛙、蚂蚁、鸟类以及鸡、鸭、鹅等家禽。

3. 传播途径 幼、成螺爬行或夹带于各种植物间扩散，并随各种植物、运输工具、包装物的转运而传播。

4. 检疫技术与方法 ①从国外引种蜗牛需办理引种审批手续。②各地检疫部门要定时、定点普查。③对本地区蜗牛养殖单位和个人进行登记，提出检疫要求，协助制定安全饲养措施，严防其外逸。④发现疫情或有必要时，可用130g/m^{3}溴甲烷熏蒸72h，或用杀贝剂喷杀。⑤对运输工具用－12.2～－17.8℃温度处理1～2h，或用冲刷法清洗。

5. 防治方法 ①铲除田边、沟边、坡地、塘边的杂草，以消除蜗牛的滋生地，同时使卵暴露于土表而爆裂，以降低其密度。②保护利用蟾蜍、青蛙、蚂蚁、鸟类及鸡、鸭、鹅等天敌。③用8%灭蜗灵颗粒剂或5%多聚乙醛颗粒剂、45%薯瘟锡可湿性粉剂进行防治。如按照每667m^{2}1.5～2.0kg，将8%灭蜗灵颗粒剂碾碎后拌细土或饼屑5.0～7.5kg，于晴朗无雨、土表干燥的傍晚，将其撒施在菜田植株行间靠近根部，2～3d后即见效。

三、国外重要的林木食叶害虫

那些在国外普遍发生或严重为害的林木食叶害虫，暂时还不清楚其对我国生态环境和经济的危害性，也不清楚同时在我国也有分布的那些国外种类是否在危害性、遗传性状上有所变化，但在森林植物检疫当中对这样的种类也应重视。

1. 美国重要的林木食叶害虫 落叶松鞘蛾［*Cleophora laricella*（Hübner）］为害西部落叶松，顿蓑蛾［*Thyridopteryx ephemeraeformis*（Haworth）］为害雪松、侧柏、白松、柏、刺槐、橡树、柳、杨等，苹天幕毛虫［*Malacosoma americanum*（Fabricius）］为害野黑樱、野苹果、苹果，枞色卷蛾［*Choristoneura fumiferana*（Clemens）］为害北美冷杉、云杉，北美黄杉毒蛾［*Hemerocampa pseudotsugata* Barnes（McDunnough）］为害北美黄杉、大冷杉，针叶麦蛾［*Coleotechnites milleri*（Busck）］为害黑松。松红头锯角叶蜂［*Neodiprion lecontel*（Fitch）］为害短叶松、脂松、欧洲赤松、萌芽松、火炬松、长叶松、湿地松及刚松，短叶松锯角叶蜂［*Neodiprion sertifer*（Geoffroy）］为害短叶松、脂松、欧洲赤松，桦弱潜叶蜂［*Fenusa pusilla*（Lepeletier）］为害桦木。美洲杨叶甲［*Chrysomela scripta* Fabricius］为害黑杨和柳树，榆黄莹叶甲［*Pyrrhalta luteola*（Müller）］为害榆树，刺槐潜叶甲［*Odontota dorsalis*（Thunberg）］为害刺槐。竹节虫［*Diapheromera femorata*（Say）］为害黑栎、椴树。

2. 南美重要的林木食叶害虫 咖啡潜叶蛾［*Leucoptera coffeella*（Guérin-Méneville）］为害咖啡属植物。

3. 印度重要的林木食叶害虫 桑褐刺蛾［*Setora postornata*（Hampson）］为害杨、柳、榆、槐、栎、悬铃木等，化香夜蛾（柚木驼蛾）［*Hyblaea puera*（Cramer）］为害柚木，扁刺蛾［*Thosea sinensis*（Walker）］为害枫香、香樟、核桃、苹果、梨等，栗黄枯叶蛾［*Trabala vishnou*（Lefebure）］为害桉树、蒲桃、栎类、柏树、苹果等。

4. 欧洲重要的林木食叶害虫 栎秋尺蛾［*Operophtera brumata*（Linnaeus）］为害欧洲

白栎木，松异带蛾［*Thaumetopoea pityocampa*（Denis et Schiffermüller)］为害松科多种植物，松尺蠖［*Bupalus piniaria* Linnaeus］为害松属植物，柳毒蛾［*Leucoma salicis* Linnaeus］为害杨树、柳树、橡树、海棠、三叶杨、黑杨、白杨，落叶松腮扁叶蜂［*Cephalcia alpine*（Klug)］为害松属植物，松黄新松叶蜂［*Neodiprion sertifer*（Geoffroy)］为害松属植物，松叶蜂［*Diprion pini*（Linnaeus)］为害松属植物，阿佛腮扁叶蜂［*Cephalcia arvensis* Panzer］为害松属植物。

5. 日本重要的林木食叶害虫 日本金龟子［*Popillia japonica* Newman］幼虫蛀食300种植物根部，成虫为害叶片、花、果实，核桃扁叶甲黑胸亚种［*Gastrolina depressa thoracica* Baly］为害胡桃科、桦木科植物，蜡彩袋蛾［*Chalia larminati* Heylaerts］为害桉、凤凰木、桑等，棉红铃虫［*Pectinophora gossypiella*（Saunders)］为害茶等。

6. 南亚重要的林木食叶害虫 椰子缢胸叶甲［*Promecotheca cumingi* Baly］为害椰子、油棕、槟榔、刺葵等，漆树叶甲［*Podontia lutea*（Olivier)］为害漆树、黄连木，迹斑绿刺蛾［*Latoia pastoralis* Butler］为害香樟、重阳木、板栗等，缀叶丛螟［*Locastra muscosalis* Walker］危害核桃、黄栌、枫香、漆树、马桑、盐肤木、黄连木等。

第二节 检疫性森林蛀干害虫

蛀干害虫对林木的危害性很大。检疫性森林蛀干害虫常有毁灭整个林分的危险，本节重点介绍对我国林木具有危险性威胁的蛀干害虫。

一、国内检疫性林木蛀干害虫

国内的检疫性森林蛀干害虫包括红脂大小蠹、杨干象、青杨脊虎天牛、双钩异翅长蠹、蔗扁蛾、红棕象甲等。

（一）红脂大小蠹

红脂大小蠹［*Dendroctonus valens* LeConte］属鞘翅目小蠹虫科。英文名称 red turpentine beetle。原产于北美洲，为害松属树种。1998年发现于我国山西省阳城、沁水，为害油松［*Pinus tabulaeformis* Carr.］等，现扩散至河北、河南、山西、陕西等省，已造成发生区大量油松死亡。

1. 形态特征（图7-8）

（1）成虫　体长5.9～9.6mm，初羽化时为棕黄色，后呈红褐色。触角柄节长，鞭节5节，锤状部近扁圆形，3节。鞘翅长为宽的1.5倍，为前胸背板长的2.2倍，两侧基部2/3近平行，后部阔圆，基缘弓形，端缘具约12个中等大小的重叠齿和几个更小的亚缘齿。翅面8条刻点沟。

（2）卵　长0.9～1.1mm，卵圆形，乳白色。

（3）幼虫　蛴螬形，无足，体白色。老熟幼虫体长约11.8mm，腹部末端具1棕褐色臀痣，上生2列刺钩，每列有刺钩3个，上列刺钩大于下列刺钩。

（4）蛹　体长6.4～10.5mm，初乳白色，后浅黄、暗红色，腹末端有1对刺状突起。

（5）坑道　扇形共同坑，子坑道向母坑两侧发展，母坑道长 30～65cm。

2. 生物学及习性　山西和陕西年1代、2年1代或3年2代。以成虫、幼虫和蛹在被害树木韧皮部内越冬，世代重叠。越冬成虫于4月下旬开始飞翔活动，5月中、下旬为飞翔活动盛期，其飞行距离约 20km。卵始见于5月中旬，6月上旬为产卵盛期，6月中旬为卵孵化盛期，7月下旬为化蛹盛期，9月上旬为成虫羽化盛期。羽化后的成虫在原处补充营养、蛰伏，准备越冬。越冬老熟幼虫于6月上旬化蛹，6月下旬为化蛹盛期，并始见成虫，6月中旬为成虫羽化盛期，8月中旬为孵化盛期。

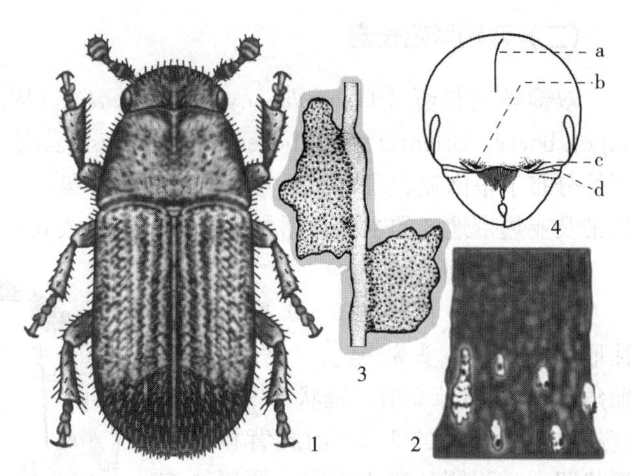

图 7-8　红脂大小蠹

1. 成虫　2. 凝脂　3. 坑道　4. 头部特征

a. 头盖缝　b. 口上突　c. 口上突侧臂　d. 口上片

红脂大小蠹为单配偶型，雌成虫蛀 5～6mm 圆形孔入侵树皮，释放性信息素吸引雄虫，咬筑交配室，树皮外可见先为红棕色后为灰白色的漏斗状凝脂。侵入树皮下的成虫向上蛀食5～7cm 后再沿树干向下蛀食，母坑道即向根部扩展，坑道内充满红棕色粒状虫粪及木屑混合物。雌成虫边取食边产卵。卵产于母坑道两侧或一侧，卵散乱或成层包埋在疏松的虫粪中，每雌产卵 60～157 粒。该虫侵害主干 1.5m 以下直至土壤内距根基 3.5m，直径 1.5cm的侧根及二级侧根；为害部树干较粗时形成长条形的扇形共同坑，在较细的侧根部位则环食韧皮部。

该虫喜光，林分郁闭度大则受害较轻。种群密度较低时主要为害新伐桩、新伐倒木和过火木等；种群密度较大时则入侵为害胸径大于 10cm、树龄在 20 年以上的健康木，并由被害虫源木向周围扩散，因此在林分中呈点、片状分布。

3. 传播途径　成虫随风飞行而扩散，年可蔓延 16km 以上。远距离传播借助松材的调运。

4. 检疫技术与方法　①仔细检查害虫发生地未经检疫和剥皮处理的松树原木、伐桩，查看其表面有无侵入孔（侵入孔周围有红褐色或灰白色漏斗状或不规则凝脂块，或者树干基有红褐色或灰白色凝脂块碎末）和羽化孔。对可疑松树及来自疫区的松材应撬开树干或根部树皮，查看皮层内是否有幼虫、成虫、卵和蛹及坑道、坑道内是否有红褐色细粒状虫粪和木屑。②发现疫情时，对带虫原木进行剥皮处理，烧毁或深埋树皮，或用1 500倍液的 2.5%菊酯喷洒毒杀；对带虫原木用 3.2g/片、56%的磷化铝片剂，按照 20～30g/m^3 和 12～15g/m^3 分别熏蒸 24h 和 72h。③无处理条件的疫区，严禁调运。

5. 防治方法　①在疫情发生区或毗邻林内，用红脂大小蠹引诱剂诱杀或进行种群动态监测。②利用 40cm 长的新鲜油松饵木段引诱，然后用磷化铝片剂熏杀。③树干围裙熏杀蛀入树干的成、幼虫，即将被害木树干 1.5m 以下用塑料布密封，并投放 3～4 片（3.2g/片）磷化铝片。④采用 40%氧化乐果乳油或 80%敌敌畏乳油 5 倍液稀释液树干打孔注药（5ml/孔），防治效果可达 80%以上。

（二）双钩异翅长蠹

双钩异翅长蠹［*Heterobostrychus aequalis*（Waterhouse）］属鞘翅目长蠹科。英文名 kapok borer，oriental wood borer。国内分布于云南、广东、广西、海南、香港、台湾等地。国外分布于东南亚、日本、巴布亚新几内亚、美国、古巴、苏里南、马达加斯加。该虫钻蛀热带及亚热带地区的木材、锯材、竹材、藤料及其制品。

1. 形态特征（图 7-9）

（1）成虫　体长 6.0～9.2mm，圆柱形，赤褐色。头部黑色，具粒状突。触角 10 节，鞭节 6 节，锤状部 3 节，长度超过触角全长的 1/2。前胸背板前缘弧状凹入，两侧各有 1 齿突，两侧缘有 5～6 齿，后缘角呈直角。前半部突起，锯齿状，后半部突起，颗粒状。小盾片四边形，光滑无毛。鞘翅刻点沟之刻点近圆而深凹，沟间部光滑，无毛。鞘翅两侧缘平行，但至后部 1/4 处急缩成斜面，雄虫在斜面两侧具上大、下小 2 对钩状突，雌虫则仅具微隆。

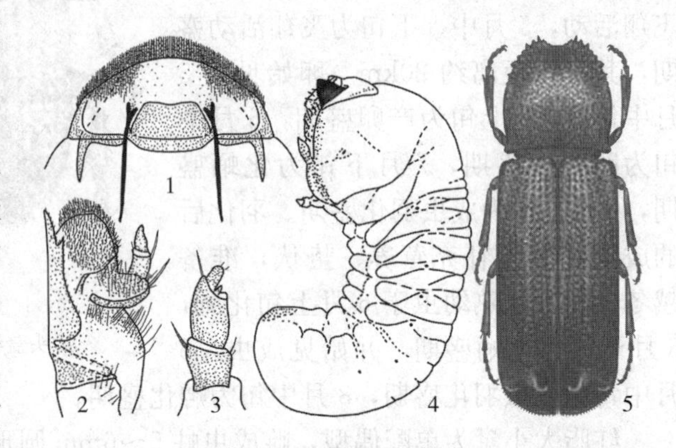

图 7-9　双钩异翅长蠹

1. 内唇　2. 左下颚腹面　3. 左触角腹面　4. 幼虫　5. 雄成虫

（参考 Robert E. Woodruff）

（2）幼虫　乳白色，肥胖，弯曲，具褶皱。体长 8.5～10mm，胸部粗大。头部大部缩入前胸，背中央有 1 白色中线，前额密被黄褐色短绒毛，腹部侧下缘亦具短绒毛。气门椭圆形，黄褐色。

（3）蛹　蛹长 7～10mm，乳白色。触角锤状部 3 节明显。前胸背板前缘凹入，两侧锯齿状突起乳白色，中胸背中央有 1 瘤突。腹部各节近后缘中部有 1 列浅褐色毛，第 6 节毛列多呈倒 V 形排列。

2. 生物学及习性　1 年 2～3 代。全年可见幼虫和成虫。以老熟幼虫或成虫在寄主内越冬。越冬幼虫于翌年 3 月中、下旬化蛹，蛹期 9～12d，3 月下旬至 4 月下旬为羽化盛期。当年第 1 代成虫 6 月下旬至 7 月上旬羽化；第 2 代 10 月上、中旬羽化，但部分则以老熟幼虫越冬，来年与第 3 代（越冬代）成虫羽化期重叠；第 3 代 10 月上旬以幼虫越冬，翌年 3 月中旬至 5 月开始化蛹，3 月下旬开始羽化。成虫期寿命约 2 个月，越冬代可达 5 个月。

成虫喜在傍晚至夜间活动，稍有趋光性，群集为害，能蛀穿尼龙薄膜、窗架的玻璃胶而外逃。羽化 2～3d 后在木材表面蛀食，形成浅窝或虫孔，并排出粉状物。蛀孔见于树皮及边材，蛀道多沿木材纵向伸展，弯曲、交错，直径 3～6mm，长 30cm，深 5～7cm，横截面圆形，其中充满紧密的粉状排泄物。当为害伐倒木、新剥皮原木、木质制品或弃皮藤料时，粉状蛀屑常被排出蛀道。

3. 传播途径　双钩异翅长蠹成虫通过成虫爬行和迁飞作短距离的传播。远距离传播主要是通过人为调运木材、竹材、藤材及其制品、运输工具传播。

4. 检疫技术与方法　①木材调运及检查储木场、加工厂等时，仔细查看各类木材、竹材及其所有木制品表面与缝隙处是否有虫体、粉状物；藤料是否失去韧性、易断，或有蛀孔

和虫粪。②剖开被检材料，查看是否有蛀道、幼虫、蛹、成虫。③批量携虫木、藤料及其制品、包装箱等，在20～25℃下可采用30～40g/m^{3}溴甲烷、20～40g/m^{3}硫酰氟、20g/m^{3}磷化铝熏蒸24h、20～22h和72h。少量有虫藤料，可在20℃下可用250g/m^{3}的SO_2或10 g/m^{3}磷化铝熏蒸处理24h和72h。厚度2～3cm的木制品（家具、人造板等），可在相对湿度80%、65～67℃下烘烤2h。水浸携虫木材应不少于1个月。

5. 防治方法　①在疫情区，对建筑用材可采用5%硼酚合剂浸泡40～160min保护处理，或在93℃下烘烤染虫材料10～20min。②对有可能感染疫情的场所（包括所有物品、墙壁、木柱、地面及顶棚），每10d用500倍液敌敌畏全面喷洒1次，连续喷3次。③亦可利用斯氏线虫［*Steinernema feltiae*（Filipjev）］A24品系感染双钩异翅长蠹。

（三）杨干象

杨干象［*Cryptorrhynchus lapathi* Linnaeus］属鞘翅目象甲科。又名杨干隐喙象，英文名称osier weevil，poplar and willow weevil。分布于我国东北及陕西、甘肃、新疆、河北、山西、内蒙古，以及日本、朝鲜、俄罗斯、匈牙利、捷克、德国、英国、法国、意大利以及北美。为害杨、柳、桤木和桦树。

1. 形态特征（图7-10）

（1）成虫　雌虫体长10mm，雄虫8mm。黑褐色，喙、触角及跗节赤褐色。密被灰褐色鳞片，白色鳞片散生并形成不规则横带，前胸背板两侧、鞘翅后端1/3处及腿节上的白色鳞片最密；直立的黑色毛簇在喙基部1对，前胸背板前方1对，后方横列3个，鞘翅第二及第四刻点沟间部6个。喙弯曲，密布刻点，中央1纵隆线。前胸背板较宽，中央有1细纵隆线。鞘翅宽于前胸背板，后端1/3向后倾斜，逐渐收缩成1个三角形斜面。雌虫末端尖，雄虫末端圆。红尾型鳞片粉红色。

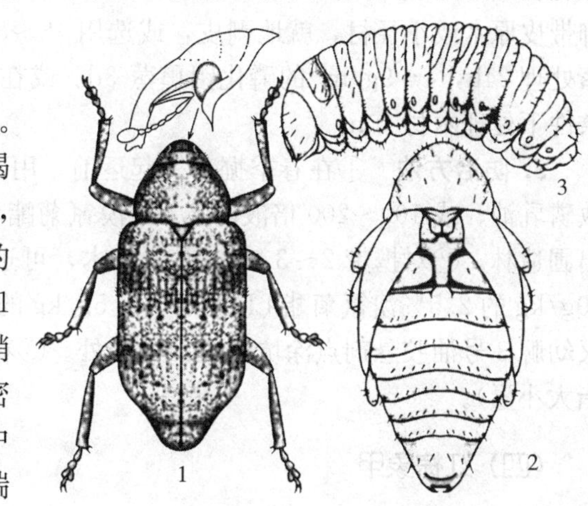

图7-10　杨干象
1. 成虫　2. 蛹　3. 幼虫

（2）卵　乳白色，椭圆形，1.3mm×0.8mm。

（3）幼虫　乳白色，末龄幼虫体长9mm，被稀疏短黄毛。头部前缘中央有2对、侧缘有3个粗刚毛，背面有3对刺毛。前胸有1对黄色硬皮板，中、后胸分2小节，1～7腹节分3小节。胸足退化，退化痕迹处有数根黄毛。气门黄褐色。

（4）蛹　乳白色，体长8～9mm，前胸背板有数个刺突，腹背散生小刺，腹末有1对内弯的褐色小钩。

2. 生物学及习性　在陕西和辽宁年1代。以卵或初龄幼虫在枝干内越冬。翌年4月下旬越冬幼虫或卵开始活动或孵化，取食韧皮部与木质部间木栓层，虫道片状、圆形，深入韧皮部与木质部之间后环绕树干约37mm，蛀入孔有红褐色丝状排泄物排出，被害处上部枝条干枯或折断。5月下旬在木质部化蛹，蛹期10～15d，6月下旬成虫羽化。7月下旬交尾产卵，卵期7～18d。幼虫孵化后即越冬或以卵直接越冬。被害枝干处有刀砍状横裂，色变深，油渍状。

成虫多在早晚活动，善爬，很少飞行，假死性较强，寿命30～40d；取食嫩枝皮层、叶片补充营养，在被害枝上咬啄无数刺状小孔，诱发烂皮病，加速树木死亡；自叶背啃食叶肉后残留表皮，使被害叶成网状。15～20℃、60％～90％相对湿度时活动最盛，闷热和阴雨天潜藏于根际土壤缝隙、旧虫孔和叶腋等处。成虫多产卵于3年生以上幼树或枝条的叶痕及树皮裂缝中。产卵前咬1小孔，每孔产卵1粒，并用黑色排泄物封堵，每雌产卵约44粒。该虫主要为害欧美杨和加拿大杨，很少为害小青杨和小叶杨。蟾蜍捕食成虫，棕腹啄木鸟、斑啄木鸟和黑褐毛蚁捕食幼虫，兜姬蜂、球孢白僵菌、线虫、枝顶孢霉和镰刀菌寄生幼虫。

3. 传播途径 杨干象自然扩散靠成虫爬行和飞翔。远距离传播借助人为调运携带有越冬卵或幼虫和蛹的苗木或新采伐的带皮原木。

4. 检疫技术与方法 ①调运该虫寄主的苗木、幼树、带皮原木时，应仔细察看是否有幼虫的侵入孔或红褐色丝状排泄物、虫粪，树皮是否有刀砍状裂纹，木质部是否有圆柱形的纵坑及幼虫和蛹。在苗木栽植当年的5月再复查1次，调查有无上述幼虫的为害状。②对携带有幼虫、蛹或卵的苗木（含插条、接穗），用溴氰菊酯1 000～2 500倍液浸泡5min。③杨柳带皮原木或小径材，就地剥皮，或选用48～80g/m³ 的溴甲烷、64～104g/m³ 的硫酰氟熏蒸处理24h，4～9g/m³ 的磷化铝熏蒸3d。或在相对湿度达到60％、60℃（木材中心温度）条件下处理木材10h。

5. 防治方法 ①在春季掘苗、起运前，用50～100倍液的40％氧化乐果乳油或40％久效磷乳油、或100～200倍液的2.2％溴氰菊酯乳油全面喷洒树干，经检查确认无虫后才能出圃造林。②对携带2～3龄幼虫的苗木，可选用2 000μg/g的4.9％氧化乐果微胶囊剂或10g/kg的2.5％溴氰菊酯LD缓释膏、5g/kg的2.5％溴氰菊酯BD缓释膏、10g/kg的25％灭幼脲3号油胶悬剂点涂坑道表面排粪处。③春、秋两季，树干打孔注药防治幼虫（详见红脂大小蠹）。

（四）红棕象甲

红棕象甲［*Rhynchophorus ferrugineus*（Olivier）］属鞘翅目象甲科。又名锈色棕榈象、椰子隐喙象，英文名red palm weevil。国内分布于上海、福建、广东、广西、海南、香港、台湾等地。国外分布于东南亚。严重为害椰子、油棕等棕榈科植物。该虫从树干伤口、裂缝、幼树根际等处蛀入，造成生长点迅速坏死，同时，也传带椰子红环腐线虫［*Rhadinaphelenchus cocophilus*（Cobb）Goodey］。

1. 形态特征（图7-11）

（1）成虫 体长28～35mm，红褐色，头部延长成管状，触角膝状，端部数节膨大。前胸背板有6～8个黑斑，排成两行。

（2）卵 长椭圆形，乳白色，长约2.6mm。

（3）幼虫 乳白色，象虫形。老熟幼

图7-11 红棕象甲
1. 成虫 2. 卵 3. 茧

虫体长 40～45mm。

(4) 蛹　长约 35mm，离蛹，外被长椭圆形的茧。

2. 生物学及习性　1 年 2～3 代，世代重叠。4～10 月为为害盛期，6 月和 11 月为成虫活动期。成虫有迁飞、群居、假死、多次交尾习性，常在晨间或傍晚活动。羽化后即可交尾。交尾后可当天产卵，产卵量 162～350 粒。雌成虫常将卵产于幼树叶柄的裂缝、树木损伤部位等处，或用喙在树冠基部幼嫩组织上蛀洞后产卵，卵散产，1 处 1 粒。卵期 2～5d，幼虫期 30～90d。幼虫孵化后即向四周蛀食，形成纵横交错的蛀道。老熟幼虫用植株纤维茧化蛹，预蛹期 3～7d，蛹期 8～20d。成虫羽化后在茧内停留 4～7d。受害寄主叶片发黄，后期从基部折下，严重时叶片脱落仅剩树干，直至死亡。

3. 传播途径　红棕象甲靠成虫的飞翔扩散，靠染虫植株的调运进行远距离传播。

4. 检疫技术与方法　①在寄主栽植地，调查叶片数量是否减少，叶片是否有倒披现象，叶心部是否枯死，叶腋下是否有成虫。②移去叶柄，查看是否有蛀入孔，是否有红褐色黏液及纤维屑排出。③剖开树干看是否有成虫、幼虫和蛹。④检查调运植株及集装箱或包装物、箱内是否有虫孔、虫粪、成虫、幼虫和蛹等。如发现有虫植株应立即集中销毁。⑤如发现产地有严重被害植株，也应销毁。

5. 防治方法　①若树干被害，可用 1%除虫菊素＋增效醚或丁硫克百威、嘧啶磷注射防治，或在树干上打孔放置磷化铝防治。②如树冠被害，可在植株叶腋处填放 5%的氯丹与沙子的拌和物；或在伤口和裂缝处涂抹煤焦油或氯丹等防治。③对于高大的受害植株，挖出一条营养根并斜割一切口，将装有 10ml 内吸性杀虫剂原液的玻璃瓶口用棉花塞紧，然后将瓶口置于根部的切口处，覆土；或树干打孔注射稀释后的内吸性杀虫剂。④用桶式诱捕器及信息素（4-甲基-5 壬醇、4-甲基-5 壬酮）诱杀成虫。⑤也可利用小卷蛾斯氏线虫［*Steinernema carpocapsae* Weiser］和异小杆线虫［*Heteorhabditis* sp.］防治幼虫。

(五) 青杨脊虎天牛

青杨脊虎天牛［*Xylotrechus rusticus*（Linnaeus)］属鞘翅目天牛科。又名青杨虎天牛，英文名称 grey tiger longicorn。国内分布于黑龙江、吉林、辽宁、内蒙古、上海等省、自治区、直辖市，国外分布于伊朗、土耳其、俄罗斯、蒙古、朝鲜、日本和欧洲。主要为害杨属、柳属、桦木属、栎属、山毛榉属、椴树属和榆属等多种植物。

1. 形态特征（图 7-12）

(1) 成虫　体长 11～22mm，宽 3.1～6.2mm，黑色。触角 10 节，第 1 节与第 4 节等长，短于第 3 节。前胸球状隆起，宽略大于长，具 2 条断续的淡黄色斑。鞘翅内、外缘末端钝圆，翅面细刻点密，淡黄色模糊横波纹 3 或 4 条。后足胫节有 2 端距，第 1 跗节长于其余节之和。体腹面密被淡黄色绒毛。

(2) 卵　乳白色，长椭圆形，长约 2mm。

(3) 幼虫　黄白色，老熟时长 30～40mm，具短毛，头淡黄褐色，缩入前胸内。前胸背板具黄褐色斑

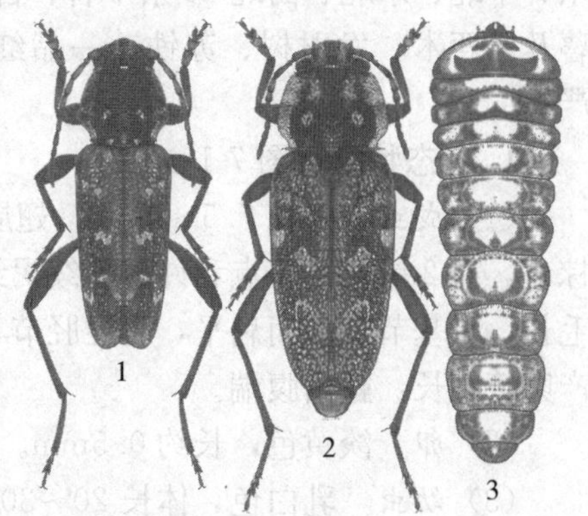

图 7-12　青杨脊虎天牛

1. 雄成虫　2. 雌成虫　3. 幼虫

纹。腹部自第1节向后逐渐变窄而伸长。

（4）蛹　黄白色，长18～33mm。头部下倾于前胸之下，触角由两侧曲卷于腹下。羽化前复眼、附肢及翅芽黑色。

2. 生物学及习性　1年1代。以幼虫在干、枝的木质部蛀道内越冬。翌年4～5月越冬幼虫活动为害，5月下旬至6月中旬化蛹，5月下旬成虫羽化飞出。羽化后即可在干、枝上交尾。卵堆产于老树皮的夹层或裂缝里。6月中旬至7月上旬幼虫孵化后即钻蛀为害，7～8月在韧皮和木质部间为害，8～10月蛀入木质部取食，坑道可直达髓心，10月下旬进入冬眠状态。

成虫飞翔力不强。常产卵于树干，7～15年生中、老龄树木落卵多，受害重。4年以下几乎不受害；15年生以上受害渐轻；主干比侧枝受害重，下部枝干较上部受害重；凡被害的干、枝，原部位不再重复被害。被害部位集中于地面以上4m内的树干与大枝条上。由于被害部位集中，受害木极易风折；被害寄主木质部与韧皮部开裂，树干有红色液体，树皮有直径5～7mm圆形羽化孔。

3. 传播途径　在虫源地或发生地，该虫的扩散依靠成虫的飞翔。原木、中龄树木携带卵、幼虫、蛹，运输工具和包装物夹带成虫的长途调运使其远距离传播。

4. 检疫技术与方法　①产地及调运检疫应详细调查寄主是否有该虫的为害状。②对可疑木应解剖查看蛀道内是否有红褐色虫粪、细木屑、幼虫、蛹。③严重被害木应就地销毁或加工成厚度2cm以下的薄板，或加工成木片等；对有利用价值的虫害木，在20～25℃下，用7～10g/m³ 磷化铝熏蒸7～10d。

5. 防治方法　①严重受害林可采取砍伐、清除、销毁措施，清除虫源。②在成虫羽化期，喷施绿色威雷微胶囊1次，封杀羽化后的成虫；或使用1∶20的黏虫胶与2.5%敌杀死，在树干高5～10cm处涂3～5cm的药环，诱杀效果可达88.9%。③用25%敌杀死乳油100倍液，在树干基部打孔注药（5ml/株），杀虫率可达90%以上。

（六）蔗扁蛾

蔗扁蛾［*Opogona sacchari*（Bojer）］属鳞翅目辉蛾科。又名香蕉蛾，英文名sugar cane borer，banana moth。原产非洲，1987年随巴西木进入广州，现已传入我国华南、华东、华北、东北、西北10余个省、自治区、直辖市，为害香蕉、甘蔗、玉米、马铃薯、甘薯及巴西木、发财树、苏铁、一品红等名贵花卉，在花卉苗木生产基地及甘蔗产区为害严重。

1. 形态特征（图7-13）

（1）成虫　体长7.5～9mm，翅展18～26mm。体黄褐色，腹面色淡。前翅披针形，深棕色，有2黑褐色斑点和许多断续褐纹，雄蛾褐纹成较完整的纵斑。后翅色淡，披针形，缘毛长。足基节宽大而扁平，后足胫节具长毛，中距靠上。腹部扁平，腹板两侧具褐斑。雌蛾产卵管细长，露出腹端。

（2）卵　淡黄色，长约0.5mm。

（3）幼虫　乳白色，体长20～30mm。头暗红褐色，前口式，上颚5齿。胸、腹部各节背、侧面各有4毛片。腹足5对，第3～6节腹足趾钩二横带式，臀足单横带式。

（4）蛹　长约10mm，背面暗红褐，腹面淡褐色。头顶额突坚硬，黑色。触角、翅芽、

后足紧贴，与蛹体分离。茧白色，长 14～20mm，表面黏以木丝碎片及粪粒等。羽化后蛹皮 1/2 露出茧外。

2. 生物学及习性　在北京 1 年 3～4 代。15℃时生活周期约为 3 个月，温度较高时 1 年可发生 8 代。以幼虫在温室盆栽花木的盆土中越冬。来年当温度适宜时上树蛀食干皮，蛀食期长达 37～75d。幼虫 7 龄。夏季老熟幼虫多在木桩顶部或上部的表皮吐丝结茧化蛹，秋冬季则多在花盆土下结茧化蛹。茧外黏着土粒等。蛹期 15d。成虫寿命约 5d。成虫喜暗，羽化后爬行迅速，有补充营养和趋糖的习性。羽化后 4～7d 多卵产于寄主未展开的叶和茎上。产卵量 253.05±65.18。卵期 4d。初孵幼虫吐丝下垂，很快钻入被害植物皮下取食。发生严重时寄主皮层几全部被食空，只余一层薄外皮，3 年生以上巴西木木段受害重。

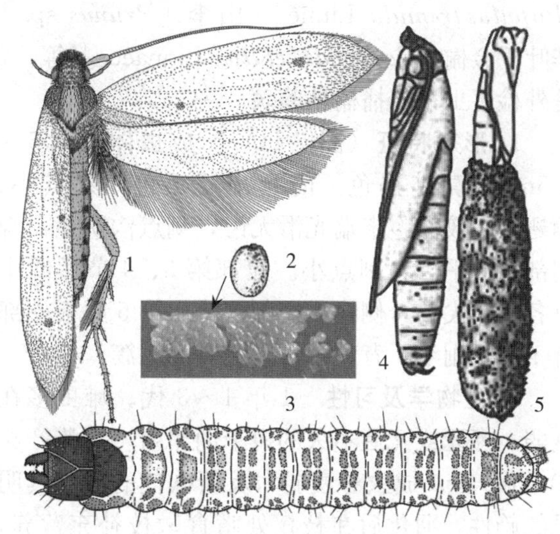

图 7-13　蔗扁蛾

1. 成虫　2. 卵　3. 幼虫　4. 蛹　5. 茧

3. 传播途径　蔗扁蛾依靠成虫飞翔进行自然传播，但远距离传播主要靠寄主植物的携带，借调运传播。

4. 检疫技术与方法　①在温室等种苗繁育基地，调查叶片是否萎蔫、褪绿，寄主的茎干、根茎部、根部组织是否变软疏松，茎皮部是否可见直径为 1.5～2mm 的蛀孔。②剖开寄主树皮，检查是否有棕色和深棕色颗粒状虫粪及蛀屑，是否有幼虫和蛹。③销毁重症植株，用3 000倍液的 18%虫螨克喷洒健株或灌根。④15～20℃下，用 50g/m^3 溴甲烷或 2～10g/m^3 磷化铝熏蒸有虫植株 2h、24h；或用 ZXX-65 真空循环熏蒸设备，20℃，5～10kPa，24g/m^3 溴甲烷熏蒸有虫植株 1h，或 44℃热水浸泡有虫植株 30min。

5. 防治方法　①严禁疫情温室植物调出，集中烧毁或深埋感虫植物，用1 500～2 000倍液的菊酯类农药全面喷洒疫情温室中的所有其他植物。②对有虫的植株，可用 20%菊杀乳油等刷树干、淋干、喷雾，开始 7～10d 处理 1 次，以后可每月处理 1 次。③也可使用2 857条/ml 的小卷蛾线虫喷雾防治，或用注射器将其直接注入受害部位（受害部应被湿润）。④剥开受害部表皮，直接杀死幼虫、蛹。⑤用 20%速灭杀丁2 500倍液浸泡苗木 5min，晾干后栽植。

二、外检林木蛀干害虫

外检林木蛀干害虫主要包括欧洲大榆小蠹、美洲榆小蠹、山松大小蠹、棕榈象甲、暗梗天牛、椰蛀梗象等。

（一）欧洲大榆小蠹

欧洲大榆小蠹［*Scolytus scolytus*（Fabricius）］属鞘翅目小蠹虫科。英文名 larger elm bark beetle。分布于欧洲、中亚各国。为害榆属［*Ulmus* spp.］，偶尔为害欧洲山杨

[*Populus tremula* Linné]、山李 [*Prunus* sp.]、东方山毛榉 [*Fagus orientalis* Lipsky]、桦叶千金榆 [*Carpinus betulus* Linnaeus] 等，常与欧洲榆小蠹混合发生。该两种小蠹虫均是外检害虫，传播榆枯萎病。

1. 形态特征（图 7-14） 成虫体长 3.5～5.5mm，亮红褐色。前胸背板黑色，刻点小。鞘翅基缝较深，末端光滑无齿，刻点沟明显，沟间部宽而平滑，刻点小。腹部第 3、4 节后缘中央各有 1 尖突，侧缘无突刺。雄虫第 5 腹板端部有 1 排长刚毛，背观鞘翅末端有 2 毛簇。

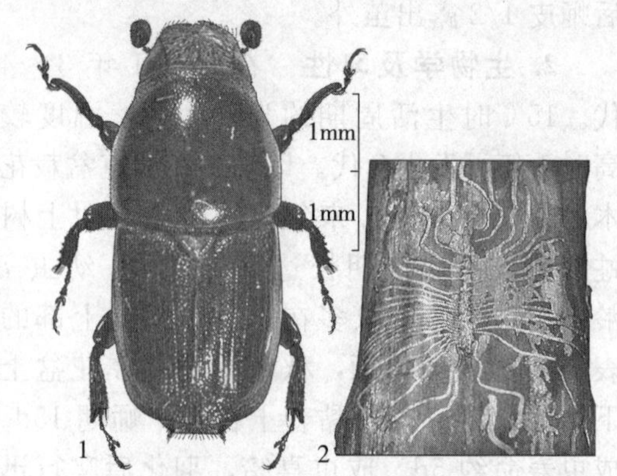

图 7-14 欧洲大榆小蠹

1. 成虫 2. 单纵坑形坑道

2. 生物学及习性 1 年 1～3 代。雌虫多在衰弱、濒死或死后不久的树干内繁殖。每雌产卵 80～140 粒。成虫对衰弱木及新砍伐的枝干具明显的趋性。羽化后在枝杈处啃食嫩枝补充营养，在主干、粗枝上钻圆形、直径约 1mm 的孔侵入树干，然后在形成层蛀成纵向母坑道，并产卵。幼虫孵化后横向蛀食，形成细长的子坑道。

3. 传播途径 靠成虫飞行扩散，借助运输寄主植物携带各虫态而远距离传播。

4. 检疫技术与方法 ①禁止进口榆树及其苗木，需要进口时应办理审批手续。②严格检验进口的榆树原木，检查表皮部分有无虫孔洞和蛀屑、虫孔。③剥皮检查有无成虫、卵、幼虫或蛹，并将所采标本送实验室鉴定。④对携带该虫的原木等严格禁运，就地销毁，或集中高温干燥处理。

5. 防治方法 ①如果榆树已被该虫为害，应坚决清理、烧毁。对周围的榆树应加强修剪，去掉枯枝及风折或受损枝条，集中烧毁，杜绝小蠹虫的入侵和繁殖。②我国西北地区的周边国家已发生该虫，当地应选种抗榆枯萎病的榆树品种。

（二）美洲榆小蠹

美洲榆小蠹 [*Hylurgopinus rufipes* (Eichhoff)] 属鞘翅目小蠹虫科。英文名 native elm bark beetle。分布于加拿大、美国。为害榆 [*Ulmus* spp.]、白蜡 [*Fraxinus* spp.]、李 [*Prunus* spp.]、椴 [*Tilia* spp.] 等。

1. 形态特征（图 7-15） 成虫圆柱形，长2.4～3.0mm，暗褐色，被浅黄短毛。触角锤状部亚卵形，端部较狭。前胸背板布满刻点，长宽近等。前端窄缩，近前端约 1/3 处浅横缢，后部中央有 1 个短平隆起。鞘翅前部两侧 2/3 近平行，后部球面状。点刻沟内刻点深陷，沟间部较窄，表面粗糙。前足基节窝分开。

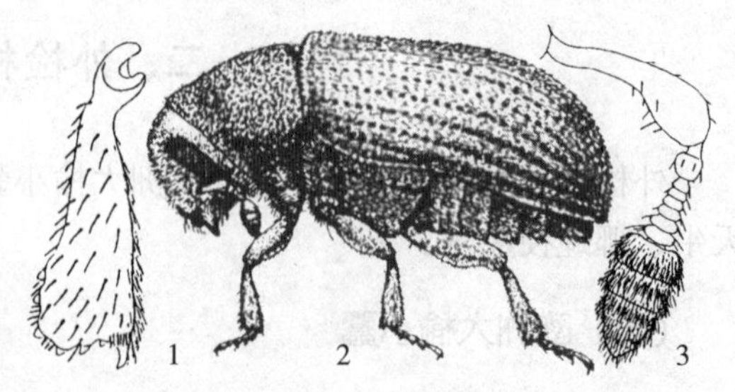

图 7-15 美洲榆小蠹

1. 后足胫节 2. 成虫 3. 触角

2. 生物学及习性 在北美以老熟幼虫和成虫越冬。5 月开始活动。卵期 5～6d，幼虫 5～6 龄，幼虫期 40～50d，蛹期 8～12d。成虫羽化高峰多在 8 月中旬。成虫羽化后在榆树嫩枝上取食补充营养。该虫常为害衰弱和濒死木，也是榆枯萎病的传播者，虫体外携带病菌孢子，

在其蛀食健康榆树时即可传染病原，使其发病。坑道复横坑，且常为二分叉型；幼虫（子）坑道纵向垂直于母坑道，深入形成层；母坑道横向，主要在树皮内及边材表面。

3. 传播途径 仅分布于北美，靠调运其寄主原木远距离传播。

4. 检疫技术与方法 禁止进口榆类木材、苗木，应对北美输入的寄主植物原木严加检查。防治见欧洲大榆小蠹。

（三）山松大小蠹

山松大小蠹［*Dendroctonus ponderosae*（Hopkins）］属鞘翅目小蠹虫科。英文名 mountain pine beetle，black hills beetle。分布于美国加利福尼亚以北的北美地区。为害松属树种，是北美的重要森林害虫，1894—1908 年、1925—1935 年在美国西部大流行，导致大量松树死亡。1981 年在美国的发生面积为 441 万 hm^2，1987 年为 244 万 hm^2，1988 年为 220 万 hm^2，并引起 585 万株松树死亡。

图 7-16 山松大小蠹

1. 形态特征（图 7-16）

（1）成虫 体长 3.5～6.8mm，为宽的 2.2 倍，褐至黑褐色。颅中缝止于两眼上缘之间，口上突基部宽阔，基缘为若干小段拼接而成，额毛短而劲直。前胸背板长为宽的 0.66 倍，圆形刻点及茸毛稠密。雌虫背板亚前缘部无横缢带。鞘翅长为两翅合宽的 1.5 倍，为前胸背板长的 2.25 倍。刻点沟下陷，刻点圆大；沟间部略隆起，表面粗糙。翅面茸毛刚直松散，长短不一。

（2）幼虫 额后角钝，中部之后有 1 横突；唇基横直，具 1 微弱中隆，端部凹陷宽阔；上唇宽度不及长度的 1/2。

（3）蛹 额部和中足腿节各有 1 小端刺。腹部第 1 节无刺，第 2、3、6 节各有 1 对背刺和侧刺，第 4、5 节各有 1 对背刺及 3 对侧刺，第 7 节有 1 对背刺，第 8 节有 1 对侧刺。

2. 生物学及习性 1 年 1 代。以 2～3 龄幼虫越冬。成虫发生于 7 月中下旬。卵期 7～10d，幼虫期约 300d，蛹期 14～28d。雌虫从树皮缝隙处侵入树株后斜向上咬筑坑道，随后雄虫侵入，负责排除木屑、交尾。母坑道建成后，雄虫用木屑堵塞侵入孔、并离去，另寻其他坑道中的雌虫再交配、协助筑坑。沿母坑道每侧排列卵龛 1～5 个。幼虫孵化后自母坑道一侧垂直取食，并咬出 1～2cm 长的子坑道，子坑道起初狭窄，尔后骤然扩大成不规则形，2～3 龄幼虫即在扩大处越冬、化蛹和羽化。该虫喜为害衰老树、采伐木、倾斜及倒株，但在大发生年份则可为害健康木。

3. 传播途径 靠携带活体幼虫、蛹及成虫的虫蛀木材远途运输和成虫扩散而传播。

4. 检疫技术与方法 ①仔细检查进口及该虫发生区的松材、原木的表皮有无虫孔和蛀孔屑，然后剥皮查看有无坑道、活体虫态，并收集、鉴定。②一旦发现进口、调运木材带虫，应采取退货、销毁措施，或在 15℃条件下使用溴甲烷 32g/m^3 熏蒸 24h 或硫酰氟 64 g/m^3 熏蒸 24h，或水浸 1 个月以上。

5. 防治方法 ①清除受侵害的树木，并用林丹密闭熏蒸被害树干和枝条。②用有内吸作用的农药如氧化乐果等喷雾、涂树干、树干注药以杀死幼虫和成虫。

(四) 棕榈象甲

棕榈象甲 [*Rhynchophorus palmarum* (Linnaeus)] 属鞘翅目象甲科。又名椰子象甲，英文名 South American palm weevil，grugru beetle。分布于美国及中美洲和南美洲、西印度群岛。寄主包括棕榈科植物及香蕉、木瓜、可可、甘蔗等作物。成虫传播椰子红环腐线虫，使椰子产生严重损失。红棕象甲、紫棕象甲 [*Rhynchophorus phoenicis* (Fabricius)]、亚棕象甲 [*Rhynchophorus vulneratus* (Panzer)] 都是外检害虫。

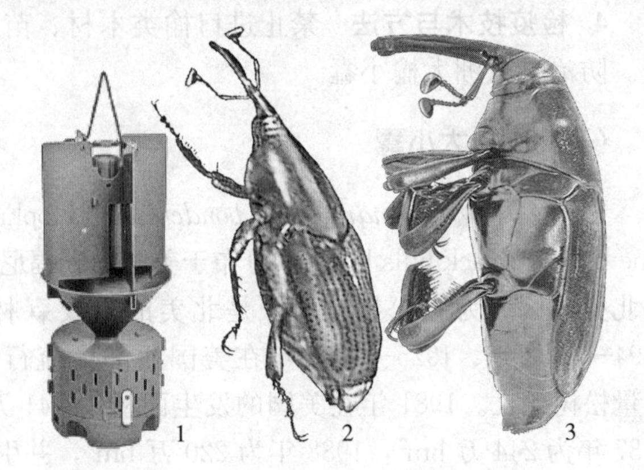

图 7-17 棕榈象甲

1. 桶式诱捕器 2. 成虫 3. 成虫侧面观

1. 形态特征（图 7-17）

（1）成虫 体长 29～44mm，黑色，长卵形。喙短于前胸背板。触角粗大，端部三角形，触角窝深而宽，触角沟刻点稀疏，具 1 中隆线。小盾片三角形，光亮。鞘翅缝的行纹不伸达基部，行纹的第 4 与 5、6 与 7 端部相连，行间宽度是行纹宽的 5～8 倍。后胸前侧片宽大，近矩形。足黑色，刻点细。

（2）卵 长 2.50mm，淡黄褐色，卵膜薄而透明。

（3）幼虫 老熟时体长 44.0～57.0mm，大而粗，浅黄白色。头红褐色，近圆形。气门在中胸 1 对，二唇状，腹部第 1～8 节各 1 对，椭圆形。雄虫有分叉的背刚毛。

（4）蛹 长 40～51mm，浅黄褐色，长卵形。喙背面有瘤 3 对，其上有毛。离蛹。茧较薄而软，纤维质（与红棕象甲相似）。

2. 生物学及习性 1 年繁殖数代，世代重叠。5 月和 11 月为成虫发生高峰期。成虫白天隐藏在叶腋与茎干基部、椰子园附近的垃圾堆或椰子壳堆中，傍晚及上午 9:00～11:00 时活动，飞翔迅速，可连续飞翔 4～6km，喜在 3～5 年生椰子叶柄基部的边缘取食。成虫喜选择新切割的树桩、树干破伤表面、树皮裂缝处产卵。产卵时咬 3～7mm 深的穴产卵其中，每穴产卵 1 粒。产卵后分泌蜡质封盖穴口。卵期 3d。1 龄幼虫直接钻入木质部沿树干垂直为害，幼虫蛀道长达 1m，老熟幼虫则在树皮下作茧化蛹。受害植株叶片变枯黄，最终枯死。一株 3～5 年生椰树如被 20～30 头幼虫为害，30～40d 可将树干蛀成空壳、风折；树冠和树干被蛀食后，生长点周围的组织即坏死、腐烂，产生难闻的气味。

3. 传播途径 成虫飞翔进行自然传播。棕榈象甲卵、幼虫及成虫随寄主植物的种苗及包装物的运输而远距离传播。

4. 检疫技术与方法 ①禁止从国内外疫区引进棕榈象甲寄主的种苗。②仔细检查进口棕榈等苗木的茎干和叶柄、切割伤口等处，及包装材料、运输工具与附带的残留物等有无棕榈象甲的卵、幼虫、蛹及成虫。③如发现货物带虫，应严格进行检疫处理或销毁。

5. 防治方法 ①种植棕榈等寄主植物时，要防止植株损伤，发现伤口应及时用油灰或拌有杀虫杀菌剂的混合土涂抹，以防成虫产卵。②对严重受害植株和死树，应尽快砍伐，并集中烧毁，防止该虫扩散蔓延。③在被害林内利用桶式诱捕器及引诱剂 [6-甲基-2（反）-庚烯-4-醇等] 诱杀成虫。

（五）椰蛀梗象

椰蛀梗象［*Homalinotus coriaceus*（Gyllenhal）］属鞘翅目象甲科。主要分布于南美洲。幼虫为害棕榈植物的花柄、叶柄，导致花、果脱落或叶凋落，从而引起减产。近年我国与中南美洲的棕榈植物苗木贸易交流频繁，极有可能被传入。

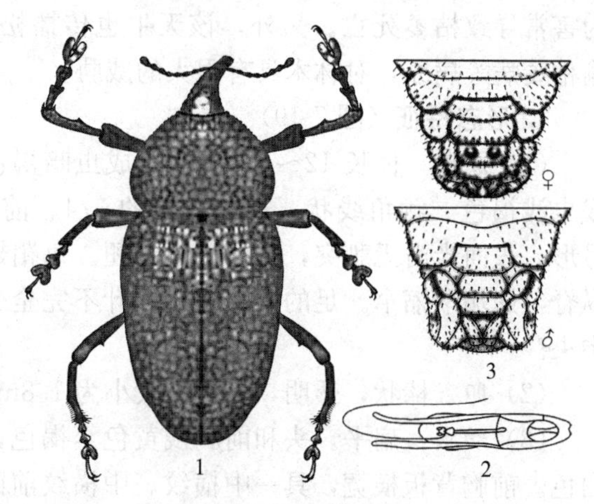

图 7-18　椰蛀梗象
1. 成虫　2. 雄外生殖器　3. 蛹腹部末端

1. 形态特征（图 7-18）　成虫体长20～50mm，体黑色，体表有或无散乱白斑点。喙粗壮，与前胸背板近等长。触角鞭节 7 节，第 1 鞭节至少与第 2、3 鞭节之和等长，第 7 鞭节膨大，布满绒毛，棒节略扁平。前胸背板与鞘翅等宽，布满点状瘤突，前胸背板基部有一纵向凹陷。鞘翅长约为前胸背板长的 2 倍。鞘翅刻点成行排列，刻点行间具凹陷的细沟。

2. 生物学及习性　成虫产卵于叶鞘、花朵的苞叶中或花梗上。每苞叶产卵 4～5 粒，但仅1～2 头幼虫能正常发育。幼虫孵化后先取食苞叶组织，再钻过花梗，向下蛀入茎干，在叶鞘里的树皮处蛀一个小而浅的虫道，老熟后用树干纤维作茧化蛹。

在 25℃±2℃、相对湿度 70%、光照 12h 条件下，卵历期 6～14d，幼虫 5～7 龄，历期约 144d，蛹期约 31d，从卵到发育至雌虫 181.9d，发育至雄虫 188.5d。雌虫寿命 303～695d，雄虫 246～635d。成虫飞翔力弱，耐饥饿能力强，在 20～30d 无食物的条件下仍然健康。

幼虫为害直接导致落果及花梗掉落。如 1 株椰子树 0.94m 长的挂果茎干上有 10 条以上的幼虫蛀道，常引起绝收。成虫躲藏在叶腋、花序中，蛀食雌花、嫩芽、花、花梗、老叶。如 1 花梗上有 10～15 个蛀洞，即导致花序死亡。幼果形成时，成虫即蛀洞，吸食其汁液。如幼果有 4～5 个孔洞时，果实则脱落。该虫生活部位隐蔽，常不易发现其为害，所造成的产量损失常达 80%以上。

3. 传播途径　靠成虫的飞行扩散，棕榈植物携带卵、幼虫、蛹及成虫运输而远距离传播。

4. 检疫技术与方法　①对我国从中南美洲引入的棕榈科植物苗木进行严格检疫，禁止从疫区国家进口棕榈科植物，或限量审批棕榈植物的进口。②对进口的棕榈科植物苗木要进行隔离种植观察。③口岸检疫时发现受害植物后，应当即刻销毁或熏蒸处理。

5. 预防及防治方法　①定期在我国南方的广东、海南、福建、广西等地，进行棕榈科植物尤其是椰子的疫情普查。②若发现该虫为害的植物，应立即焚毁，或用 16%虫线清、5%吡虫啉乳油等全面喷雾或浸泡。

（六）暗梗天牛

暗梗天牛［*Arhopalus tristis*（Fabricius）］属鞘翅目天牛科。暗梗天牛主要分布于欧洲及朝鲜、韩国、日本、非洲北部和新西兰。我国尚未发现其分布，但我国口岸已多次截获该虫。该虫主要为害松树等针叶树。幼虫对木材、原木的蛀食能力特别强，树木一旦被其为害常导致枯萎死亡。另外，该天牛也传播松材线虫病原、榆枯萎病等病原，对林木具有很大的威胁。

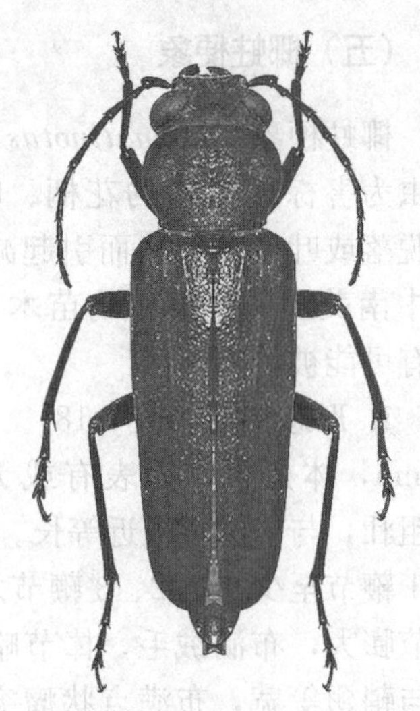
图 7-19 暗梗天牛

1. 形态特征（图 7-19）

（1）成虫　体长 12～30mm。雌成虫暗褐色至黑色，雄成虫浅褐色。触角线状，长为体长的 3/4。前胸背板弯曲，弓形，表面光滑无刺突，宽度小于鞘翅。每鞘翅具 2 条平行纵脊，翅端渐缩窄。足的第 3 跗节两叶不完全分裂，仅裂至中央。

（2）卵　棒状，透明，白色，大小为 1.8mm×0.5mm。

（3）幼虫　扁平。头和前胸浅黄色至褐色，其余部分乳白色。前胸背板横宽，具一中横纹。中横纹前区柔软，无微刺粒，后区两侧沟间骨化板硬，布满微刺粒。腹部后 3 节上侧片明显突出，第 7～8 节具侧瘤，腹部最后 1 节的末端着生 1 对黑色刺突。

2. 生物学及习性　多数个体 1 年 1 代，1/3 的个体 2 年 1 代。在新西兰每年 11 月到翌年 3 月为成虫活动期。成虫羽出后在傍晚或黄昏飞行，多产卵于衰弱木、原木、残桩、濒死或已死的松树树干、直径 60mm 以上的枝干。喜将卵成块产于树木的火痕部位或树皮裂缝中。单雌产卵量可达1 000粒。每卵块有卵 5～50 粒，卵期 10d。幼虫孵化后蛀入韧皮部、形成层、边材、木质部为害。蛀道不规则，横切面呈卵圆形，最大宽度约 12mm，长达 100mm，蛀道内充满红棕色的蛀屑。老熟幼虫在边材做 1 长 10～20mm 的纵向蛹室，并在树皮表面处咬一卵圆形出口，化蛹前幼虫用碎木屑将出口及连接蛹室的坑道塞满，尔后在蛹室中化蛹。蛹期 50d。

成虫雌雄性比为 2∶3，飞行距离可超过 3km。成虫对紫外光趋性较强，雌成虫对松树的单萜类挥发性物质有趋性。该虫对健康林木危害性不强，火灾后的松树受害严重。虫口多时可将被害木韧皮部完全食尽，致使 6m 高以下的主干树皮全部脱落，并将 50mm 厚的边材毁坏。该虫的天敌较少，在新西兰仅发现一种捕食幼虫的韦氏叩头甲［*Thoramus wakefieldi* Sharp］。

3. 传播途径　近距离扩散靠成虫的飞行，调运携带卵、幼虫、蛹及成虫的松材及其制品可使其远距离传播。

4. 检疫技术与方法　①加强检疫，严防该虫传入。②对从暗梗天牛分布国进口的原木、货物的木质包装材料，不论其是否有病虫害侵染，都必须进行熏蒸处理。③在签订进口货物合同时，应附加进境木制包装的检疫条款，要求供货方使用熏蒸过的木制包装物。④对发现有暗梗天牛为害的木材、原木，用溴甲烷 80g/m^3 熏蒸 12～24h；对板材制品用含除虫菊的烟雾剂进行熏蒸处理。

5. 防治方法　①当虫口数量不高时，可利用黑光灯诱捕成虫。②使用松类的单萜类挥发物和其他引诱剂，诱集成虫及监测其发生情况。③利用新鲜木段诱集成虫。④在暗梗天牛发生期，过火林地的木材必须在 6 周内全部处理。

三、国外重要的林木蛀干害虫

国外对我国林木构成威胁的蛀干害虫包括南部松大小蠹、西部松大小蠹、黑山大小蠹、花旗松大小蠹、红翅大小蠹、黑脂大小蠹、云杉松齿小蠹、类加州十齿小蠹、美东最小齿小蠹、南部松齿小蠹、欧洲榆小蠹、粗齿小蠹等。其中大小蠹属的多个种［*Dendroctonus* spp.］均是我国的外检对象。

1. 南部松大小蠹 南部松大小蠹［*Dendroctonus frontalis* Zimmermann］，英文名southern pine beetle。分布于爱尔兰、以色列、洪都拉斯、萨尔瓦多、危地马拉、墨西哥、美国。寄主是松属植物及恩氏云杉。寄主受害后树冠的颜色由绿色变为黄色、红色，在落叶前变为褐色。树皮的缝隙内、树干的基部有黄白色的木屑、树皮上有松脂和木屑的混合物。

2. 西部松大小蠹 西部松大小蠹［*Dendroctonus brevicomis* LeConte］，英文名western pine beetle。分布于加拿大南部、美国直至墨西哥中部。为害黄松和大果松。受害植株针叶开始变为浅绿、黄、橙、褐，落叶，树皮上的树脂和木屑混合物直径为6～13mm，受害较严重的树皮下坑道呈网状。

3. 花旗松大小蠹 花旗松大小蠹［*Dendroctonus pseudotsugae* Hopkins］，英文名Douglas fir beetle。分布于加拿大、美国、墨西哥。主要为害花旗松。受害木针叶变黄、橘红、红褐色。

4. 红翅大小蠹 红翅大小蠹［*Dendroctonus rufipennis*（Kirby）］，英文名spruce beetle。分布于南非、加拿大、墨西哥、美国。寄主有云杉类、冷杉、扭叶松及花旗松。被害木树干侵入孔处在夏季有红褐色的树脂和木屑的混合物。该虫常在立木一侧形成条状蛀道，受害木当年不死，树叶也不变色，但第2年夏季针叶变为黄绿色或橘红色。

5. 黑脂大小蠹 黑脂大小蠹［*Dendroctonus terebrans*（Oliver）］，英文名black turpentine beetle。分布于美国。寄主为松类。该虫为害新鲜的伐桩和活植株的下部，侵入孔处的松脂和木屑的混合物为白色、红褐色。受害木不立即死亡，但针叶变为黄、红褐及褪色后脱落。

6. 云杉松齿小蠹 云杉松齿小蠹［*Ips pini*（Say）］，英文名eastern pine engraver。分布于挪威、加拿大、墨西哥、美国等。为害松属植物。多为害活植株、新砍伐的原木、倒木，引起被害木死亡。直径10～20cm的立木最易受为害，侵入孔周围有红橙色堆积物，立木的针叶在受害数月后变色，脱落。

7. 类加州十齿小蠹 类加州十齿小蠹［*Ips paraconfusus* Lanier］，英文名California fivespined ips。分布于加拿大、美国。为害松属植物。该虫为害衰弱木、倒木或被其他害虫为害后的立木。母坑道纵向，3～5条子坑道横向延伸，幼虫的坑道相对较长。

8. 美东最小齿小蠹 美东最小齿小蠹［*Ips avulses*（Eichhoff）］，英文名small southern pine engraver。分布于美国。寄主为松类。立木受害后，针叶变黄、红，树干出现白色或黑红色小突起，侵入孔处有树脂和木屑的混合物。成虫所携带的真菌侵入木质部后，阻碍树液流动，加速树木的死亡，使部分木质部变为蓝色。

9. 南部松齿小蠹 南部松齿小蠹［*Ips grandicollis*（Eichhoff）］，英文名fivespined ips。分布于南非、北美及中南美洲诸国。主要为害松属植物。立木受害后，针叶变黄或红，树干出现白色或黑红色小突起，树皮上有树脂和木屑的混合物。成虫的侵入导致蓝变菌入侵，使木质部变为蓝色。

10. 粗齿小蠹 粗齿小蠹［*Ips calligraphus*（Germar)］，英文名 sixspined engraver。分布于菲律宾、南非、北美及中南美诸国。主要为害松属植物。受害立木针叶变黄或变红，树皮也会出现白色或黑红色小突起。

11. 欧洲榆小蠹 欧洲榆小蠹［*Scolytus multistriatus*（Marsham)］，英文名 smaller European elm bark beetle。分布于加拿大、美国、阿尔及利亚、澳大利亚、中东、欧洲及俄罗斯。主要为害榆树，也为害杨树、李树、栎树等。主要为害树干和粗枝的韧皮部，是榆树毁灭性病害即榆荷兰病菌的传播者。

对上述害虫，在检疫时应禁止从国外特别是疫情国进口榆树及其制品。对来自疫情国的货物、原木及其产品（包括包装铺垫材料），应仔细检查是否有虫孔、虫粪、活虫、虫残体等。发现可疑情况，应剖开树皮和木材检查，将查到的虫体尽快镜检以确诊。如发现货物携虫，则应采取退货、销毁、溴甲烷或硫酰氟熏蒸、水浸1个月以上等处理。

第三节　检疫性森林种实及枝梢害虫

我国的林木种子、苗木和果品的国际贸易量不断增加，而种实与枝梢害虫常难以及时发现，部分种类还传播植物病毒病害。该类害虫可通过多种途径与携带方式传播，繁殖及蔓延速度迅速，一旦传入常可使我国林果业生产遭受重大损失。

一、国内检疫性林木种实及枝梢害虫

我国的国内检疫性林木种实及枝梢害虫包括苹果蠹蛾、苹果绵蚜、枣大球蚧、芒果果肉象甲、葡萄根瘤蚜、蜜柑大实蝇、柑橘大实蝇等。其中所有实蝇均是检疫对象。

(一) 苹果绵蚜

苹果绵蚜［*Eriosoma lanigerum*（Hausmann)］属同翅目绵蚜科。又名苹果绵虫、白毛虫、棉花虫、血色蚜虫、白絮虫等。英文名 woolly apple aphid，Elmrosetteaphid。为害苹果、山荆子、花红、沙果和海棠及洋梨、山楂、花楸、美国榆等。该虫原产北美洲东部，1787年传入美国，1801年传入欧洲大陆，1860年和1870年先后传入俄罗斯和瑞士，1872年由美国传入日本，1880年由日本传入朝鲜，再传入我国。现已分布世界70多个国家。在我国仅分布于辽宁省（旅大和瓦房店以南）、山东省（烟台、青岛、蓬莱等）、云南省（昆明、禄丰、剑川等）、西藏自治区（拉萨）。

1. 形态特征（图7-20）

(1) 无翅胎生雌蚜　体长1.8～2.2mm，椭圆形。除喙末端、尾片黑色外，腹部、复眼、眼瘤均红黑色。喙长达后胸足基节窝，并生短毛。触角6节，第3节长为第2节的3倍，稍短或等于末3节之和，第6节基部有1圆形初生感觉孔。腹部侧瘤生短毛，腹背纵列4条泌蜡孔。成群为害时分泌白色的丝状蜡质如绵绒。腹管半环状，尾片圆锥形。

(2) 有翅胎生雌蚜　体长1.7～2.0mm，体色暗。复眼、眼瘤红黑色，喙、胸部、翅脉

和翅痣黑色，腹部深绿色。单眼3个。触角6节，第3节最长，环形感觉器在第3节24～28个，第4节3～4个，第5节1～5个，第6节2个。翅透明，腹管黑色、环孔状。

（3）性蚜　体长约1mm，淡黄褐色。头部、触角及足为淡黄绿色，腹部赤褐色。触角5节，口器退化。雄蚜体长约0.7mm，体淡绿色，触角末端透明，腹部各节中央隆起，沟痕明显。

（4）卵　椭圆形，长0.5mm，光滑，覆白粉较多的一端有精孔突出。

2. 生物学及习性　以孤雌繁殖方式产生胎生无翅雌蚜。因地区不同，1年发生代数少则8～9代，多达21代。无翅胎生成虫及1～2龄若虫潜藏于寄主树木的各种伤口、皮裂、土表下、根颈部与根部缝隙及不定芽中越冬。有翅蚜5月下旬出现，胎生幼蚜与有性蚜，继而飞迁、扩散。

该蚜以无翅胎生成虫及若虫密集于寄主植物的伤疤、皮缝、叶腋、叶群、果柄及果实凹洼、浅土或露于地面的根部等处吸食汁液。在烟台主要为害靠近地表或地下10cm深处的根系；在旅大可为害深达1m以下的根系。叶柄被害后黑变，叶提前脱落；果实被害时发育不良；被害枝干及根部则形成瘤突及肿瘤，枝干瘤破裂后形成畸形伤口，引发腐烂病，根则不再生须根而腐烂，进而使树势衰弱，降低产量，推迟幼树结果，缩短树龄，导致全株死亡。破裂的伤口更有利于其继续为害及越冬。管理粗放，修剪不当，通风透光性差的果园发生严重。

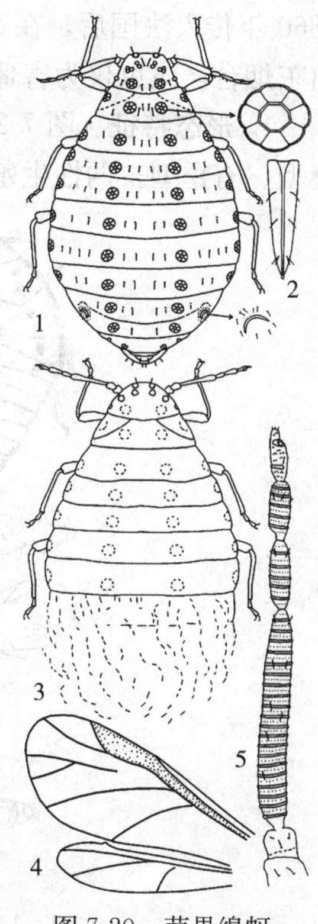

图7-20　苹果绵蚜
1～3. 无翅孤雌蚜
4～5. 有翅孤雌蚜

3. 传播途径　性蚜飞迁、1龄若虫爬行和借助风力传送，管理果园时的衣帽、工具感染蚜虫，随意放置剪除的有虫枝条，使其近距离扩散。调运苗木、接穗、果实及其包装物、运输工具时携带虫体，是最危险的远距离传播途径。

4. 检疫技术与方法　①禁止从疫情国、地区调运苗木。②应仔细检验调运中的苗木、砧木及其所带土壤、包装物及运输工具是否携带蚜虫、是否具有该蚜的为害状，并镜检可疑蚜虫。③如发现苗木、包装物及运输工具携带该蚜，应当即进行药剂或熏蒸处理，苗木携带虫量大时，应销毁处理。

5. 防治方法　①4月及10～11月，在被害树基部的浅沟内施入10%涕灭威颗粒剂25～30 g/株或5%乙拌磷颗粒剂50～60g/株。②在被害果园开花前、后，喷施1～2次5/10 000蚜灭多、3.2/10 000抗蚜威、1 500～2 000倍液的25%功夫菊酯乳油、1 000～2 000倍液的1.8%阿维菌素乳油、1%联苯菊酯乳油、3%莫比朗乳油。③在离地面约50cm处的树干上刮出宽10～15cm的环带，将浸有15～20倍液的（200ml/株）5%吡虫啉乳油的吸水纸或棉花包裹在环带处。④释放日光蜂［*Aphelinus mali* (Haldeman)］和捕食性瓢虫等天敌。

（二）葡萄根瘤蚜

葡萄根瘤蚜［*Viteus vitifoliae* (Fitch)］属同翅目瘤蚜科。英文名grape phylloxera。分布于北美、美洲、南美、欧洲、俄罗斯、中东多数国家及日本、朝鲜等国。葡萄根瘤蚜

1860 年传入法国后，在 25 年内共毁灭该国约 100 万 hm^2 葡萄园；1892 年随苗木传入我国山东烟台。该虫仅为害葡萄属植物。

1. 形态特征（图 7-21）　葡萄根瘤蚜有 3 或 4 种形态，即孤雌生殖的无翅根瘤型与叶瘿型、有翅型，两性生殖的有性型。

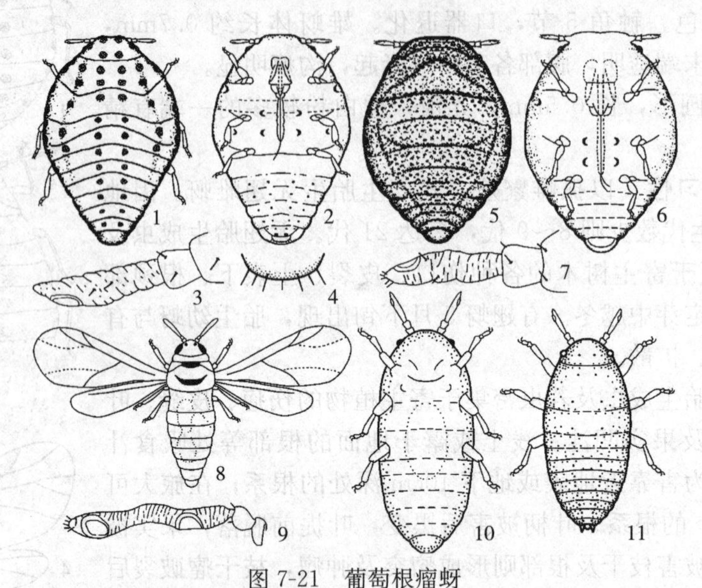

图 7-21　葡萄根瘤蚜

1～4. 根瘤型成蚜　5～7. 叶瘿型成蚜　8、9. 有翅蚜　10、11. 性蚜

(1) 根瘤型　卵圆形，长 1.2～1.5mm，黄至黄褐色，无翅，无腹管。头部黑瘤 4 个，胸节各 6 个，腹节各 4 个。触角 3 节，第 3 节 1 感觉圈。眼由 3 个小眼组成，红色。卵长椭圆形、长 0.3mm，淡黄至暗黄色。若虫共 4 龄。

(2) 叶瘿型　体近圆形，黄色，无翅，体背凹凸不平，无黑瘤。触角端部生毛 5 根。卵和若虫与根瘤型相近。

(3) 有翅型　体长约 0.9mm，黄至橙黄色。触角第 3 节有 2 个感觉圈，顶生毛 5 根，3 龄翅芽灰黑色，其余同根瘤型。

(4) 有性型　雌成虫体长约 0.38mm，雄 0.32mm，黄至黄褐色，无翅，无口器。触角同叶瘿型，雄性乳头状外生殖器突出腹末。有翅蚜所产的大卵孵化为性蚜雌虫，小者孵化为雄虫。

2. 生物学及习性　1 年发生 7～8 代。以各龄若虫在 1cm 深以下的土层中、二年生以上的根叉及缝隙处越冬。成、若虫刺吸叶、根的汁液。在叶部形成叶瘿，即被害叶向叶背凸起成囊状，畸形萎缩或枯死；在根部则形成根瘤，即被害粗根产生瘿瘤，尔后变褐腐烂，皮层开裂，须根则形成菱角形瘿瘤（在山东烟台以形成根瘤为主）。当有翅蚜从土中迁移到葡萄茎叶上后，产卵孵化性蚜。性蚜交配后在 2、3 年生枝条上产卵越冬。越冬卵来年孵化成干母，形成叶瘿，繁殖后再入土为害。卵及若虫耐寒力都很强，在－13～－14℃时才被冻死。有裂缝、具团粒结构的土壤有利于该蚜迁移为害，而沙质土壤不利其迁移。

美洲系品种和野生葡萄根部有抗性。该虫迁移至叶片后才形成虫瘿。葡萄枝条上的越冬卵所孵化出的干母也能形成叶瘿，生活史完整。欧洲系葡萄根部无抗性。该蚜可长期在根部生活，孤雌生殖重复进行。出土后在叶片上不形成虫瘿。欧洲系、亚洲系葡萄枝条上的越冬

卵所孵出的干母多死亡，罕见形成叶瘿，生活史不完整。但秋季也在某些欧洲品系的葡萄根上发生两性生殖现象。

3. 传播途径　葡萄根瘤蚜主要随葡萄苗木调运而传播，也随葡萄的包装物和耕作工具传播。

4. 检疫技术与方法　①禁止从疫情国及地区引进葡萄苗木。②检验范围包括苗木、枝条、砧木和所其携带的土壤及包装物，应根据其为害状进行仔细观察。③对检验中所收集到的蚜虫要根据其虫态、发育阶段仔细进行鉴定和鉴别。④如发现所调运的葡萄苗木携带该蚜，应当即终止调运，并销毁。

5. 防治方法　①50％辛硫磷与细土按1∶1混合均匀，施入被害葡萄园土壤后随即深锄。②用六氯丁二烯处理土壤，有效期可保持3年以上，并能刺激葡萄根、叶的生长。

（三）枣大球蚧

枣大球蚧［*Eulecanium gigantean*（Shinji）］属同翅目蚧科。又名瘤坚大球蚧、大球蚧、梨大球蚧、枣球蜡蚧、红枣大球蚧。国内分布于辽宁、北京、天津、河北、内蒙古、山东、河南、山西、陕西、甘肃、宁夏、青海、新疆、四川、江苏、安徽等省、自治区、直辖市。国外分布于俄罗斯远东地区、日本。为害枣、酸枣、柿、核桃、扁桃（巴旦杏）、桃、杏、梨、苹果、李、沙枣、花椒、石榴、桑、无花果及多种阔叶经济林、园林和防护林木。林木受害轻者影响发芽、抽梢，重者树势衰弱、产量严重下降、枝梢干枯或整株枯死。

1. 形态特征（图7-22）

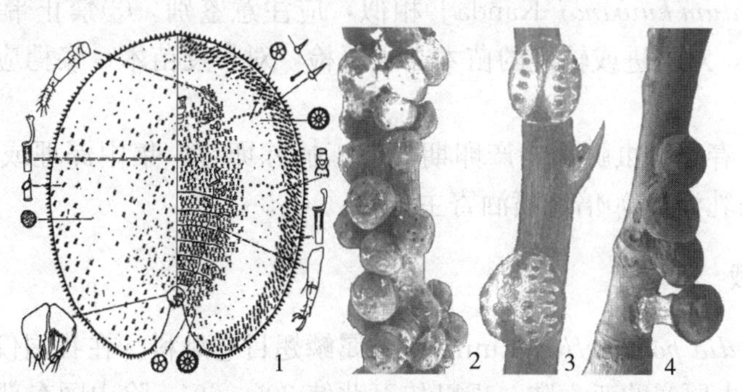

图7-22　枣大球蚧

1～3. 枣大球蚧　4. 皱大球蚧

（1仿谢映平，2004）

（1）成虫　雌体长18.8mm，宽18.0mm，高14.0mm。产卵前后黑褐色至紫褐色，体近半球形，前半部高突，被灰白色绒毛状薄蜡粉，除个别凹点外体背基本无皱褶。体背有暗红或红褐色花斑4纵列，近背中央2列花斑较小，6～8个，外侧列斑6块。触角7节，第3节最长。足分节明显。胸气门2对。腹面每条气门路具20～25个5格腺，腹部多格腺密集，腹亚缘区大瓶状腺密集成带状，小瓶状腺见于胸部中区。体背盘腺丰富，小瓶状腺少，背刺散布。体缘疏列尖锥形缘刺，前后气门凹间37根，气门刺3根，略小。2三角形肛板可合成正方形，其后角外缘长，短毛各2根。肛周体壁无网纹，肛环具内、外列孔及环毛8根。虫体固着于枝条1～3年不脱落。雄成虫头部黑褐色，前胸、腹部、触角、足均黄色，中、后胸红棕色，腹末有2条白色长蜡丝，体长3.0～3.5mm，触角10节，各节具毛。

（2）卵　长圆形，初白色，渐变粉红色，在雌体下常被白色细蜡丝搅裹成块。

（3）若虫　1龄若虫长椭圆形，肉红色，体节明显。触角6节，足发达，尾丝2根，气门刺各3根，气门路5格腺各4～5个，肛环毛6根。固定若虫扁草履形，被透明薄蜡壳，体淡黄褐色，大小为0.6～0.72mm×0.3～0.5mm。眼淡红色。2龄若虫前期长椭圆形，大小为1.0～1.3mm×0.5～0.7mm，黄褐至栗褐色；越冬后体被灰白色龟裂状蜡层，蜡层外附少量白色蜡丝。肛板端毛5根，肛环毛6根。

（4）雄"蛹"　预蛹近梭形，体长1.5mm，宽0.5mm，黄褐色；蛹体长1.7mm，宽0.6mm，触角、足均可见，翅芽半透明，交配器长锥状。

2. 生物学及习性　在我国1年1代。以2龄若虫在1～3年生枝条上越冬。翌年3月下旬至4月上旬越冬若虫开始吸取枝条汁液，尔后雌、雄若虫特征显现；春夏之交雄虫进入蛹期，雌虫脱去蜡壳食量大增，虫体迅速发育膨大，并排出大量蜜露。4月下旬成虫羽化，寻找雌虫交尾，雌虫不能孤雌生殖。5月中旬至6月上旬雌虫抱卵，6月上、中旬为卵期；6月中旬若虫开始孵化。初孵若虫由母介壳臀裂翘起处爬出，在寄主枝条、叶片上爬行1d后固定为害。寄生在叶片上的2龄若虫，于9月底10月初转移至枝条上固定为害，然后越冬。

3. 传播途径　本种类1龄若虫可借助风力、传粉昆虫如蜜蜂扩散。可借助带虫苗木、接穗或带虫原木的调运远距离传播。

4. 检疫技术与方法　①仔细观察苗圃及调运中的寄主树木的叶面、叶背、叶脉两侧和1～2年生枝条，根据叶片、枝条和植株的症状和蚧体判断是否为枣大球蚧。②采集蚧体后应经制片，然后在显微镜下，参照形态特征描述进行识别。但该种的分布区、形态和习性与皱大球蚧［*Eulecanium kuwanai* Kanda］相似，应注意鉴别。③禁止带虫苗木、幼树出圃或向非发生区调运，对引进或输进的苗木必须复检，对带疫苗木、接穗应进行药物处理或就地销毁。

5. 防治方法　春季雌虫膨大、产卵期，人工摘除卵包，集中深埋或销毁。在若虫发生期可用40%速捕杀乳油1 000倍液喷洒寄主植物。

（四）苹果蠹蛾

苹果蠹蛾［*Cydia pomonella* (Linnaes)］属鳞翅目卷蛾科。在我国仅分布于新疆、甘肃等省、自治区。该虫原产欧亚大陆，现已传至北纬30°～60°，除中国东部、日本和朝鲜半岛以外的北半球及南半球南纬30°以南的大部分苹果产区。该虫为害苹果、核桃、樱桃、杏、石榴、山楂、榅桲、李及梨。

1. 形态特征（图7-23）

（1）成虫　体长8mm，翅展15～22mm，灰褐色、有紫色光泽。下唇须外侧淡灰褐色，内侧黄白色。前翅臀斑大，深褐色，具3条青铜色条纹及4～5条褐条纹；翅基斑褐色，该斑外缘三角形突出，斑内具斜行波状纹；翅中部淡褐色，也杂有褐色的斜纹。雄成虫前翅反面中室后缘有1黑褐色条纹。后翅黄褐色，缘毛色较前翅淡。雌成虫翅僵4根，雄1根。

（2）卵　椭圆形，大小为1.1～1.2mm×0.9～1.0mm，极扁平，中央略隆起，卵壳细皱纹不规则。

（3）幼虫　初龄幼虫淡黄白色，大龄时淡红色。老熟幼虫体长14～20mm。头部黄褐色，单眼区深褐色，每侧有单眼6个。上颚具5齿。体红色，但背面色深。前胸盾淡黄色，

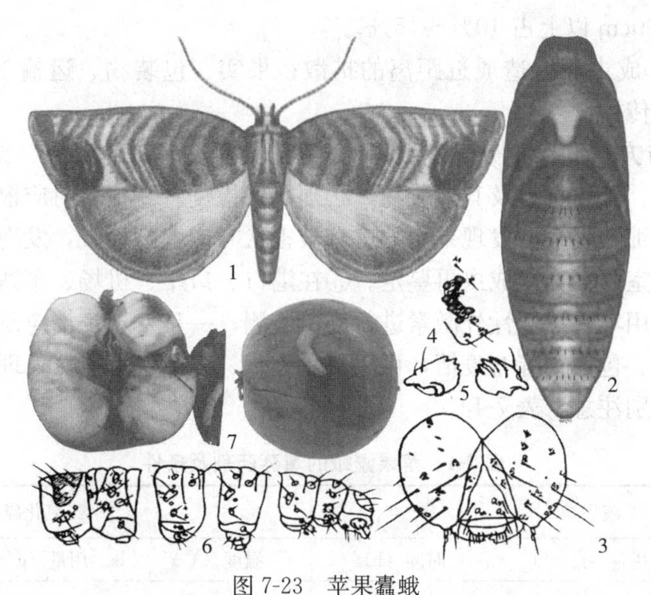

图 7-23　苹果蠹蛾

1. 成虫　2. 蛹　3. 幼虫头部　4. 幼虫单眼　5. 幼虫上颚　6. 幼虫体节　7. 为害状

（2～6 仿张学祖）

斑点褐色。前胸气门前毛片生 3 根刚毛，桃小食心虫［*Carposina niponensis* Walsingham］刚毛 2 根，胸部其余刚毛无明显毛片。臀板色较前胸盾浅，具淡褐色小斑点，无臀栉，梨小食心虫［*Grapholitha molesta* Busck］、苹小食心虫［*G. inopinata* Heinrich］、杏小食心虫［*G. prunivora*（Walsh）］、樱小食心虫［*G. packardi* Zeller］、桃白小卷蛾［*Spilonota albicana*（Motschulsky）］均具臀栉。腹足趾钩单序缺环，趾钩 14～30 个；尾足趾钩 14～18 个，单序新月形。雄幼虫第 5 腹节背面之内可见 1 对紫红色丸状组织。

（4）蛹　黄褐色，体长 7～10mm。雌蛹触角未达中足末端，雄蛹触角接近中足末端。体末端肛门两侧各有 2 根钩状刺，末端腹面 4 根、背面 2 根钩刺。

2. 生物学及习性　新疆 1 年发生 2～3 代（南疆阿克苏 1 年 3 代，并具不完整的第 4 代，北疆伊犁等地 1 年 2 代，具不完整的第 3 代）。南疆 3 月下旬气温超过 9℃时化蛹。蛹期 22.3～30.6d。5 月中、下旬羽化，并产卵。卵期 5～24d。5 月下旬至 6 月初幼虫孵化，6 月底至 7 月初化蛹。7 月上旬第二代成虫羽化，7 月初至 7 月中旬产卵。卵期 5～10d。7 月中旬幼虫孵化，8 月中、下旬化蛹。9 月下旬第 3 成虫羽化，9 月底至 10 初产卵，10 上旬幼虫孵化，下旬幼虫进行越冬。在北疆伊犁、伊宁完成 1 代需 45～54d。各虫态的发育期比南疆约晚 20d。第 1 代幼虫结束时 50％以上的幼虫即滞育。

成虫有趋光性，羽化 3～6d 后卵多散产于果面或靠近果实的叶正、反面。树冠上层落卵最多，中层次之，下层较少。雌蛾平均产卵量约 40 粒，最多可达 140 余粒。初孵幼虫在果面上爬行后蛀入果内（在苹果上多从果面、香梨上多从萼洼、杏果上多从梗洼处蛀入），并将果皮碎屑排出蛀孔，蛀入果心后偏嗜种子。苹果被蛀食后堆积于蛀孔外的粪便和碎屑呈褐色，香梨则为黑色，杏果为黄褐色，但多留在杏果内。幼虫从孵化至老熟脱离被害果需 25.5～31.2d，老熟后脱果后在树皮、枝干等缝隙、隐蔽处，或树干、树根附近的隐蔽处，吐丝作茧化蛹、越冬，或在采收和运送果品的包装材料、果品储藏场所、蛀果内做薄茧越冬。但在野外越冬幼虫以在离地面0～50cm 处的树干最多，占 50％～60％，50～100cm 处占25%～30%，100cm以上占10%～15%。

3. 传播途径 成虫飞行造成近距离的扩散；果实、包装物、运输工具携带卵、幼虫、蛹随调运而远距离传播。

4. 检疫技术与方法 ①对从苹果蠹蛾发生区外运或进口的苹果、梨、桃、杏、樱桃、石榴、榅桲等果实、繁殖材料及其包装物，必须严格检疫。②检验时应根据苹果蠹蛾的为害状及形态特征进行细致观察，发现果实外皮有被害状时应解剖检查，发现幼虫或蛹时应镜检鉴别，必要时应在室内饲养至成虫再鉴定。③在港口、口岸、机场、车站、植物检疫检查站及苹果产区定期使用苹果蠹蛾性外激素进行疫情监测，一旦发现疫情应及时进行除治。④如发现调运中的果品、包装物等有疫情，可用二氧化硫、溴甲烷等熏蒸处理。但溴甲烷易对果品产生药害，应特别注意（表7-1）。

表7-1 苹果蠹蛾的熏蒸药剂及条件

溴甲烷			二氧化硫		
温度（℃）	用量（g/m^3）	时间（h）	温度（℃）	用量（g/m^3）	时间（h）
15～18	30	3	15～18	60～70	10
22～24	30	2～2.5	22～23	60	10
28～30	25	2	28～30	50	10

5. 防治方法 ①及时清理和销毁果园落果以消灭其中尚未脱果的幼虫；果树落叶后或春季发芽前刮除树干基部到100cm处的老翘皮、堵塞树洞以清除越冬幼虫。②在树干基部绑扎一圈草带或旧布，诱集幼虫潜入其中，定期检查并处死其中幼虫或蛹。③利用赤眼蜂［*Trichogramma* spp.］防治苹果蠹蛾卵效果很好。新疆伊犁苹果蠹蛾幼虫和蛹的寄生蜂有5种，应保护和利用。④利用性信息素法尼烯及E,E-8,10-十二碳二烯-1-醇测报时，每666.7m^2设置1个诱捕器，防治时则应设置2～4个。⑤可选用20%敌杀死乳油、20%速灭杀丁乳油、5%来福灵乳油等药剂喷药防治；从气温为9℃时算起（苹果蠹蛾发育起点温度），当有效积温达230℃时为第一代幼虫孵化时为喷药适期，第2、3代喷药适期则应按发育进度进行预测。

（五）芒果果肉象甲

芒果果肉象甲［*Sternochetus frigidus*（Fabricius）］属鞘翅目象甲科。又名果肉芒果象，英文名mango nut borer。分布于亚洲的巴基斯坦、印度、孟加拉国、缅甸、泰国、菲律宾、马来西亚、印度尼西亚及巴布亚新几内亚。幼虫为害芒果。

1. 形态特征（图7-24）

（1）成虫 体长5.0～6.5mm，宽约3mm，卵形。体壁黄褐色，被浅褐色、暗褐色至黑色鳞片。喙赤褐色，刻点深密，具中隆线。触角锈红色，棒节卵形，分节不明显，长2倍于宽，密被绒毛。额窄于喙基部，中央无窝。前胸背板宽约为长的1.3倍，基部1/2两侧平行，中隆线细。鞘翅的长约为宽的1.5倍，奇数行间的鳞片瘤少而模糊，行间略宽于行纹，从肩至第3行间有三角形淡黄色鳞片带，整体观呈倒八字形。腹板第2～4节各具3列刻点。腿节各具1齿，腹面具沟，胫节直。

（2）卵 乳白色，长椭圆形，大小为0.8～1.0mm×0.3～0.5mm。

（3）幼虫　老熟幼虫体长7～9mm，乳白色。头部褐色，被白色软毛。胸足小突状，但具1刚毛。

（4）蛹　长6.0～8.0mm，初乳白，后黄白色。喙呈管状紧贴于体腹面。腹部末端生尾刺1对。

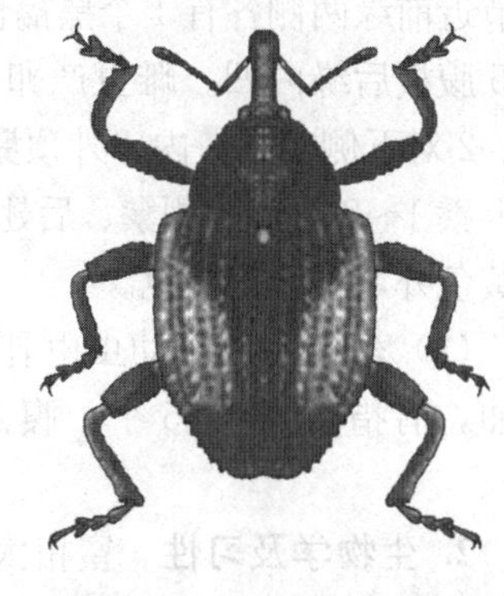
图7-24　芒果果肉象甲

2. 生物学及习性　1年1代。成虫潜伏在石块下、树皮裂缝、树洞中越冬。来年3月上旬活动、交配，4月上、中旬产卵于芒果幼果皮下。产卵时先用喙咬1小孔，常每果每孔只产卵1粒，产卵后产卵孔即被果汁所覆盖。卵期4～6d。幼虫孵化后在果内取食60～70d即老熟。每果有虫1～2头，最多达6头。蛀道在果肉内纵横交错，其中充满黑褐色粉末和虫粪，受害果外表只有少数黑褐色小斑点。老熟幼虫在果内用虫粪构造蛹室化蛹。预蛹期2～3d，蛹期6～10d。6、7月在芒果成熟时成虫羽化出果（但至采果时果内仍可见到成虫），取食芒果树的嫩叶和嫩梢，尔后越冬。成虫有落地假死习性，耐饥性强。小芒果、野生芒果、印度芒果［*Mangifera indica* Linnaeus］及乳白芒果［*M. foetida* Loureiro］受害最重，其他种次之。

3. 传播途径　可随果实和繁殖材料（如种子、苗木、无性繁殖材料）的调运而传播。近距离靠成虫飞行扩散。

4. 检疫技术与方法　①严禁从疫区调运芒果果实和种苗。②对必要进口的芒果果实必须剖果检查，查看果肉内是否有虫体和虫粪。如不剖果检查很容易发生漏检。因为受害果实的外观仅有很小的黑色油渍斑点。③如发现芒果携带该虫，应立刻采取措施处理或改变运输方向。

5. 防治方法　①保持果园清洁，清除芒果果肉象甲的越冬场所。②开花前在树干上涂胶带，防止成虫上树或涂煤油乳剂于树干以杀灭成虫。③在5%吡虫啉中加入1.5%～2%的牛皮胶喷树干，防止成虫产卵。④挂果期每周清除受害果2次，并集中销毁。

（六）蜜柑大实蝇

蜜柑大实蝇［*Bactrocera tsuneonis*（Miyake）］属双翅目实蝇科。英文名Japanese orange fly，Japanese citrus fly。分布于日本、越南等。幼虫蛀食柑橘类果实瓤瓣，使被害果未熟先黄，黄中带红，脱落。重害区虫果率达20%～30%，甚至更多。

1. 形态特征（图7-25）

（1）成虫　雌体长（不包括产卵管）10.1～12.0mm，雄虫9.9～11.0mm。头部、触角黄至黄褐色。触角芒与触角等长，黑褐色，但基部黄色。1对椭圆形颜面斑及单眼三角区黑色。中胸背板中央有1倒Y形赤褐至黑色斑纹。该斑内有1黄色短条纹；沟后两侧有1对黄色纵纹。翅透明，前缘区有1黄褐色宽条纹，其端部和翅痣常褐色，肘室斑纹黄褐色。椭圆形腹部与胸部等宽，黄褐至深棕黄色。腹背中央从基部至第5腹节后缘有1黑褐色纵纹。该黑纹与第3腹节前缘的横条纹相交成十字形；第4

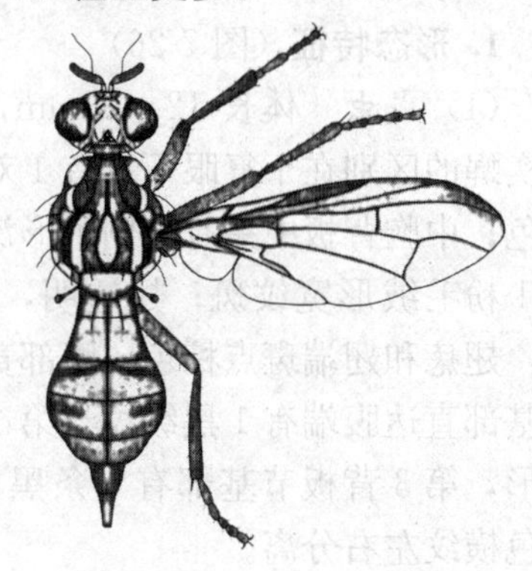
图7-25　蜜柑大实蝇

腹节近前缘两侧各有1个黑褐色条纹，腹部侧缘常具黑斑。雄虫腹部第3节背板两侧具栉毛，第5腹板后缘内凹。雌虫产卵器（第7腹节）基节瓶形，黄褐或锈褐色。头部有1对上侧额鬃、2对下侧额鬃，内、外顶鬃各1对，颊鬃弱短，色淡。胸部背板鬃2对，中鬃小而短。前翅上鬃1～2对，背侧鬃、后翅上鬃各2对，中侧鬃、小盾前鬃和小盾端鬃各1对，除翅侧鬃淡黄色外，其余均黑色。

（2）幼虫　成熟幼虫由乳白转为黄白色，蛆形，长11～13mm。前气门丁字形，外缘略弯曲，有指突33～35个。腹部腹面仅2～3节有刺带（柑橘大实蝇第2～4节前端有小刺带）。

2. 生物学及习性　蜜柑大实蝇在日本九州1年1代。以蛹在土中越冬。由于蛹越冬场所的位置不同，羽化期较长。一般来年6月上旬至7月下旬羽化，以上午10:00～12:00时羽化最多，6～8月均可见成虫。成虫寿命40～50d。产卵前期17～26d。7月中旬至8月中旬交尾产卵，果面每产卵孔常只产卵1粒，少数6粒。每雌产卵30～40粒。着卵果皮周围黄色。卵期20d以上。幼虫孵化后即在果内蛀食为害。3龄幼虫有弹跳的习性。10月上旬老熟幼虫随被害果落地入土（少数延至次年1月上、中旬），并多于当日化蛹。蛹期约200d。

3. 传播途径　以幼虫、卵随被害果实或被害种子的运输传播。蛹则可随果实的包装物、运输工具、寄主树木所附的土壤传播。近距离靠成虫飞行、随意放置被害果而扩散。

4. 检疫技术与方法　①产地检疫应检查未熟先黄、落地果及蛹。剖开可疑果检查幼虫及卵，同时，检查落地果周围3～5cm深的表土中有无幼虫和蛹，并根据特征加以鉴别。②通过查看果实外表及剖果进行检查进口及来自疫区的柑橘果实，查看其包装箱、附带的容器及其填充物中是否有蛹；对调运中的苗木，应查看其附带的土壤中是否有蛹。③对携带疫情的果实应采取改变运输方向、在合理温度下低温处理、使用二硫化碳在25℃下63g/m^3熏蒸7h。

5. 防治方法　①成虫期每0.4hm^2果园喷8g吐酒石（Tartar emetic）与40g糖的混合液1 800ml。②采摘和搜集落地虫果并及时处理。③在雌虫产卵前，每隔5～7d喷1次1 500倍液的敌百虫与30%的糖水混合液。④冬春翻挖果园以消灭入土的虫蛹。

（七）柑橘大实蝇

柑橘大实蝇［*Bactrocera minax*（Enderlein）］属双翅目，实蝇科。英文名Chinese citrus fly。分布于不丹、印度。为害柑橘类。

1. 形态特征（图7-26）

（1）成虫　体长12～13mm，翅展约21mm。与蜜柑大实蝇的区别在于复眼下方有1对小黑斑，触角黄色或橘黄色；中胸背板中央有1倒丫形深褐色斑纹，斑纹两侧各有1粉毛绒形宽纹斑；翅透明，前缘区有1淡棕黄色条纹，翅痣和翅端斑点棕色。腹部黄色至黄褐色，腹背中央从基部直达腹端有1黑纵纹与第3腹节黑横条纹交叉成十字形，第3背板节基部有1条黑横带，第4、5腹节前缘黑色横纹左右分离。

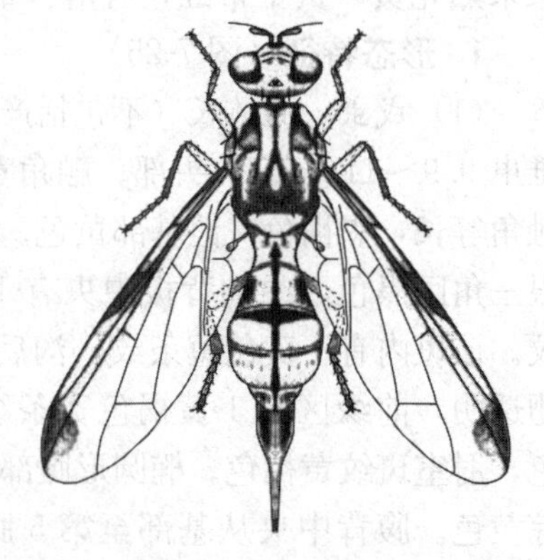
图7-26　柑橘大实蝇

（2）卵　长椭圆形，乳白色，一端稍尖细，中部略弯

曲，大小为1.2～1.5mm×0.3～0.4mm。

（3）幼虫　成熟幼虫乳白色，粗大，蛆形，长14～16mm。前气门扇形，外缘中部凹陷，两侧端下弯曲，指突成1行，30多个。腹部第2、3节前端和气门周围各有1小刺带，第4～11节腹面前端各有1梭形小刺区，后气门内侧中间各有1个盘状体。

（4）蛹。长8～10mm，圆桶形，黄褐色，幼虫具前后气门遗痕。

2. 生物学及习性　1年1代。一般以蛹在中土越冬。在贵州沿河5月下旬为羽化盛期。羽化后成虫飞至树丛中取食蚜虫的蜜露，经35～40d后性成熟，6月中旬至7月上、中旬飞至柑橘类树上交尾产卵，树冠落卵以离地面2m内最多。成虫寿命45～50d。产卵后5～10d死亡。一般每果面多为1个产卵孔，每孔最多产卵35粒。卵期约30d。幼虫发生于8月上、中旬至9月上、中旬。幼虫孵出后逐渐取食果瓤和种子，一果内幼虫数可多达81头。被害果未熟先黄，黄中带红，未熟先落，或果瓤腐烂。幼虫成熟后即脱果入土，在1.8～10cm土层中化蛹，少数幼虫留在果内化蛹。蛹最适发育温度为20～25℃，对土壤含水量要求为15%～20%，在−5～0℃下存活期6～18d，30～35℃下5～8d不羽化、死亡。

3. 传播途径　以卵、幼虫、蛹随被害果实、种子、携带土壤的苗木及包装物的运输而传播。在发生地以成虫飞行、随意丢弃被害果实而蔓延。

4. 检疫技术与方法　①产地检疫同蜜柑大实蝇。②对于进口或调运中的可疑果实，最好用放大镜仔细检查果面有无产卵孔，即害点，害点周围果皮小黑圆点状突起、微陷。此外，被害果重量较轻，可对其进行解剖检查。③检疫处理办法同蜜柑大实蝇。

5. 防治方法　同蜜柑大实蝇。

二、外检林木种实及枝梢害虫

外检性林木种实及枝梢害虫主要包括刺桐姬小蜂、刺槐叶瘿蚊、西花蓟马、红火蚁、咖啡果小蠹、芒果果核象甲。所有国外的实蝇类均是我国的外检性害虫，其中重要的种类有苹果实蝇、地中海实蝇、柑橘小实蝇、墨西哥按实蝇、桉树枝瘿叶蜂、枣实蝇等。

（一）刺桐姬小蜂

刺桐姬小蜂［*Quadrastichus erythrinae*（Kim）］属膜翅目姬小蜂科。仅见于毛里求斯、美国（夏威夷）、新加坡和中国台湾。我国南方地区均为刺桐姬小蜂的适生区。专一为害刺桐属［*Erythrina*］植物，造成叶片、嫩枝等处出现畸形虫瘿、肿大、坏死，严重时引起植物大量落叶、植株死亡。

图7-27　刺桐姬小蜂及其虫瘿

1. 形态特征（图7-27）　雌成虫体长1.45～1.60mm，黑褐色，间有黄色斑。单眼3个，红色，复眼棕红色。触角浅棕色，柄节柱状，高超过头顶，梗节长为宽的1.3～1.6倍，环节1节，索节3节，大小相等，每节有1～2根感觉器；棒节3节，与2、3索节之和等长，第3棒节圆锥状，末端有1乳头突。前胸背板黑褐色，短刚毛3～5根，中区浅黄色横斑呈凹形。小盾片棕黄色，刚毛2～3对，中区浅黄色纵线2条。翅透明，无色，翅面纤毛黑褐色，翅脉褐色，前缘脉、痣脉、后缘脉的长度比为3.9～4.1∶2.8～3.1∶0.1～0.3。腹部背面第1节浅黄色，第2节浅黄色斑从两侧斜向中线，止于第4节。前、后足基节黄色，中足基节浅白色，腿节棕色。

雄成虫体长1.0～1.15mm。头和触角浅黄白色。索节第4节、第1节小于其他各节，棒节3节。腹部基半部浅黄色，第1、2节背面浅黄白色。足全部黄白色。其余似雌虫。

2. 生物学及习性 该虫繁殖能力强，生活周期短。1个世代约1月。1年发生多代，世代重叠严重。成虫羽化不久即交配。产卵于寄主新叶、叶柄、嫩枝或幼芽表皮组织内。幼虫孵出后取食叶肉。幼虫在虫瘿内完成发育，并在其中化蛹。羽化后成虫从羽化孔内爬出。叶片虫瘿内有幼虫1～2头，茎、叶柄和新枝组织内幼虫达5头以上。

3. 传播途径 成虫具有飞行能力，可近距离扩散。其卵、幼虫和蛹均生活在寄主植物里，可随寄主的运输远距离传播。

4. 检疫技术与方法 ①加强对疫情区的检疫封锁。②限制从国内、外疫区调运刺桐属植物。如发现来自疫区或非疫区的刺桐类携带疫情，应予销毁，运载具则要进行除害处理。③禁止从发生区调运刺桐属植物。

5. 防治方法 ①一旦发现应采取措施，坚决铲除。②新发生地，如被害面积、植株较少，应全部伐除，就地销毁（烧毁等）熏蒸处理或伐除；如发生区面积较大，受害植株数量较多，应全部清除1～2年生的枝条，并全部销毁所剪除的枝叶，或用农药对其进行喷洒处理。③对于有重要经济或文化价值的刺桐，可采用树干注射或根埋内吸性化学农药，进行预防或防治。

（二）刺槐叶瘿蚊

刺槐叶瘿蚊［*Obolodiplosis robiniae*（Haldemann）］属双翅目瘿蚊科。原分布于美国，现已传播至世界许多国家和地区。2002年发现于日本和韩国，2003年发现于意大利等欧洲国家。大约2005年侵入我国河北省秦皇岛市、辽宁省辽中县等地。主要为害刺槐［*Robinia pseudoacacia* Linnaeus］。

1. 形态特征（图7-28）

（1）*雌成虫* 体长3.2～3.8mm。触角丝状，14节，鞭节各小节长圆柱形，中部稍缢缩，各小节均生2圈长刚毛，基部1圈的较长。腹部橘红色，腹末稍尖。足显著长于体。

（2）*雄成虫* 体长2.7～3.0mm。复眼几乎占据头顶大部分区域。触角26节，鞭节的球形，中部缢缩成葫芦形的小节相间排列，球形节1圈长刚毛，倒葫芦形节1圈长刚毛。刚毛间混生环状毛，其基端小球形突上有1圈环状毛。胸部背面有3条纵形黑斑，由侧面至胸部后缘。翅面绒毛黑色，纵脉3条。

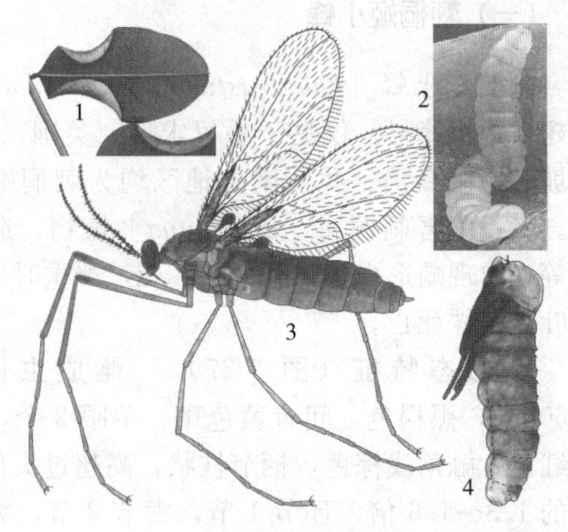

图7-28 刺槐叶瘿蚊

1. 为害状 2. 幼虫 3. 成虫 4. 蛹

腹部背面黑褐色，外生殖器显著膨大而外露于腹末。

（3）幼虫　体长2.8～3.6mm。纺锤形至长椭圆形，乳白至淡黄色。前胸腹面中央有1呈叉形的褐色剑骨片。前胸、腹部1～8节腹背面两侧各有1对气门。

（4）蛹　体长2.6～2.8mm，淡橘黄色。翅与足等附肢粘连，但与蛹体分离。腹部2～8节背面基部各生1横排褐色刺突。头顶两侧各生1个深褐色的长刺。

2. 生物学及习性　该虫在夏季约15d即可完成1代，世代重叠严重。卵散产于刺槐小叶背面。幼虫孵化后聚集在叶背面的叶缘取食，使叶片纵向皱卷形成虫瘿，幼虫则隐藏其中取食。1虫瘿常有幼虫3～8头。至9～10月被害刺槐林几乎全部叶片受害，导致生长势衰弱，进而引起次期性害虫如天牛、吉丁的发生和为害，造成刺槐死亡。刺槐引种到我国已近130年，已成为我国十分重要的防风固沙、水土保持、荒山造林、园林绿化树种。该虫对我国的刺槐林威胁相当严重。

3. 传播途径　成虫飞行及随风飘移，随意剪取、丢弃被害刺槐枝、叶是近距离扩散的根源。调运刺槐苗木，拉运及运输工具夹带携带枝、叶的原木等是远距离传播的主要途径。

4. 检疫技术与方法　①禁止国外携带该虫的刺槐苗木进境。国内疫区的刺槐苗木禁止外运。②对现有刺槐林进行全面检查，如发现该虫，应立即清除所有具虫枝、叶，并集中喷药或销毁。③如发现调运中的刺槐苗木、原木、枝条携带该虫，应立即终止其运输，并熏蒸或喷药处理。

5. 防治方法　①发生该虫的林地、苗圃，在刺槐展叶至落叶期间，每月详细调查。②发生区严禁随意伐、剪、丢刺槐枝、叶。③如该虫发生量少，可采取逐株彻底清除、销毁的办法防治；发生量及面积大时应全面喷40%氧化乐果或其他内吸性杀虫剂。

（三）西花蓟马

西花蓟马［*Frankliniella occidentalis*（Pergande）］属缨翅目蓟马科。又称苜蓿蓟马。原产于北美洲，曾是美国加利福尼亚州最常见的一种蓟马。1955年发现于夏威夷考艾岛，20世纪80～90年代初已扩散及全美。现已传至美洲、欧洲、亚洲、非洲、大洋洲许多国家。2007年仅分布于我国的北京、云南等局部地区。该虫寄主植物达60余科，240余种（有报道达500余种），主要有杏、桃、山桃、李、葡萄、月季、石竹、棉花、豆类、番茄、辣椒、葫芦科作物、草莓及蔬菜等。该虫传播番茄斑萎病毒在内的多种病毒，对我国的蔬菜和花卉业有严重威胁。

1. 形态特征（图7-29）　头不伸过复眼。有单眼。单眼三角区内及眼后各有1对长鬃。翅透明，前翅纵脉不与前缘愈合，鬃列完整。触角8节，第3、4节具叉状感觉器；第3节基部不呈锐三角节状。前胸背板阔方形，有5对长鬃，后胸背板具钟状感器和网状纹，腹面叉骨非鱼叉状。腹节常无众多的细鬃，第8节背面有1对栉状斜纹（第4～7节有时也有），后缘梳毛长而完整。雌腹末节背板无刺状鬃，腹第10节锥形。产卵器下弯，锯齿状。

2. 生物学及习性　在美国加利福尼亚州，以成虫在户外或老熟若虫在花和叶芽上越冬。在温室内全年可繁殖12～15代。15℃时完成1代需44d。产卵前期10.4d，卵期13d；30℃时完成1代需15d。20～30℃产卵前期2～4d，27℃时卵期约4d。若虫孵化后锉吸植株茎、叶、花、果，导致植株枯20～30℃产卵前期2～4d，27℃时卵期约4d。若虫孵化后锉吸植株茎、叶、花、果，导致植株枯萎。幼期4龄。1龄若虫孵化后立即取食，27℃下历期1～

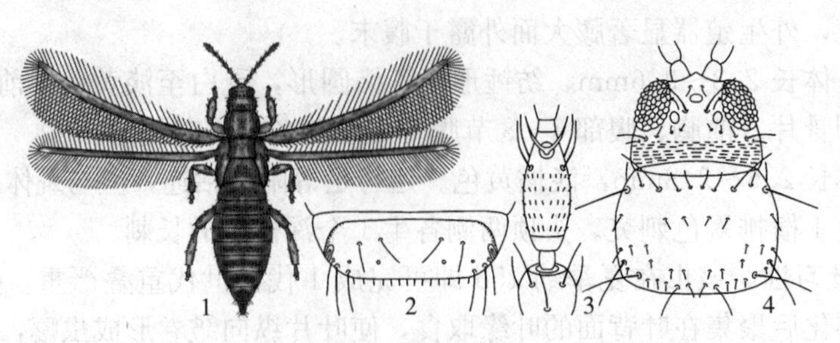

图 7-29　西花蓟马

1. 成虫　2. 第 8 腹节　3. 触角第 2 节　4. 头部和前胸

3d；2 龄若虫常寻找隐蔽场所取食，27℃时历期 3d；15℃时 12d；预蛹后在 27℃时历期 1d，15℃时 4d；化蛹于土中或花中。蛹期2～9d。

雌虫羽化后在 0～24h 内不动，发育成熟后极端活跃，其室内寿命 40～90d，几乎终生均可产卵。27℃时产卵 0.66～1.63 粒/d。卵产于叶、花芽、花、果实组织中。每雌产卵 20～40 粒。20℃时产卵量最多，干燥情况下卵易死亡。雌雄比约 4：1，冬、春雌虫较多。雄虫不耐寒，由未交配雌虫所产的未受精卵发育而来，寿命约为雌虫的 1/2。

3. 传播途径　几乎所有观赏花卉均可夹带该虫，使其随植株或切花的运输而扩散、传播。

4. 检疫技术与方法　①抖动或拨开来自疫区的花卉或其他有关植物组织等，注意检查坠落物中是否有该虫。②可用小毛笔将所发现的标本置于乙醇溶液中保存，并做成玻片标本鉴定。③对发现该虫的切花等植物或植物组织，应采取熏蒸等措施处理。

5. 防治方法　①在该虫发生初期，释放花蝽、捕食螨、寄生蜂、真菌和线虫等。②温室周围 5m 左右最好不种任何植物，采用黑色地膜覆盖栽培（提高地温，阻止蓟马入土化蛹）；夏季休耕期清除温室内、外所有作物、杂草，将棚室温度升至 40℃左右，保持 3 周。③在该虫为害期喷阿维菌素、多杀菌素、毒死蜱、甲基毒死蜱、灭幼脲、吡丙醚、氟虫脲、楝素、烟碱、藜芦碱等。

（四）红火蚁

红火蚁［*Solenopsis invicta* Buren］属膜翅目蚁科。又名职蚁。英文名 red imported fire ant。原产巴西南部巴拉那河（Pantanal）地区，分布南界约在南纬 32°。先发生于巴西、安提瓜岛和巴布达岛、澳大利亚、新西兰、巴哈马群岛、马来西亚、特立尼和多巴哥、美国、英国维京岛。2003 年 9 月发现于中国台湾。美国南方 12 个州 1 亿 hm^2 以上土地已被红火蚁占据，年损失约数 10 亿美元。

1. 形态特征（图 7-30）　红火蚁的等级有雌、雄繁殖蚁及工蚁和兵蚁。成虫体长 3～7mm。头部宽度小于腹部。有翅雌成虫棕红色，雄虫黑褐色。头部略成方形，复眼由 10 个以上的小眼构成。兵蚁后头部无凹陷，上颚内缘有小齿，额向上尖出（头楯中齿）。触角 10 节，锤节 2 节，柄节最长，

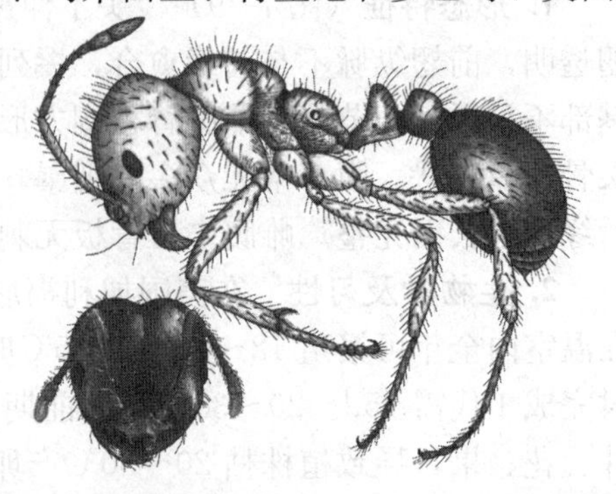

图 7-30　红火蚁工蚁

但不达头顶。胸部腹面无腹节齿，胸腹间2结节。

（1）工蚁　体长2.5～4.0mm。头、胸、触角及足均棕红色。腹部常棕褐色，第2、3节腹背面中央常具淡色圆斑。上唇退化，唇基两侧各有1齿，中央三角形小齿的基部生刚毛1根。上颚端部3齿。前、中胸背板的节间缝不明显，中、后胸背板节间缝明显，胸腹连接处2结节。腹部卵圆形，可见4节。腹部末端有螯刺。

（2）兵蚁　体长6～7mm。与小型工蚁相似，体橘红色，螯刺常不外露。

（3）蚁巢特征　完全地栖，蚁巢以土堆砌，新蚁巢为细土丘状。成熟蚁巢高10～30cm，直径30～50cm，其周围有一系列向外发散的地下觅食隧道，其仅爬出地面0.5m远就可觅食于各种绿地。

2. 生物学及习性　红火蚁无特定交配期，全年均可生殖。春季当土壤5cm深处的平均温度达10℃以上时，蚁群开始繁殖，工蚁开始觅食（最适觅食温度为22～36℃）。20℃时产生工蚁和有性蛹，22.5℃时产生有翅蚁。晚春及早夏10cm深处土温达39.6℃以上时有翅蚁出土婚飞。婚飞交配处的气温为45～55℃，相对湿度为80%以上。雄蚁交配后很快死亡。雌蚁交配后飞行1～5km，爬行或随水流漂浮扩散，寻找土温为24℃、接近水源附近的场所落地，翅脱落后做1土室入土建筑巢穴，干旱时蚁巢可见于建筑物附近。入土后的蚁后当天即产卵10～15粒，幼蚁孵化后由蚁后喂哺至成虫，即第1代工蚁，然后由这些工蚁担负起整个巢群及后代的哺养工作。但因天敌捕食、其他蚂蚁的攻击，新蚁后的死亡率常达99%。

新蚁群建立后15～18周即可产生新雌蚁。1群体可年产新蚁后4 500只。但蚁后数量的多少由工蚁的基因Gp-9所决定。1头新蚁后第1年可产工蚁50万只，并连续繁殖5～7年，可日产卵1 500～5 000粒。卵期7～10d，幼虫期6～10d，蛹期9～15d。从卵发育至成虫22～38d。一个成熟的蚁巢内有卵、幼虫、蛹、工蚁、兵蚁、雌成虫和雄成虫。小型工蚁照看后代，中型工蚁保护蚁巢，并修复蚁道，兵蚁则从事战争和抢掠。蚁巢内有个体10万～50万个，其中寿命6～7年的雌蚁与蚁后100～200只，雄蚁较少，其余为寿命1～6个月的工蚁与兵蚁。

由1头蚁后所建立的新蚁群为单蚁后型，其蚁巢密度常达200个/hm^2。由1至多只蚁后所建立的蚁群为多蚁后型，蚁巢密度达400～1 000个/hm^2。但多数工蚁只服从于1个占主导地位的蚁后。该类蚁后体小，产生的工蚁数量较少，不易单独建立新蚁群。当蚁丘受到打扰时，蚁群则会迅速移动，拼命攻击来袭者。当土壤很湿或很干时蚁群的活动性很弱，干燥期之后的降雨将引发2～3d的疯狂的建巢活动，觅食活动也将增加。由于缺乏天敌，侵入新区的蚁群数量远超过其原产地。

红火蚁食性杂、竞争力强，取食各种昆虫、土壤动物如蚯蚓，植物的种子、根部、果实、幼苗；啃咬并破坏建筑和电子设备，在土壤中蛀洞损坏灌溉系统；叮咬牛、马，使产乳或产肉量降低，甚至杀死小牛、小猪、啮齿动物和其他驯养动物；攻击海龟、蜥蜴、鸟类等的卵和幼体，影响小型哺乳动物、无脊椎动物群落，降低物种丰富度，大批消灭当地蚂蚁群体，甚至取而代之。在攻击人时，用上颚钳住皮肤，用螯刺反复叮蜇，被蜇伤口呈圆圈状或线状，并释放毒蛋白，使被蜇部位产生灼烧状痛感、水疱、白色脓包；引起高度过敏者发热，产生麻疹、皮肤与眼或喉部肿胀、呼吸困难、过敏休克、心肌梗死，甚至死亡。如滥用杀虫剂防治该蚁则导致水系统的污染。

3. 传播途径　红火蚁入侵的可能途径包括：①受蚁巢污染的种苗、植栽等含有土壤的走私园艺产品。②受蚁巢污染的进口培养土（如蛭石、泥炭土、珍珠石）。③受蚁巢污染的废旧物品，如废纸、废塑料、废钢等。④货柜夹层或货柜底层夹带含有蚁后的蚁巢。⑤其他容易在野外存放，可能受到红火蚁污染的产品，如木质包装等。

红火蚁入侵后的扩散途径有：①自然迁飞、随洪水漂浮等自然扩散。②园艺植栽污染、草皮污染、土壤废土移动、堆肥、园艺农耕械具设备、空货柜污染、车辆污染等被动扩散（人为扩散）。

4. 检疫技术与方法 ①严格检查来自该蚁分布区的植物种苗及其所携带的土壤、废旧物品、包装物、运输工具。②如发现所检货物等携带该蚁，应根据情况立即采取熏蒸或药剂处理措施予以灭除。对传播介体如土壤、泥炭、废旧物品、包装物、机械和集装箱等，可用溴甲烷熏蒸处理。

5. 防治方法 ①在红火蚁分布区作业时应采取防护措施，发现疑似红火蚁的蚁丘时要及时报告和处理。被叮咬后先冰敷，而后用清水或肥皂水冲洗患部，再涂抹皮康霜或清凉油，并避免伤口破裂、感染；敏感者应尽快进行治疗。②仔细检查各种绿地、进口垃圾集散处理地是否有该蚁的蚁巢，发现后应采取措施隔离、消灭，并限制红火蚁的迁移扩散。③对红火蚁蚁巢采用磷化氢等覆膜熏蒸，或直接用药剂或粉剂、粒剂浇灌蚁丘；或将药剂混入大豆油中引诱火蚁取食毒杀；或在每年的4～5月、9～10月撒布毒饵10～14d后，再用杀虫剂或其他方法处理蚁巢。④在蚁丘上打孔多次浇灌沸水，6～10kg/次，5～10d即可见效，或用混有清洁剂的水淹没蚁巢24h以上。

（五）咖啡果小蠹

咖啡果小蠹［*Hypothenemus hampei*（Ferrari）］属鞘翅目小蠹虫科。英文名coffee berry borer，coffee berry beetle。分布于东南亚、沙特阿拉伯、非洲27国，大洋洲除澳大利亚外的其他岛国，美国及南美国家。为害咖啡属及豆科植物的果实和种子。

1. 形态特征（图7-31）

（1）成虫　雌虫1.6mm×0.7mm，圆柱形，亮黑褐色。前胸背板覆盖头部，眼肾形；额面具皱网，中纵沟止于复眼上方；上颚齿钝，下颚片鬃约10根，下颚须3节，长0.06mm，颏0.08mm×0.06mm，下唇须3节；触角浅棕色，长0.4mm，基节长0.19mm，鞭节5节，长0.09mm，锤状部3节。前胸背板长为宽的0.81倍，中部最高，鳞片整齐，前缘中部有4～6枚颗瘤，无瘤区后角；刻点区中部鳞片狭长，刚毛粗直，中隆线1条。鞘翅长为两翅合宽的1.33倍，为前胸背板长的1.76倍，行纹8～9条，后半部下弯覆盖臀部；刻点列圆大、整齐，行间刻点细小，鳞片狭长整齐，肩角位于第6行间基部。腹部4节，第1节长为其他3节之和。足浅棕色，前足胫节外缘有6～7齿，跗5节，第5节长为前4节之和。雄虫1.05～1.20mm×0.55～0.6mm。咖啡果小蠹鞘翅刚毛短而硬，触角端部长圆形，长柔毛整齐。前足胫节有6～7齿。咖啡枝小蠹鞘翅被

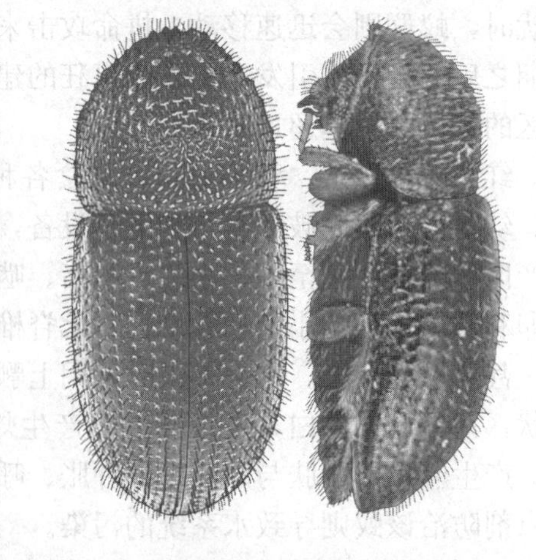
图7-31　咖啡果小蠹

毛细长，触角端部卵形或近圆形。前足胫节有4齿。

（2）卵 乳白色，长球形，长0.31～0.56mm。

（3）幼虫 乳白色，大小为0.75mm×0.2mm。头褐色，无足。体毛白色，体后毛镰刀形。

（4）蛹 白色，前胸背板覆盖头部。前胸背板边缘乳突3～10个，每个生白毛1根。腹部有白色针突2根，长0.7mm，基部相距0.15mm。

2. 生物学及习性 在巴西1年7代，乌干达8代，世代重叠。雌虫在咖啡果实端部蛀1圆形孔产卵，每果常有蛀孔1至多个。蛀孔褐或深褐色。每雌产卵30～80粒。产卵后雌虫留在果内，下一代成虫羽化后才出果。卵期5～9d。幼虫孵出后在果豆内取食豆质，被害种子内蛀道纵横，幼虫可多达20头。幼虫期10～26d。雌幼虫取食期约19d，雄约15d。蛹期4～9d。由产卵至成虫羽化需25～35d。雌虫羽化后在豆内停留3～4d，性发育成熟，交尾后离开果实，并蛀入另一果肉产卵。果实成熟时成虫可继续产卵为害，落果后藏匿其中。雌虫寿命可达156d，雄虫则短。雌雄比为10∶1左右。雌成多在16:00～18:00飞翔。雄成虫不飞翔，常不离开果实。1头雄虫可与30头雌虫交尾。

海拔1 500m以上发生少，250～1 000m区则严重。遮光、潮湿种植园为害严重，中粒咖啡［*Coffea canephore* Robusta］受害重，高种咖啡［*C. excelsa* Chev.］和大粒咖啡［*C. liberica* Bull et Hiern］受害轻。成熟果实和种子被害，直接造成咖啡果的损失，被幼虫蛀食后的咖啡果常腐烂，青果变黑，果实脱落。在巴西造成的损失可达60%～80%，在马来西亚咖啡果被害率曾达90%，减产26%。

3. 传播途径 随咖啡果、种子及其包装物远距离传播和扩散。

4. 检验方法 ①严格查验咖啡果实有无蛀孔，可疑果要剖查咖啡豆是否带虫。②咖啡豆的外包装物也要严格查验。③如发现货物及包装物携带该虫，应即刻采取熏蒸或改变运输方向等措施处置。

5. 防治方法 该虫体微小，难发现，更难防治。如发现种植园被该虫侵害应及时清除和处理落果。被害严重时应全部清除果园的当年果实。

（六）芒果果核象甲

芒果果核象甲［*Sternochetus mangiferae*（Fabricius）］属鞘翅目象甲科。又名印度果核芒果象，英文名mango seed weevil，mango stone weevil，mango weevil。分布于多数芒果种植区，包括亚洲东南亚诸国、印度半岛（包括尼泊尔）、中东部分国家、非洲15国、南北美洲及大洋洲诸国。为害芒果。成虫也在马铃薯、桃、荔枝、李、豆角及苹果上产卵，但幼虫不能发育老熟。

1. 形态特征（图7-32）

（1）成虫 暗褐色，体粗短，大小为6～9mm×4mm。前胸背板和鞘翅具浅黄白色鳞斑。头较小。触角赤褐色，棒节分节不明显，节间具细密绒毛。前胸背板中隆线被鳞片遮盖，胸部具容纳喙的胸沟。胸沟达前足基节之后。鞘翅基部花斑红色至灰色，

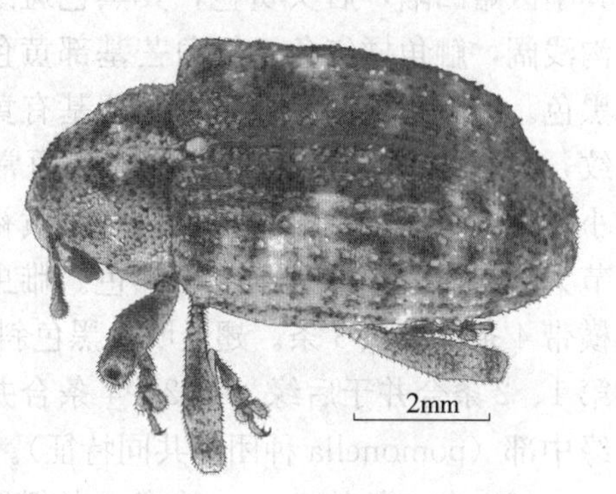

图7-32 芒果果核象甲

前端的斜带较窄，后端有1直角状斑，行间无瘤突，奇数行间不隆起。雌虫臀板末端具倒V形凹陷，雄虫的臀板末端圆弧形。

（2）幼虫　白色，头部褐色，无足。

（3）蛹　初乳白色，后黄色。头、足、翅及身体部分可见。

2. 生物学及习性　1年1代。以成虫在树皮裂缝下、土壤中及茎干周围、腐烂果实和种子内越冬。雌虫单产卵于半成熟至成熟的芒果的果皮下，并分泌褐色物将其覆盖，然后在产卵处切割0.25～0.5mm的新月形切口，使流出的果汁在卵外形成半透明的保护层。1头雌虫可日产卵15粒，3个月可产卵300粒。卵期5～7d。幼虫孵化后即蛀入果核为害子叶，但常难蛀进某些品种已成熟的种皮。老熟幼虫化蛹于种内或果肉内。蛹期约7d。每果核内常只有1头成虫。芒果采收后成虫聚集休眠。成虫夜间活动，有假死习性，在缺少食物和水时可存活40d，如供给食物和水可存活21个月。被害果常提前脱落，但外表无为害状或只具绿豆大小的黑油斑，果核受害处果肉变色，并有虫粪。成熟期早的品种受害较轻，在印度秋芒品种被害率达73%以上。

3. 传播途径　随芒果的种子、果实及其包装物传播。

4. 检验方法　①剖果检查果核有无虫孔，果核内子叶是否呈黑褐色，并有虫粪，或是否有幼虫、蛹及成虫。②若发现该虫，应即刻采取熏蒸、改变运输方向等检疫处理措施处理，γ射线可杀死果实内成虫。

5. 防治方法　①保持果园清洁，清除芒果果核象甲的越冬场所。②播种前使用无虫种子。③在开花前，在树干上涂以胶带防止成虫上树，或在树干上涂煤油乳剂以杀灭成虫。④结果期每周清除落果2次，并集中销毁。

（七）苹果实蝇

苹果实蝇［*Rhagoletis pomonella*（Walsh）］属双翅目实蝇科。英文名apple maggot。分布于加拿大、美国、墨西哥。幼虫取食苹果果肉，成虫刺透水果表皮产卵，使果面产生褪色斑、凹陷、果实变形、脱落，为害伤口易致果实腐烂。被害果肉内可见黑色纵横虫道，严重时可导致产量损失78%～100%。

1. 形态特征（图7-33）

（1）成虫　体长约5mm，黑色，有光泽。头背面浅褐色，腹面柠檬黄色，中颜板黄色，其中区略凹陷，后头黄色，具黑色斑纹；触角沟浅阔，触角橘红色，触角芒基部黄色，端部黑色。中胸背板侧缘从肩胛至翅基有黄白色条纹，背板中部有4条灰纵纹（侧面常间断）。小盾片大部黑色，端半部白色。足黄褐色，腿节大部褐色。腹部及细毛均黑色。雌虫具白色横带4条，雄虫3条。翅透明，黑色斜带4条，第1、2条合并于后缘，第2～4条合并于翅前缘中部（pomonella种团的共同特征）。

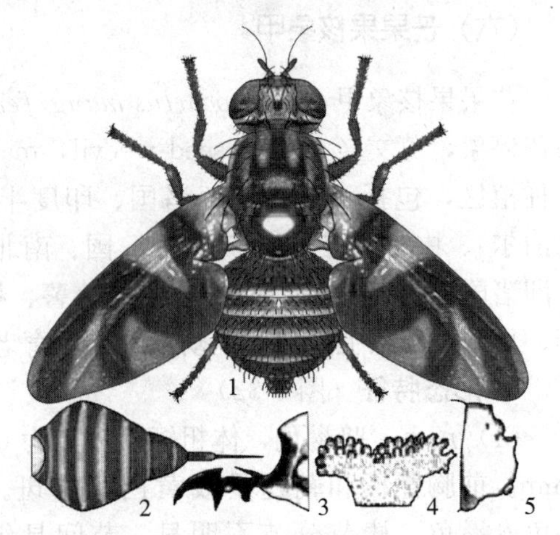

图7-33　苹果实蝇
1. 雄成虫　2. 雌成虫腹部　3. 幼虫头骨
4. 幼虫前气门　5. 幼虫腹末侧观

（2）卵　长约1mm，白色，长椭圆形，前

端有刻纹。

(3) 幼虫　3龄幼虫体长7～8mm，近白或略淡黄色。前气门指状突2～3列，17～32个。后气门腹侧部有1对间突。

2. 生物学及习性　以蛹在土中越冬。1年1～2代。少数个体以蛹度过两个冬天。在加拿大的新斯科舍，7月初可见成虫羽化，7月底8月初虫口达到高峰。成虫取食果实和叶上的蜜露等汁液。雌虫多在羽化8～10d后单产卵于苹果等果内。1雌一生可产卵约400粒。室内25℃时卵经3～5d、田间5～10d孵化。幼虫孵出后即在果实内取食。青幼果内的幼虫常在果实脱落后才能完成发育，离开果实，钻入地下5～7cm深处化蛹。

3. 传播途径　主要以幼虫随被害果传播，蛹可随被害果的包装物或寄主植物根部所带土壤传播，成虫可随交通工具进行远距离传播。

4. 检疫技术与方法　①用吸附50%己酸铵溶液的人造苹果或直径8cm红色黏球诱捕器，在港口和机场诱捕监测或诱杀。②对来自发生区的水果，应仔细检查包装箱内有无脱果幼虫与蛹，剖开有产卵白斑、变形或腐烂的果实检查有无幼虫；对苹果和山楂等苗木，应详细查看根部土壤是否带蛹。③对检查中所收集到的幼虫或蛹，应饲养至成虫进行鉴定。④检疫处理方法同蜜柑大实蝇。

5. 防治方法　①性信息素［苯甲酸丁酯、(E)-乙酸-2-己烯酯、2-丁基丁酸甲酯］＋黄色黏虫板诱杀成虫。②羽化期喷施二嗪农、西维因。③撒施混有马拉硫磷的水解蛋白药饵诱杀。④及时捡清落果。

(八) 地中海实蝇

地中海实蝇［*Ceratitis capitata* (Wiedemann)］属双翅目实蝇科。英文名Mediterranean fruit fly，Europe fruit fly，Medfly。分布于中东、印度、欧洲多数及几乎非洲所有国家，除加拿大外所有美洲国家，大洋洲的澳大利亚、新西兰、马利亚纳群岛。寄主包括235种水果、蔬菜和坚果。主要为害柑橘类、枇杷、樱桃、杏、桃、李、梨、苹果、无花果、柿、番石榴和咖啡等。

1. 形态特征（图7-34）

(1) 成虫　体长4～5.5mm。头部黄色至褐色。触角第1、2节红褐色，第3节黄色，芒黑色。雄虫第2对额眶鬃生于突起的额上，端部扁阔，并具纵条纹（额附器）。胸部背面乳白色至黄色，镶有黑色斑纹。小盾片基部有波状黄白色带，其余部分黑色。翅宽短，基部布满形状不规则的黄褐或淡黑色斑，中部有1宽红黄色垂直带，带的边缘褐色，前缘带与中带同色，具暗斑，并延伸到翅端，1褐色斜带穿过中肘横脉直至翅的后缘。腹部浅黄色，刚毛黑色，第2、4背板后缘各有1条银灰色横带。足浅黄色。雌产卵器针状，红黄色。

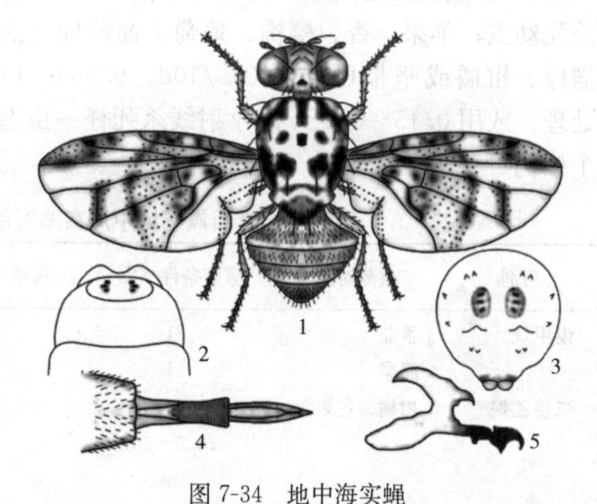

图7-34　地中海实蝇

1. 雄成虫　2. 幼虫腹末背面观　3. 幼虫腹末后面观
4. 雌腹末　5. 幼虫头骨
(3仿Hardy，2、5仿Bery)

(2) 卵　纺锤形，略弯曲，白至浅黄色，0.9～1.1mm×0.2～0.25mm。

(3) 幼虫　第3龄成熟幼虫长7～10mm，宽1.5～2.0mm，乳白至黄色。体11节，第1节前缘、第1～3节间以及臀叶周围具小刺形成的环带，腹部各节腹面的纺锤区有小刺。前气门有指突单列7～12个，末节生小乳突两对，后气门处有1对脊状中突及2对小乳突。

(4) 蛹　长椭圆形，4～4.3mm×2.1～2.4mm，黄褐色至黑褐色。2前气门间凸起，2后气门间凸起，并具1黄色带。

2. 生活习性　以蛹在土中越冬。成虫羽出后多在附近取食植物的渗出液、蜜露、动物分泌物、细菌、果汁等补充营养，性成熟后在有果实的树丛中交配。成虫寿命可达1年以上。产卵于果实表皮下。1果实可有多处落卵。1头雌虫日产卵22～60粒，一生产卵500～800粒。幼虫孵化后即取食果肉，其发育最适温为24～30℃，幼虫成熟后常离果，化蛹于5～15cm的土中。该蝇发育起点温度为12℃，完成1代的有效积温为62.2℃。在16～32℃，75%～85%的相对湿度及终年有寄主果实的条件下，该蝇可以连续发育。若气候较寒冷时则以幼虫、蛹或成虫越冬。该虫是世界公认的重要水果害虫，发生区水果被害率达80%～90%，1果实内幼虫可达100头以上，被害果常提前落果或腐烂。

3. 传播途径　以卵、幼虫、蛹和成虫随水果、蔬菜等农产品及其包装物、土壤、交通工具等远距离传播。

4. 检疫技术与方法　①查看受害果蔬表面有无火山口状突起的产卵孔，剖果检查有无幼虫。番茄、枇杷果产卵孔处呈绿色，桃果则具胶状果汁，甜橙、梨、苹果等果则变硬、色发暗、凹陷，柑橘则呈喷口状突起。②利用混有杀虫剂的20%水解蛋白诱饵及诱捕器、地中海实蝇引诱剂［丁酸乙酯＋（E）-6-壬烯酸甲酯＋苎烯，每月更换1次，每次1粒］、10%有机酸＋1%果胶＋1%叶绿素＋85%水等诱杀。③鉴定时应与近似种蓝灰小条实蝇［*Ceratitis caetrata* Munro］、马斯卡林小条实蝇［*C. catoirii* Guerin-Meneville］、马达加斯加小条实蝇［*C. malgassa* Munro］相区别。④若发现货物携虫，可退货、销毁或采取药剂熏蒸（表7-2），或用饱和水蒸气热处理茄子、木瓜、凤梨和番茄等8～75h（中心温度44.4℃），然后迅速制冷；或用45.9～46.3℃热水浸泡成熟芒果59.4min杀死卵、79.7min杀死幼虫；苹果、杏、樱桃、葡萄、葡萄柚、油桃、橙、西番莲、桃、梨、柿、李、石榴、榅桲、柑橘或坚果可选用0℃/10d、0.55℃/11d、1.11℃/12d、1.66℃/14d，2.22℃/16d处理；或用0.15～0.5Gy的γ射线杀死任一虫态（损害部分果蔬），0.1Gy剂量时部分不育个体仍可存活。

表7-2　常压熏蒸地中海实蝇时部分药剂的使用条件与剂量

药剂	熏蒸对象	熏蒸条件（℃）	药量（g/m³）	熏蒸时间（h）	熏蒸物所占空间体积（%）
溴甲烷	番茄	21	32	3.5	—
	鳄梨	21	32	4	—
二溴乙烷	柑橘、芒果等	10～15	12	2	25
		15.5～25	10	2	25
		21	8	2	25
		10～15	14	2	26～49
		15.5～25	12	2	26～49
		21	10	2	26～49

（续）

药剂	熏蒸对象	熏蒸条件（℃）	药量（g/m^3）	熏蒸时间（h）	熏蒸物所占空间体积（%）
		10～15	16	2	50～80
		15.5～25	14	2	50～80
		21	12	2	50～80
	杏	16～21	12～16	2	—
	菜豆、黄瓜和苦瓜	21	8	2	—

5. 防治方法 ①使用诱捕法查明疫区范围，摘除被害果及其周围寄主的所有果实，捡清落果并处理。②果园全部果树喷洒10%实蝇灭或24%施达康或猎蝇饵剂（GF-120）16.6～20g/hm^2，地面撒施毒饵，并喷药。③释放不育雄虫，引进释放寄生蜂。

（九）橘小实蝇

橘小实蝇［*Bactrocera dorsalis*（Hendel）］属双翅目实蝇科。英文名Oriental fruit fly。分布于亚洲的日本及东南亚，大洋洲的部分岛国。为害柑橘类、芒果、番石榴、洋桃、枇杷、杏、桃、番荔枝、木瓜、梨、葡萄、西番莲、辣椒和茄子等250多种水果和蔬菜。

1. 形态特征（图7-35）

（1）成虫 颜面有2个近圆形黑斑。中胸背板黑色，两侧具黄条，翅前缘带暗褐色。腹部黄至黄褐色，第3背板有1黑横带，黑中纵带始于第3节黑横带，终于第5节末端之前。后足胫节暗褐色。雄虫第5腹板后缘深凹，雌虫产卵管端部略圆。

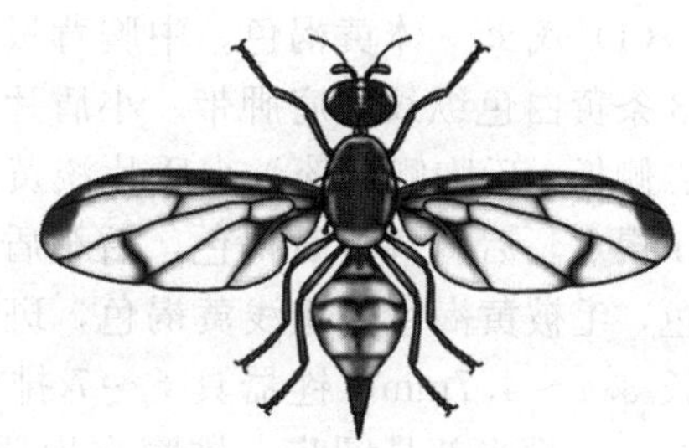

图7-35 橘小实蝇

（2）卵 白色，两端尖，梭形，长约1.0mm。

（3）蛹 黄褐色至深褐色，长5.0～5.5mm。

（4）幼虫 蛆形，黄白色，体长9～10mm，前气门指突10～13个。

2. 生活习性 1年3～6代，世代重叠。部分地区以成虫越冬或以老熟幼虫在树冠下潮湿的土壤中越冬。在云南元江第1代幼虫于4～5月为害早熟芒果，成虫于6月中旬羽化；第2代幼虫于6～7月为害芒果、桃，成虫于7月中下旬羽化；第3代幼虫于8～9月为害番石榴、石榴等，成虫于9月上旬羽化；第4代幼虫于10～11月为害橙、柑及番石榴，成虫11月下旬至12月上旬羽化，而后越冬；第4代羽化早的成虫于12月繁育出第5代幼虫。在云南瑞丽，橘小实蝇1年可发生6代。一个世代历期100～150d。在24℃时，雌成虫历期75～90d，雄虫50～66d；27℃卵历期1～2d；33℃时6～7d。幼虫共4龄。24℃历期13～14d。遇干旱、高温（35℃以上）时大幼虫有休眠现象；在24℃蛹历期18～20d。

成虫常年可见。一生交配1～2次。产卵前期8～12d。雌虫产卵于果皮下1～4mm处（果面具灰至褐色小点状斑痕），每次产卵2～15粒。室内1生产卵3 000余粒，野外产卵50～1 500粒。幼虫群集取食果肉，使受害果干瘪收缩，大量脱落。幼虫老熟后离果，入土1～5cm化蛹，数小时后变为预蛹，约10d后羽化，再5～7d成虫开始产卵。甲基丁香酚对此雄成虫具强烈的引诱作用。

3. 传播途径 同地中海实蝇。

4. 检验方法 ①用伊红（Eosin）或甲基绿（Methyl green）配成水溶液染色，仔细检查果面有无产卵痕。②剖果检查有无幼虫，并对幼虫进行鉴定或饲养至成虫再鉴定，或将可疑果用塑料袋密封数小时，果实蝇幼虫因缺氧即破果而出；或将可疑水果、蔬菜放入一小瓷盆内，然后支放在盛有清水的大瓷盆上，再用 40 目尼龙纱罩住，观察 7～10d，幼虫即离果，落到水盆。③检疫处理同地中海实蝇。

5. 防治方法 ①应及时清除虫果和落果，用甲基丁香酚引诱剂＋水解蛋白毒饵喷雾诱杀成虫。②对孤立环境中的小种群，可释放辐照不育雄虫。

（十）墨西哥桉实蝇

墨西哥桉实蝇［*Anastrepha ludens*（Loew）］属双翅目实蝇科。英文名 Mexican fruit fly，Mexican orange worm，Mexican orange maggot。分布于美国、墨西哥、危地马拉、萨尔瓦多、洪都拉斯、哥斯达黎加。为害柑橘类和许多热带、温带水果及多种蔬菜。

1. 形态特征（图 7-36）

（1）成虫　体黄褐色。中胸背板密被黄色短毛，并具 3 条黄白色纵纹。肩胛带、小盾片侧上带、背侧片下带、侧板、后胸侧板淡、小盾片淡黄色，盾间缝中部常有 1 褐点。后胸背板黄褐色，后小盾片侧黑色。胸鬃黑褐色，毛被黄褐色。翅浅黄褐色，斑带明显。雌产卵器鞘长 3.4～4.7mm，锉器具 5～7 排钩刺，产卵器长于 3.3mm，端半部具圆齿。雄腹末抱器长约 0.37mm，基粗端扁平。

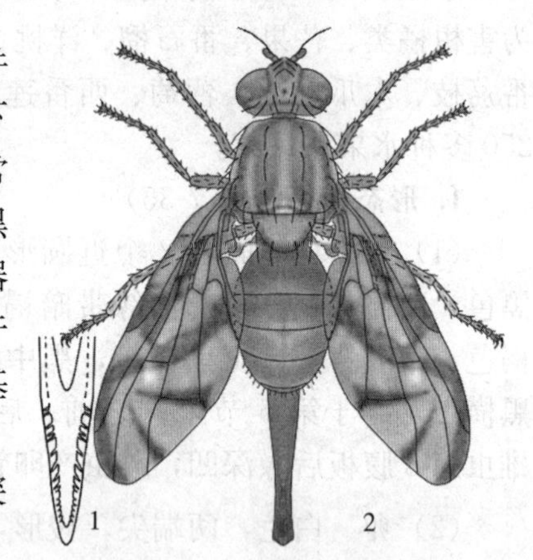

图 7-36　墨西哥桉实蝇
1. 产卵器末端　2. 成虫

（2）幼虫　老熟幼虫具脊 11～17 条，前气门指状突 19～22 个，胸、腹节有背刺。

2. 生活习性 产卵于果皮下，成熟果面常无产卵痕迹。每雌蝇可产卵数千粒，但 1 雌蝇在 1 果上只产卵 1 粒，1 果内常有多条幼虫。幼虫在果实中蛀食果肉、未成熟种子，形成很多孔道，最终导致果实腐烂，含糖量高的水果受害后果面可见蜜汁状液体，被害蔬菜和水果常不适宜人类食用。

3. 传播途径 以卵和幼虫随被害果远距离传播，蛹随泥土或包装物传播及扩散。

4. 检验方法 同地中海实蝇与柑橘小实蝇。

5. 防治方法 同地中海实蝇与柑橘小实蝇。

（十一）桉树枝瘿叶蜂

桉树枝瘿叶蜂［*Leptocybe invasa* Fisher et LaSalle］属膜翅目小蜂科。英文名 blue gum chalcid。分布于欧洲、非洲、中东、东南亚及印度等 22 国，已传入我国广西、海南、广东和江西近 20 个市县。危害多种桉树苗木及幼林（图 7-37）。

1. 形态特征 雌成虫体长 1.1～1.4mm，黑褐色，略具光泽。头扁平；单眼区围一

深沟，颚眼沟弯曲，颊圆，唇基2叶。触角柄、梗节黄色，索、棒节棕色；柄节长为梗节的2倍，索节长、宽近等，棒节3节。中胸盾片无中线，侧缘2～3根短刚毛，小盾片近方形，并胸腹节无中脊和侧褶。前足基、腿、跗节黄色，中后足基节黑色，跗节4端部棕色。翅脉浅棕色，亚前缘脉3～4根背刚毛，基脉1刚毛，基室无刚毛，肘脉的刚毛行不延伸到基脉；后缘脉短于翅痣的1/4，翅痣与后缘脉间一透明区。腹部短卵形，肛下板延伸至腹部1/2处。

图7-37 桉树枝瘿叶蜂

1. 枝条上的虫瘿 2. 叶片被害状 3. 成虫 4. 枝条被害状

2. 生活习性 孤雌生殖，极少见雄虫。在以色列1年2～3代，世代重叠，室内1世代132.6d。在我国广西南宁以各龄幼虫和蛹越冬，冬季天暖时可见少数成虫在嫩叶上活动；2月下旬成虫陆续羽化，羽化高峰3～4月，4～5月被害部产生大量新虫瘿。被害桉树叶脉、叶柄、嫩梢、嫩枝均形成虫瘿，枝叶生长扭曲、畸形，树冠成丛枝状，部分枝梢枯死，影响苗、木生长。

3. 传播途径 成虫随气流及风传播距离较远，繁殖材料和林木等携带卵、幼虫、蛹远距离传播。

4. 检验方法 桉树苗木及幼树检验，仔细检查叶脉、叶柄、嫩梢、嫩枝是否具有虫瘿。

5. 防治方法 ①疫区桉树苗木不得外销，未受害苗只能在疫区内使用，受害轻的苗木严格处理后可种植，受害严重的苗圃应全部销毁。②种植抗虫、耐虫树种，不使用无抗性的巨园桉201、202无性系，以及低抗的尾叶桉造林；营造速丰桉林时，将复合肥与丙硫克百威或丁硫克百威一起拌放于种植坑内。③1～2年生严重受害的苗木及幼林应全部销毁，轻度受害时于3～4月每隔10～15d喷2次内吸性杀虫剂；3年生以上受害木应及时砍伐利用，清理、销毁带虫枝、叶和树皮，使用除草剂处理伐桩、杀死其萌芽。④从桉树枝瘿姬小蜂源产地澳大利亚和以色列引入天敌进行防治。

（十二）枣实蝇

枣实蝇［*Carpomya vesuviana* Costa］属双翅目实蝇科。英文名 ber fruit fly。分布于意

大利、毛里求斯、印度、巴基斯坦、泰国、俄罗斯及中亚诸国，我国分布于新疆维吾尔自治区的吐鲁番。以幼虫蛀食各种枣的果肉，被害果面具斑点和虫孔，果内具蛀道，引起落果、果实早熟和腐烂。我国枣产量占世界总产量的99%，枣树面积100万hm^2以上，应特别警惕和预防枣实蝇的入侵危害（图7-38）。

1. 形态特征

（1）成虫　体、翅长2.9～3.1mm。头淡黄色至黄褐色；额平坦，约与复眼等宽；触角沟浅而宽，具颜中脊。触角第3节背端尖锐，触角芒裸或具短毛。盾片黄色或红黄色，中部3个细窄黑褐色条纹，向后终止于横缝略后；两侧各有4个、横缝后亚中部有2个黑斑点，近后缘的中央有1个褐斑点；横缝后另有2个近似叉形的白黄色斑纹。小盾片背面平坦或轻微拱起，白黄色，具5个黑色斑点，其中2个位于端部，基部的3个分别与盾片后缘的黑色斑点连接。翅黄白色、透明，橘黄色横带3条，翅端横带呈C形。

（2）卵　圆形，黄色至黄褐色。

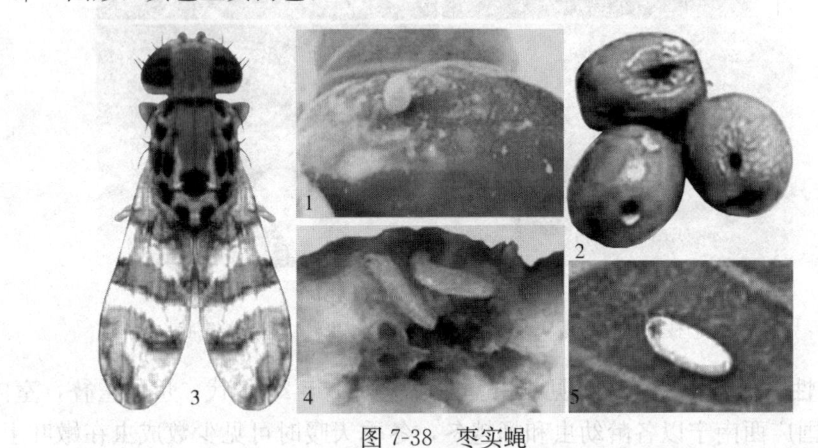

图7-38　枣实蝇

1. 枣果上的卵　2. 枣果被害状　3. 成虫　4. 幼虫　5. 蛹

（3）幼虫　蛆形，3龄体长7.0～9.0mm，宽1.9～2.0mm。口器4个口前齿，口脊3条，缘齿尖锐，口钩具1个弓形大端齿。第1胸节腹面具微刺，2、3胸节和第1腹节均有微刺环绕；第3～7腹节腹面具条痕，第8腹节具数对大瘤突。前气门具20～23个指状突；后气门裂大，长4～5倍于宽。

（4）蛹　体11节，初蛹黄白色，后变黄褐色。

2. 生活习性　因地区不同1年发生6～10代不等，世代重叠，繁殖能力强。成虫多在一天的9:00～14:00羽化，白天交配产卵，晚间栖息树冠，成虫单卵产于果皮下。每雌产卵19～22粒，每果产卵1～8粒。幼虫孵化后蛀食果肉，1～2龄幼虫是危害枣果的主要阶段。幼虫老熟后落地，在地表3～15cm处化蛹或越冬，尔后成虫羽化出土。在印度北部，1年6～9代，4～8月越冬；卵期1～4d，幼虫期7～24d，蛹期5～122d，成虫寿命2～55d，最短的1代23～95d，末世代9月产卵。在伊朗，1年8～10代，蛹期8～330d，世代重叠，滞育或不滞育；卵产于1、3和4月的世代历期短，产于9～10月的世代历期长。

3. 传播途径　成虫可随气流及风扩散，以卵及幼虫随寄主果实、蛹随苗木调运远距离传播。

4. 检验方法　调运枣果时应检查果面是否具有孔洞，剖果检查果内是否具有枣实蝇幼

虫；苗木调运时必须清理干净苗根携带的土壤，检查是否携带实蝇蛹。如查出枣实蝇则必须进行检疫处理。

5. 防治方法 ①严防疫情扩散，及时除害处理，销毁害果，禁止外运枣果及苗木。②用引诱剂甲基丁香酚进行疫情监测和诱杀成虫（引诱剂＋马拉硫磷），轻度危害时喷施敌敌畏或内吸杀虫剂防治成虫。③枣园管理中及时捡拾落果、摘除虫害果并集中销毁，翻晒枣园土壤以消灭落地幼虫和蛹，砍除野生枣树。④寄生幼虫的蝇费氏茧蜂［*Fopius carpomyie* (Silvestri)］、布氏潜蝇茧蜂［*Biosteres vandenboschi* (Fullaway)］有一定的利用价值。

三、国外重要的林木种实及枝梢害虫

1. 果树黄卷蛾 果树黄卷蛾［*Archips argyrospilus* (Walker)］分布于美国、加拿大、法国。寄主为苹果、梨、李、樱桃、杏、柑橘、醋栗、榆、白杨、槐。幼虫蛀食果实浅层。

2. 南美按实蝇 南美按实蝇［*Anastrepha fraterculus* (Wiedemann)］分布于美国南部、墨西哥、南美洲。寄主为番荔枝、柑橘类、芒果、可可、咖啡等热带作物。幼虫取食果肉或未成熟种子。

3. 秘鲁红蝽 秘鲁红蝽［*Dysdercus peruvianus* Guerin］分布于阿根廷、巴西、玻利维亚、哥伦比亚、秘鲁、委内瑞拉。寄主为柑橘、芒果、番石榴、菊科。为害幼铃幼果和正在发育的种子。

4. 香蕉蓟马 香蕉蓟马［*Hercinothrips bicinctus* (Bagnall)］分布于非洲（北部除外）、澳大利亚、中南美洲。寄主为香蕉。为害果实。

5. 可可褐盲蝽 可可褐盲蝽［*Sahlbergella singularis* Haglund］分布于塞拉利昂、加纳、多哥、尼日利亚、喀麦隆、中非、乌干达、扎伊尔、刚果等。寄主为可可、小可可等。为害可可树冠枝条、树干木质部、果荚、果柄等。

6. 苹果透翅蛾 苹果透翅蛾［*Synanthedon myopaeformis* (Borkhausen)］分布于西班牙、法国、瑞士、德国、波兰、比利时、荷兰、保加利亚、土耳其、埃及、俄罗斯。寄主为梨、苹果、桃、李、樱桃、山楂、木瓜、花楸等。幼虫蛀茎枝。

7. 剑麻象甲 剑麻象甲［*Scyphophorus acupunctatus* Gyllenhal］分布于印度、印度尼西亚。寄主为剑麻属植物及观赏类龙舌兰科植物。成虫、幼虫蛀食茎、叶。

8. 三叶斑潜蝇 三叶斑潜蝇［*Liriomyza trifolii* (Burgess)］分布于中国（台湾）、印度、日本、以色列、黎巴嫩及欧洲、非洲、美洲及太平洋一些岛国。为害25科植物，尤喜菊科等花卉。幼虫蛀食叶片。

9. 扁柏籽长尾小蜂 扁柏籽长尾小蜂［*Megastigmus chamaecyparidis* Kamijo］分布于日本。寄主为柳杉、日本柳杉（种子）。幼虫蛀食种子。

10. 咖啡旋皮天牛 咖啡旋皮天牛［*Dihammus ceruinus* (Hope)］分布于日本、朝鲜、越南、老挝、缅甸。寄主为心叶水杨梅、杜拉树、菩提树、木蝴蝶、接骨木属、咖啡、蓖麻。幼虫蛀茎（基部）。

11. 大家白蚁 大家白蚁［*Coptotermes curvignathus* Holmgren］分布于马来西亚、新加坡、文莱、印度尼西亚、泰国。寄主为合欢属、黄豆树、腰果属、南洋杉等多种东南亚珍贵树种。从地下直根分叉处侵入，蛀空树茎并筑巢。

复习思考题

1. 国内检疫性及外检性林木食叶、蛀干、种实及枝梢害虫各有哪些种类?
2. 分别归纳和简述食叶、蛀干、种实及枝梢害虫的检疫检验和处理方法。
3. 归纳和简述检疫性林木害虫的扩散和传播途径。
4. 分别简述食叶、蛀干、种实及枝梢害虫产地检疫方法。

参考文献

张钧 . 1983. 热带作物检疫对象图说 [M]. 北京：农牧渔业部农垦局生产处 .

北京农业大学 . 1989. 植物检疫学（中册）[M]. 北京：北京农业大学出版社 .

明月，梁忆冰 . 1990. 中国植物检疫对象手册 [M]. 合肥：安徽科学技术出版社 .

萧刚柔 . 1992. 中国森林昆虫 [M]. 北京：中国林业出版社 .

中国植物保护学会植物检疫学分会 . 1993. 植物检疫害虫彩色图谱 [M]. 北京：科学出版社 .

中国动植物检疫局，农业部植物检疫研究所 . 1997. 中国进境植物检疫有害生物选编 [M]. 北京：中国农业出版社 .

曾大鹏 . 1998. 中国进境森林植物检疫对象及危险性病虫 [M]. 北京：中国林业出版社 .

李孟楼 . 2002. 森林昆虫学通论 [M]. 北京：中国林业出版社 .

张星耀，骆有庆 . 2003. 中国森林重大生物灾害 [M]. 北京：中国林业出版社 .

李成德 . 2004. 森林昆虫学 [M]. 北京：中国林业出版社 .

杨长举，张宏宇 . 2005. 植物害虫检疫学 [M]. 北京：科学出版社 .

全国农业技术服务中心 . 2005. 潜在的植物检疫性有害生物 [M]. 北京：中国农业出版社 .

全国农业技术推广服务中心 . 2006. 植物检疫性有害生物图鉴 [M]. 北京：中国农业出版社 .

王爱静，席勇，甘露 . 2006. 新疆林果花草蚧虫及其防治 [M]. 乌鲁木齐：新疆科学技术出版社 .

陈乃中 . 1993. 木薯单爪螨 [M]. 植物检疫，7 (1)：36-38.

程桂芳，杨集昆 . 1997. 北京发现的检疫性新害虫——蔗扁蛾初报 [J]. 植物检疫 (2)：96.

黄世水，曾繁海，古谨，等 . 1998. 非洲大蜗牛的传播方式与防治对策初探 [J]. 植物检疫，12 (4)：223-225.

徐家雄，余海滨 . 2002. 湿地松粉蚧生物学特性及发生规律研究 [M]. 广东林业科技，18 (4)：1-6.

中华人民共和国出入境检验检疫行业标准（SN/T 1147—2002）. 椰心叶甲检疫鉴定方法 [M]. 北京：中国标准出版社 .

中华人民共和国出入境检验检疫行业标准（SN/T 1148—2002）. 木薯单爪螨检疫鉴定方法 [M]. 北京：中国标准出版社 .

刘光华，陆永跃，甘咏红，等 . 2003. 曲纹紫灰碟的生物学特性和发生动态研究 [J]. 昆虫知识，40 (5)：426-428.

陈义群，黄宏辉，王书秘 . 2004. 椰心叶甲的研究进展 [J]. 热带林业，32 (3)：1-6.

周卫川，陈德牛 . 2004. 进境植物检疫危险性有害腹足类概述 [J]. 植物检疫，18 (2)：90-93.

魏建荣，杨忠岐，王传珍，等 . 2004. 天敌昆虫对美国白蛾的生物控制研究 [J]. 林业科学，40 (2)：90-95.

赵晓燕，谢映平 . 2004. 枣球蜡蚧雄虫不同发育期的形态特征 [J]. 昆虫知识，40 (1)；60-63.

樊慧，金幼菊，李继泉，等 . 2004. 引诱植食性昆虫的植物挥发性信息化合物的研究进展 [J]. 北京林业大学学报，26 (3)：76-81.

吴青君，张友军，等 . 2005. 入侵害虫西花蓟马的生物学、为害及防治技术 [J]. 昆虫知识，42 (1)：

11-14.

陈洪俊，张友军，等．2005. 西花蓟马的鉴别与检疫［J］. 植物检疫，19（1）：33-34.

迟海英．2005. 美国白蛾检疫及检验、防治处理方法［J］. 山东林业科技（5）：56-77.

吴伟坚，梁琼超，李志伟，等．2006. 新入侵害虫刺桐姬小蜂的发生与防治技术［J］. 中国植保导刊，26（2）：38.

焦懿，陈志麟，余道坚，等．2006. 姬小蜂科中国大陆一新记录属一新记录种［J］. 昆虫分类学报（1）：71-74.

吕利华，何余容，刘杰，等．2006. 红火蚁的入侵、扩散、生物学及其为害［J］. 广东农业科学（5）：3-11.

张绍红，庄永林，刘勇．2006. 红火蚁在世界的潜在分布和我国的检疫对策［J］. 植物检疫，20（2）：126-137.

李建庆，姚志刚，梅增霞．2006. 警惕外来害虫暗梗天牛入侵为害［J］. 昆虫知识，43（3）：426-428.

陆永跃，曾玲，王琳，等．2006. 警惕外来害虫椰蛀梗象入侵为害［J］. 昆虫知识，43（3）：423-426.

Agnello，A. M. et al. 1990. Development and evaluation of a more efficient monitoring system for apple maggot［J］. econ. Ent. 83（2）.

Blackman，R L and V F. 1985. Eastop Aphids on the world's crops：an identification guide［M］. John Wiley & Sons Chichester New York Brisban Toronto Singapore.

White，I. M. &M. M. 1992. Elson—Harris Fruit flies of Economic significance：their Identification and Bionomics Redwood Press Ltd［J］. Melksharn UK：260-261.

>>> 第八章　检疫性森林植物病害与杂草

【本章提要】 主要介绍草坪褐斑病、冠瘿病、板栗疫病等国内检疫性植物病害的病原分类地位、分布、主要症状鉴定特征、病害发生特点以及检验检疫措施等。同时，介绍了国外发生严重的危险性病害，如梨火疫病、栎树枯萎病的分布及为害特征等。

第一节　检疫性森林植物病害

森林植物病害的传播方式和途径复杂，检验与确诊过程对检疫技术要求高；若被传入，在传入初期常难以及时发现和处理。现将我国重要的 8 种内检及 8 种外检森林植物病害的危害性、发生特点、传播特性、检疫技术等介绍如下。

一、国内检疫性森林植物病害

我国重要的内检病害包括草坪草褐斑病、冠瘿病、杨树花叶病毒病、松疱锈病、落叶松枯梢病、猕猴桃细菌性溃疡病、椰子致死黄化病、板栗疫病。

(一) 草坪草褐斑病

草坪草褐斑病［*Rhizoctonia solani* Kühn］英文名 lawn brown speckle disease。国内分布于北京、河北、吉林(长春、吉林)、上海、浙江(杭州、金华)、安徽(合肥、芜湖、马鞍山、滁州、蚌埠)、山东（济南、临邑、淄博、威海等)、河南（郑州、三门峡、洛阳、焦作、新乡、鹤壁、安阳、濮阳、开封、商丘、许昌、漯河、平顶山、南阳、信阳、驻马店、济源)、湖北(武汉)、四川（成都）等省、直辖市的局部地区。国外分布于日本、澳大利亚、美国、加拿大及非洲、欧洲。褐斑病是草坪病害中分布最广、为害最严重的病害之一。能侵染所有已知的草坪草，致使草坪草大面积枯死，产生斑秃，破坏草坪景观。

该病菌能侵染所有草坪用冷、暖季禾本科植物，如早熟禾［*Poa pratensis* Linnaeus］、雀稗［*Paspalum* sp.］、狗牙根［*Cynodon dactylon*（Linnaeus)］、匍匐翦股颖［*Agrostis palstriss* Huds.］、紫羊茅［*Festuca rubra* Linnaeus］、苇状羊茅［*F. arundinacea* Schreb］、黑麦草［*Lolium perenne* Linnaeus］、结缕草［*Zoysia japonica* Steud.］等。尤以翦股颖和早熟禾被害最重。

1. 症状特征（图 8-1）　草坪草褐斑病侵染禾本科草坪草的叶片、叶鞘和根部，使其根

和根茎部变黑褐、腐烂（肉眼可见白色菌丝）。发病初叶鞘上菱形、长条形病斑内部青灰、水渍状，边缘红褐色，后期变黑褐色，并附有红褐色不规则易脱落的菌核。叶片病斑菱形、椭圆形，长1.0～4.0cm。在潮湿条件下，叶鞘和叶片病变部位着生稀疏的褐色菌丝。

染病的草坪常出现大小不等的"蛙眼状"枯草圈，圈中央仍为绿色，边缘呈黄色环带，最终枯死。在有露水或空气湿度大的情况下，枯草圈的外缘常出现由病菌菌丝形成的"烟圈"，叶片干燥时烟圈则消失。

图8-1　草坪草褐斑病的为害症状及菌丝

2. 病原特征　病原为无孢目丝核菌属的立枯丝核菌。在菌落形成初期，菌丝较细，后变褐，直角状分支，分支处缢缩，并在其附近形成隔膜；老熟后形成粗壮的念珠状菌丝，菌丝顶端细胞多核，易形成菌核。在感病植株叶鞘上或枯草层中，肉眼可见红褐色、直径0.1～5mm的菌核。菌核形状不规则，表面粗糙。

3. 发病特点与传播途径　立枯丝核菌的不同分离种在冷地型和暖地型草坪上的症状、培养特性和致病性变化很大。在24～28℃、湿润的条件下易在冷地型草坪草上发生，但也在高温、高湿或约20℃凉爽与湿润的气候条件下发生。该菌的pH范围较宽广，能在适宜草坪草生长的所有土壤的pH范围内生存。以腐生菌丝或菌核在土壤中度过不良环境，或在寄主植物残体中以菌核或腐生菌丝、休眠菌丝存活，具有发病率高、传染迅速、为害严重和反复发病等特点。当条件合适时，可在极短的时间内迅速毁灭草坪。

病菌可通过人为调运草皮、种子进行远距离传播，也通过气流、水流和土壤进行自然传播和扩散。

4. 检疫处理与防治方法

（1）检疫检验　①调运检疫时采取容器盛装或散装取样法取得送检种子样品，然后进行镜检或培养检验。对草皮采取堆垛分层方式设点抽样，获得检验样品进行检验。②种子检验时先借助放大镜观察种子颜色是否正常，种子间是否有菌核。然后将颜色不正常的种子和菌核，用75%乙醇进行表面消毒或用酒精灯火焰消毒2～3次后，在25℃下用PDA培养基培养72h，镜检。将分离培养所得病原菌与培养基研碎，加蒸馏水制成病原菌悬浮液，用小喷壶喷洒到草坪草上，每天观察发病及症状，并对发病植株取样再分离，镜检与所接种的病原是否一致。③在草坪草繁育及种植地，查看草坪是否有蛙眼状枯草圈及"烟圈"，草坪草的叶片、叶鞘和根部是否有病斑。然后取感病叶片，采取上述方法消毒后切取病斑边缘组织块，在灭菌水中漂洗3次，移至PDA培养基中培养、镜检、接种检验。

（2）防治方法　①如发现调运中的草坪草种子、草皮霉烂变质或携带该病菌，应当即销毁。②草坪繁育基地应当选择地势平缓、土壤黏性小、通透性良好、有灌溉和排水系统的沙质土地。育草前要深翻土壤，并消毒，清理石块、杂物和杂草，不使用含杂草、害虫和病原物的有机肥和土杂肥，种子要严格检验或用杀菌剂处理以保证不带菌核；避免在阴雨、低温情况下播种，草苗生长期要适当增施磷肥和钾肥，注意平衡施肥，以提高植株抗病能力。

（二）冠瘿病

冠瘿病［*Agrobacterium tumefaciens*（Smith et Townsend）Conn］又称根癌病、根瘤病、黑瘤病、肿瘤及肿根病等。英文名 peach crown gal。国内分布于河南（17 地、市）、山东（17 地、市）、河北（14 地、市）、浙江（9 县、市）、辽宁（8 县、市、区）、陕西（咸阳、宝鸡、渭南、榆林、兴平、西安）、甘肃（兰州、武威、白银、甘南藏族自治州）、北京、山西（运城）、吉林（松原、榆树、德惠、洮南、大安）。国外分布于南美、北美、欧洲、南亚、东南亚诸国，部分中东、非洲国家。

冠瘿病在多种树木如苹果属、梨属、山楂属、李属、蔷薇属、悬钩子属、杨属、柳属、核桃属、板栗属、葡萄属、菊属、冷杉属、槭属、猕猴桃属、桦木属、山茶属、油橄榄属及龙舌兰［*Agave salmiana* Otto ex Salm-Dick］、臭椿［*Ailanthus altissima*（Miller）Swingle］等的根、枝干部形成肿瘤。1897 年 Del Dott 和 Cavara 从葡萄根瘤上分离出该菌，1907 年 Smith 和 Townsend 证明针蘸培养菌液接种可以传染该病害。我国口岸曾在从日本、美国等国家引进的樱花苗、栗苗、苹果苗上截获到该种病原菌。

1. 症状特征（图 8-2） 该病主要发生在幼苗、幼树的根颈、侧根和支根部。发病初期在被害处形成表面光滑、质地柔软的灰白色瘤状物，以后小瘤逐渐不规则状增大，呈褐或暗褐色。大瘤直径可达 30cm，表面粗糙、龟裂、细胞枯死、木质化，并增生许多小瘤，在其周围产生一些细根，最后大瘤外皮脱落，小木瘤外露。瘤的内部组织混乱，混有薄壁组织及维管束。发病植株叶薄、细瘦、色黄或干枯死亡。受害苗木则早衰、生长缓慢、矮小、叶片黄化。受害成年果树则果实小、树龄缩短。如果受害林木的根颈和主干被病瘤环绕一周，则会阻碍水分和养分的运输，使受害树木生长衰弱，最终导致死亡。

图 8-2 冠瘿病的为害症状

1. 树干被害状 2. 病原 3. 根部害状

（*Agrobacterium tumefaciens* 图库）

2. 病原特征 冠瘿病原是根癌农杆菌属，根癌土壤杆菌。该菌为土壤习居，革兰氏阴性，好氧，孢子大小为0.4～0.8μm×1.0～3.0μm，短杆状，单生或链生，有荚膜，有 1～6 根周生鞭毛，不形成芽孢。在琼脂培养基上菌落圆形、光亮、白色透明，在液体培养基上表面有一层薄膜，菌液微呈云状浑浊。

3. 发病特点与传播途径 病原菌由各种伤口侵入。寄主细胞壁上的一种糖蛋白是侵染附着点。病原菌侵染发育的适温约为 22℃，最适生长温度为 25～28℃，最适 pH7.3。从入侵至病征显现 2～3 个月。病原栖息于土壤及病瘤的表层。在病瘤、土壤（包括寄主残体）内越冬。一般可潜伏几周至 1 年以上，如 2 年内得不到侵染机会则失去生活力。

病原菌可通过带病苗木、插条、接穗或幼树等调运而远距离传播，也可随灌溉、雨水、地下害虫等扩散和传播。

4. 检疫处理与防治方法

（1）检疫检验 植物上肿瘤的症状与病原物各不相同。但许多双子叶植物如果树、葡

萄、柳树、杨树等所产生的肿瘤多由根癌土壤杆菌引起。检验时应根据前述症状判断是否为根癌土壤杆菌，然后进行分离、镜检、确诊。

(2) 检疫处理 ①无病区不从病区引进苗木，调运检疫中发现病苗应销毁。②可疑苗木用0.1%高锰酸钾或1%～2%硫酸铜液浸泡5min，再放入50倍生石灰液中浸泡1min；或用链霉素100～200μg/g浸泡20～30min，然后用清水冲洗后再栽植；或削去可疑患部，在削口处用100倍5波美度石硫合剂液、50倍80%402抗菌剂乳剂液消毒后，外涂波尔多液保护。③用10^6个/ml的非致病性根癌土壤杆菌K84菌株悬浮液浸泡栽植前的苗根或插条，以保护苗木免遭侵染。④热处理可使病菌丢失Ti质粒失去致病性。

(3) 防治方法 ①选择无病原历史的地块育苗。②施用酸性肥料和有机肥，改良碱性土壤的果园，使土壤条件不利于发病。③及时防治地下害虫，并推广果园覆盖有机物。④采用单株、单畦灌溉，及时排除园内的积水和雨水，防止病菌借灌水和雨水传播。⑤保护伤口，切除根瘤。

(三) 杨树花叶病毒病

杨树花叶病毒病［Poplar mosaic virus, PoMV］又名杨树隐潜病毒病。国内分布于山东(10县、市)、河南(9县、市)、北京、河北(张北)、江苏(铜山、泗阳)、甘肃(临潭、卓尼、白银、嘉峪关)、四川(仪陇)、青海(民和)、陕西(户县、周至、杨凌、武功)、湖南(汉寿)。国外分布于东南亚、欧洲几乎全部，以及印度、澳大利亚、加拿大、美国、委内瑞拉等国。

该病害1953年发现于保加利亚的香脂美杨［*Populus balsamifera* Linnaeus］，20世纪60年代已发现50多种杨树可感染此病，人工接种可侵染约20科双子叶植物的部分种类。1972年随引进的Havard (I-63/51)、Lux (1-69/55) 和Onda (1-72/51) 等意大利杨树品种的插条传入我国，现已在我国局部地区造成了危害。

1. 症状特点 (图8-3) 6月上中旬可见感病植株下部叶片褪绿色点，常聚集为不规则橘黄色斑或线纹，9月病株下部至中上部叶片病斑明显。病叶较正常叶短1/2，氮、磷、钾含量明显降低，叶面具橘黄色斑，叶缘褪色、发焦，叶脉透明、周围晕状或具紫红色坏死斑，小支脉具橘黄色线纹，叶柄基部周围隆起，亦具紫红或黑色坏死斑；或叶片畸形、皱缩、增厚、变硬、变小，甚至提早落叶。顶梢、嫩茎皮层常破裂，或植株枝条变形，并在分叉处产生枯枝。幼苗高、粗生长受阻，幼树生长量降低30%以上，受害木材相对密度和强度均降低，材质结构异常。

图8-3 杨树花叶病症状
1. 症状 2. 病毒粒子 3. 叶正面 4. 叶反面

2. 病原特征 属香石竹潜隐病毒组。病毒粒子丝状，基因组为单分子、单链RNA (正链)，衣壳蛋白分子质量32ku。核衣壳为螺旋状，无包膜。该病毒有加拿大、荷兰和德国3株系。耐高温，致死温度75～80℃，稀释终点10^{-5}，沉降系数为156S，室温下体外存活不超过7d。

3. 发病特点与传播途径 该病毒在杨树体内为系统感染，形成层、韧皮部和木质部等均能被侵染，发病后难以防治。北京一般在6～7月发病，湖北4月底零星发病、6月中旬为流行盛期。在夏季气温达32℃以上时表现潜症，秋季气温降低后症状又显现。杨树的不同种、杂交组合或无性系对该病毒的抗性差异很大。抗病类型有免疫性，虽然在接种时可引起叶绿体畸形，但检测不到病毒粒子；耐病类型可被感染，但不表现症状或症状很轻；感病类型有明显的叶部症状，生长衰退，病组织含有较高浓度的病毒粒体。黑杨派受害较严重，而青杨派受害较轻；1年生苗木及幼树发病及症状重，而大树症状则不明显；干旱贫瘠地及多年重茬地发病严重，而土壤肥沃的湿润地段发病较轻。

该病毒通过嫁接、污染修剪工具、带毒插条、汁液摩擦、根部接触传染和传播。但杨树花粉、种子不带病毒，杨黑毛蚜、桃蚜、菟丝子不传毒。

4. 检疫处理与防治方法

(1) 检疫检验 ①根据染病杨树叶片的症状进行初步判断。②取可疑部位汁液，若接种心叶烟出现褪绿、局部坏死、系统性叶脉褪绿或卷叶，接种麦格隆熄丰烟14～21d后见叶脉坏死、系统花叶，接种在豇豆见叶片皱缩变小、系统明脉并沿叶脉扩散即为PoMV；而普通花叶病的叶部症状呈浓淡相间的花叶或斑驳，在麦格隆熄丰烟叶上不表现症状。③进一步可采用简便实用的免疫双扩散法，灵敏度高的酶联免疫吸附试验（ELISA），灵敏直观、不产生假阳性的免疫电镜等检测。

(2) 处理与防治方法 ①严禁从疫区或疫情发生区调运寄主苗木、插条进入非病区，发现带有PoMV的苗木等繁殖材料应立即销毁。②在产地应对插条苗、平茬苗和生产苗严格检查，严禁用病苗育种造林。③有条件的苗圃可用组织培养方法进行茎尖脱毒，保证供应无毒苗育种造林。

（四）落叶松枯梢病

落叶松枯梢病［*Botryosphaeria laricina*（Sawada）Y. Z. Shang］英文名larch die-back，larch shoot blight，larch top dry。国内分布于内蒙古（呼伦贝尔、大兴安岭林管局）、陕西（长安）、辽宁（7县、市）、吉林（7县、市）、黑龙江（16县、市及林管局）、山东（11县、市、区）、甘肃（27县、市及林区）。国外分布于日本、朝鲜、韩国、俄罗斯。

落叶松枯梢病几乎为害所有落叶松人工林的幼苗、幼树及30年生的大树，在国外还可为害花旗松［*Pseudotsuga menziesii*（Mirb.）Franko］，但以6～15年生立木受害最重。

1. 症状特征（图8-4） 新梢发病时基部褪绿，逐渐变烟色、凋萎细缩，顶部下弯成钩状，并常溢出块状、不脱落的松脂；弯曲部逐渐落叶，仅残留顶部枯叶簇。约10d后，在残留叶或弯曲部，可见散生、近圆形或梭形的小黑点状分生孢子器。病枝上的黑色小点则是病原菌的性孢子器。梢部木质化后发病则常直立枯死而不弯曲，但针叶全部脱落。幼苗被害后无顶芽，幼树若连年发病，则枯梢成丛，树形成扫

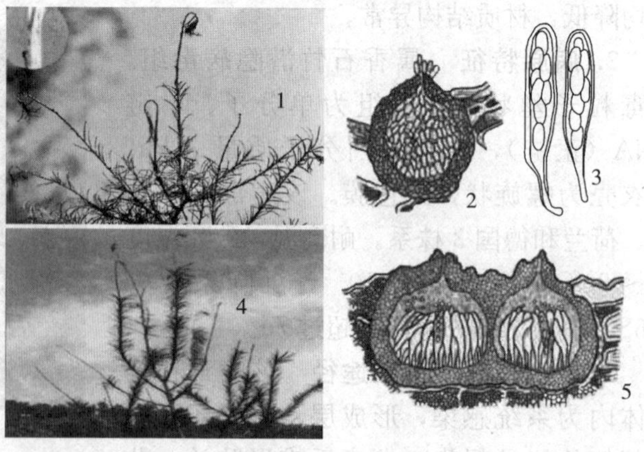

图8-4 落叶松枯梢病病原及症状

1，4. 为害状 2. 分生孢子器 3. 子囊 5. 子囊座

帚状，树高、胸径及材积生长量逐年下降，最终生长停止，甚至死亡。

2. 病原特征　属格孢腔目葡萄座腔属。子囊座黑褐色，瓶形或梨形，单生或群生于病枝表皮下，成熟后顶端外露；子囊腔中排生棒形、双壁、有假侧丝的子囊。子囊孢子无色，单胞，椭圆形至宽纺锤形。分生孢子器黑褐色，球形至扁球形，群生于顶梢残叶背面和病梢表皮下。性孢子梗细长，性孢子无色，短杆状或椭圆形。

3. 发病特点与传播途径　以菌丝、未成熟子囊座或分生孢子器在罹病枝梢及顶梢残留叶的表皮下过冬。翌年6月在病梢上可见子囊座及分生孢子器。子囊孢子和分生孢子成熟后，借风、雨水飞溅和冲淋传播，从伤口侵入寄主，潜育10～15d后发病，发病后繁殖20～25d。在东北6月下旬或7月初发病，7月中旬至8月中旬为流行盛期，9月中、下旬为流行终止期。1年内无性型可多次重复侵染，有性型仅侵染1次。

该病菌靠调运带菌苗木、接穗、枝杈、具小枝梢的原木和小径木远距离传播。

4. 检疫处理与防治方法　①对调运中的原木、小径木及间接带菌材料，必须限时逐根清除所附枝梢。若调运中的苗木、接穗、插条带病率在5%以上时，必须就地全部销毁；5%以下须限时重新选苗打捆，喷淋500倍液的40%福美胂（或1 000倍液的70%甲基硫菌灵、400倍液的65%代森锌、福美胂800倍液、800倍液的50%代森铵），复查合格后方可调运。②在苗木生长季节，每15～20d检查1次，发现病苗后应立即拔除，集中销毁；苗木封顶前1个月停止追氮肥，8月后严格控制灌水；苗木出圃前和造林过程中应复查；若苗木及幼林发病亦可喷福美胂等药剂防治。③对10年生以下的落叶松人工林发病林分，要清除病腐木，剪除病梢，控制侵染源。④对10～20年生的发病林，应适当间伐，清除病腐木和被压木等，剪除病梢。⑤对病情严重而无望成材的长势衰退林，要及时伐除，改换适宜树种。在6月末至7月初，对郁闭度大的发病林可使用15kg/hm^{2}的百菌清或五氯酚钠熏蒸防治。

（五）松疱锈病

松疱锈病［*Cronartium ribicola* J. C. Fischer ex Rabenhorst］英文名 soft-pine stem blister rust，white-pine blister rust，Khite-pine stem rust，Korean-pine stem rust。国内分布于黑龙江（62市、县、林业局）、吉林（14市、县、区）、辽宁（14市、县、区）、内蒙古（8市、旗、林业局）、陕西（10县、区）、甘肃（9县、区、林业局）、安徽（6市、县、区）、山西（阳城县）、四川（19市、县、区）、云南（8市、县、区）、河南（卢氏县）、湖北（竹山、竹溪、郧阳、兴山）、重庆（巫溪、城口、巫山）、新疆（哈巴河、布尔津）。国外分布于东南亚、菲律宾、印度、巴基斯坦、尼泊尔、伊朗及欧洲各国和美国、加拿大。

松树疱锈病最早发生于西伯利亚红松，现分布于北半球，是一类由柱锈菌属［*Cronartium*］真菌引起的世界林木三大病害之一。该病原性孢子和锈孢子的寄主为松属中的许多种单维松如红松［*Pinus koraiensis* Siebold et Zuccarini］、华山松［*P. armandii* Franch.］、西伯利亚红松［*P. sibirica* Du Tour］、瑞士石松［*P. cerebra* Hererica］、北美乔松［*P. strobus* Linnaeus］、山白松［*P. monticola* D. Don］、美国白皮松［*P. albicaulis* Engelm.］等及其带皮原木。

1. 症状特征（图8-5）　感病松枝干皮层增厚，产生裂缝，多数树木伴有流胶。4～5月自裂缝中长出初为黄白后呈橘黄色锈孢子器，破裂后释放黄色锈孢子。秋季被害处产生橘黄白或橘黄色、蜜滴或泪滴状性孢子器，皮下常伴有红色病斑，病斑多纵向扩展，成梭形溃疡斑。

图 8-5　松疱锈病
1. 子座　2. 锈孢子器　3. 冬孢子柱　4. 性孢子器

2. 病原特征　属锈菌目柱锈菌属，是一类长循环史的转主寄生菌。其性孢子阶段（O）和锈孢子阶段（Ⅰ）寄生在松树上，夏孢子阶段（Ⅱ）和冬孢子阶段（Ⅲ）寄生在双子叶植物上。8～9 月罹病松树枝干皮层出现性孢子器。性孢子无色，鸭梨形。锈孢子器生于枝干皮层外。夏孢子堆呈丘疹状，橘红色，具油脂光泽，破裂后出现橘红色或红褐色的粉堆。冬孢子柱初为黄褐色，后呈红褐色，毛刺状直立或弯曲伸出于植物叶片组织外。冬孢子褐色，长梭形，光滑。冬孢子萌发产生的担孢子无色、透明，球形，顶端有 1 鸟喙状小尖突。

3. 发病特点与传播途径　7 月下旬至 9 月，冬孢子成熟后即萌发产生担子和担孢子。担孢子主要借风力传播至松针后，即萌发产生芽管自气孔或韧皮部直接侵入，约经过 15d 被侵害针叶上可见很小的褪色点，病菌在叶肉中产生初生菌丝，并越冬。翌年春气温升高后初生菌丝继续生长蔓延，并从针叶逐步扩展到细枝、侧枝，直至主干皮层（过程需 3～7 年以上）。病菌侵入针叶 2～3 年后，枝干上即显病斑、裂缝，并在 8 月下旬至 9 月渗出性孢子和蜜滴混合物。次年 3～5 月及此后每年，病变部产生锈孢子器。锈孢子借风力传至转主寄主叶片上萌发，产生芽管，由气孔侵入叶片约 15d 后即可于 5～7 月产生夏孢子堆。夏孢子堆中产生的冬孢子柱在成熟后萌发产生担子和担孢子。担孢子借风力或雨水传播，并再侵染。

在松疱锈病的 5 种孢子中，决定病害传播扩散的孢子为担孢子和锈孢子。其自然传播主要靠气流和雨水溅散，远距离传播主要靠感病松苗、幼树及新鲜带皮原木的调运。

4. 检疫处理与防治方法　①除通过症状检疫之外，还可以通过染色检验植物组织中是否有菌丝存在，并通过分子生物学技术进行检测。②调运及产地检疫中发现的染疫苗木后应就地销毁或拔除。③在秋季，剪除感病幼林树干下部 2～3 轮枝，可降低疱锈病的发病率达 69.6%。发病较轻者可采取修除病枝、刮除病部皮层后，涂刷柴油或“柴油＋1.5%～2.5% 粉锈宁”混合液；发病重者应予伐除。④4～7 月，清除疫情区种苗繁育基地及林分周围 500m 以内的转主寄主植物，或用 5%莠去净等除草剂处理。

（六）猕猴桃细菌性溃疡病

猕猴桃细菌性溃疡病［*Pseudomonas syringae* pv. *actinidiae* Takikawa et al.］英文名 bacterial canker disease on kiwifruit。国内分布于北京（房山）、河北（遵化、涞源）、辽宁（宽甸）、安徽（岳西）、江西（弋阳）、山东（临沂兰山）、河南（卢氏、洛宁、嵩县、南召、西峡、内乡、淅川）、湖北（房县、通山、建始）、湖南（石门）、四川（苍溪）、陕西（长安、灞桥、蓝田、户县、周至、眉县、太白、宝鸡陈仓、商南、杨凌、武功）。国外分布于日本、韩国、新西兰、美国。

猕猴桃枝干溃疡病是由丁香假单胞杆菌猕猴桃致病变种引起的一种毁灭性病害。主要为害中华猕猴桃［*Actinidia chinensis* Planch.］等猕猴桃属植物。人工接种桃、杏、梨、樱桃、梅等均轻度发病。该病在我国猕猴桃主要栽培区如陕西、四川、湖南、北京、山东等地

发病率在35%以上，重病区发病率高达90%以上。

1. 症状特征（图8-6）猕猴桃细菌性溃疡病主要为害猕猴桃的主干、枝蔓、新梢和叶片。发病初被害部呈水渍状，后病斑扩大或绕茎迅速扩展，色加深，皮层与木质部分离，手压呈松软状，病斑处有小孔。后期病部皮层纵向线状龟裂，流出清白色、后呈红褐色的黏液，受害茎蔓上部枝叶萎蔫死亡。剖开病茎可见皮层和髓部变褐，髓部充满乳白色菌脓。茎蔓基部发病则上部枝条枯死，然后于近地面部或砧木部又萌发新枝。叶片发病后先见外围具黄色晕圈的红色小点，小点渐扩大为2～3mm不规则暗绿色斑，叶色浓绿，黄晕宽2～5mm。在潮湿条件下叶片病斑则迅速扩大为水渍状多角形大斑。

图8-6　猕猴桃细菌性溃疡病症状及原菌
（梁英梅，2000）

2. 病原特征　病原菌为丁香假单胞杆菌猕猴桃致病变种。菌体为直杆状或稍弯曲，大小为1.3～2.3μm×0.4～0.5μm，多数极生单鞭毛，少数为2～3根。革兰氏染色阴性，不具荚膜，不产生芽孢，不积累聚β-羟基丁酸酯。在含蔗糖的培养基上菌落黏稠状，氧化酶反应阴性。在烟草幼苗上有明显过敏性反应，在金氏B培养基上有黄绿色荧光产生。41℃以上不能生长。

3. 发病特点与传播途径　病原通过伤口、皮孔、叶痕侵入枝干的薄壁细胞组织形成溃疡斑。在陕西关中1月中、下旬开始发病，2月上、中旬后病情急剧发展，菌脓溢出量从新梢顶端迅速伸长，始期至4月最多，5月中、下旬溢出甚少，9～10月寄主均产生暗褐色愈伤组织。潜育期7～10d。旬均气温低于15℃时发病率高，冬季修剪后伤口不易愈合时发病率增加。

病原的自然传播依靠雨水滴溅，远距离传播主要依人为调运接穗、感病苗木等活体实现。

4. 检疫处理与防治方法

（1）检疫检验与处理　①检查调运苗木、接穗、插条或在产地于发病盛期应根据上述症状仔细检查叶片、主干、分枝、新梢。②对可疑叶片、枝条用组织分离培养、纯化、反接种确定其是否为该病原，或应用核酸探针技术及PCR技术直接检测样品中的病菌。③发现带疫植株应喷洒3 000倍1万单位农用链霉素液或200倍30%琥珀酸铜（DT）胶悬剂液、500倍液的60%百菌通2～3次。

（2）防治方法　①严禁从疫区引进种苗，对外来苗木要进行杀菌处理。②在落叶后至1月中旬修剪时，剪除病枝，并销毁；刮去主干病部及其周围健康组织或铲除病株；合理施肥，冬灌宜早，春灌宜迟。③在新梢萌芽到新叶簇生期用400倍6%春雷霉素可湿性粉剂液或64%杀毒矾、15%硫酸卡那霉素等防治，每隔10d喷1次，共喷3次。④感病植株处理方法同检疫检验与处理中③。

（七）椰子致死黄化病

椰子致死黄化病［*Photoplasma* sp.］英文名coconut lethal yellowing phytoplasma。主

要分布于非洲的贝宁、喀麦隆、加纳、尼日利亚、多哥、坦桑尼亚，美洲的墨西哥、尤卡坦半岛、美国、开曼群岛、洪都拉斯、古巴、多米尼加、海地、牙买加。

椰子致死黄化病是椰子树的一种毁灭性病害。1834 年发现于加勒比海的开曼群岛。为害椰子属［*Cocos*］、椰枣［*Phoenix dactylifera* Linnaeus］及 20 多种棕榈科植物。但几乎所有美洲以外的寄主均是感病的种，而几乎所有美洲本地种均抗病或免疫。感病寄主包括山棕属［*Arenga*］、扇椰子属［*Borassus*］、黄金榈属［*Latania*］、鱼尾葵属［*Caryota*］、棕榈属［*Trachycarpus*］及棕榈科其他属。

1. 症状特征（图 8-7） 最初症状是各种大小的椰果在成熟前脱落，然后新生花序黑尖，几乎所有雄花序变黑。病树不结果，不久下部叶片变黄，倒披，并逐渐向嫩叶蔓延，最后整树叶片被毁，顶部秃光。

图 8-7 椰子致死黄化病症状

2. 病原特征 由类菌原体植原体属 *Phytoplasma* sp. 引起。最初认为是病毒 coconut lethal yellowing (LY)，后确定为植原体 mycoplasma like organism (MLO)。

3. 发病特点与传播途径 病害从发生到椰子树死亡仅3～6 个月。传病介体为一种可周年繁殖、没有冬眠机制的热带昆虫。但该虫在温带不能过冬。该虫传病效率并不高，但虫量大，传病迅速。

4. 检疫处理与防治方法

（1）检疫处理 该病是我国重点检疫对象。DNA 探针杂交、PCR、定量实时荧光 RCR 等虽能成功检测植原体，但只用于出口后检疫；禁止从发病国进口棕榈树仍是阻止该病传播的唯一措施。

（2）防治方法 ①种植抗病品种。②防治媒介昆虫，限制或降低病害的传播速度。③新发病区应当即砍伐烧毁所有感病株，并用土霉素—盐酸注射液对病株周围的健康株进行树干注射处理。

（八）板栗疫病

板栗疫病［*Cryphonectria parasitica*（Murrill）Barr.］又名干枯病、胴枯病、溃疡病、枯萎病。英文名 chestnut blight。该病 1904 年发现于美国纽约的美洲板栗［*Castanea dentata*（Marsh.）Borkh.］，是世界三大林木病害之一。国内分布于河北（遵化、武安）、河南、北京、辽宁、山东、安徽、江苏、浙江、江西、陕西、广东、广西、湖南、四川等地。国外分布于欧洲及美国、日本等国。寄主包括美洲板栗、欧洲板栗［*C. sativa* Miller］、中国板栗［*C. mollissima* Blume］等，以及麻栎［*Quercus acutissima* Carruth］、漆树［*Rhus verniciflua* Stokes］、山核桃［*Carya cathayensis* Sargent］、栲树（常绿锥栗）［*Castanopsis sempervirens*（Kellogg）］、欧洲山毛榉（*Fagus sylvatica* Linnaeus）、常绿槠［*Quercus* sp.］、欧洲栎［*Q. robur* Linnaeus］等。但美洲板栗、栲树高度感病，欧洲板栗中度感病，日本板栗中度抗病，中国板栗高度抗病。

1. 症状特征（图 8-8） 该病主要为害树干和主枝，引起树皮腐烂、部分枝梢枯萎。感

病初期病变树皮可见淡褐至赤褐色、边缘不规则的水渍状病斑，继而产生许多橘黄至暗红色的疣突状子座。子座顶端突破树皮伸出，在雨后或潮湿条件下涌散橙黄色卷须状的分生孢子角。尔后病菌在皮层、形成层、木质部表层蔓延，韧皮部常有淡黄色的扇形菌丝层，光滑的树皮上可见肿胀型网状开裂的病斑，粗糙树厚皮处病斑则不明显。至秋、冬季，黑色刺毛状的子囊壳颈部从深褐色子座伸出。

图 8-8　板栗疫病症状及病原
1. 为害状　2. 子囊壳　3. 子座　4. 分生孢子角

当病斑环绕枝干后，其上部则萎黄枯死，但不落叶。病树（枝）发芽晚，叶小而黄，叶缘焦枯，不抽新梢或抽梢很短。盛果栗树发病快，严重受害木病部树皮纵裂或脱落，树势严重衰退，最终枯死。枯死后常从近地面处抽出新梢。

2. 病原特征　属球壳菌目间座壳科，属弱寄生菌。在琼脂培养基上，菌丝棉絮状，白色、淡黄色或橘黄色。寄主皮层内的菌丝层紧密成扇形，直径 0.3～2mm 的内生分生孢子器或子囊壳突出于树皮缝中。分生孢子单胞，无色，矩圆形至圆筒形，直或略弯，大小为 2.4～3μm×1.2～1.3μm。子囊壳茶褐色，呈圆底烧瓶状，深埋在子座组织中，颈细，长 600μm。子囊棒状，大小为 36～42μm×5.5～7μm。子囊孢子 8 个，椭圆形，无色，双细胞，隔膜处缢缩，大小为 5.5～11μm×3～5.0μm。

3. 发病特点与传播途径　该病原菌以多年生菌丝体和子座越冬。次年初分生孢子萌发产生芽管，从病虫害、冻害、嫁接等伤口或幼嫩组织的裂缝处侵入。3 月底至 4 月初开始出现症状，病斑扩展较慢，6 月下旬后尤其是 7、8 月病斑扩展较快，10 月下旬后病斑的扩展速度下降。10～11 月初在树皮上显现子座，12 月上旬子囊孢子成熟。有伤口的栗树，均易诱发此病。

该病借雨水、风在病木附近扩散，借运输感病木、枝、苗而远距离传播。

4. 检疫处理与防治方法

（1）检疫检验　①根据上述症状仔细观察调运木、枝、苗木等及寄主。②将带子实体的树皮徒手制成切片，镜检分生孢子器或子囊壳。如树皮上的病斑无子实体，可将其在 25～30℃条件下保湿培养至子实体出现后再切片、镜检。③在病斑边缘取 1 小块病健交界处组织，表面消毒后用 PDA 培养基，25～30℃下培养观察。④将分离培养所得的菌丝体或孢子，接种于板栗幼树主干或枝条伤口处，保湿培养 20d 后，根据病斑、症状进行鉴别。

（2）检疫处理　在调运检疫中，若发现疫苗、疫材应销毁。在产地检疫中，对病苗应立即拔除烧掉；从疫区调往非疫区的苗木、接穗等，应喷施 3～5 波美度石硫合剂或 1∶1∶160 波尔多液等。

（3）防治方法　加强栗园经营管理，增强树势。在树势衰弱的重疫区，采用抗病的栗树品种高接换头；刮除感病老树的病皮，用毛刷涂以 100 倍液的 50％多菌灵或 100 倍液的 40％退菌特、100 倍液的 50％甲基托布津。此外，欧美一直重视抗病育种工作，板栗疫病菌弱毒力菌株已在意大利和法国的生物防治中见效。

二、重要森林植物外检植物病害

我国目前重要的森林植物外检病害包括榆枯萎病、栎枯萎病、杨树细菌性溃疡病、梨火疫病、橡胶南美叶疫病、悬铃木溃疡病、松杉枝枯溃疡病、松梭形锈病等。

(一) 榆枯萎病

榆枯萎病［*Ophiostoma ulmi*（Buisman）Nannf.，*Ophiostoma novo-ulmi* Brasier；*Graphium ulmi* Schwarz（无性态）］又名榆树荷兰病。英文名 Dutch elm disease，elm wilt disease。分布于比利时、法国、荷兰、德国、英国、奥地利、波兰、瑞士、前南斯拉夫、捷克、斯洛伐克、罗马尼亚、意大利、美国、加拿大、匈牙利、葡萄牙、瑞典、西班牙、希腊、丹麦、挪威、保加利亚、乌克兰、乌兹别克斯坦、俄罗斯、土耳其、伊朗和印度。所有欧洲和美洲榆如美洲榆［*Ulmus americana* Linnaeus］、野生榆［*U. minor* Miller］、欧洲白榆［*U. laevis* Pallas］等都是感病树种。亚洲榆树均是抗病树种。人工接种榉树［*Zelkova* spp.］和水榆属［*Planera*］也感病。该病原 1918 年发现于欧洲西北部，1930—1940 年扩展到北美和西亚等国家，使 10%～40%的榆树感病死亡。1960 年新变种即新榆长喙壳［*Ophiostoma novo-ulmi* Brasier］出现并流行后，仅英国死亡的榆树就达2 500万株。

1. 症状特征（图 8-9） 由小蠹虫取食导致病菌感染的榆树，树冠上部个别枝条叶片枯黄、卷曲、萎蔫，此后感病枝条渐增，导致整个树木死亡。自开始感染至死亡需 2～3 年。由根接触感染的榆树，常在春季发芽后数日或数周内即枯萎死亡。所有被害树干病枝横截面上可见黑褐色环纹。

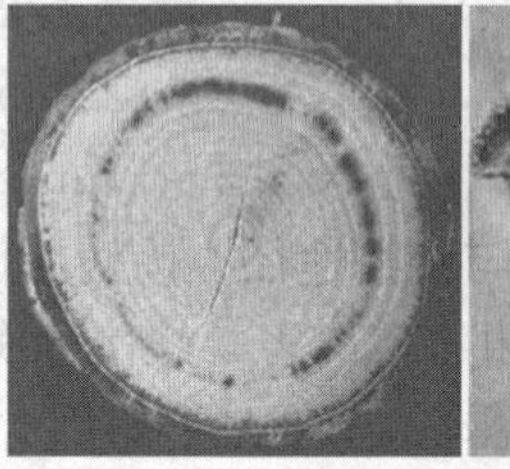
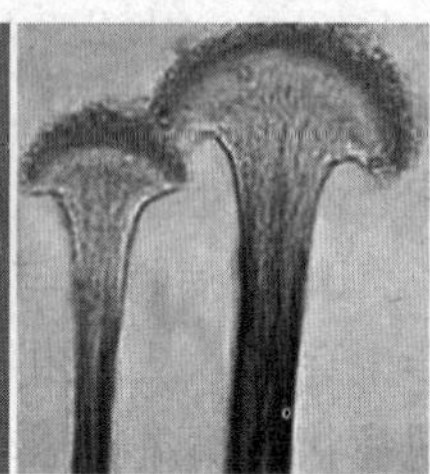

图 8-9 榆枯萎病的变色环及子囊壳颈
（摘自 Jim Deacon）

2. 病原特征病菌属 球壳孢目长喙壳属。榆长喙壳致病力较弱，部分榆树感病后可恢复生长。其培养适生温度 30℃，菌落表面光滑或产生细麻布状气生菌丝。榆长喙壳包括分布于欧亚大陆的欧亚亚群［*O. novo-ulmi* subsp. *novo-ulmi*］和分布于北美的美洲亚群［*O. novo-ulmi* subsp. *americana*］。该变种致病力较强，榆树感病后多不能恢复生长。培养最适温度 20～22℃，菌落花瓣状，有明显菌环。其子囊壳颈长度、毒素、菌丝束、线粒体 DNA 和核 DNA 等多均与榆长喙壳有较大差异。

该病菌为异宗配合菌。A、B 两种菌丝结合后才形成子囊壳。子囊壳常生于树皮下或小蠹虫坑道内。子囊壳颈长 230～1 070μm，基部球体直径 75～140μm。子囊近圆形，易胶化。子囊孢子月牙形，单胞，无色，大小为 4.5～6.0μm×1.0～1.5μm。子囊孢子成熟后，混杂在白色黏液状胶质中从子囊壳孔口排出。该病菌无性态可产生 3 种孢子：卵圆形单胞，无色，大小为 2～6μm×1～3μm，成白色黏质团状端部聚生于孢梗束顶端，孢梗束黑色，高 1～2mm；线形单胞，无色，略弯曲，椭圆至长形，头部尖细，大小为 4.5～14μm×2～3μm，生于 10～30μm 长的分生孢子梗上；酵母状孢子，但以上两种孢子均可以酵母菌的芽殖方式增殖。

3. 发病特点与传播途径 在自然界主要靠小蠹类如榆波纹棘胫小蠹［*Scolytus multistriatus*

(Marsham)]、大棘胫小蠹[*S. scolytus*(Fabricius)]、短体边材小蠹[*S. pygmaeus*(Fabricius)]、榆皮小蠹[*S. kirschii* Skalitzky]、美洲榆小蠹等传播，亦通过根接触传染。夏秋季，小蠹虫雌成虫在感病榆树树皮上产卵，幼虫孵化后钻食木质部。来年春成虫从病树羽化后携带大量病菌孢子，飞迁至健康榆上取食、产卵，病菌则从取食的伤口侵入。病菌侵入木质部后，通过纹孔由一导管扩展至另一导管。导管内菌丝则产生类酵母菌状芽孢，并随树液流而扩散。该病原孢子在伐倒的病株上可存活 2 年之久。

4. 检疫处理与防治方法

(1) 检疫检验　该病是 1992 年我国公布的一类危险性病害。①禁止从各疫区国进口活苗木、插条、感病的榆树原木及其木制品和包装材料，并严禁传病昆虫随其他树种混入国境。②根据上述病害、害虫症状查看原木及其制品，从变色环、黑褐色条纹处采样，切片镜检。检查导管是否被胶质物堵塞。取变色部样品，在麦芽汁培养基上分离病原菌并鉴别。③检查树皮上是否有蛀干害虫的虫洞或粪便，并采集幼虫、蛹及成虫进行鉴别。④如确诊所进口的榆树苗木、插条及木材等携带该病害，应立即退货、销毁，或用水浸、高温等法处理。

(2) 防治方法　①使用抗病品种。②当感病木稀少时，应伐除、烧毁病树及其周围的所有榆树；当局部发病时，对有保护价值的榆树可在树干基部或根颈部注射内吸性杀菌剂如苯来特、多菌灵等；若无保护价值，应坚决伐除、烧毁。③在发生区，防治越冬后的榆小蠹，可减少病害。

(二) 栎枯萎病

栎枯萎病［*Ceratocystis fagacearum* (Bretz) Hunt，*Chalara quercina* Henry (无性态)］英文名 oak wilt。仅分布于美国中、东部。侵染栎属［*Quercus*］植物。鲜红栎［*Quercus coccinea* Muenchh.］、北方红栎［*Q. borealis* Michx. F.］、椭圆果栎［*Q. ellipsoidalis* E. J. Hill］等红栎类品种最感病；较抗病品种如白栎［*Q. alba* Linnaeus］、山栎［*Q. montana* Willd.］、大果栎［*Q. macrocarpa* Michx. F.］等白栎类；也侵染中国板栗、欧洲板栗［*Castanea sativa* Miller］、鞣皮栎［*Lithocarpus densiflorus* (Hook. & Arn.)］、栲树等。该病 1944 年发现于美国威斯康星州，几十年来一直在美国中、东部流行。美国红栎和槲栎受害最重，感病后几周或数月内即枯萎死亡。

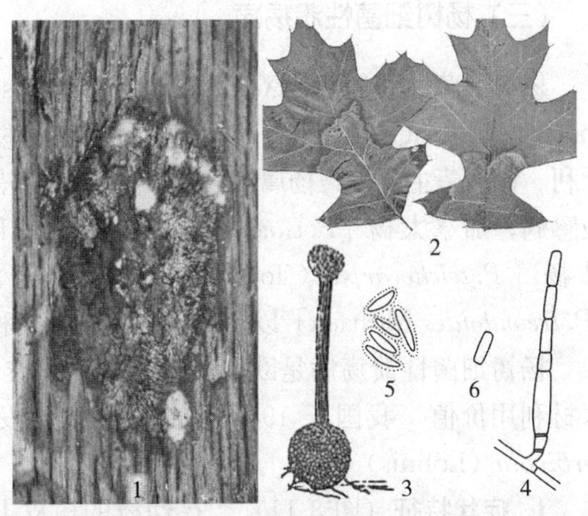

图 8-10　栎树枯萎病症状、树皮下的菌丝垫、病原
1. 树皮下的菌丝垫　2. 叶片被害状　3. 子囊壳
4. 分生孢子梗　5. 子囊孢子　6. 分生孢子

1. 症状特征（图 8-10）　红栎在 5 月可见症状。感病栎的叶片先水渍状失绿，呈青铜色萎蔫，后变黄褐色，数周后树冠叶片全部萎蔫，并很快脱落。萎蔫从叶尖或叶缘逐渐向叶柄发展，并向叶脉方向卷曲，叶片的黄、绿色之间有一明显界线。感病红栎在 1～2 个月内或当年即死亡。白栎感病后病势发展缓慢，1 年中只有几个枝条死亡，数年后整株死亡。红栎病树死后第 2 年，皮下的木质部可见白色垫状菌丝层及分生孢子梗和分生孢子，但白栎很

少见菌丝层。由于菌丝层的不断生长，使树皮和木质部分离，最后树皮开裂，菌丝垫外露。另外，病死树干横截面可见木质部外层年轮变褐或黑色。剥开树皮，可见很多长短不齐的黑褐色条纹。

2. 病原特征 病原菌属球壳目长喙壳科。不同交配型菌丝相遇时即产生子囊壳。子囊壳埋生于基物内，单生或丛生，球形基部直径240～380μm，颈长250～450μm。子囊近球形，壁薄易胶化，直径7～10μm；子囊孢子单胞，香蕉形，大小为2～3μm×5～10μm，成熟后呈白色黏液状集于子囊孔口。分生孢子生于分枝或不分枝的分生孢子梗上。分生孢子单胞、圆筒状，两端平截，常串生在梗上，大小为2.0～4.5μm×4.0～22μm。病菌还会产生菌核及一种橄榄色厚垣孢子。菌核褐到黑色，松散，不规则，直径可达2.5cm。

3. 发病特点与传播途径 病菌侵入树体后扩展繁殖，所产生的大量分生孢子，在导管内随树液流动扩散至树体各部位，并产生毒素，破坏输导组织，导致树木枯死。

病菌主要靠昆虫传播。以菌丝在病树体内或以菌丝垫在死树皮下越冬。菌丝垫有特殊气味，能够吸引昆虫取食及活动，病菌孢子即黏附在昆虫体表，再在健康树上取食和活动时，病菌即可通过各种伤口侵入。露尾甲科［Nitidulidae］、小蠹科［Scolytidae］、果蝇科［Drosophilidae］、蕈蚊科［Mycephiilidae］等许多昆虫均具携带和传播该病菌的能力。病树和健康树根接触也可传播该病害。

4. 检疫处理与防治方法

（1）*检疫检验与检疫技术* 很多国家和国际植物保护组织均将该病害列为重要检疫对象。我国1992年将其列入一类检疫对象，并规定严禁从美国进口壳斗科苗木或其他繁殖材料；进口原木也应进行剥皮、烘干和熏蒸处理。①检查原木是否经过剥皮、烘干和熏蒸处理，原木横截面外层木质部是否有变色现象。②从可疑病木木质部外2～3层年轮处取样，在麦芽糖培养基上直接分离，25℃培养10d后检查。该病原菌落黑褐色，有水果甜味。③检查原木及其制品是否有露尾甲、小蠹虫、果蝇、蕈蚊幼虫、蛹或成虫活体。

（2）*防治方法* 目前尚无有效的控制技术，生产中主要以抗病育种和营林防治为主。同时，采用生物与化学防治控制传播介体昆虫。

（三）杨树细菌性溃疡病

杨树细菌性溃疡病［*Xanthomonas populi* subsp. *populi*（Ridé）］英文名bacterial canker of poplar，bacterial canker。分布于奥地利、比利时、英国、捷克、斯洛伐克、丹麦、爱尔兰和匈牙利。该病菌主要侵染杨属［*Populus*］植物。黑杨［*P. nigra* Linnaeus］较为抗病，欧洲山杨最感病，加拿大杨［*P. canadensis* Moench.］、欧美杨［*P. euramericana*（Dode）Guinier］、毛果杨［*P. trichocarpa*（Torr. & Gray）］、美洲黑杨［*P. deltoides* Marsh.］、北美颤杨［*P. tremuloides* Michaux］以及它们之间的杂交种均较感病。

杨树细菌性溃疡病是欧洲最严重的杨树枝干病害之一。引起杨树枝干溃疡和坏死，降低木材利用价值。我国于1982年在黑龙江省发现另一种，即杨冰核细菌溃疡病［*Erwinia herbicola*（Lohnis）Dye.］。

1. 症状特征（图8-11） 在幼枝的树皮上先出现圆形、黑色、下陷的溃疡斑，湿度大时溃疡部位有白色的菌脓流出。随溃疡斑的扩大，皮层开裂。当溃疡环割主干1周后溃疡斑上部即枯萎死亡。感病品种第2年夏末可形成环状溃疡或开裂状溃疡，部分较抗病的品种则

在树干上形成粗糙、不规则的愈伤组织。

2. 病原特征　属假单胞杆菌目，黄单胞菌属。菌体短杆状，无芽孢，不能运动，革兰氏染色阴性，在酵母膏蛋白胨培养基上形成奶油色黏质状小菌落。

3. 发病特点与传播途径　细菌溢脓借助雨水溅散、风、昆虫和动物携带传播，并从枝条上的各种伤口、溃疡斑或落叶痕侵入树体，尔后在维管束内寄生，再横向扩展侵染形成层、韧皮部细胞，导致皮层开裂。每年春、秋两季，溃疡斑或开裂部位均可见黏质状的细菌溢脓流出。

图 8-11　杨树细菌性溃疡病枝条和树干上的症状
（www.forestpests.org；www.invasive.org）

4. 检疫处理与防治方法

（1）*检疫检验与检疫技术*　该病是美国的检疫对象。我国也于 1997 年将该病害列为检疫对象，并严禁从疫区引进杨树苗木或插条，严格检查进口的杨树原木及其制品。①检查原木及其制品中是否夹带有病木，木质部是否肿大、畸形或有黏液流出，是否有活昆虫。②在肿大、畸形或黏液流处取样，在酵母膏蛋白胨培养基上（酵母浸膏 5g、蛋白胨 5g、葡萄糖 10g、琼脂 15g、水 1L，pH7～7.2）及虫体上分离细菌，并进行鉴定。③对所分离的细菌可用 DNA 比对或酶联免疫鉴别。

（2）*防治方法*　①营造混交林或栽植抗性强的树种；及时伐除病死树，减少侵染来源。②加强苗期管理，增强苗木生长势，避免创伤。③早春刷白涂剂，或用 0.5 波美度石硫合剂、1∶1∶100 波尔多液喷干，以预防感染。

（四）梨火疫病

梨火疫病［*Erwinia amylovora*（Burrill）Winslow et al.］英文名 fire blight of pear and apple。1780 年发现于美国东南部。现已分布于南、北美洲 7 国，亚洲的东南亚、印度、朝鲜及中东 10 国，欧洲 32 国，大洋洲的澳大利亚和新西兰，以及非洲的埃及。该病可侵染蔷薇科 40 余属 220 多种植物，是蔷薇科植物上的毁灭性病害。我国在 20 世纪 40 年代曾经有该病发生的记录，但缺乏试验证据。梨火疫病菌寄主范围很广，是蔷薇科植物上的毁灭性病害，能为害蔷薇科的梨、苹果、山楂、栒子、李等 40 多个属 220 多种植物。重要的包括山楂属［*Cretaegus*］、柿［*Diospyros*］、火棘属［*Pyracantha*］、梨属［*Pyrus*］、枇杷属［*Eriobotrya*］、蔷薇属［*Rosa*］、胡桃属［*Juglans*］、苹果属［*Malus*］）、李属［*Prumus*］、悬钩子属［*Rubus*］等。

1. 症状特征（图 8-12）　该病侵染梨树的新梢、枝干、叶、花及果。但被害叶、花及果均不脱落。花序先见症状，花梗出现水渍状、灰绿色病变。随之花瓣由红变褐或黑色，发病的花可传染同花序的其他花或花序。病害蔓延至短果枝、叶、嫩梢等处时，花、果和叶如火烧一般，并很快变黑褐色枯萎，枝条则枯死。病果初见

图 8-12　梨火疫病症状

水渍状斑，并有黄色黏液溢出，后变黑而干缩。受害新梢初见灰绿色，随之萎蔫下垂、死亡。被害主干、大枝及根部皮层处水渍状，后凹陷成溃疡状。严重时皮层干枯死亡，病斑周缘与健部分裂，自病部溢出褐至灰色菌胶滴。

2. 病原特征 属欧氏杆菌属。梨火疫病菌棒状，大小为 0.9～1.8μm×0.6～1.5μm，革兰氏阴性，有荚膜，鞭毛周生。菌落最适生长温度 18～30℃，最适 pH 为 6。在 NA＋5% 蔗糖培养基，27℃培养 2d，菌落呈圆顶状，黏白色，直径 3～7cm，表面光滑，边缘整齐，但有 1 稠绒毛状中心环。该菌以裂殖方式繁殖，每个细胞都是一个侵染源，当寄主组织条件适宜时，1 个菌细胞在 3d 内能增殖到 109 个。

3. 发病特点与传播途径 病原菌在当年发病的皮层组织及僵果中越冬。春天病组织产生菌脓溢出，通过雨水或介体昆虫（蚜虫、梨木虱等）传播，从伤口或皮孔侵入。当年发病部位形成的菌脓，通过传播可多次再侵染。

梨火疫病主要借助感病的种苗、接穗、砧木、水果、被污染的运输工具、候鸟及风远距离传播。但我国和澳大利亚等国最有可能的危险传播途径是感病接穗、苗木、果实的传带。

4. 检疫处理与防治方法

（1）检疫检验 梨火疫病是我国进境植物检疫的危险性病害，是我国与多国植检植保双边协定中规定的检疫性病害。①严格限制自疫区国引进寄主植株、种苗。来自疫区的水果、带菌昆虫也应严格施检。②直接从症状明显的材料分离病原，或对可疑材料如水果、幼枝等先进行免疫荧光法检测，尔后分离。分离时可采用选择性培养基和鉴别性培养基。该病菌在 MS 培养基上菌落为红橙色，背景为蓝绿色；在 CG 培养基上，28℃下培养 60h 后菌落在镜下呈火山口状；在 TTC 培养基上，27℃培养 2～3d 后可产生红色肉疣状菌落。③使用间接免疫荧光抗体染色技术检测，即在 12 孔载玻片上，每孔加 20ml 试验悬浮液，火焰热固定后，各加 2μl 一定稀释度的抗梨火疫病菌抗血清，37℃保湿孵育 30s；用 0.01mol/L 磷酸缓冲液换洗 3 次，洗干后每孔加1∶10稀释的 FITC 标记的抗血清 20μl，37℃保湿孵育 30s；再洗干后每孔加 1 滴 0.1mol/L、pH7.6 的磷酸甘油封片，并在荧光显微镜下检查。④使用梨火疫病菌在 16～23S 间 ITS 保守序列，进行实时荧光 PCR 检测，特异性引物 REA＝5′ATC GTGATTTCATTCTGATT 3′和 FEA＝5′AGAAGAA TAATGTGACTCCTTCC 3′。该过程只需 3h，检测灵敏度达 4 个菌体细胞，比常规 PCR 电泳检测提高了 10 倍。

（2）检疫处理 ①必须引进的植株、种苗，引进后坚决隔离检疫。②对繁殖材料用 45℃，经 5h 湿热或 45℃，经 3h 干热处理。③对来自疫区的水果，用 500mg/L 次氯酸钠或 2 000mg/L 的洁尔灭（氯苄烷铵）加 0.25%的 orthoX77 表面活性剂、1 400mg/L 的洁尔灭加 0.5%表面活性剂处理 10s，也可用 1mol/L 的醋酸或再加 1mol/L 丙酸在 10～30℃下处理 10s。

（3）防治方法 目前尚无有效的治理方法，唯一能防止或推迟其传入、传播的可靠方法是禁止、限制寄主植物、繁殖材料的进口，并执行严格检疫措施。

（五）橡胶南美叶疫病

橡胶南美叶疫病［*Microcyclus ulei*（P. Henn.）Von Arx.，*Fusicladium macrosporum* Kuyper（无性态）］英文名 south American leaf blight of rubber tree，south American leaf blight。1920 年发现于亚马孙河盆地，1998 年仍局限于北纬 15°至南纬 24°间的南美洲 15 国。为害三叶

橡胶属［*Hevea*］植物，是拉美橡胶的一种毁灭性病害。矮生小叶橡胶［*H. camargoana* Pires］、圭亚那橡胶变种［*H. guianensis* var. *marginata*（Ducke）Ducke］、色宝橡胶［*H. spruceana*（Benth.）Müll. Arg.］、坎普橡胶［*H. camporum* Ducke］、边沁橡胶［*H. benthamiana* Müll. Arg.］、巴西橡胶［*H. brasiliensis*（Willd. ex A. Juss.）Muell. Arg.］等感病；光亮橡胶［*H. nitida* Mart. ex Muell. -Arg.］、圭亚那橡胶［*H. guianensis* Aubl.］、硬叶橡胶［*H. rigidifolia* Müll. Arg.］、少花橡胶［*H. pauciflora*（Benth.）Müll. Arg.］等抗病。

1. 症状特征（图 8-13）　萌发 10～15d 的嫩叶、嫩叶柄、嫩枝等易感病。感病嫩叶先见褪色斑，病斑后变褐色，分生孢子产生其上；小病斑常可汇成大斑，病叶皱缩、扭曲，最终坏死，引起大量落叶。严重时则导致感病枝条或树木死亡。老叶片较少感病，感病后病斑常较小，扩展缓慢，并形成穿孔，尔后常产生黑色球状的性孢子器，或大而黑色、颗粒状的子座和子囊壳。

图 8-13　橡胶南美叶疫病

2. 病原特点　病菌属子座囊菌目小环座囊菌属。该病原菌的椭圆形或长圆形分生孢子顶生，浅灰色，稍扭曲，双胞大小为 23～65μm×5～10μm，单胞大小为 15～34μm×5～9μm；分生孢子在离体病叶上可存活 1 个月以上，黏附在布料、纸、玻璃等物品上能存活 7d，在干燥土壤中存活 12d 以上。圆形或椭圆形性孢子器黑色，直径 120～160μm；哑铃状性孢子大小为 12～20μm×2～5μm。球形子座群聚、表生，直径0.3～3.0mm。球形子囊壳直径 200～400μm。子囊棒状，内含 8 枚双列侧生的子囊孢子。长椭圆形子囊孢子色浅，双胞，在分隔处稍缢缩，大小不等，一般为 12～20μm×2～5μm。落地老熟病叶 1 个月后仍能释放出子囊孢子。

3. 发病特点与传播途径　病菌主要由分生孢子借雨水飞溅或风传播侵染，子囊孢子借气流传播侵染，性孢子无致病作用。分生孢子主要在新叶萌生期的雨天散放，子囊孢子则整年都可散放。病苗、包装物、填充材料、衣服、土壤等黏附病菌的分生孢子，各种材料夹带病叶（子囊孢子）可远距离传播。

4. 检疫处理与防治方法

（1）检疫检验　橡胶南美叶疫病是我国公布的危险性病害。①严禁从热带美洲直接进口三叶橡胶属、橡胶属及带土植物的各种栽培材料。②来自拉美热带地区的人员或旅客应取道北美或欧洲停留 1d，以便清洗身体、衣物、鞋上的带菌土壤。③对来自美洲热带地区旅客的行李、货物、邮件等，在入境口岸，特别是进入我国橡胶种植区以前必须消毒处理。

（2）检疫处理　用甲醛熏蒸或用 75℃热空气吹洗房间、使用相对湿度 100%及温度 55℃对房间、行李、邮件等进行处理，提供低浓度的肥皂水供来自热带美洲的旅客洗澡、洗涤衣物。

（3）防治方法　目前尚无有效的防治方法，喷洒杀菌剂有一定效果。

（六）悬铃木溃疡病

悬铃木溃疡病［*Ceratocystis fimbriata* f. sp. *platani*（Ell and Halst）Walter］英文名 canker stain of plane。该病害最初发现于美国，现仅分布于美国（阿肯色州、加利福尼亚

州、新泽西州）、意大利、法国、瑞士、西班牙、希腊和亚美尼亚。仅侵染悬铃木属［*Platanus*］植物。感病种如悬铃木［*Platanus acerifolia* Willd.］、二球悬铃木［*P. hispanica*（AIT）Willd.］和三球悬铃木［*P. orientalis* Linnaeus］，抗病种为一球悬铃木［*P. occidentalis* Linnaeus］。悬铃木溃疡病是一种系统性病害，树木感病后水和养分的运输严重受阻碍，3～7年内即可枯萎死亡。

1. 症状特征（图8-14） 该病引起的溃疡常产生于树木的主干或大枝条上。由于树皮的覆盖，树干表面出现的溃疡斑常不明显。但树皮下木质部和形成层部可见色变，形成层常变为黑褐色；木质部则呈红褐、蓝或黑褐色，其变色线可纵向延伸1m，感病枝或树干横切面可见星形放射状的变色图案。随病害的发展和溃疡斑的扩大，枝条或整个树木逐渐枯死。

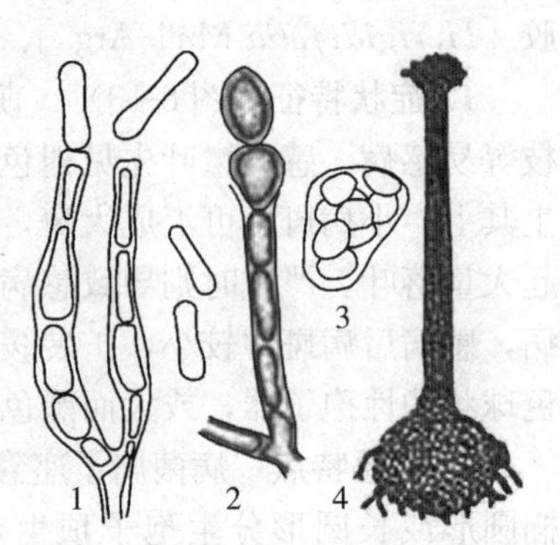

图8-14 悬铃木溃疡病病原
1. 薄壁分生孢子 2. 厚壁分生孢子
3. 子囊和子囊孢子 4. 子囊壳

2. 病原特征 该病菌为甘薯长喙壳的一个专化型。菌丝浅色至暗绿褐色。无性阶段产生的内生分生孢子无色或淡色，圆柱状或瓶状，大小为11～16μm×4～5μm，多链状排列；厚垣孢子淡色，壁厚，大小为9～16μm×6～13μm，单生或呈短链状排列。多数菌株同宗配合后在病部或培养物表面产生多个子囊壳。子囊壳深褐至黑色，基部球形，直径150～300μm，细颈长500～800μm。子囊孢子黏质团奶油色至粉红色，附着在子囊壳颈口。子囊孢子无色，帽形，大小为4～6μm×3～5μm。病菌生长适温18～28℃，1周内即能产生子囊孢子。

3. 发病特点与传播途径 病菌在溃疡斑部产生大量子囊孢子和分生孢子，孢子由雨水稀释溅散传播。该病菌所产生的强烈香蕉味，可吸引露尾甲科和小蠹虫科昆虫取食，孢子即黏附在其体表，存活于其肠道内。当这些昆虫再到健康植株上取食时，即由昆虫取食的伤口侵入、为害。侵入后的菌丝在木质部和韧皮部年可蔓延50～100cm，并能通过髓射线延伸至木质部的髓心。该病原菌以菌丝在寄主植物内度过不利条件，或以厚垣孢子在土壤、寄主植物及其碎片中存活5年以上。

根与根的接触、修剪或整枝的工具、病树的木片和锯木屑等均可造成传播。调运感病苗木、插条、接穗、原木及病木的制品、带菌土壤、包装物携带感病昆虫等均可远距离传播。

4. 检疫处理与防治方法 我国尚未见悬铃木溃疡发生。世界各国对该病害还无成熟的检疫检验方法，也无可靠的防治措施。只能靠严格检疫检验，防止其传播。①严禁从疫区引进一切悬铃木苗木和繁殖材料及病木制品，进口的原木和木制包装应进行高温处理，货物携带露尾甲科、小蠹虫科等昆虫时应熏蒸处理。②仔细观察原木、木质包装有无变色现象，横切面有无星形放射状变色现象；对可以携带病菌的材料，应进行病原物的诱集和分离培养。新鲜的胡萝卜薄片放置在被感染植物材料表面，在高湿度下经4～10d即可诱集到病菌，然后在马铃薯蔗糖平板培养基上培养，5～10d即可见子囊孢子，然后鉴定。

（七）松杉枝枯溃疡病

松杉枝枯溃疡病［*Gremmeniella abietina*（Lagerberg）Morelet，*Brunchorstia pinea*（P. Karsten）Höhnel（无性态）］英文名 scleroderris canker of pine and spruce，

brunchorstia disease，shoot blight［由松球壳孢 *Sphaeropsis sapinea*（Fr.）Dyke & Sutton 引起的松枯梢病与本病害不同，不应将松枯梢病作为本病害的名称］。分布于几乎所有欧洲国家及美国、加拿大和日本。侵害松属［*Pinus*］、云杉属［*Picea*］、冷杉属［*Abies*］、部分落叶松属［*Larix*］植物。其中欧洲云杉［*Picea abies* Linnaeus］、樟子松［*Pinus sylvestris* Linnaeus］和扭叶松［*Pinus contorta* Dougl. ex Loud.］受害最重。该病最初发现于瑞典的斯堪的纳维亚岛，现在已扩展到欧洲和美洲的大部分地区，可导致成片林分枯萎死亡。

1. 症状特征（图 8-15） 芽和小枝先受害。受害芽基部、芽附近枝条皮层坏死。病枝不抽梢头，针叶束基部先变黄褐色，然后逐渐向尖端发展，最后叶脱落。小枝枯死后韧皮部则变为黄色。枯枝数月后在针叶束处产生大量的分生孢子器，1～2 年后枯枝产生黑褐色的子囊盘。病害可进一步扩展到大枝或主干。在大枝上形成溃疡斑，溃疡还可导致枝条局部肿大或畸形。在该病原菌的两个菌系中，北美菌系致病性较弱，仅导致 5 年生以内的幼林枯死，在大枝上很少产生溃疡斑；欧洲菌系致病性较强，能在大枝上产生溃疡斑，并使大树枯死。

图 8-15 松杉枝枯溃疡病的症状、分生孢子及子囊盘
（www. waldwissen. net）

2. 病原特征 病原菌为球壳孢目异壳线孢属。黑褐色分生孢子器单生或聚生，多腔室，无孔口，宽 1mm，内生分生孢子梗和分生孢子。分生孢子无色，镰刀形，3～6 分隔，大小为25～40μm×3～3. 5μm。黑褐色子囊盘多聚生，椭圆形或不规则，中间凹陷，直径约 1mm。子囊双壁，棒状，大小为 100～120μm×8～10μm，内生 8 个子囊孢子。子囊孢子椭圆形，微弯曲，端部钝圆，3 分隔，大小为 15～22μm×3～5μm。

3. 发病特点与传播途径 病菌以菌丝或子实体越冬。感病苗木、接穗、病树及其枝条和圣诞树的调运导致长距离传播。在松树生长季节，病枝上产生的分生孢子器和子囊盘，在天气潮湿或下雨时释放分生孢子和子囊孢子。分生孢子由雨水稀释溅散，子囊孢子靠气流或风传播。孢子萌芽后侵染顶芽，然后扩展到枝条上，导致芽枯、枝枯和针叶脱落，1 年内小树死亡，大树枝条当年或数年后枯死。

4. 检疫处理与防治方法 松杉枝枯溃疡病我国尚未见报道，目前对该病害还无有效的检验检疫和防治方法。①禁止进口感病苗木和接穗等活体材料。②检疫检验时要通过病害的症状、病菌的分离培养，再结合病菌形态观察等综合分析和鉴定。

（八）松梭形锈病

松梭形锈病［*Cronartium quercuum*（Berk.）Miyabe ex Shirai f. sp. *fusiforme*］英文名 fusiform rust，southern fusiform rust，canker rust，fusiform canker。松梭形锈病仅分布在美国东南部。主要为害松类，并经过转主寄主栎类完成生活史。火炬松［*Pinus taeda*

Linnaeus]、湿地松［*P. elliottii* Engelm.］最感病；刚松［*P. rigida* Miller］和晚松［*P. serotina* Michx.］较感病，水栎［*Quercus nigra* Linnaeus]、月桂叶栎［*Q. laurifolia* Michaux.］、柳叶栎［*Q. phellos* Linnaeus］最感病，蓝栎［*Q. douglasii* Hook. & Arn.］、马列蓝栎［*Q. marilandica* Muenchh.］、西班牙栎［*Q. falcate* Michx.］等较感病。

1. 症状特征（图 8-16） 苗木和幼林易感病。感病初在枝干一侧或环绕枝干形成梭形小瘤，随枝条生长，肿瘤逐年增大，最后主干和侧枝上形成大小不等的梭形肿瘤，致使主干或枝条折断，降低材质，小枝上产生肿瘤后还形成丛枝。每年春季多数肿瘤可产生大量黄色粉末状锈孢子，不产生锈孢子的肿瘤则流脂。该病菌在壳斗科植物叶片上产生黄色夏孢子堆、毛柱状的黄褐色冬孢子堆。

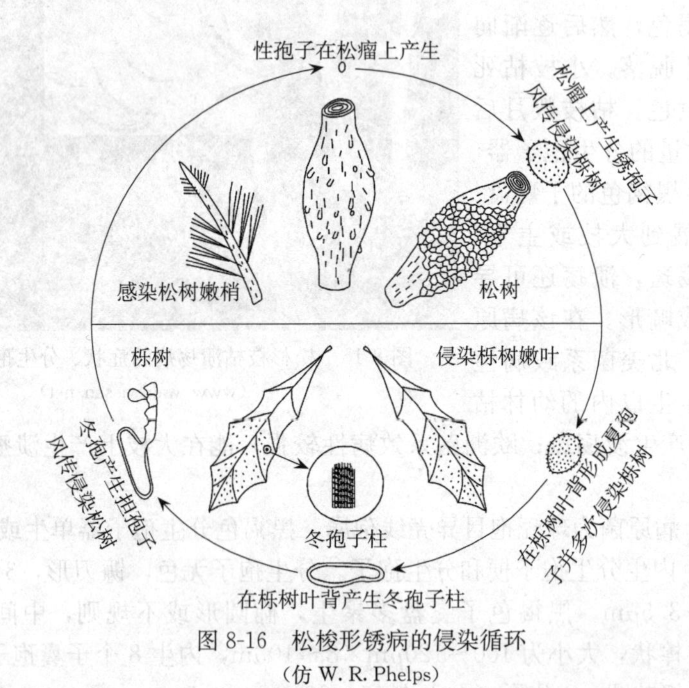

图 8-16 松梭形锈病的侵染循环
（仿 W. R. Phelps）

2. 病原特征 病原为锈菌纲锈菌目柱锈菌属。性孢子器生于肿瘤的表皮下。性孢子无色，梨形，大小为1.8～2.4μm×32.2～4.1μm，以蜜滴状从肿瘤缝隙中溢出。扁平、有被膜的锈孢子器也生于肿瘤皮下。锈孢子橘黄色，疣突尖锐，大小为 13.0～18.0μm×22.0～28.0μm。夏孢子堆破裂后释放出橘黄色、卵圆形或椭圆形、具尖锐小刺的夏孢子。夏孢子大小为 12.0～15.0μm×17.0～21.0μm。冬孢子大小为 14.5μm×36.4μm，萌发后产生担子和担孢子。担孢子无色，球形，直径 8.5～11.2μm。这 5 种孢子，只有锈孢子、夏孢子和担孢子有侵染能力。

3. 发病特点与传播途径 能在空气中存活很长时间的锈孢子，借气流或风传播至转主寄主栎类的幼嫩叶片上，直接入侵。侵入 7～10d 后叶正面产生夏孢子堆。夏孢子通过风和雨水的溅散反复侵染栎树。至晚夏叶片反面产生冬孢子柱。冬孢子所产生的担孢子主要借助气流传播并侵染 1 年生松针叶，侵入后的病菌在松树体内扩展 1～2 年，再转移至枝干上形成肿瘤，再产生锈孢子，往复侵染。该病害远距离传播主要借助运输携菌苗木、病木、病枝等完成。

4. 检疫处理与防治方法　柱锈菌属［*Cronartium*］是我国对外检疫的真菌病害之一。我国各地广布其寄主和转主寄主。该类病害扩散和蔓延迅速，但现还无成熟的检疫检验和防治方法。①禁止或限制从疫病国进口松树和栎类苗木，进口松树原木和木制品时要经过高温处理。②对未处理的松树原木和木制品，必须严格检查其是否带菌。③美国利用树种配置和栽植抗病品种防控该病害已获得了效果，可以借鉴。

三、国外危险性森林植物病害

除上述重要病害以外，国外还有不少林木病害对我国的林木安全构成了威胁，在对外检疫中应特别注意的有栎树猝死病和松树脂溃疡病。这两种病害的为害、特征及检疫检验方法如下。

（一）栎树猝死病

栎树猝死病［*Phytophthora ramorum* S. Werres，A. W. A. M. de Cock］英文名 sudden oak death，ramorum leaf blight，ramorum dieback。分布于美国（加利福尼亚州、俄勒冈州、华盛顿州）、加拿大（哥伦比亚）、德国、荷兰、波兰、西班牙、英国、爱尔兰、比利时、法国、意大利、丹麦、瑞典及斯洛文尼亚。1995 年发现于美国加利福尼亚，感病树数周内即枯死。世界各国和我国（2001 年）均将其作为检疫性病害。其寄主包括阔、针叶树当中的多种乔木和灌木。美国本土如鞣皮栎、海岸（禾叶）栎［*Quercus agrifolia* Née］、加州黑栎［*Q. kelloggii* Newberry］等受害最重，也侵染越橘属［*Vaccinium*］、杜鹃花属［*Rhododendron*］、槭树属［*Acer*］、熊果属［*Arctostaphylos*］、野草莓树属［*Arbutus*］、七叶树属［*Aesculus*］、加州桂属［*Umbellularia*］、忍冬属［*Lonicera*］、石楠属［*Heteromeles*］、鼠李属［*Rhamnus*］、北美红杉属［*Sequoia*］、黄杉属［*Pseudotsuga*］、七瓣莲属［*Trientalis*］、荚蒾属［*Viburnum*］等。

1. 症状特征（图 8-17）　该病害在不同寄主上的症状不同。引起枯梢或形成叶斑等，但不侵染植物根部。常在栎类树干下部产生大小不等、存在时间 1 至数年的溃疡斑，所流出的暗红色液体可使树皮着色，但对青苔有抑制作用。这种液体在雨水冲刷后或在天气干燥时不明显。一旦树冠萎蔫数周，树叶就会从绿色全部变为黄褐色；小树的枝条顶部先枯死或整棵树枯死。枯死枝条下部或枯树基部生出萌条，萌条也会枯死。

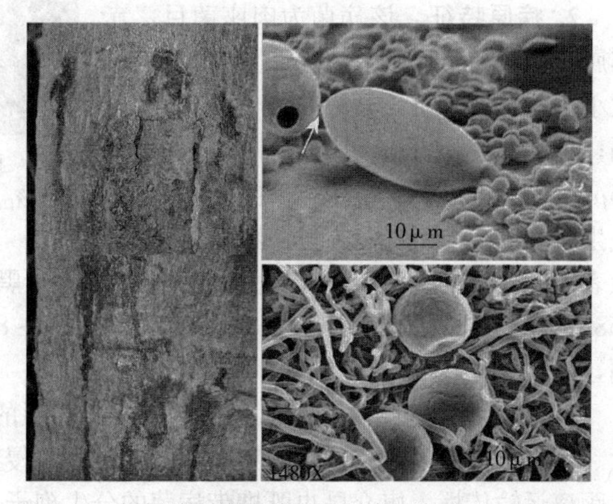

图 8-17　栎树猝死病症状及孢子囊、卵孢子、厚垣孢子
（R. Florance Ph. D.）

2. 病原特征　该病原菌属于鞭毛菌亚门的疫霉属。菌丝高度分支。厚垣孢子（无性）在菌丝顶端产生，最初透明，后变褐色，近圆形，直径 30～90μm。孢子囊卵圆形，有乳突，直径 30～90μm。卵孢子（无性，游动孢子）大小约 8μm×6μm。

3. 发病特点与传播途径 游动孢子和厚垣孢子均产生于寄主叶片，侵染力很强，但在溃疡斑部很少发现。厚垣孢子耐干燥、抗低温能力强，在病株残体或土壤中能保持2年以上的生活力。土壤、雨水是病害近距离传播的主要途径，而远距离传播则主要与病苗、病树枝干、染疫土壤、动物携带及包装和运输工具被污染等有关。

4. 检疫处理与防治方法 世界上很多国家已对该病害实行了检疫。①对来自疫区的各种苗木、木材、板材、木片及其制品和黏附的土壤、昆虫、运输工具携带的土壤和污染物等均应严格检疫。②使用选择性培养基及分离培养法对病原进行检验检疫。先用寄主叶片进行诱集，然后将叶片置于选择性培养基上，待产生厚垣孢子及孢子囊后进行鉴定；但鉴定时为了能和其他种类的疫霉相区别，还应使用套式PCR和酶联免疫法鉴别。③及早发现，及时根除。

（二）松树脂溃疡病

松树脂溃疡病［*Gibberella circinata* Nirenberg & O'Donnell，*Fusarium circinatum* Nirenberg & O'Donnell（无性态）］英文名pitch canker of pine。1946年发现于美国北卡罗来纳州，1974年后在美国流行。1989年后相继传播到日本、墨西哥、南非、智利、坦桑尼亚、西班牙、海地等国。可疑国是意大利、伊拉克、韩国、菲律宾、澳大利亚。该病的寄主以松属植物为主，也为害黄杉属［*Pseudotsuga*］植物如花旗松等。在美国受害较重的为湿地松、火炬松、长叶松［*Pinus palustris* Miller］、展松［*P. patula* Schiede & Deppe］、辐射松［*P. radiate* D. Don］、矮松［*P. virginiana* Miller］等。

1. 症状特征（图8-18） 松苗和大树均可感病。病苗根腐烂、皮层坏死，病枝及树干出现溃疡或流脂，雌花、松果死亡和种子变质。溃疡部常下陷，流脂症状在树干及大枝上常见，流脂严重时可覆盖林下的植被；溃疡斑多时，枝条、树梢或整树枯萎死亡。

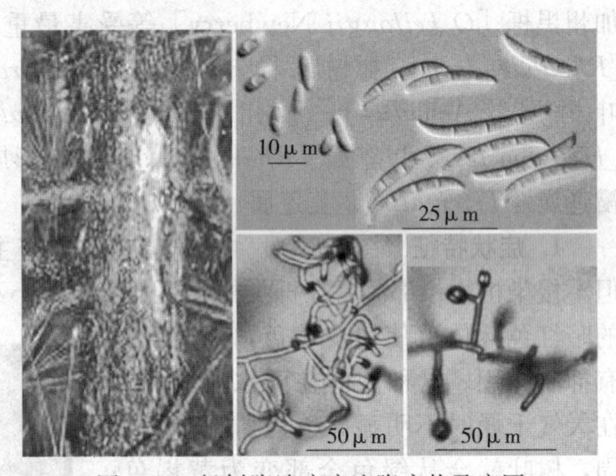

图8-18 松树脂溃疡病流脂症状及病原
（http：//www.padil.gov.au/viewPest.aspx？id=582）

2. 病原特征 该病菌为肉座菌目，赤霉属。病菌在培养基上产生镰刀状大孢子，大小为32～48μm×3.3～3.8μm，常3分隔；单胞的小孢子，卵圆形，大小为8～15μm×2～3.6μm，但不产生厚垣孢子。气生菌丝白色或紫罗兰色，菌落常扇形。在表面有麦秆的V8汁培养基上可形成紫褐色或黑色子囊壳，大小为332～453μm×288～358μm。子囊圆柱形，大小为88～100μm×7.5～8.5μm。子囊孢子椭圆形或纺锤形，1分隔，直径21～23μm。

3. 发病特点与传播途径 病菌喜温暖、潮湿的环境，低温可限制其流行。无性阶段的大、小孢子借助风、水滴飞溅和媒介昆虫传播和侵染；并由种子、球果、病木与病苗木等的远距离运输传播。媒介昆虫既携带病菌的分生孢子，也创造利于病菌侵染的伤口。各类小蠹虫是重要的媒介昆虫，如细小蠹属［*Pityophthorus*］、齿小蠹属［*Ips*］、松果小蠹属

[*Conophthorus*]等。

4. 检疫处理与防治方法　①限制从疫区进口苗木，对种子、木材和木质包装物及其携带的昆虫等要严格检验。②该病原菌为镰刀菌，常规分离培养、形态鉴定等手段较难鉴别出该病原菌与其他镰刀菌的差别。如利用PCR技术和特异引物5′-CTTACCTTGGCTCGAGAAGG-3′/5′-CCTACCCTACACCTCTCACT-3′，可扩增出一条363bp大小的特异鉴别条带。③美国对该病害采用的管理方法是禁止疫区病木、病苗外运，用无菌苗造林，用杀虫剂杀死媒介昆虫，增强树势，减少伤口，降低感病风险。

第二节　杂草及线虫病

国内检疫性杂草和线虫病包括薇甘菊、松材线虫病等。国外危险性种类有鳞球茎茎线虫、香蕉穿孔线虫、椰子红环腐线虫、南方根结线虫、菟丝子、列当、沙丘蒺藜草、小花假苍耳等。

一、国内检疫性杂草及线虫病

薇甘菊原是我国引进的一种观赏植物，现已成为蔓延迅速、危害极大的危险性杂草；而松材线虫病从国外传入我国后，对我国松林的生态安全已构成了直接威胁。

（一）薇甘菊

薇甘菊[*Mikania micrantha* H. B. Kunth]又名小花蔓泽兰、小花假泽兰、薇金菊。该草原产于新热带的中、南美洲，现广布于亚洲热带，并与旧大陆的假泽兰[*M. cordata* (Burm. f.) Robinson]共存。薇甘菊于1884年由原产地引种栽培于香港动植物公园，而后在香港蔓延。20世纪80年代末至90年代已蔓延至广东沿海35个县、市。

1. 危害特征　薇甘菊是多年生藤本，生长快速，种子丰富，茎节可随时生根繁殖，能快速入侵、覆盖生境，通过竞争或他感作用抑制当地植被的生长；为害天然次生林、人工林，尤其是对郁闭度小的林分为害更重，6～10m以下的几乎所有树种均被其攀缘缠绕，重压于其冠层顶部，阻碍寄主植物的光合作用，导致其死亡。在马来西亚薇甘菊覆盖橡胶树后，使其种子萌发率降低27%，橡胶减产27%～29%。薇甘菊在广东几乎覆盖白桂木—刺葵—油椎群落的所有常绿阔叶林，群落中灌丛、草本的种类明显减少。

2. 形态特征（图8-19）　草本或灌木状攀缘藤本，平滑至具多柔毛。茎圆柱状，具棱。叶淡绿色，卵心形或戟形，渐尖，凹刻深，基部3～7脉，几乎无毛或只在叶脉处有短柔毛，稀具长柔毛，近全缘至粗齿状，大小为4.0～13.0cm×2.0～9.0cm；叶柄细，长2.0～8.0cm，常被毛，

图8-19　薇甘菊

基部环状物常形成狭长的膜质托叶。圆锥花序顶生或侧生，复花序聚伞状分枝，头状花序小，4.5～6.0cm；包片披针状，锐尖，生于花梗顶端；总苞鳞薄，倒卵状至矩圆形，锐尖至短渐尖，绿白色，干后近红色，3.0～4.0mm；细长管状的花冠白色，1.5～1.7mm，喉部钟状隆起1.0mm，具长而弯曲的小齿。亮黑色瘦果长椭圆形，表面散布粒状突，具5"脊"，长1.5～2.0mm；冠毛一圈，鲜时白色，25～35条，长2.5～3.0mm。种子细小，1.2～2.2mm×0.2～0.5mm，千粒重0.089 2g。

3. 生物学与传播途径 薇甘菊具有二倍体和四倍体两类种群。在广东南部花果期为8月至翌年2月。从显蕾到盛花约5d，开花后5d完成授粉，10～12d种子成熟，然后散布种子、传播。花的生物量占地上部分的38.4%～42.8%，在0.25m^{2}面积内常有头状花序20 535～50 297个、小花82 140～201 188朵。幼苗初期生长缓慢，1个月苗高仅11cm，单株叶面积0.33cm^2。随着苗龄增大，生长随之加快，其茎节极易出根，借茎即可繁殖，且比实生苗生长快，一个节间1d可生长约20cm，一年可生长1 007m。种子在25～30℃时萌发率83.3%，在15℃时萌发率42.3%，低于5℃、高于40℃不萌发，光照不利于萌发，黑暗条件很难萌发。种子在萌发前可能约有10d的后熟期。成熟后自然储存10～60d萌发率较高，但延长储存时间后萌发率降低。

薇甘菊在北纬24°以南均可能生存。主要分布在年平均气温>1℃、有霜日数<5d、日最低气温≤5℃的日数在10d以内的地区。薇甘菊种子借风、水流、动物、昆虫以及人类活动扩散，随携带种子、藤茎的载体、交通工具传播。

4. 检疫处理与防治方法

（1）检疫检验 ①根据茎、叶、花、果种子特征，使用直接观察和镜检方法，与近缘种进行比较和鉴别。②检查调运的寄主植物有无黏附薇甘菊的种子或藤茎。在种子成熟期，对来自疫区可能携带种子或藤茎的载体进行检疫。③检疫中若发现薇甘菊的种子、藤茎应全部检出销毁。

（2）防治方法 ①喷洒0.4%的除草剂苯达松（Bentazon）或0.2%的毒莠定（Tordon）杀死薇甘菊种子，70%甲嘧磺隆（Sulfometuron Methyl），2 500倍液0.1g/m^{2}森草净可杀死其藤蔓。②利用当地菟丝子可将薇甘菊的覆盖度由75%～95%降低至18%～25%。③紫红短须螨［*Brevipalpus phoenicis*（Geijskes）］可使薇甘菊藤叶成片黄化卷曲，6个月后茎叶黄化，逐渐枯死。绣线菊蚜［*Aphis citricola* Van der Goot］对薇甘菊也有较好的控制效果。

（二）松材线虫病

松材线虫病［*Bursaphelenchus xylophilus*（Steiner et Buhrer）Nickle］又称松树枯萎病。国内分布于江苏（23市、县、区）、浙江（20市、县、区）、安徽（13市、县、区）、湖南（5市、县、区）、广东（12市、县、区）、江西（赣州市章贡区）、山东（长岛）、湖北（恩施）、重庆（涪陵、长寿、万州）、贵州（遵义）、香港、台湾。国外分布于日本、韩国、葡萄牙、美国、加拿大、墨西哥。该线虫为害松科中松属约61种。如分布我国的华山松、湿地松、樟子松、油松、白皮松［*Pinus bungeana* Zucc. et Endi］、华南五针松［*P. kwangtungensis*（Chun et Tsiang）］、马尾松［*P. massniana* Lamb.］、海南五针松［*P. fenzeliana* Hand.-Mzt.］、台湾五针松［*P. morrisonicola* Hayata］、云南松［*P. yunnanensis* Franch.］等。偶尔或接种后也为害9

种云杉、4 种落叶松、2 种雪松、5 种冷杉及大果铁杉［*Tsuga mertensiana*（Bong.）Carr.］和花旗松等。

松材线虫具有很强的抗逆性和适应性，引起松林毁灭性病害。我国除西藏、青海、内蒙古、吉林、黑龙江外，年平气温 10℃以上的地区可能为其适生区。松树被害后约 40d 即枯死。松林从发病至毁灭只需 3～5 年。我国大陆自 1982 年南京松林发生该病至 2004 年，累计枯死松树5 000多万株，损失木材超过 $500 \times 10^4 m^3$。该病害已对我国松林资源，尤其是南方 $330 \times 10^4 hm^3$ 的松林、自然景观及生态环境构成了严重威胁。同时，也严重影响了我国外贸出口的竞争力。

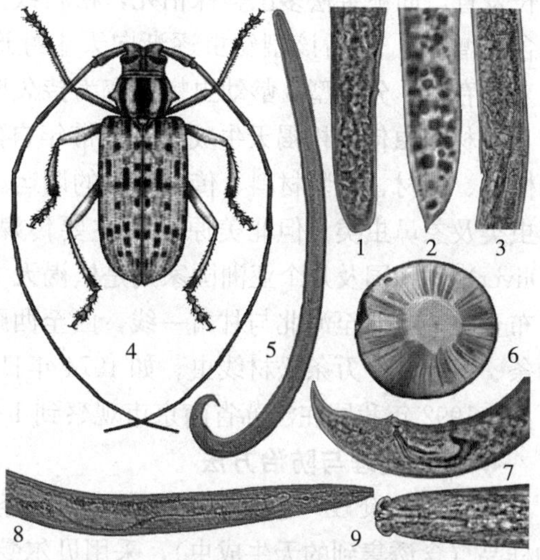

图 8-20 松材线虫病症状及病原线虫

1～2. 雌虫腹末 3. 阴门盖 4. 传媒——松褐天牛 5. 线虫 6. 为害状 7. 雄体末 8～9. 前体与头部

1. 症状特征（图 8-20） 松材线虫通过松褐天牛［*Monochamus alternatus* Hope］补充营养的伤口进入木质部，寄生于树脂道中，不断繁殖，渐遍及全株，导致树脂道薄壁细胞和上皮细胞破坏和死亡，整株最后枯死。病树木质部常因蓝变菌的作用而呈蓝灰色。病害过程：①外观正常、植株失水、树脂分泌减少、蒸腾作用下降，嫩枝树皮常见天牛食痕。②针叶始变色、树脂停止分泌，树皮除天牛食痕外，还可见其产卵刻槽或其他甲虫的侵害痕迹。③大部分针叶变为黄褐色，萎蔫，被害处可见天牛及其他甲虫的蛀屑。④针叶全部变为黄褐至红褐色，病树整株干枯死亡，树体内有许多次期害虫栖居。

2. 病原特征 该线虫属于垫刃目，伞刃线虫属。雌体长 0.71～1.01mm，纤细，光滑，有环纹。头部和体躯界限明显。头部具放射状唇片 6 个。唇区高，两侧唇各具 1 侧器，口针细，其基部膨大，中食道球椭圆形，占体宽的 2/3 以上，瓣门清楚。背食道腺覆盖于肠之背面，开口于中食道球，背食道腺长度为体宽的 3～4 倍。排泄孔约位于食道和肠交界线处或靠近神经环。中食道球后的半月体明显，神经环位于中食道球下方。卵巢前伸，卵母细胞常单行排列，后阴子宫囊延伸至阴肛距 3/4 处。上阴唇向下覆盖形成阴门垂体（或阴门盖）。尾近圆柱形，尾端钝圆或具短尖突。雄体长 0.59～0.82mm，尾尖，侧观似爪状，精巢前伸。交合刺呈弓形，成对，但不联合，其基部具 1 大尖喙，末端具 1 凸出物；尾端的交合伞卵圆形，尾部有生殖乳突 7 个（肛前 1 对，肛前中央 1 个，肛后 2 对）。

3. 发病特点与传播途径 松材线虫一生经过卵、幼虫和成虫三个阶段，靠松褐天牛完成侵染循环。在年平均气温低于 10℃地区可能不发生侵染；在 10～12℃地区能够生存，但只零星为害；在 12～14℃地区可流行；在高于 14℃地区则可能暴发成灾。夏季高温、干旱利于松材线虫的侵染和为害。在松褐天牛 1 年 1 代区，5、6 月死松内的天牛化蛹，蛹室中松材线虫的分散型 3 龄幼虫蜕皮变为持久型 4 龄幼虫（休眠幼虫 dauerlarvae）。该型幼虫体壁增厚，内含物增多，口针和中食道球退化，体表具增强抵抗力和易附着于媒介昆虫的黏质。在天牛成虫从病松中羽出前，该 4 龄幼虫即进入天牛的气管（后胸气管中最多）或附着其体表与前翅内侧等处。6、7 月天牛成虫羽出后取食当年生或 1～2 年生嫩枝树皮补充营养，所携带的 4 龄幼虫则由其取食伤口感染健康木、蜕皮变为成虫，4～5d 繁殖 1 代，并逐渐向其他部位的枝条、树干及树根等侵害。6～8月雌天牛多产卵于感病松树上，线虫也在树脂道中大量繁殖和移动，致使被害树流脂量减少或停止，针叶变色。8～9 月天牛幼虫孵出后在树皮下生长发育，而被害松多已整株枯死，松材线虫则出现繁殖阶段的分散型 3 龄幼虫（体壁增厚，内含物增多）。尔后该型幼虫逐渐向天牛蛀道移动，聚集于其蛹室，进入休眠阶段，并越冬。至来年春季，分散型 3 龄幼虫蜕皮变为持久型 4 龄幼虫，随天牛成虫重新感染新的健康木。

松材线虫借助松褐天牛成虫的携带年自然扩散距离约 100m，远距离传播借助于携带线虫的松材、薪材、包装材料、传媒昆虫的调运。国内外报道的松材线虫媒介昆虫包括天牛类、吉丁虫类及象鼻虫类。但北美原产地主要传媒昆虫为卡罗来纳墨天牛［*Monochamus carolinesis* (Oliver)］，我国及几个亚洲国家则是松褐天牛。松褐天牛在我国的分布和寄主十分广泛，向南分布至香港，北至河北与甘肃一线，西至西藏，东至北京。1 头松褐天牛成虫可携带几条、几十条、甚至几十万条松材线虫。如 1974 年日本在爱媛县记录到 1 头天牛可携带松材线虫 28.9 万条，1992 年我国在江苏省南京市观察到 1 头天牛可携带 14.31 万条。

4. 检疫处理与防治方法

（1）*检疫处理* ①禁止进口或外运未经处理的疫区病木。②对产地检疫、调运检疫所取的样品（含诱集到的天牛成虫），采用贝尔曼漏斗法或浅盘法进行分离、镜检。③对照松材线虫的形态特征，进行准确鉴定，并与拟松材线虫相区别。④对携带松材线虫的木材（含原木、锯材）及其制品、枝条、伐桩等，可采取切片处理、热处理、熏蒸处理、销毁处理；切片厚度不超过 3mm～1cm，在 80℃下热烘 6h 后用做纤维板、胶合板、纸浆等工业原料；板材或病树去皮锯板材，应在 65℃以上（木材中心温度）热烘或微波处理 2～3h，处理后若松材线虫死亡率不达 100%，应继续处理直至其全部死亡为止。⑤如不具备上述处理条件，应就地烧毁。

（2）*防治方法* ①严重发生区，在松褐天牛非羽化期，全面砍伐，清理病死树，伐桩高应低于 5cm，伐除迹地不残留直径 1cm 以上松树枝杈。②对病死树伐桩、病枝、星散病死树伐后的干及枝，就地用塑料薄膜密封，用 20g/m^3 的磷化铝熏蒸，或用虫线清等化学药剂进行喷淋，或刨除伐桩。清理下山的病枝、根桩等及时集中烧毁。③在松褐天牛羽化初期，选择山顶、山脊、林道旁的衰弱或较小松树作为诱木，在诱木距地面 30～40cm 处的 3 个方向各砍 3～4 刀，刀口深入木质部 1～2cm，与树干大致成 30°角，然后把引诱剂注入刀口，秋季伐除诱木并熏蒸；或设置诱捕器诱杀；或人工、飞机喷洒 300～400 倍液的绿色威雷（或其他内吸杀虫剂）、750～1 200 ml/hm^2；对古松可在树干基部打孔注入虫线光 A（Emamectin 安息香酸盐液剂）400ml/m^3，或 1∶1 虫线清乳剂 400ml/m^3。④在松褐天牛幼虫幼龄期，可树干喷洒 80 倍液的虫线清乳油，2～3L/株；或在 25℃以上的晴天采用单株放蜂法、中心放蜂法或分片布点放蜂法，释放肿腿蜂或通过肿腿蜂携带白僵菌，2/3hm^2 设 1 个放蜂点，每点放蜂约 1 万头；释放花绒寄甲成虫和卵对控制松褐天牛有良效。

二、外检杂草及线虫病

森林外检杂草及线虫病主要包括菟丝子属、鳞球茎茎线虫病、香蕉穿孔线虫病、椰子红环腐线虫病、列当等。

(一)菟丝子属

菟丝子属[*Cuscuta* Linnaeus]英文名dodder。菟丝子属全世界有170余种。广泛分布于全世界温暖带。主要种类包括苜蓿菟丝子(细茎菟丝子)[*Cuscuta approximata* Babingt]、南方菟丝子[*C. australis* R. Brown]、田野菟丝子[*C. campestris* Yuncker]、中国菟丝子[*C. chinensis* Lamarck]、杯花菟丝子[*C. cuplata* Engelm]、亚麻菟丝子[*C. epolinum* Weihe]、欧洲菟丝子[*C. europaea* Linnaeus]、日本菟丝子[*C. japonica* Choisy]、列孟菟丝子[*C. le′hmanoiana* Bac.]、啤酒花菟丝子[*C. lupuliformis* Krocker]、单柱菟丝子[*C. monogvana* Vahl]、五角菟丝子[*C. pentagona* Engelm.]、大花菟丝子[*C. redflexa* Roxb.]、美洲菟丝子[*C. americana* Linnaeus]、短花菟丝子[*C. breviflora* Vis]、百里香菟丝子[*C. epithymum* (Linnaeus) Murray]、基尔曼菟丝子[*C. en-gelmanii* Korsh]、高大菟丝子[*C. gigantea* Giff]、团集菟丝子[*C. glomerata* Choisy]、格陆氏菟丝子[*C. gronovii* Willd ex Roem&Schult]、大籽菟丝子[*C. indecora* Choisy]、小籽菟丝子[*C. planiflora* Tenore]、长萼菟丝子[*C. stenc-atycina* Palib]、香菟丝子[*C. suaveolens* Seringe]、三叶草菟丝子[*C. trifolii* Babingt et Gibs]、伞形菟丝子[*C. umbellata* Humboldt Bonpland & Kunth]、阴生菟丝子[*C. umbrosa* Beyruchex Hook]。

1. 危害特征 菟丝子是恶性寄生杂草,无根、无叶,缠绕并借助吸盘吸取各类草、木、藤本植物的营养,阻碍寄主的光合作用,使输导组织产生机械障碍,营养消耗殆尽而死亡。

2. 鉴定特征 一年生寄生缠绕草本植物,无根、无叶或叶退化为小鳞片,茎线形、光滑、无毛。幼苗时淡绿色,寄生后,茎黄、褐或紫红色,缠绕茎产生吸器,并固着于寄主。花小白或淡红色,花梗极短或无,具穗状或簇生伞状花序;苞片小或缺,花5或4出;萼片近相等,基部呈杯、壶或钟状,包围在花冠的周围;花冠管、壶、球或钟状,花冠管内基部于雄蕊之下具有边缘分裂或鳞状鳞片;雄蕊生于花冠筒喉部或花冠裂片相邻处,花丝短,花药内向。子房近球形,2室,2花柱分离或连合,柱头2。蒴果近球形,周裂,残存花冠。种子1~4粒,无毛、胚根和子叶。

图8-21 菟丝子

3. 生活习性 主要以种子繁殖。种子的萌发和寄生生长与寄主植物的生长几乎同步。但在环境条件不适宜时种子则休眠,在土壤中保存多年仍有生活力。种子萌发后至以细而长的茎缠绕寄主约需3d,与寄主建立寄生关系约需7d,尔后下部即自干枯,与土壤分离。从出新苗到现蕾需30d以上,现蕾至开花约需10d,自开花至果实成熟约需20d,从出土到种子成熟需80~90d。菟丝子从其茎的下部逐渐向上现蕾、开花、结果、成熟。同一株菟丝子开花结果的时间不一致,早开花的种子已成熟,迟开花的还在结实。结果数量多、时间很长,1株菟丝子能结数千粒种子。菟丝子也进行营养繁殖,离体的活茎再与寄主植物接触时仍能缠绕，长出吸器，再次与寄主建立寄生关系、吸收营养、迅速蔓生。

4. 传播途径 菟丝子种子小而多、寿命长，易混杂在农作物、商品粮、种子、饲料及各种植物材料中远距离传播。菟丝子片断也能随寄主的调运传播和蔓延。

5. 检疫处理与防治方法

（1）*检疫检验* 菟丝子属是我国公布的检疫性杂草，应对受检的植物、植物产品进行直接检验或过筛检验。① 按规定从新鲜苗木或带茎叶的干燥材料中取代表性样品，用肉眼或借助放大镜检查植物茎、叶有无菟丝子缠绕或夹带；对干燥材料的底层及碎屑应检查是否有脱落的菟丝子种子。如检查材料大于菟丝子种子可由筛下物分检；若小则可由上筛层分检；如与菟丝子种子大小相近可代用相对密度法、滑动法、磁吸法分检。② 若发现所检物携带菟丝子，应立刻采取退货、责令处理等处理。

（2）*防治方法* 发现菟丝子后，立即连同受害植株彻底清除、销毁；每年要深翻土壤，将菟丝子落在土面的种子深翻到深层土中；雨后阴天喷洒鲁保1号、草甘膦、拉索、胺草磷、地乐胺等除草剂，或喷洒1.5%五氯酚钠、2%扑草净、二硝基铵盐。

（二）鳞球茎茎线虫病

鳞球茎茎线虫病［*Ditylenchus dipsaci*（Kühn）Filipjev］英文名 stem and bulb nematode。鳞球茎茎线虫病分布于意大利、德国、希腊、比利时、英国、荷兰、俄罗斯、丹麦、挪威、匈牙利、瑞士、瑞典、捷克、斯洛伐克、波兰、美国、加拿大、巴西、秘鲁、阿根廷、智利、澳大利亚、新西兰、日本、印度、南非、肯尼亚、阿尔及利亚及北非等国家，我国未见报道。其寄主约40科450余种植物。如葱科［Alliaceae］、石蒜科［Amaryllidaceae］、藜科［Chenopodiaceae］、川续断科［Dipsacaceae］、禾本科［Gramineae］、豆科［Leguminosae］、百合科［Lilieceae］、花葱科［Polemoniaceae］、蓼科［Polyonaceae］、蔷薇科［Rosaceae］、玄参科［Scrophulariaceae］、茄科［Solanaceae］、伞形科［Umbelliferae］等当中的农作物、蔬菜、中药材和观赏植物。

1. 症状特征（图8-22） 鳞球茎茎线虫是内寄生线虫，在植物体内或在湿土中迁移为害。为害部位和寄主不同，其症状也不相同。主要在植物茎、鳞球茎的薄壁细胞内取食，引起寄主组织分离与崩裂（与其所产生的多种果胶酶及诱导受害部位产生IAA有关），使受害的茎部常膨大、矮化、扭曲或形成丛叶。该线虫是多种温带植物的毁灭性病害。除在田间为害导致寄主死亡外，也对储存期的鳞球茎类植物产生为害。受其侵染的植物，抗性降低，易被其他病原微生物为害，而引起复合病害。

图8-22 鳞球茎茎线虫病症状及线虫

2. 病原特征 病原属于垫刃目茎线虫属。温热杀死后的雌虫体直，被细纹，体长小于1.0mm，宽约10μm；侧带区占体宽的1/6～1/8，并具4条刻线。唇区低、平，无头环，微

缢缩。头骨架中度骨化，口针长10～12μm，基部球明显，食道前体部圆柱状，中食道球纺锤形，峡部窄，后食道腺球状或棍棒状，微或偶见叶状覆盖肠端，神经环缠绕于峡中部。排泄孔位于食道后体部，圆锥形尾部长度为4～5个肛径，尾端锐尖。阴门清晰，卵母细胞先端前伸，单列，后阴子宫囊长约为0.5个阴肛距。雄虫与雌虫同形，交合伞先端位于交合刺前端、后端达3/4尾长处；交合刺腹曲，先端膨大，引带短，结构简单。现已报道，该线虫有15个生理小种（部分认为有20多个），生理小种间的为害寄主、生物学特征各有差异。重要的生理小种如红车轴草小种、白车轴草小种、紫苜蓿小种、郁金香小种、水仙小种、风信子小种、甜菜小种、烟草小种、草莓小种、川续断小种、黑麦小种、夹竹桃小种、马铃薯小种、大豆小种。

3. 发生特点与传播途径　鳞球茎茎线虫一生经历卵、幼虫、成虫三个阶段。最适繁殖温度为15℃。在适宜条件下完成一个生活史需19～23d。雌虫一般可成活45～73d。4龄幼虫蜕皮发育为成虫后，约经4d即可交配产卵。产卵期长达25～30d。4龄幼虫抗逆能力强，在不利条件下能以休眠状态在植物组织内存活20多年，4龄幼虫及卵在冰冻条件下也能存活。

鳞球茎茎线虫可以随许多作物的种子（1粒种子携虫量可高达19万条），花卉和蔬菜的鳞、球、块茎，干燥牧草（如三叶草），及被线虫侵染的植物茎、叶、花碎片等远距离传播。

4. 检疫处理与防治方法

（1）检疫检验　鳞球茎茎线虫病是我国公布的危险性病害。①应严格限制自疫区引种，因特殊需要引进种苗时应在指定的隔离检疫圃中试种检查。②剖开受害的郁金香、风信子、洋葱等鳞球茎，常可见环状褐色特征性病征，或在鳞球茎基部有4龄幼虫团。③抽取样品或可疑植株，在室温下切成小块，置于浅盘中加水过夜，用400目筛收集线虫液，鉴定。若无成虫存在，可采取单异活体培养技术获得成虫后再鉴定。④如发现进口或调运的活体植物、种子、干燥植物及其残体携带该线虫，应参照其他线虫的处理方法进行检疫处理。

（2）防治方法　球茎等无性繁殖材料用热水、药液或结合相两者浸泡，即用100倍液的40%克线磷乳剂或50倍液的50%辛硫磷浸2h，或1 000倍液的80%敌敌畏浸24h、在44.4～46.7℃用200倍液的40%福尔马林浸3h。对土壤和基质在夏季晴天连晒7d杀死线虫及其他土传病虫害。

（三）香蕉穿孔线虫病

香蕉穿孔线虫病［*Radopholus similis*（Cobb）Thone］英文名burrowing nematode, banana toppling disease nematode等。分布于世界多数香蕉产区或温带温室，如亚洲的东南亚及印度和日本、北美及中南美、非洲的埃及和整个撒哈拉沙漠周边、印度洋诸岛、大洋洲的澳大利亚、斐济和法属波利尼西亚。该线虫寄主多达200多种植物。主要侵害单子叶植物的芭蕉科（香蕉、鹤望兰属）、天南星科（喜林芋属、花烛属）、竹芋科（肖竹芋属）及一些双子叶植物（如胡椒）。重要的寄主为香蕉、柑橘、葡萄柚、柠檬、大豆、高粱、玉米、甘蔗、茄子、咖啡、番茄、马铃薯、生姜、茶、蔬菜、凤梨、观赏植物、牧草等。

1. 症状特征（图8-23）　为害香蕉时主要侵害香蕉根部，病部皮层薄壁细胞遭受破坏形成空腔、外皮纵裂，被害肉质茎及根部可见淡红至红褐色病斑。导致病株生长不良、叶小而少、提早脱落，果穗减少或常倒伏，挂果蕉株多呈倒伏状。

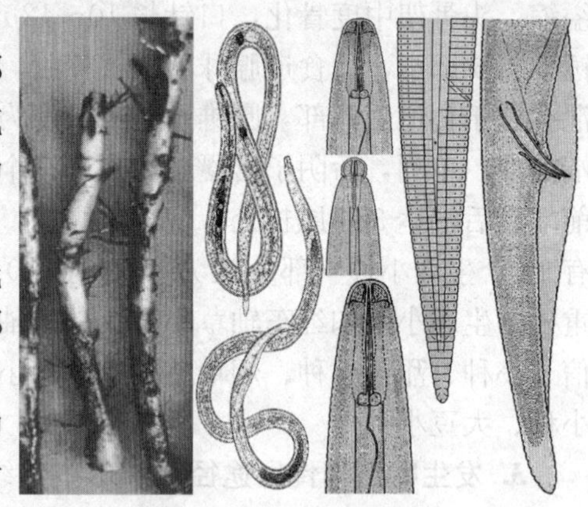
图 8-23 香蕉穿孔线虫病根部为害状及线虫

2. 病原特征 该线虫属垫刃目穿孔线虫属。雌虫唇区半圆形，侧区有刻线 4 条，刻线至尾中部明区长9～17mm，尾圆锥形。雄虫唇区高，半球或圆锥形，末端尖。交合刺具小尖突（titillae)。幼虫体长 315～400mm，稍缢缩，唇环 3～4 个。

3. 发病特点与传播途径 该线虫为内寄生线虫。常有性繁殖，有时也孤雌生殖。整个生活史都在根组织内完成。在不良条件下可以转移到根外，也常增强土壤习居病原真菌病害的发病率。所有的幼虫阶段和雌虫均可以从根的任何部位侵入，但常从根尖处侵入生长中的供养根。雄虫口针退化，无侵染能力，侵入后在皮层处取食和穿孔，导致寄主组织产生许多孔隙。

在 24～32℃温度下，完成一个生活周期需 20～25d。成熟雌虫产卵期约 14d，每天产卵 4～5 粒，孵化期 8～10d，幼虫期 10～13d。在合适的条件下，在侵染 45d 后线虫群体可增长 10 倍，每 1kg 土壤中线虫群体常多达 0.3 万条，每 100g 根组织中线虫可超过 10 万条，在不同种植区的土壤中存活力为 6 个月至 5 年。中、南美洲不同地区的生物型或群体，在寄主选择、繁殖能力、形态和生理方面存在差异。

带病的苗木是远距离传播的主因。水流、黏附在人与畜和耕作工具上的土壤、根系互相接触、线虫本身蠕动导致近距离传播。

4. 检疫处理与防治方法

（1）检疫检验 香蕉穿孔线虫为我国公布的检疫线虫。①严格限制从疫区引进寄主植物种苗，经审批引进的必须在入境口岸施行隔离检疫。②口岸检疫时主要采集带有淡红褐色凹下病斑、纵裂缝的根组织、地下特别是根眼处的肉质茎，然后纵、横剖切根组织，观察其症状。隔离试种期于 5～6 月、10～11 月选择生长不良植株（每 3 株为 1 个样品），取其可疑根组织及根际 30～50cm 处的土壤进行检疫。③所采样品不能阳光直接照射，并应尽快设置重复，进行线虫分离。对可疑的病根、肉质茎应切成 0.5cm 的小块，充分混匀后称取 25g，用浅盘或漏斗分离 24h 后镜检。对症状典型的根组织可直接解剖分离线虫。对土壤样品称取 100g 或 100ml，用糖水漂浮离心或过筛分离线虫。④如发现进口或调运的活体植物材料、土壤等携带该线虫，应采取退货、销毁或熏蒸等检疫处理方法处理。

（2）防治方法 ①在 50～55℃温水中浸泡可杀死球茎内线虫。②切除病根组织，将切削后留用组织用 0.2%的二溴乙烷浸泡 1min 后，再种植。③对基部直径小于 10cm 的根状茎或球茎，直接用克线磷浸泡后栽植，生长期每株根部可每 3～4 个月用药 1 次。④轮作对控制该病有一定效果。

（四）列当属

列当属［*Orobanche* Linnaeus］英文名 broomrape。全世界约有 100 种。在俄罗斯境内分布最多。主要分布于温带和亚热带地区的蒙古、朝鲜、日本、俄罗斯、希腊、埃及、美国及欧洲部分国家。其寄主植物达 70 多种。以葫芦科、菊科为主，也寄生豆科、茄科、十字

花科、伞形科等植物。

图 8-24　列当为害状

1. 为害特征（图 8-24）　被寄生植株细弱、矮小，花盘减少，种子质量下降，水和养分供应不足，代谢紊乱，抗性减弱，严重时导致植株枯死。如 1972 年马耳他因锯齿列当的为害，使蚕豆减产 50%以上；我国新疆、东北地区向日葵也常受列当的为害，每株向日葵根部寄生的列当可达 100～300 苗以上。

2. 鉴定特征　列当为一年生根寄生草本植物，高 30～40cm，最高 60cm。茎肉质，直立，单生或少分枝。全株缺叶绿素，叶退化呈鳞片螺旋状排列于茎上，根退化成吸盘。穗状花序紧密，花两性，白、米黄、粉红或蓝紫色，每朵小花基部有 1 苞片。花萼钟形，淡黄色，裂片 5，靠基部的 1 裂片常退化。花冠唇形，上唇 2 裂，下唇 3 裂。雄蕊 4 枚，2 强，生于花冠筒内。雌蕊 1 枚，卵形。子房上位，1 室，4 心皮，侧膜胎座，胚株多数。蒴果 2 纵态，花柱宿存。种子多细小，似灰尘，高倍镜下观察近圆形或椭圆形等，深褐至暗褐色。种皮表面凹凸不平，有条脊状突和网状纹饰组成的网眼。

3. 生活习性与传播途径　列当每根花茎结蒴果 30～40 个。每蒴果结种子1 000～2 000 粒。种子落地入土后，接触到寄主植物的根，其分泌物则促使列当种子发芽，在无寄主时其种子在土壤中保存 5～10 年仍有发芽力。7 月上旬到 10 月上旬，条件适宜时天天可见种子萌发、幼苗出土。幼苗深入寄主植物的根内后形成吸盘吸取寄主的汁液，在寄主根外发育膨大，并由此长出花茎，并在其下面产生大量的附生吸盘。花茎的产生不受时间限制，只要条件适宜均可发生。一株寄主植物上常能发育出几十根花茎。如花茎被拔掉，虽不复再生，但残留的地下部分仍能继续寄生为害。列当从出土到开花需 10～15d，从出土至种子成熟约需 30d。但同一株的现蕾、开花及结实期参差不齐，种子自下而上顺序成熟。常见下部在开花，上部在孕蕾，或者下部结实，中部开花，上部孕蕾。

列当以种子进行繁殖和传播。种子非常微小，易黏附在作物种子上，随其调运而远距离传播。也能借风力、水流或随人、畜及农机具传播。

4. 检疫处理与防治方法

（1）检疫检验　列当属是我国公布的检疫性杂草，应严格施行检疫。①列当种子像灰尘，采样及检查应严格按照规定进行。采样量为1 000g 以上，重复过筛后收集筛下的杂屑，在双筒解剖镜下仔细查看。②如发现进口或调运的植物种子、材料中携带有列当，应采取退货、改变用途等方法处理。

（2）防治方法　①对发病田块可喷洒 0.5%硼酸或用乙烯熏蒸，或在列当出苗前后喷洒草甘膦、利谷隆、氟乐灵、2,4-D 丁酯等除草剂。②在结实前拔除田间列当植株，集中烧毁；加强中耕，实行轮作；适当延长轮作周期与诱发列当出苗相结合防效较好。③使用列当镰刀菌［*Fusarium orobanches* Jacz. GK］防治。

（五）椰子红环腐线虫病

椰子红环腐线虫病［*Rhadinaphelenchus cocophilus*（Cobb）Goodey］又名可可红轮线

虫病。英文名 red ring disease of coconut palm; red ring disease nematode 等。为美洲特有的病害。主要分布于美国以南各国，为害椰子、油棕榈、甘蓝棕榈、格鲁棕榈、非洲油棕、海枣、油椰、可可、巴西棕属、海枣属和油棕属其他植物。

1. 为害特征（图 8-25） 为害椰子和油棕榈后可减产 30%～80%，发病严重的树根腐烂，整棵树死亡。特立尼达型症状较普遍，受害寄主先见叶尖黄化，继而向叶柄扩展，后叶下垂，变褐枯死，树冠、芽和根腐烂，茎的横切面可见橙至红褐色的环，环宽 2～4cm，距外围2～3cm，线虫存在变色组织中。萨尔瓦多型症状为树冠中央部分叶片变淡或黄叶，被害植株存活多年后常整株干枯，木质部无红色环。

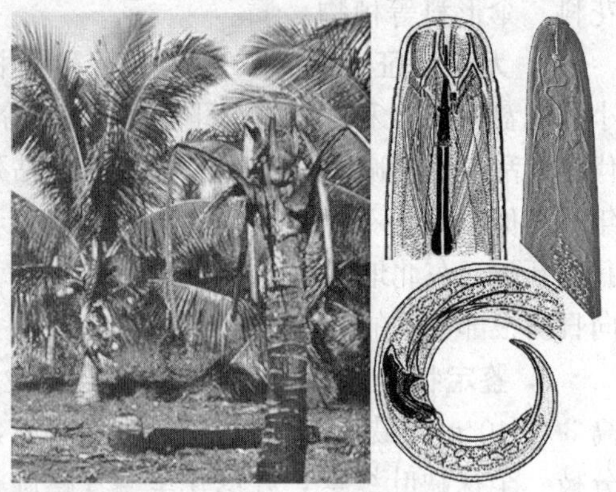
图 8-25 椰子红环腐线虫及为害状

2. 鉴定特征 该线虫属垫刃目细杆滑刃属。雌虫体细，长约 1mm，弓形或近直线形，体表环纹宽0.6～1μm；侧带刻线 4 条，侧带区占体宽 1/4，中刻线模糊，外侧刻线圆齿状。唇区高而平滑、缢缩。头骨架明显。口针长 11～13μm（有报道 16μm），基部球发达，针锥短于口针长的 1/2；食道前体细长圆筒形，中食道球椭圆形，其长度为宽度的 2 倍，瓣膜明显，食道腺叶从背面覆盖肠前部；神经环绕于峡部，位于中食道球后 0.5～1 个体宽处；排泄孔位于神经环后，半月体前的 3 个体宽处。肠内具有小颗粒，阴门裂缝状，侧观呈 C 形，被 1 背阴唇覆盖。阴道壁厚，微弯曲，在阴道 1/2 长度后呈 C 形。前卵巢发达，前伸，卵母胞单行排列，后阴子宫囊细长，延伸至阴肛距的 3/4 处。直肠长度约为肛门处体宽的 1/5 倍。肛门明显，开口为肛门处体宽的 10～17 倍。雄虫形态均类似雌虫，死态呈弓形。精巢单生，前伸，超过虫体长度的 1/2，精原细胞呈 1 行排列。交合刺成对，小而呈弓形，背枝长 9～13μm，具 1 个延伸的钝圆形的头端，腹枝在其末端反卷与背枝相连，整个交合刺末端呈 V 形槽口，并具条状齿缘，无引带，交合刺的厚壁常形成表皮突。尾前半部亚圆筒形，后半部圆锥形，末端尖锐。交合伞短，仅从尾端包至 0.4～0.5 个尾长处；交合刺和泄殖腔前具 2 对亚中腹突，第 3 对乳突约位于 0.5 个交合刺长度处，第 4 对乳突位于泄殖腔后的腹侧面，但相当模糊。幼虫头部高而呈圆屋顶状，2、3 龄幼虫尾末端呈圆锥形或尖棘状，4 龄雌幼虫尾末端圆，雄幼虫尾末端尖锐。

3. 生物学特性与传播途径 椰子红环腐线虫系一种移居性内寄生线虫，完成一个生活史需9～10d，能存活于感病植株残体及土壤中，在水中可存活 3～8d。该线虫能随昆虫、老鼠、鸟（如黑鹭）等在椰子树上取食、产卵所造成的伤口处入侵，椰树根间的交叉和接触、感病植株残体及土壤随风飘散、线虫随水流至无病椰园、机械和人身上携带均可引起侵染。侵入椰子树后，在树干皮层下的薄壁组织内取食和繁殖，然后进入茎的内部组织，并扩散。在被害树的根、茎及叶柄组织内也能发现各龄期的幼虫。一般多在细胞间隙、已被破坏、崩溃的细胞内聚集活动。能传播椰子红环腐线虫的昆虫约有 300 多种。最重要的是棕榈象甲（带虫率为 10%～70%）及绿毛象甲［*Rhinostomus barbirostris*（Fabricius）］、污胸象甲［*R. thompsoni* Fabricius］等。

自然扩散由媒介昆虫、鸟类、风、雨和灌溉水、根交叉接触、机械和人身上携带虫体而

引起。远距离传播则由调运感染椰子红环腐线虫椰子苗木、种子和果实、附带土壤和病残体所引起。

4. 检疫处理与防治方法

（1）*检疫检验*　该线虫病为我国公布的危险性病害。应严格限制从疫情国引进寄主植物种苗。对因特殊需要限量引进的种苗，应在指定地点隔离试种。检疫时应根据症状采集可疑病株样品后，用漏斗法分离线虫、镜检。如发现所检货物携带该线虫，可采取烧毁或药剂熏蒸等方法处理。

（2）*防治方法*　用10.5％硫磷嗪喷施病株可100％杀死红环腐线虫。如与林丹混用可同时杀死棕榈象甲。在病株上注射亚砷酸钠或亚砷酸钾可将病株与棕榈象甲一起杀死，线虫也在2～3个月后死亡。

三、国外重要的杂草及线虫病

沙丘蒺藜草、小花假苍耳、南方根结线虫病等都是重要的杂草和植物线虫病，而且是我国和其他国家贸易双边协定中规定的危险性检疫有害生物。

（一）沙丘蒺藜草

沙丘蒺藜草［*Cenchrus tribuloides* Linnaeus］又名刺苞草。英文名 bear-grass，dune sandbur。该禾本科有害杂草分布于印度、缅甸、巴基斯坦、斯里兰卡、俄罗斯、德国、南非、美国、阿根廷、智利、巴西、墨西哥。危害多种作物，如瓜类、豆类,其刺苞还能伤害牲畜的肠胃,影响皮毛质量。

1. 危害特征（图8-26）　该害草生存能力极强，常生于荒野、田边、路旁、沙地草丛、田间地埂。进而蔓延到农田、苗圃及其他地区，对当地的生物多样性及其农林业生产危害极大。

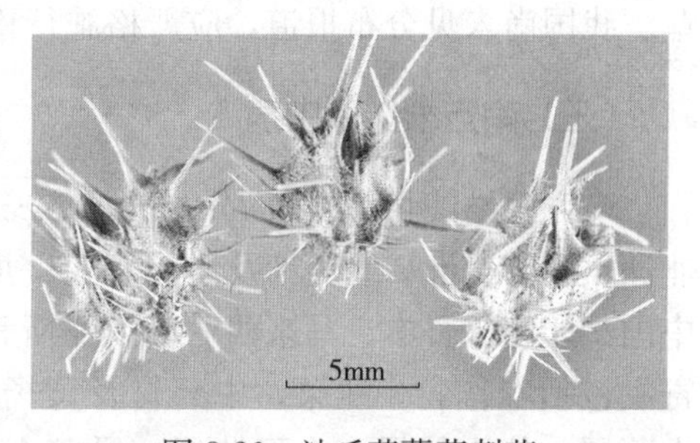

图8-26　沙丘蒺藜草刺苞

2. 鉴定特征　一年生草本，高0.2～0.8m，秆扁圆形，其基部屈膝、匍匐成倾斜状，叶鞘扁圆有毛，具脊。簇生于有刺总苞中的小穗1～3个，总苞深黄至褐色，长约5mm，宽2.5～3mm，刺长2.5～12mm，刺苞及刺的下部具丝状柔毛。小穗扁平卵形，无柄，长约5mm，宽2.6～3mm，第1颖缺。外稃质硬，背面平坦，具5脉，边缘膜质，先端尖，包卷内稃，内稃凸起。脐明显凹陷，圆形，紫黑色，下方具总柄残余。胚大，圆形或卵圆形，长约占颖果的4/5。

3. 生活习性与传播途径　一年生。适生于北美洲海边盐碱沙地。以刺苞内的种子进行繁殖。刺苞成熟后极易脱落，钩挂在人、畜及农机具上传播，亦可混杂在作物种子中传播。

4. 检疫处理与防治方法　沙丘蒺藜草是中蒙植物检疫双边协定规定的检疫性杂草，应严格施行检疫。检疫时采用直接或过筛法检验。在其生长早期人工拔除。发生面积大时可用除草剂进行防除，抽穗开花期使用防治一年生禾本科杂草开花结实的药剂防除；发生面积不大，而密度较大时可用灭生性除草剂如百草枯、农达等防除。

(二) 小花假苍耳

小花假苍耳［*Iva axillaris* Pursh］是菊科杂草，原产于加拿大西部各省，现分布于加拿大、美国、墨西哥、哥伦比亚、英国、奥地利、澳大利亚。

1. 危害特征（图 8-27） 该植物混生于粮地、苗圃，生于草原和荒地，常见于碱化或盐化土壤，抑制当地其他植物生长，影响植物群落多样性。

图 8-27 小花假苍耳

2. 鉴定特征 草本，株高 20～60cm，茎直立或倾斜，多分枝，光滑或略有毛，叶片狭长或椭圆形，长 13～38mm，3 出脉，多无柄，全缘，厚而肉质，硬而粗糙，被绒毛。茎下部叶对生，其余互生。花序头状，小而下垂，位于茎上部叶腋。雌花与雄花同序。花盘直径约 4mm，总苞杯状 5 裂，花托有鳞片，花黄绿色，花柄下垂而细短。瘦果倒卵形或楔形侧扁，长 2.5mm，宽 2mm，绿、黑灰、褐或黑色。种子无冠毛，卵形，扁平而稍弯，灰至褐色，表面散见褐灰色油点。1 花盘只产生 1～2 粒种子，多不脱落。

3. 生活习性与传播途径 多年生草本根茎植物，有强烈臭味，牲畜不食。以种子、匍匐根和直立根茎繁殖。生长繁茂，根茎强大，可萌增大量新茎和根，与其他植物竞争生境。以种子随农林产品调运而传播。

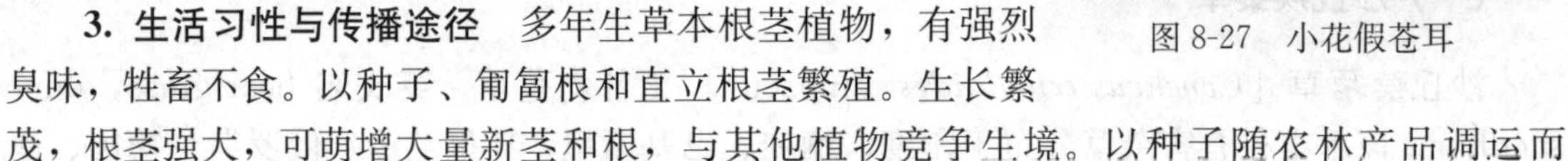

4. 检疫处理与防治方法 小花假苍耳是中俄植检植保双边协定中俄方提出的检疫性杂草。我国尚未见分布报道，应严格施行检疫和处理。

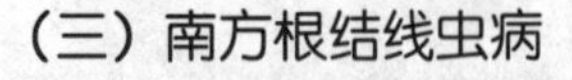

(三) 南方根结线虫病

南方根结线虫病［*Meloidogyne incongnita*（Kofold & White）Chitwood］分布于欧洲、非洲、中南美洲、北美洲及澳大利亚、加拿大、中国、印度、日本、马来西亚、俄罗斯和美国。寄主包括农作物、蔬菜、中药材及黄杨属、美人蕉属、仙人柱属、大丽花属、马蹄金属、龙血树属、卫矛属、无花果属、百合属、锦葵属、芭蕉属、齐墩果属、天竺葵属、木薯、麝香石竹、油橄榄、桑、石刁柏、扁桃、油桃、桃、石榴、葡萄等花卉与林木。

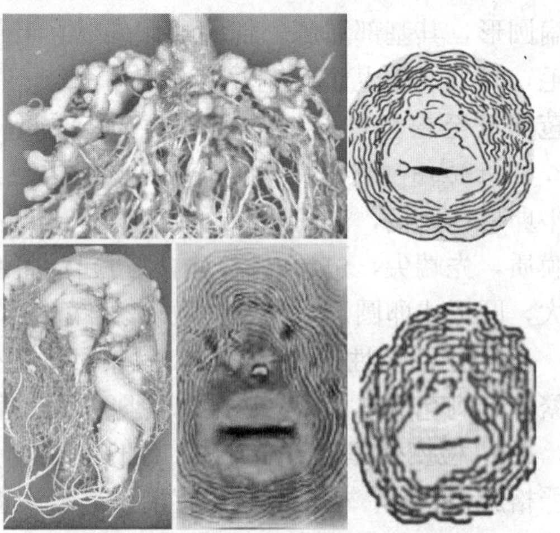

图 8-28 南方根结线虫形态及为害状

（http://plpnemweb.ucdavis.edu）

1. 为害特征（图 8-28） 南方根结线虫主要为害植物根部。受害植株叶色变淡或发黄，植株矮小，长势衰弱，干旱时萎蔫枯死（常与枯萎病株混淆）。受害根部发育不良，产生球形、圆锥形或菱形瘤状物，米粒或绿豆粒大小的串珠状根结，或较大的肿块状根结。瘤状物

初为白色，后变为灰褐至暗褐色，表面时有龟裂。

2. 病原特征　病原为垫刃目根结线虫属。雌虫会阴花纹有1个高而呈方形的背弓，尾端区1清晰的旋转纹呈平滑、波形或之字形。侧线不明显，但侧区可见断裂纹和叉形纹，该纹向阴门处弯曲。口针长15～17μm，向背部弯曲，针锥前半部呈圆柱状，后半部圆锥状，针干后部略宽，基部球前部锯齿状，在与针干结合处缢缩，或基球横向伸长，锯齿状，2球状。雄虫头冠部高，唇盘圆而大，高于中唇，侧观凹至平。头区与虫体无缢缩。头区光滑或常有2～3个不完全的环纹。口针长23～25μm，针锥顶部略宽于中部，尖端钝圆，叶片状，针干圆筒状，近基球处常变狭。基部球大而圆至卵圆形，前部常呈锯齿状，与针干接合处缢缩，口针基球与背食道腺开口间距2～4μm。

3. 生物学特性与传播途径　幼虫为移动性内寄生。雌虫固定内寄生。2龄幼虫穿刺侵入寄主植物根部，在维管束附近形成取食位点，其头区周围的寄主细胞则融合形成巨型细胞。蜕皮3次后发育为雌虫，固定于根内取食，雌虫常进行孤雌生殖。在28℃条件下，该线虫在烟草上完成一个生活史需30d；20℃时在番茄上需57～59d。该线虫可与多种镰刀菌、烟草黑胫病菌［*Phytophthora parasitia* var. *nicotinae*］、立枯丝核菌（草坪草褐斑病原）、瓜果腐霉［*Pythium aphanidermatum*（Edson）Fitz.］等相互作用，使棉花、烟草、番茄、苜蓿等植物发生复合病害，加重作物损失。该线虫可以通过土壤和寄主植物传播。

4. 检疫处理与防治方法

（1）检疫检验　南方根结线虫是中蒙植物检疫双边协定中规定的植物检疫性线虫，应严格施行检疫。检疫检验时采用浅盆法分离2龄幼虫，进行鉴定；检查根部、解剖根结，对雌虫进行形态鉴定。

（2）防治方法　芽孢杆菌等生防细菌及源于雷公藤、烟草、细辛、印楝等植物源杀线虫剂防效很好；克百威、涕灭威和甲基异柳磷、灭线磷、克线磷、克线丹等均有很好的防治效果。实行严格的轮作制度也能预防该线虫病的发生。

复习思考题

1. 熟悉检疫性病害、杂草的鉴别特征，掌握其主要传播途径及其检疫手段。

2. 以松材线虫病和板栗疫病为例，分别说明其主要生物学特性在病害发生与传播过程中的关系。检疫中应注意什么？

3. 了解几种常见检疫性病原的分子检疫技术。

参考文献

黄翠云，姚文国，周忠润，等 . 1983. 植物检疫［M］. 北京：农业出版社 .
杨旺 . 1996. 森林病理学［M］. 北京：中国林业出版社 .
商鸿生，王凤葵 . 1996. 草坪病虫害及其防治［M］. 北京：中国农业出版社 .
王淑英 . 1996. 中国森林植物检疫对象［M］. 北京：中国林业出版社 .
袁嗣令 . 1997. 中国乔灌木病害［M］. 北京：科学出版社 .
森林植物检疫编写组 . 1999. 森林植物检疫［M］. 北京：中国林业出版社 .
陈友文 . 1999. 森林植物检疫［M］. 北京：中国林业出版社 .

洪霓，高必达 .2005. 植物病害检疫学 [M]. 北京：科学出版社 .

柴希民，蒋平 .2003. 松材线虫病的发生和防治 [M]. 北京：中国农业出版社 .

杨宝君，潘宏阳，汤坚，等 .2003. 松材线虫病 [M]. 北京：中国林业出版社 .

林业部野生动物和森林植物保护司，林业部森林病虫害防治总站 .1996. 中国森林植物检疫对象 [M]. 北京：中国林业出版社 .

万方浩，郑小波，郭建英 .2005. 重要农林外来入侵物种的生物学与控制 [M]. 北京：科学出版社 .

赵经周，于文喜，等 .1995. 落叶松枯梢病国内外研究的现状 [J]. 林业科技，20 (5)：23-24.

梁英梅，张星耀，田呈明，等 .2000. 陕西省猕猴桃枝干溃疡病病原菌鉴定 [J]. 西北林学院学报，15 (1)：37-39.

孔国辉，等 .2000. 薇甘菊 [*Mikania micrantha* H. B. K.] 的形态、分类与生态资料补记 [J]. 热带亚热带植物学报，8 (2)：128-130.

昝启杰，等 .2000. 外来杂草薇甘菊的分布及危害 [J]. 生态学杂志，19 (6)：58-61.

>>> 第九章　检疫性森林动物疫病

【本章提要】 简要介绍了野生动物传染病的一般特征、流行病学原理、传播途径，重点描述了野生兽类、鸟类等野生动物常见病毒性、细菌性、衣原体与立克次氏体传染病的症状、诊断与检疫方法。

第一节　动物疫病的传染和流行

动物传染病的流行病学主要是研究传染病在动物群体中的发生、发展和流行规律，以及制定预防、控制和消灭这些疫病的对策与措施的科学。越来越多的人类疾病被证明与野生动物有关。许多人类疾病的病原体与野生动物疫病的病原体有很大的同源性，野生动物是许多人、畜共患疫病的重要宿主或传播媒介。野生动物疫病对野生动物种群、畜牧业及野生动物产业、公共卫生安全等构成了一大隐患。所以，研究并掌握动物各种传染病的流行病学是确保野生动物种群安全、维护生态平衡的需要，也是维护公共卫生安全、保障人民生命健康安全、促进经济社会可持续发展的需要。

一、动物传染病

凡由病原微生物引起、并有一定的潜伏期、临诊症状表现和传染性的疾病即传染病。动物传染病是病原微生物侵入动物机体，并在一定的部位定居、生长繁殖，引起动物机体发生一系列病理反应的结果，这个过程即传染或感染。动物传染病的共有特性及与其他非传染病的区别如下。

1. 有特异性病原物　每一种传染病都由相应的、特异性的病原微生物所引起。

2. 具有传染性和流行性　从患传染病动物体内排出的病原微生物，侵入另一有易感性的健康动物体内，能引起同样症状的疾病（传染性）。在一定时间内当条件适宜时，某一地区易感动物有许多个体被同一病原感染，致使该传染病蔓延散播并流行（流行性）。

3. 特异性反应　在病原感染某动物的过程中，动物机体受病原微生物抗原的刺激，免疫生物学发生改变，多数感病动物产生的特异性抗体和变态反应等，可用血清学等特异性反应进行检查。

4. 获得特异性免疫　在大多数情况下动物经受传染病感染并恢复后，均能产生特异性免疫，使机体在一定时间内或终生不再感染该病。

5. 特征性临诊表现 大多数传染病都具有特征性或典型的综合症状、潜伏期和病程。病原侵入动物机体后，能否引起感染和发病，与病原微生物的毒力、数量、侵入途径及动物机体的抵抗力有关。①如动物体的自身条件不适合所侵入的病原生长和繁殖，或动物机体能迅速动员防御力量将该侵入者消灭，最终不表现出可见的病理变化和临诊症状，即抗感染免疫。抗感染免疫力是机体对病原微生物侵染所表现的程度不同的抵抗力或不感受性。②当动物机体对某一病原无免疫力或抵抗力，该动物对该病原的入侵就有易感性，病原只有侵入对其有易感性的动物机体时才能引起感染过程的发生和传染。③如果侵入动物机体的病原虽能在一定部位定居、生长和繁殖，但被感染动物又不表现出任何症状，这种状态称为隐性感染。④当动物体被感染后，又在临诊上表现出了一定的症状时，即发生了传染病。

抗感染免疫、传染、隐性感染、传染病能在一定的条件下相互转化。感染过程伴随着相应的免疫反应，感染与免疫的发生、发展和结局与动物机体的状态有关。了解和掌握其转化条件，对控制和消灭畜禽传染病具有重要意义。

二、动物传染病的流行

动物传染病的流行即传染病在动物群体中由个体感染和发病扩展到群体的过程。传染病在动物群体中的蔓延和流行，必须具备传染源、传播途径和易感动物群三个条件或基本环节。这三个基本环节受自然条件及社会因素的影响，若阻断其中任何一个环节，流行即告终止。

（一）传染源

传染源也称传染来源。指体内寄居、生长、繁殖某种传染病原。该病原还能排出体外的动物机体。传染源包括受感染、患病、带菌（毒）的动物和人。传染源向体外排出病原体的整个时期称传染期。传染期时间的长短因病而异，是决定隔离传染源期限的重要依据。

1. 受感染、患病的动物 患病、带菌（毒）动物和病人是重要的传染源，包括有明显和典型症状及症状不明显和不典型的患病动物。症状明显者体内排出的病原微生物数量大、毒力强、危害更大；症状不明显者，不易被发现和重视，更加危险。

2. 病原携带者 病原携带者指体内有病原微生物寄居、生长、繁殖并能向体外排出，但无任何临诊症状表现的动物。病原携带者常有间歇性排出病原体的现象，须经反复（不能仅凭1次阴性）病原学检查结果才能得出结论。①潜伏期病原携带者，指在潜伏期即能排出病原体的动物，少数传染病如狂犬病、口蹄疫、猪瘟、新城疫等有此种情况。②恢复期病原携带者，指在症状消失后仍能排出该种传染病原体的动物。各类传染病的恢复期时间不一。急性传染病的带菌（毒）时间在3个月以内，慢性传染病的带菌（毒）则可达数月或数年。一般当临诊症状消失后，感病动物的传染性已逐步减少或已无传染性了，但如布鲁菌病、犬瘟热等在恢复期，动物体内还残留有病原体，并能排出和传染其他动物。③健康病原携带者，指过去没有患过某种传染病，但却能排出该传染病原体的动物。这多是隐性感染的结果、携带时间常短暂、常只能靠实验方法检出病原。健康机体携带巴氏杆菌、沙门氏杆菌、大肠杆菌等病原者众多，当机体在不良条件下抵抗力降低时，可导致病原体大量繁殖和毒力增强而引起携菌者发病，发病动物则向体外排出大量病原，感染其他动物。

3. 人畜共患病中的病人　如患结核病、布鲁菌病、钩端螺旋体病等人畜共患传染病的病人，可通过不同方式排出病原体，感染动物。传染病性质与病原体存在部位不同，其排出途径也不同。排出途径包括患病的人与畜禽排出体外的粪便、尿液、鼻液、唾液、眼结膜分泌物、阴道分泌物、精液、乳汁、皮肤溃疡分泌物、脓汁等分泌物、排泄物。败血性传染病（如急性败血型的猪瘟、猪链球菌病、禽霍乱等）病原体广泛分布于患病动物体内各组织器官，可随所有分泌物、排泄物排出。

（二）传播途径

病原体从传染源排出后，再侵入其他易感动物的途径称传播途径。若能切断其传播途径，即可终止动物传染病的流行过程。

1. 水平传播　传染病在动物个体或群体之间的蔓延扩散称水平传播。水平传播包括直接接触传播和间接接触传播。

（1）直接接触传播　在没有任何外界因素的参与下，感病与易感动物直接接触（如舐咬、交配等）所引起的病原体传播称直接接触传播。以直接接触传播为主或唯一途径的传染病很少。这种传播方式使疾病的扩散受到限制，一般不易造成大规模流行，如狂犬病。

（2）间接接触传播　在外界因素参与下，病原体通过传播媒介使易感动物发生感染的传播称间接接触传播。能将病原体传播至易感动物的各种外界环境因素即传播媒介。大多数畜禽传染病如口蹄疫、猪瘟、鸡新城疫均以间接接触为主进行传播（也直接接触传播）。同时，具有直接接触和间接接触传播的传染病称接触性传染病，如猪瘟、鸡新城疫、兔病毒性出血症等。间接接触传播包括四种情况：①以消化道为主要侵入门户的传染病传播媒介主要是饲料、饮水。易感动物因采食被病原体污染的饲料、饮水而感染。②空气传播。即以呼吸道为主要侵入门户的传染病主要以空气为传播媒介。当患病动物咳嗽、喷嚏或鸣叫时，喷出带有病原体的飞沫微粒悬浮在空气中，被易感动物吸入而引起的传染称飞沫传染；病原体随患病动物的分泌物、排泄物或尸体在外界环境中干燥后，再随尘土飞扬被易感动物吸入而引起的传染称尘埃传染。③土壤污染引起的传播。患病动物排出的部分病原微生物或能在土壤中长期存活或形成芽孢而长期存活于土壤中，当易感动物在这种被病原污染的土壤环境中生活时就可能感染而发病。④用具污染引起的传播。如有的传染病可经过病原体污染的刷拭用具、挽具、鞍具、圈舍、诊疗器械等传播。

（3）活体媒介传播　间接接触传播中的活体媒介包括昆虫、啮齿动物、非易感动物和人。①昆虫。主要是虻类、螯蝇、蚊、蠓和蜱等。它们主要通过在患病动物与健康动物之间吸血而传播病原体。如家蝇可携带病原而传播疾病；虻类、螯蝇可传播炭疽、气肿疽、马传染性贫血等；蚊能传播猪丹毒、各种脑炎、禽痘等；家蝇则常传播消化道传染病。②鼠类。通过污染饲料和饮水，频繁地与病健动物相接触而传播多种疫病。如鼠疫、土拉杆菌病、伪狂犬病及口蹄疫、猪瘟等。③饲养及兽医工作人员、与动物接触的其他人员，既可以成为传染源，又可携带病原体而传播疾病。

2. 垂直传播　传染病从动物母体传播给下一代的传播称垂直传播。①经胎盘传播。即怀孕动物经胎盘血流将病原体传播给胎儿使其受感染。如猪瘟、猪细小病毒感染、牛黏膜病、蓝舌病、伪狂犬病、布氏杆菌病、钩端螺旋体病等。②经蛋传播。即受感染的母禽经受精蛋将病原体传播给下一代。有的病原体在蛋壳膜形成之前已进入禽蛋，有的则是在禽蛋经过泄殖腔时附于蛋壳，由蛋壳上的小孔进入蛋内，感染胚胎或雏禽。

（三）动物的易感性

易感性即动物对某种传染病病原体入侵所表现出的不免疫或不抵抗性。易感性高表示某动物容易接受某种传染病的感染而发病；易感性低则表示其不易接受该种传染病的感染而发病。不同动物对不同病原表现的易感性有差别。易感性与动物机体的遗传特征、特异免疫状态有关。外界环境条件既对病原体的传播、也对动物的易感性有影响。

1. 动物的内在因素 不同种类、同一种类中不同品系的动物对同一病原体的易感性不同。这是由其遗传性决定的。不同年龄的动物对同一种病原体的易感性也不一致。如幼龄动物的抵抗力较低、对传染病的易感性比老龄动物高。

2. 动物的外界因素 多种外界因素如季节、气候、饲养管理情况、卫生防疫措施等都与传染病的发生有很大关系，也直接影响动物的易感性。

3. 动物的特异性免疫状态 动物对某种传染病的特异性免疫力的强弱，是直接影响动物易感性的重要因素。在一个动物群中，如果有70%～80%的个体对某种传染病有特异性免疫力，该种传染病不会暴发和流行。

三、疫源地和自然疫源地

在动物疫病分布区当中，疫源地和自然疫源地是不同的概念，也不同于植物检疫中的疫区和保护区。其主要特点如下。

（一）疫源地

传染源及其排出的病原体存在的地区称疫源地。传染源仅指体内带有病原体并能排出病原体的动物。疫源地包括传染源、被污染的物体、畜禽圈舍、牧地、活动场所、被感染的动物和储存宿主等。疫源地具有向外传播病原的条件，对周围地区的安全构成了威胁。查明疫源地的大小对于家养和野生动物的防疫很有必要。但疫源地范围取决于传染源的分布和传染源的污染范围。

1. 疫点 疫点指较小的疫源地，如病畜（禽）的圈舍、场院、草场、牧地及饮水点等。

2. 疫区 由许多相互连接的疫源地所组成的某种传染病流行的地区。其范围除病畜所在畜牧场、自然村外，还包括病畜（禽）发病前后所经过的场所。疫点和疫区的划分是相对而不是绝对的，如有时将几个比较孤立的畜牧场或自然村称为疫点。

3. 受威胁区 邻近疫区的地区称受威胁区。疫区内的传染病随时都有可能蔓延、扩散到该地区。

当畜禽发生传染病时，应根据实际情况划定疫点、疫区，以便及时采取措施给予扑灭，防止其蔓延和扩散。

（二）自然疫源地

自然疫源性疾病所在的地区称自然疫源地。自然疫源性疾病多发生于某些人迹罕至的地区，如原始森林、沙漠、深山、荒岛等。某些传染病不依赖人类和家畜而一直在野生动物中

流行，其传播媒介主要是节肢动物如蜱、螨、蚊、蠓、蚤等。这类疾病称自然疫源性疾病。

当人、畜因开荒或从事野外作业等活动闯进这些生态系统时，在一定条件下可能使人、畜感染而发病。如常见的狂犬病、伪狂犬病、犬瘟热、森林脑炎、流行性出血热、鼠疫、钩端螺旋体病、蜱传回归热等。

四、影响流行过程的因素

自然因素和社会因素对传染源、传播途径和易感动物的影响，可促进或抑制传染病的发生及流行过程。

1. 自然因素对流行过程的影响　温度、阳光、雨量、地形、地理环境等因素，以不同方式作用于传染源、传播媒介和易感动物后，影响传染病的发生及发展，使传染病表现出季节性和地区性。如夏、秋季节蚊蝇滋生，容易发生以吸血昆虫为媒介的动物传染病；冬季由于气候寒冷，容易使动物呼吸道黏膜的屏障作用下降，有利呼吸道传染病的发生及流行。此外，一定的地形、地理条件，如河流、高山常可成为天然的隔离屏障，限制传染病的扩散流行。

2. 社会因素对流行过程的影响　社会制度、生产力、经济、文化、科学技术水平、法规的贯彻执行程度等社会因素，可促进或消灭和控制动物疫病的流行。动物及其所处环境除受自然因素影响外，在很大程度上受人类社会、生产活动的影响，而人的作用决定于社会制度和科学技术水平等。

严格执行兽医法规和防治措施是控制和消灭动物传染病的重要保证。动物医学人员对动物传染病的控制和消灭有义不容辞的职责，有关部门应赋予动物医学人员明确的权限，建立健全相应的执法监察机构。我国对野生动物疫病的防疫还没有相应的规章制度，致使该项工作无章可循，而野生动物疫病常是家养动物疫病的传染源，制定和颁布有关防治野生动物传染病的规程，对控制和消灭野生动物的各种传染病很有必要。

第二节　检疫性兽类动物疫病

按照病原类型区分，检疫性兽类动物疫病包括病毒性传染病和细菌性传染病两类。其症状、诊断、检疫检验技术如下。

一、病毒性传染病

检疫性动物病毒疫病包括口蹄疫、非洲猪瘟、猪瘟、牛瘟、蓝舌病、狂犬病、犬瘟热、黄热病。重要的森林动物检疫性病毒传染病如下。

（一）口蹄疫

口蹄疫［Foot and mouth disease virus（FMDV）］是一种人、畜及非偶蹄动物共患病，具有重要的公共卫生意义。广泛分布于欧洲、非洲、南美洲和亚洲。但北美洲和澳洲还未见分布报道。口蹄疫病毒隶属微核糖核酸病毒科口蹄疫病毒属。FMDV 不耐高温和阳光直射，对酸碱敏感，对石炭酸、乙醇、乙醚、氯仿等有机溶剂类消毒剂不敏感，低温有利病毒保存。偶蹄动物患病后多呈急性、热性、高度接触性传染，发病率几乎达100%，口、蹄、舌、唇、鼻、乳房等部位发生水疱破溃形成烂斑，死亡率2%～5%，犊牛和仔猪以及重病型的死亡率可达50%～70%。该病被世界动物卫生组织（OIE）列为A类家畜传染病之首。由其导致的主要损失并非动物死亡，而是患病期间和康复后动物的生产能力和动物产品质量的降低，流行区易感动物及其产品被禁售，发病动物及其接触动物被强制捕杀，动物及动物产品出口受阻，及疫情处理等间接损失十分巨大，严重影响畜牧业的发展，甚至造成毁灭性打击。

1. 流行病学 口蹄疫能侵害多种动物，但以偶蹄兽最为易感。家畜对口蹄疫最易感的是黄牛和牦牛，犏牛及水牛次之。骆驼、绵羊、山羊、猪又次之。自然感染本病的野生动物包括野牛、瘤牛、野生犁牛、美洲野牛、犀牛、非洲羚羊、非洲大羚羊、印度大羚羊、杂色羚羊、黑色羚羊、欧洲小羚羊、大角山羊、大纰角鹿、南美小鹿、印度小鹿、欧洲小鹿、美洲鹿、梅花鹿、白尾鹿、长颈鹿、驼鹿、驯鹿、狍、马鹿、羌鹿、獐、瞪羚、野猪、南非野猪、亚洲野猪、豪猪、欧洲豪猪、东非豪猪、西猫、栗色骆马、羊驼、驼马、九带犰狳、鼹鼠、灰松鼠、印度松鼠、金色仓鼠、田鼠、东非鼹鼠、非南田鼠、棕色鼠、南非水老鼠、河鼠、粟鼠、大袋鼠、小袋鼠、欧洲兔、蹄兔、非洲象、印度象、灰熊、亚洲黑熊、袋熊等。豚鼠、小鼠、仓鼠、犬、猫、家禽、人等都可感染。

该病传播快，具跳跃式传播特点。在牧群和密集饲养群中直接接触传播最为常见。群与群、不同地域之间常以间接接触传播。患病动物的分泌物、排泄物、动物产品以及被污染的饲草、饲料、水源、用具、车船、人流、飞鸟、气流等都是重要的传播媒介。初发病的动物及患病动物是重要的传染源。此时虽然排毒量少，但不易被发觉。发病后期动物的排毒量最大，传染性最强。恢复期排毒量逐渐减少，康复动物还可带毒，但带毒时间一般为2～3个月，牛最长可达2年。另外，一些牛、羊和野生偶蹄动物可隐性带毒或持续性感染，形成重要的传染源。

本病流行异常迅速，没有严格的季节性。但由于气温、日光等对FMDV的生存有影响，所以冬、春、秋多发，夏季少发，而密集饲养时发病规律则无季节性。由于康复动物和免疫状态的变化，口蹄疫的流行呈周期性。在疫区一般每隔1～2年或3～5年暴发流行1次。

2. 临床症状与病理变化 由于动物的易感性、病毒毒力和数量不同，其潜伏期和病状也不相同。

(1) 牛 潜伏期2～4d。体温升高达40～41℃，精神委顿、流涎，在唇内面、齿龈、舌面和颊部黏膜发生蚕豆至核桃大的水疱，采食反刍停止；24h后水疱破裂形成浅表性红色糜烂，体温降至正常，糜烂逐渐愈合，全身症状逐渐好转，如有细菌感染则发生溃疡。在口腔生疱时，趾间、蹄冠见红肿、疼痛，迅速发疱，并很快破溃，然后逐渐愈合。乳头皮肤有时也可出现水疱，很快破裂形成烂斑，泌乳量显著减少。本病一般经一周即可痊愈，如果蹄部出现病变，病期可延至2～3周或更久。病死率一般不超过1%～3%。但恶性（病毒侵害心肌）的病死率可高达20%～50%。哺乳犊牛患病时主要表现为出血性肠炎和心肌麻痹，水疱症状不明显，死亡率很高。

(2) 羊 潜伏期约7d，感染率较低，症状比牛稍轻，山羊多见口腔呈弥漫性口膜炎，水疱发生于硬腭和舌面，羔羊有时有出血性胃肠炎，常因心肌炎而死亡。

（3）猪　潜伏期1～2d。病猪生蹄疱、跛行。病初体温升高至40～41℃，精神不振，食欲减少或废绝。口黏膜（包括舌、唇、齿龈）形成小水疱或糜烂，蹄冠、蹄叉、蹄踵等见局部发红、微热、敏感等状，不久逐渐形成米粒或蚕豆大的水疱。水疱破裂后表面出血，形成糜烂和溃疡。如无细菌感染，约一周即痊愈，病变处覆盖黑棕色的痂块。解剖可见真胃和小肠黏膜出血性炎症，心包膜出血，心肌松软，切面见灰白或淡黄色斑点或条纹形成的“虎斑心”。豪猪与野猪的症状与家猪相似，病变主要在蹄部和小腿，患病豪猪腿部几乎不能活动，颊部有时也见病变。

（4）骆驼　壮龄驼发病较少，老、弱、幼者发病较多。症状与牛大致相同。人工感染后48h口腔见病变，72～96h后蹄部见病变，体温升高40～40.6℃，食欲消失，反刍停止，致死率60%～80%。

（5）鹿　病鹿具有与牛相同的临床症状，体温升高至40～40.6℃，并可持续6～8d。口腔内散布水疱，很快破裂形成糜烂，大量流涎。

3. 诊断与检疫技术　根据特征性的临床症状、流行病学和病理变化进行初步诊断。然后进行实验室毒型鉴定和诊断，并与水疱性口炎、猪水疱性疹、猪水疱病等甄别。①取水疱皮和水疱液常规处理，接种BHK21、IBRS2等细胞培养，以电子显微镜、血清学试验、分子生物学试验、动物回归试验等鉴定病毒。②血清学试验有病毒中和试验（VN）、酶联免疫吸附试验（ELISA）、补体结合试验（CF）、VIA琼脂扩散试验、荧光抗体技术、正向间接血凝试验和反向间接血凝试验等。在国际贸易中OIE推荐的诊断方法是ELISA和VN、其替代方法是CF。③分子生物学方法主要是可直接检测病毒的RT-PCR技术；如要取水疱皮等病料，常规处理后接种乳鼠或豚鼠，以观察其症状和病变，必须有可靠的防止病原扩散的试验条件。④如确诊或发现染疫动物，应立即禁运、禁售，强制捕杀，深埋发病动物及与其接触的动物。

（二）非洲猪瘟

非洲猪瘟［African swine fever virus（ASFV）］原发于非洲大陆，以撒哈拉以南各国家最为严重。1957年以后逐步扩散至西欧的法国、西班牙、马耳他、比利时、葡萄牙以及意大利的南部，拉美的巴西、古巴、海地和多米尼加等国。我国尚无本病。由非洲猪瘟病毒ASFV所引起。ASFV具有很强的生存能力和多种储藏宿主及生物媒介，对酸碱和干燥不敏感，对脂溶剂敏感；在冷冻肉中可存活数月，在4℃的分泌物、血液中可存活1.5年，在土壤中能存活3个月。

本病具有急性和高致死性，一旦传入猪群致死率可达100%。其临床症状和病理变化与猪瘟很相似，表现为发热、皮肤发绀和内脏器官广泛性出血。由于缺乏有效疫苗进行预防，该病对养猪业的危害和威胁异常严重，是各国进出口重点检疫的动物疫病之一。

1. 流行病学　非洲当地的疣猪、野猪和森林猪既感染患病，也是该病毒的储主，野猪中的储主及白纯缘蜱［*Ornithodorus moubata* Murray］是该病毒传至家猪的重要传播方式。感病家猪可经鼻咽分泌物及排泄物长时间排毒，并经口、鼻途径直接接触扩大传染。间接传播途径包括含毒肉制品、厨房废料、未曾适当销毁病猪及其尸体、屠宰下脚料、未经足够消毒的猪舍、被污染的用具和交通工具或猪虱等，康复后的家猪是无限期的带毒者和传染源。

本病的流行无季节性、无品种和年龄差异。在老疫区多呈局部性流行，在新疫区多呈暴发性，病程急、发病率和病死率很高，家猪感染有毒株后几乎全部死亡。

2. 临床症状与病理变化 自然感染潜伏期4～9d（最长19d）、人工感染2～5d。临床症状和与经典猪瘟相似。在流行初期和新疫区多为急性，病猪表现沉郁、食欲废绝，体温持续4d高达40～42℃，尔后逐渐降低，白细胞减少，耳、鼻、四肢和腹部点状出血或发绀，时见咳嗽、呼吸困难、后躯麻痹、呕吐、腹泻等症状，死亡率80%～100%。亚急性病例主要表现为呼吸道症状、怀孕母猪流产、死亡率较低，康复猪增多，但多带毒而成为传染源。慢性和隐性病例多为急性感染的幸存者，主要表现为肺炎、心包炎和关节炎，发育迟缓，逐渐消瘦，多成为僵猪。

剖检病变与猪瘟相似。急性病例者皮肤和内脏器官广泛性出血，心、肺、淋巴结、肾皮质、膀胱黏膜等均可见出血点，脾脏黑变、肿大，但少见梗死。显微观察淋巴组织变性显著，常见星形细胞坏死。亚急性病例者主要是脾和淋巴结肿大、肺充血肿大、心包积水，胸腹腔有浆液性出血性渗出物，网状内皮细胞增生。慢性病例者常见纤维素性心包炎和胸膜炎，部分肺干酪样坏疽和钙化，淋巴细胞和单核细胞浸润、肺小叶间质增宽。

3. 诊断与检疫技术 根据临床症状、流行病学和病理变化诊断后，使用特征性检疫检验方法、与其他出血性疾病及古典猪瘟病相区别。①严禁从疫区国引进家养和野生猪。②对可疑者，采集病料后，可用Vero、BHK21、PK15等细胞系培养、分离病毒，用常规病毒学方法鉴定或用红细胞吸附试验和猪体接种试验，但应在指定的有一定生物安全级别的实验室进行，保证不会导致该病毒扩散。③使用免疫荧光抗体试验（IFA）、酶联免疫吸附试验（ELISA）、琼脂免疫扩散试验（AGP）、免疫印迹（IB）等血清学鉴定技术。但OIE指定的方法是ELISA、其替代方法是IFA。④使用PCR技术检测ASFV的基因组。该方便快速、灵敏、特异，特别适合不能进行病毒分离和血清学检测的实验室应用。⑤如确诊检疫对象携带该病后，应立即就地禁运、禁售、强制捕杀、深埋或烧毁，并对储放场地、接触人员及用具严格、多次消毒。

（三）狂犬病

狂犬病［Rabies virus（RV）］又称恐水病、疯狗病。本病属于广泛分布于全世界的自然疫源性、人畜共患传染病，具有重要的公共卫生意义。多数发达国家已消灭或控制了该病。现主要流行于亚洲、非洲和拉丁美洲等发展中国家。我国是世界上狂犬病流行比较严重的国家，每年有数千人感染。该病由弹状病毒科的狂犬病病毒所引起。临诊特征是神经兴奋和意识障碍，继之局部或全身麻痹而死。

1. 流行病学 该病是人类最古老的疾病之一，可感染所有的温血类包括鸟类在内的脊椎动物。本病的传播与野生动物有关。野生动物是长期隐匿带毒者，是自然界中传播狂犬病病毒的贮存宿主。但多数国家狗是主要的贮存宿主，北极地区以北极狐为主要贮存宿主，在森林地区狐类为主要储存宿主。本病的易感性无年龄的差异，动物种类之间有差异。易感性顺序大致为狐狸、大白鼠、棉鼠＞猫、地鼠、豚鼠、兔、牛＞犬、貉、狼＞羊、山羊、马、鹿、猴。

2. 临床症状与病理变化 感病动物主要表现神经症状。如狗感染后狂躁不安，到处奔走，行为凶猛，常咬伤人，最后麻痹而死，但很少恐水。牛、羊、猪等感染后同样狂躁不安、撕咬周围物体、磨牙、流涎，最后因麻痹而死。人被感染后潜伏期通常1～2个月或更

长，出现焦躁不安、头痛、感觉过敏、流涎、畏光和声、恐水，最后麻痹而死。

病理变化主要是非化脓性脑脊髓炎，脑血管周围有淋巴细胞浸润，炎症病变主要发生在脑桥、延脑、脑干前部和丘脑；在中枢神经系统特别是海马回、大脑皮层和延脑，呈现不同程度的神经元变性和坏死，神经元内出现 Negri 小体，即神经元胞浆内嗜酸性包涵体。该小体最易发现于海马回的锥体细胞内。

3. 诊断与检疫技术　该病无特征性临床症状和剖检病变。检疫诊断必须依靠实验室试验。①对疑死动物的病原鉴定，取脑组织特别是小脑底部、海马角、延髓等，直接涂片染色后检测 Negri 氏小体，或进行唯一组织学特异性方法即免疫组化试验，或进行 OIE 共同推荐的荧光抗体试验，可直接涂片检测是否存在中狂犬病抗原，或采用验动物接种和细胞培养及 ELISA 方法进行检测。②血清学试验检测方法包括 OIE 指定的细胞培养病毒与荧光抗体病毒中和试验及测定狂犬病病毒中和抗体的速荧光斑点抑制试验（RF-FIT），也可使用鼠病毒中和试验。③确诊后，立即深埋或焚毁病死动物，隔离、诊治、观察接触人员与其他动物，污染物及场所要严格消毒。

（四）犬瘟热

犬瘟热［Canine distemper virus（CDV）］分布于全世界。广泛见于毛皮兽饲养国。我国也时有发生。由副黏病毒科麻疹病毒属的犬瘟热病毒所引起。该病毒抵抗力不强，2～4℃可存活数周，室温只存活数天，50～60℃保持 1h 即被灭活，对碱性消毒药、乙醚、氯仿敏感，日光直射 14h 即可杀灭。犬瘟热是犬和毛皮动物的急性、热性、高度接触性传染病，发病率高，临床症状多样，易继发其他细菌、病毒的混合感染和二次感染，死亡率可高达 80%～100%，对宠物、经济动物、观赏动物养殖危害最大。

1. 流行病学　实验感染可使鸡胚、雪貂、乳鼠、犬、小熊猫、金猫、猞猁、熊、狼等发病，以雪貂最为敏感。传染源主要是病犬、带毒犬及其他带毒动物。病毒存在肝、脾、肺、脑、肾和淋巴结等多种器官与组织中，通过眼泪、鼻汁、唾液、尿液以及呼出空气等排出病毒。病犬临床恢复后，可长时间地向外界排毒。呼吸道是主要的传播途径，其次是消化道，也可经眼结膜、阴道、直肠黏膜感染本病。本病一年四季均可散发，局部性流行或暴发，8～10 月为主要流行季节。患病不分年龄和性别，但以 2～5 月龄幼犬发病率最高。

2. 临床症状与病理变化　初病犬的鼻镜干燥、眼和鼻流出水样分泌物，食欲差、无力，体温持续 3～4d 升高至 39.5～41℃，尔后体温下降并有食欲；数天后体温再次升高，眼结膜、鼻腔见黏性或脓性分泌物，咳嗽、呼吸音粗历、干呕、食欲下降，或见角膜炎或角膜溃疡；随后少数病犬鼻端、足垫高度角质化。神经性犬瘟热的病犬则步态不稳、阵发性抽搐。早期解剖病犬，仅见胸腺萎缩、胶样浸润，脾脏、扁桃体等脏器中淋巴细胞减少。若发生细菌继发感染，可见病犬具化脓性鼻炎、结膜炎、支气管肺炎或化脓性肺炎，消化道则可见卡他性乃至出血性肠炎。

3. 诊断与检疫技术　检疫检验时应先进行病毒的分离与鉴定，确诊后进行处理。病毒鉴定可采用免疫荧光技术、免疫过氧化物酶法、ELISA、PCR 等方法。处理方法见狂犬病。

（五）黄热病

黄热病［Yellow fever virus（YFV）］由披盖病毒科黄病毒属的黄热病毒引起。1648 年流行于南美的墨西哥的尤卡坦半岛。1793 年流行于美国费城，导致该市1/5 人口死亡，现分布于美国及南美诸国。该病是人和灵长类动物的急性传染病，以高热、黄疸、呕吐及出血性病变为主要临床特征。当传播媒介为埃及伊蚊时即为城市黄热病，当传播媒介为其他蚊子时即为丛林黄热病。

1. 流行病学 人和灵长类包括猴、黑猩猩、狒狒等对黄热病均易感；蝙蝠、野猫和刺猬等也感染该病。该病有丛林型和城市型两种不同的流行病学类型。但黄热病毒均通过蚊类为媒介而繁殖和传播。当在森林中受感染的人将病毒带回城市后，即成为埃及伊蚊的感染源，从而开始城市黄热的流行。在理论上，城市型也能在森林中转化为丛林型，但实际甚少发生。

2. 临床症状与病理变化 猴和人临床症状相似。病毒由皮肤侵入，局部扩散使淋巴结增生；进入血液后随血流定位于肝、脾、肾、骨髓及淋巴结内，进行二次增生，使脏器受损，造成坏死性病变。潜伏期 3～6d 后，突然发热和沉郁、头痛、恶心、呕吐和肌肉酸痛，脉搏和体温不平行，发病 3～6d 开始恢复或因中毒重新发热，并出现心动徐缓。

3. 诊断与检疫技术 确诊借助于病毒的分离、特异性抗体检测及肝脏组织学检测。分离病毒的病料可使用初患病动物的血液或尸体的肝脏乳剂，尔后使用血清学试验检测 YFV 抗体。该抗体对 YFV 野毒株、蚊虫的传代细胞系很敏感。处理方法见狂犬病，但应立即消灭场所内的所有蚊虫。

二、细菌性传染病

检疫性动物细菌性传染疫病包括鼠疫、炭疽、结核病、野兔热、布鲁菌病等。重要的森林动物细菌性疫病如下。

(一) 鼠疫

鼠疫（plague）原发于啮齿动物，是能在人群中流行的烈性传染病，传播速度快，死亡率高，是人类历史上的头号瘟疫。公元 502—565 年、14～17 世纪、1894 年至 20 世纪中叶曾暴发。在我国流行的历史也很长。本病由耶森氏菌属的鼠疫耶森菌（鼠疫杆菌）[*Yersinia pestis*（Lehmann et Neumann）van Loghem] 引起。属人鼠共患的自然疫源性疾病。由蚤类传播。主要感染鼠和人。

1. 流行病学 易感的野生动物包括如黄鼠、林鼠、土拨鼠、旱獭、田鼠等鼠类，猴、骆驼、猫、犬、兔、猪、羊等也有不同程度感受性。本病可由人和啮齿动物的飞沫、蚤吸人血而传播。鼠类是鼠疫病原的主要保存宿主，冬眠的鼠类携带鼠疫菌过冬后，第二年春出蛰交尾时，即引起传播和扩散，鼠疫即在野鼠间流行，再经家、野两栖鼠类传播，借蚤的吸血将鼠疫杆菌传染给人，染疫病人则成为人群患病的重要传染源，造成鼠疫在人群的流行。鼠疫杆菌的毒力强，人群对鼠疫普遍易感，没有种族及性别和年龄之分，微量鼠疫杆菌的感染即可引起发病，只有经过预防接种或者感病康复后的人才具有一定的免疫力。

鼠疫的疫区有家鼠型和野鼠型两类。但流行区与宿主动物的分布区相一致。流行季节与鼠类活动和鼠蚤繁殖有关。南方多始于春而终于夏，北方则多起于夏秋而延及冬季。肺鼠疫则冬季为多。在人群中因职业不同，接触机会各异，发病情况则不一。如从事狩猎、屠宰、

割草等职业者，接触保菌鼠的机会多，发病机会则较多。

2. 临床症状与病理变化　临床上多表现为腺型、肺型及二者继发的败血型三种。这三种均伴随严重的毒血、出血症状，及高热、寒战或寒意、剧烈头痛和全身酸痛。患病动物消瘦、被毛无光泽、毛内跳蚤较多、对外界反应迟钝。野生啮齿动物多见急性出血性败血症，血管严重充血、皮下组织水肿、内脏器官出血、脾肿大、部分淋巴结肿大，但内脏器官常无明显组织学变化。

3. 诊断与检疫技术　鼠疫的鉴别和诊断，依据病理变化、病原检查和血清学反应。①病原检查包括涂片镜检、细菌分离、生化试验、噬菌体裂解试验和动物试验。②常用的血清学反应包括间接血球凝集试验、放射免疫试验和酶联免疫吸附试验等。③确诊后，应立即处理患病动物，隔离与患病动物接触的其他动物，对接触过的人，注射免疫药剂或隔离诊治，用杀虫剂、杀鼠剂消灭处置场所的所有跳蚤和鼠类。

（二）炭疽

炭疽病（anthrax）遍及全世界。自然发病区域主要分布在热带和亚热带。病原为炭疽杆菌［*Bacillus anthracis* Sterne］。该菌对外界理化因素的抵抗力不强，但芽孢的抵抗力很强，在干燥条件下可存活50年以上。炭疽杆菌芽孢可作为生物武器，因而具有重要的公共卫生意义。

炭疽是野生动物、家畜和人共患的急性、热性、败血性传染病。人染病后引起皮肤、肺和肠炭疽。感病动物死后可见天然孔出血，凝血不全，脾脏显著肿大、血液凝固不良、皮下和浆膜下有出血性胶样浸润。凡病畜尸体排出的炭疽杆菌能形成芽孢，当地土壤及温度适合该菌继续繁殖，常为该病的自然疫源地。

1. 流行病学　本病原是土壤细菌之一种，几乎不能直接传播。芽孢在该病的传播上起主要作用，作为生物武器的剂型就是将其芽孢附着在如羽毛、树叶、昆虫、滑石粉等载体上尔后进行大面积撒播。

本菌主要感染草食动物，包括人在内的哺乳动物及某些鸟类也可感病。家养及野生牛、绵羊、马、驴、鹿、象、野牛、羚羊等最敏感，死亡率很高。家畜中的犬、猫和猪抵抗力较其他动物强，野生银黑狐和北极狐不易感。人和动物直接与炭疽芽孢污染的环境如空气、水、食物、土壤等接触后，通过皮肤、呼吸道、消化道感染。野生动物主要是经口感染，其次是昆虫叮咬经皮肤感染。夏、秋季节雨水较多，吸血昆虫活跃，容易造成本病的发生与传播。

2. 临床症状与病理变化　该病由外毒素所致。表现为最急性、急性、亚急性和较少发生的慢性型。最急性型常无任何临床症状而突然死亡。急性型的主要症状为体温升高、呼吸困难、黏膜发绀，并有出血小点，濒死期天然孔出血。病理变化包括尸僵不全、血液凝固不良、内脏黏膜出血、淋巴结与脾脏肿大等。亚急性型的主要症状为进行性发热、精神不振、厌食、虚弱，最后衰竭而死，皮肤或口腔黏膜上出现炭疽痈。慢性型表现为局灶性肿胀、发热、淋巴结肿大等。

3. 诊断与检疫技术　采集皮肤炭疽病灶的脓液、渗出物、肺炭疽的痰液、肠炭疽的粪便等进行微生物诊断。①常规的诊断包括涂片染色镜检、细菌分离培养、动物攻毒试验等方法。②辅助诊断包括Ascoli氏反应、青霉素抑制试验和青霉素串珠试验、噬菌体裂解试验、琼脂扩散试验、间接血凝试验和ELISA等。③当发生疑似炭疽时，最好不要进行尸体解剖，以防止芽孢污染环境，应依法将感染动物的尸体、污染的土壤和垫料等进行焚烧处理。

（三）结核病

结核病（tuberculosis）分布于全世界。由结核分枝杆菌［*Mycobacterium tuberculosis*（Zopf）Lehmannet Neumann］所引起，是野生动物、家畜、家禽和人的一种慢性传染病。人、畜禽感染后发病率均较高，在畜牧业和公共卫生上有重要意义。因自然宿主的不同，结核分枝杆菌包括结合分枝杆菌、牛分枝杆菌和禽分枝杆菌。灵长目动物对牛分枝杆菌、结合分枝杆菌和禽分枝杆菌均易感，但以感染禽分枝杆菌较多见；非灵长目的野生动物以感染牛分枝杆菌较多，哺乳类野生动物均可感染牛分枝杆菌、结合分枝杆菌和禽分枝杆菌。

1. 流行病学　主要引起人、牛和家禽、家畜、野生动物的结核病。易感的野生动物有灵长目动物、象、长颈鹿、食肉猫科的狮子、虎、豹、野鼠、田鼠、犬，野禽类中有鸽、鹤、啄木鸟、鹦鹉、燕雀类、麻雀、野鸭、乌鸦、猫头鹰等。该病可在不同动物间传播，在畜群中长期流行，仅靠淘汰患病动物难以控制。天然状态下的野生动物很少患病，但是，当其接触家畜、家禽、人，并与家畜混食时，则易患病。

本菌主要通过呼吸道进入肺泡，被巨噬细胞吞噬后形成病灶。病灶被免疫细胞包围，形成结核结节。免疫功能低下时结节破溃，细菌随痰液排出成为新的传染源，随飞沫、尘埃等进入其他动物呼吸道。

2. 临床症状与病理变化　野生动物的结核病症状因种类的不同而有差别。病牛的特征是多种组织器官形成结节性肉芽肿、慢性消瘦，最后结核呈干酪样坏死、结节钙化，淋巴结易发生感染、出现脓肿灶。人感染后常在肺泡内形成增生性结节，然后酪样坏死，最后钙化而痊愈。禽结核病的主要症状是肠壁溃疡，并逐渐扩大，肝脏和脾脏有干酪样坏死。

3. 诊断与检疫技术　检疫诊断包括病原鉴定、血清学试验和结核菌素试验。①取结核结节直接涂片，经抗酸性染色后镜检，或接种罗杰氏培养基培养（周期较长），或接种实验动物如豚鼠进行病原鉴定。②ELISA是较好的检测特异性抗体的血清学方法。③国际贸易中OIE指定的方法为结核菌素试验，即通过皮内注射结核菌素纯化蛋白衍生物（PPD），观察注射部位的肿胀程度以判定是否感染。④确诊后处理方法见炭疽病。但对有价值的动物可用药物进行治疗。

（四）野兔热

野兔热（tularemia）又名土拉伦斯病。分布于北半球多数国家和地区。我国黑龙江、青海、新疆、内蒙古、云南等地均有发生。本病由盐杆菌科，弗氏菌属的土拉热弗朗西斯杆菌［*Francisella tularensis*（McCoy et Chapin）Dorofeev］所引起。属自然疫源性、多种动物和人类共患疾病。

1. 流行病学　最易感的为野兔和啮齿动物。家兔［*Lepus* spp.］、家畜和人也感病。易感及带菌野生动物为黑尾鹿、欧洲野猪、草原狼、欧洲野兔、美洲野兔、林鼠、小家鼠、黑线姬鼠、林姬鼠、花鼠属、黄鼠属、松鼠等。本病的传播途径复杂，节肢动物通过吸血，健康动物和人与病原菌、传染源接触都可造成传染和传播。患病及带菌的野生啮齿动物如田鼠、家鼠、野兔等，是家兔、家畜和人类的传染源，带菌畜禽及其污染的水、食物、粪便也

是传染源。

本病一年四季均可发生。在自然界主要流行于野兔和啮齿动物当中。春末和夏、秋季体外寄生虫繁殖最盛时发病多。在自然疫源地，病原体、传播媒介和易感动物构成了复杂的病源环境，其中传播媒介是吸血昆虫。吸血昆虫和易感动物的数量和密度影响其传播和流行，在流行间歇期，病原体则存在于小疫源地内。

2. 临床症状与病理变化　属急性、热性、败血性传染病。急性型不易见到临床症状，但个别病例于临死前精神萎靡、厌食、运动失调、反应迟钝，2～3d 内呈急性败血症而死亡。慢性病例体温升高 1～1.5℃，呈现鼻炎，颈部、胸前、腹股沟淋巴结肿大、发硬，皮肤见溃疡，并流出红色稀薄的脓汁，少数极度消瘦，最后衰竭而死，多数经 12～24d 痊愈。剖检可见体表淋巴结呈深红色肿大，有坏死小结节；肺、肝、脾、肾肿大，并有粟粒大坏死结节或灰白色坏死灶。

3. 诊断与检疫技术　取组织器官做涂片检查病原菌形态，做组织切片用荧光抗体鉴定病原菌。血清学试验如试管凝集试验、ELISA 及仅用于人土拉杆菌病诊断的土拉菌素皮内试验。确诊后禁猎、禁食疫区野生动物，立即销毁感病动物，并对处理场所进行消毒。

第三节　检疫性鸟类疫病

检疫性鸟类疫病包括病毒性、细菌性、衣原体与立克次氏体传染病，其中常见的为病程快、发病率高的病毒性和部分细菌疫病。

一、病毒性传染病

鸟类病毒性疫病主要有禽流感、新城疫、鸭瘟、禽痘。其中禽流感也感染人类，致人死亡，所造成的危害和经济损失很大。

（一）禽流感

禽流感是禽流行性感冒的简称，又名真性鸡瘟或欧洲鸡瘟。1878 年意大利首次报道禽流感，1955 年证明其病原是 A 型流感病毒。此后世界上大部分国家和地区均相继有发生的记录和报道。禽流感是由正黏病毒科，A 型流感病毒属的禽流感病毒［Avian influenza virus（AIV）］所引起的一种家禽和野禽传染病。该病毒现至少有 80 多亚型，但绝大多数为非致病性或低致病性亚型，高致病性亚型主要是 H5 和 H7 亚型的毒株。本病毒对外界环境的抵抗力不强，对温热、紫外线、酸碱、有机溶剂等均敏感，但耐低温和干燥。0.1%新洁尔灭、1%氢氧化钠、2%甲醛、0.5%过氧乙酸等浸泡及阳光照射均可将其杀灭。

禽流感不仅影响禽类养殖业，也严重影响禽类及其产品的出口贸易，防控该病具有十分重要的公共卫生意义。1997 年后禽流感在世界范围内又一次泛滥。2005 年世界上有 17 个国家不同程度的发生了禽流感。其中我国发生 32 起高致病性 H5N1 亚型疫情，死亡禽只 15.46 万只，捕杀2 257.12万只。1997 年及 2003 年 2 月中国香港报道 H5N1 毒株可以感染人，并致人死亡。2003 年 4 月荷兰发生的 H7N7 毒株也导致人感染。2005 年全球因禽流感已导致约 150 人患病，80 人死亡。其中我国 9 人感染 H5N1，6 人死亡。禽流感已受到世界各国的重视，2006年在北京召的禽流感防控国际筹资大会上，与会国家和国际组织共筹得超过18亿美元的认捐，用于全球禽流感防控事业。

1. 流行病学 在国外已发现88种鸟类携带有禽流感病毒。鸡、火鸡、鸭最易被感染，其次是珍珠鸡、家鹅、鹌鹑、鸽、鹧鸪、鹦鹉、虎皮鹦鹉等，野禽类如鹅、燕鸥、海岸鸥、野鸭和海鸟等也易受感染。燕八哥、石鸡、麻雀、乌鸦、寒鸦、岩鹧鸪、燕子、苍鹭、加拿大鹅、番鸭等鸟体内可分离出流感病毒。该病毒存在于染病禽的消化道、呼吸道和脏器组织中。病毒可随眼、鼻、口腔分泌物及粪便排出体外。含病毒的分泌物、粪便、死禽尸体污染的任何物体，如饲料、饮水、禽舍、空气、笼具、饲养管理用具、运输车辆、昆虫以及各种携带病毒的鸟类等均可传播。

禽流感的传播途径复杂，发生、发展有不确定性和规律性。可通过健康禽与病禽直接接触、健康禽与病毒污染物（包括空气）间接接触，经健康禽的呼吸道和消化道引起感染和发病。野禽带毒情况较为普遍。候鸟的迁徙可将禽流感病毒从一个地方传播到另一个地方，污染的环境（如水源）等可造成禽群的感染和发病，带有禽流感病毒的禽群和禽产品的国际贸易和局部流通可造成禽流感的暴发和流行。

2. 临床症状与病理变化 临床症状极为复杂。①高致病力毒株潜伏期4～5d，表现较严重的全身性、出血性、败血性症状。病禽突然发病，体温可升高至41.5℃以上，精神沉郁、闭目昏睡，头颈部水肿、流泪、眼睑肿胀，头部、颜面浮肿，鸡冠和肉髯发紫及肿胀、出血甚至坏死；张口呼吸、呼吸困难、咳嗽、打喷嚏、口流黏液，拉黄白、黄绿或绿色稀粪，时见抽搐、头颈后扭、运动失调、瘫痪；急性者发病后数小时死亡，多数病程为2～3d，致死率100%。②低致病力毒株的病禽表现为轻度的呼吸道症状、消化道症状，产蛋量下降或隐性经过，病程长短不定，死亡率高低不等。

剖检高致病力死鸡仅为器官严重出血和坏死，最急性则常无眼观病理变化。急性者皮下有黄色胶冻样浸润、水肿、出血、变色，胸、腹部脂肪有出血斑，心包积水、心肌软化、心外膜有点状或条纹状坏死，病鸡腿部肌肉有出血点或出血斑；消化道腺胃乳头水肿、出血，肌胃角质层下出血，肌胃与腺胃交界处呈带状或环状出血，十二指肠、盲肠扁桃体、泄殖腔充血、出血，肝、脾、肾脏淤血肿大，并见白色小块坏死，呼吸道有大量炎性分泌物或黄白色干酪样坏死。

3. 诊断与检疫技术 ①病原分离和鉴定。取发热期或发病初期禽类的呼吸道分泌物、泄殖腔拭子，病禽的肝、脾、肾、胰腺、脑、肺等脏器，经常规方法处理后接种于9～11日龄鸡胚尿囊腔，如鸡胚不死亡，可检测其尿囊液有无凝集作用，连续盲传3代后如鸡胚仍不死亡，即可判定分离病毒为阴性；如材料携毒，接种48h后鸡胚死亡，其尿囊液对红细胞有凝集作用、有病毒繁殖，再用血凝抑制试验或MDCK细胞分离法鉴定病毒型和亚型。②血清学试验是诊断禽流感的特异方法。常用的有血凝抑制试验、琼脂扩散试验、ELISA、补体结合反应等。取发病初期和康复期禽类的双份血清，用血凝抑制试验测定抗体滴度的变化做出诊断，如果康复期抗体的滴度比前者高出4倍以上，即可确诊。③禽流感病毒型的检查可用琼脂扩散试验，即以病毒的核蛋白抗原检查血清中的抗体，各个亚型毒株抗体均可对抗原发生阳性反应。④最常用的分子生物学诊断方法是反转录—聚合酶链式反应（RT-PCR），其他还有核酸探针技术等。⑤确诊后因立即封闭养殖场所，并采取捕杀、深埋措施，对养殖场所彻底消毒，杜绝野生病死禽、病料及其产品接近或污染养殖场所。

（二）新城疫

新城疫［Newcastle disease virus（NDV）］又称亚洲鸡瘟、伪鸡瘟、鸡瘟。1926年发现于印度尼西亚的爪哇，同年发现于英国的新城（New-castle），世界多数国家都已有本病流行的报道，也已广泛流行于我国的所有养鸡地区。该病由副黏病毒科的新城疫病毒所引起。该病毒核酸类型为单股RNA，对消毒剂、日光和高温抵抗力不强，在粪便中72h死亡，对乙醚和其他脂溶剂敏感，2%氢氧化钠、5%漂白粉、70%乙醇20min即可将其杀灭。

本病是禽类的一种急性、高度接触性和高度毁灭性的疾病，发病率和死亡率很高，是危害鸡和火鸡饲养业最严重的疫病之一。OIE已将其规定为A类疫病。新城疫病毒也可感染人，引起结膜炎、发热、头痛等症状。

1. 流行病学　新城疫病毒可感染27目236种禽鸟类。鸡和火鸡最易感，野生及人工饲养的禽类都可感染，但鸭、鹅、天鹅及塘鹅等水禽虽能感染却很少见重病；哺乳动物感染后受害极小，人被感染后表现类似流感和结膜炎症状，但很快即可康复。

病毒存在于病鸡的所有组织器官、体液、分泌物和排泄物中。其中以脑、脾、肺含毒量最高，以骨髓保毒时间最长。病鸡和带毒鸡是主要传染源。自然感染途径主要是消化道、呼吸道和眼结膜。一年四季均可发生，冬季多见。鸡群中新鸡数量多、鸡只常流动、鸡舍不卫生则发病重。

2. 临床症状和病理变化　本病的潜伏期为2～15d。主要特征是高热、呼吸困难、下痢和出现神经症状。①最急性型。突然发病，无特征症状而迅速死亡。多见于流行初期和雏鸡。②急性型。病初体温43～44℃，食欲减退、精神萎靡、鸡冠及肉髯呈暗红色，产蛋停止或产软壳蛋，随之，呼吸困难、嗉囊积有酸臭液体，下痢呈黄绿色。③慢性型。常见于流行后期或免疫接种质量不高鸡群，或免疫有效期至末尾的鸡群，常见有神经症状。④剖检可见全身黏膜和浆膜出血，以消化道和呼吸道最明显，肠黏膜上有纤维素性坏死病变或溃疡，肌胃和腺胃黏膜水肿，腺胃乳头有出血点，盲肠扁桃体肿大、出血，气管出血或坏死，心冠状脂肪有针尖状出血，组织学可见非化脓性脑炎病变。慢性者蛋鸡卵巢出血，卵巢破裂后因细菌继发感染引发腹膜、气囊炎。

3. 诊断与检疫技术　根据本病的流行病学、症状和病理变化，可做出初步诊断。确诊要依靠实验室手段。①病毒分离与鉴定时，采集有明显病变的肺、脾、脑等组织器官，或用棉拭子从气管和泄殖腔取样。病料经无菌处理后通过尿囊腔接种9～11日龄的非免疫鸡胚或SPF鸡胚，收获尿囊液做血凝（HA）和血凝抑制（HI）试验进行病毒鉴定，必要时分离毒株，测定其毒力并确诊。也可将病料接种鸡胚纤维细胞或鸡胚肾细胞，观察细胞病变，测定血凝价，并确诊。②血凝抑制试验仍是一种快速、准确的血清学试验手段。其他的还有病毒中和试验、ELISA、免疫荧光抗体技术、琼脂双扩散试验等。③使用最广泛的分子生物学方法是反转录—聚合酶链式反应（RT-PCR）技术，可用于直接检测病毒。④确诊后的处理见禽流感。

（三）鸭瘟

鸭瘟［Duck plague virus（DPV）］又名鸭病毒性肠炎、大头瘟。1923年报道于荷兰，以后相继扩散至各大陆。我国于1957年发现于广州，现几乎呈全球性分布。病原属疱疹病毒科甲型疱疹病毒亚科的鸭瘟病毒（鸭疱疹病毒 1 型）。该病毒对外界抵抗力不强，夏季阳光直射 9h 毒力消失，在 56℃下 10 min 即被杀死，0.1%氯化汞、0.5%漂白粉、5%生石灰作用 30min 可灭活。

本病是雁形目禽类的一种急性败血性传染病，迁徙途中的候鸟及野生雁形目禽类如野鸭、野鹅、雁等也能感病，家养鸭群被感染后可引起大批死亡。世界动物卫生组织（OIE）已将其规定为 A 类疫病。

1. 流行病学 鸭瘟病毒只发现于雁形目的鸭科成员，即驯养和野生的鸭（包括鸳鸯）、鹅、雁都易感。其中绿翅鸭［*Anas crecca* Linnaeus］、绿头鸭［*Anas platyrhynchos* Linnaeus］和针尾鸭［*Anas acuta* Linnaeus］虽有易感性，但一般不发生死亡。鸽［*Columba* sp.］、麻雀［*Passer montanus*（Linnaeus）］、红嘴鸥［*Larus ridibundus* Linnaeus］、银鸥［*Larus argentatus* Linnaeus］、小白鼠、大白鼠、豚鼠和兔对鸭瘟不易感性。鸡对鸭瘟病毒抵抗力较强，但 2 周龄的雏鸡可人工感染发病；鸭瘟病毒适应于鸡胚后，对鸭逐渐失去致病力，但对 1～30 日龄雏鸡的致病力则提高。

本病一年四季均可发生。但以春夏之际、秋季流行较为严重。位于低温地区、水网地带和河川下游的禽类易出现流行。传播途径主要是消化道、呼吸道、交配、眼结膜，可由病禽与易感禽的接触而直接传染，或与污染的环境接触而间接传染。吸血昆虫也是传染媒介之一。自然暴发曾发生于各种年龄和品种的家鸭，成年鸭放牧时受传染的机会较多，发病和死亡严重，1 月龄以下的雏鸭自然发病较少，但人工感染时发病率和死亡率都很高。

2. 临床症状和病理变化 潜伏期 3～4d。病初体温升高至 43℃，精神委顿、食欲减少或停食、渴欲增加，被毛松乱、两翅下垂、双脚麻痹无力，鼻腔流出稀薄或黏稠分泌物、呼吸困难，下痢绿色或灰白色，泄殖腔黏膜充血、出血、水肿，严重者黏膜外翻；流泪和眼睑水肿是鸭瘟特征症状。病初为浆性分泌物至黏性、脓性分泌物，严重者眼睑水肿或外翻，结膜充血或出血，并形成溃疡。部分病鸭的头颈肿胀成“大头瘟”。

解剖病死鸭，食道黏膜上灰黄色假膜或出血小斑点成行排列，剥离假膜后可见特征性溃疡斑痕，十二指肠和直肠的肠黏膜充血、出血最重；泄殖腔黏膜的病变与食道相同。黏膜表面具不易剥离的灰褐或绿色坏死结痂、出血斑点和水肿。败血症病变者，皮肤散见出血斑，眼睑粘连、结膜出血或有干酪样物；头颈肿胀者，皮下组织有黄色胶样浸润。

3. 诊断与检疫技术 根据流行病学、特征性症状综合分析，即可做出诊断。病毒分离鉴定和中和试验可做出确诊，ELISA 可作为快速诊断。确诊后的处理方法见禽流感。

（四）禽痘

禽痘［Fowl pox virus（FPV）］是一种古老的疾病。广泛分布于世界各地。中国各地也常有发生。由痘病毒科禽痘病毒属的禽痘病毒所引起。该病毒对外界环境的抵抗力很强，但不感染人、家畜和其他的哺乳动物。本病是禽类无毛处皮肤产生痘疹，口腔和咽喉黏膜形成纤维状坏死性假膜的一种急性、接触性传染病。在大型养禽场易造成流行，导致病禽增重缓慢，产蛋减少。若并发其他传染病，饲养管理不当时，可引起大批死亡。

1. 传播与流行 禽痘病毒只感染禽类，雏禽和中年禽最常发病。自然感染的报道已有 20 科 60 多种野鸟，鸡、火鸡、幼鸽、金丝雀、鹌鹑、各种野鸟均易感，鸭、鹅等水禽易感性很低。病禽是该病的传染源，健禽与病禽接触、带毒蚊虫叮咬传播本病，脱落和碎散的痘

痂在空气中散布，经皮肤或黏膜的伤口引起感染。本病一年四季都能发生，秋、冬两季易流行。冬季多见黏膜型痘病，秋季、冬初常见皮肤型。外界不利应激因素可促使本病发生。

2. 临床症状与病理变化　皮肤型表现为头部、腿、翅、泄殖腔周围形成特殊痘疹；黏膜型可见口腔和咽喉部黏膜上有灰白色结节，而后融合形成假膜，假膜扩大增厚堵塞口腔和咽喉，引起病禽呼吸、吞咽困难；混合型为皮肤型和黏膜型同时发生，死亡率高；败血型少见，多呈全身症状，继而发生肠炎。解剖病理学，可见病变皮肤或黏膜细胞增生、肿胀形成结节，少数病例可见内脏病变。

3. 诊断与检疫技术　①病毒分离鉴定，即取病变组织涂擦于易感鸡的无毛皮肤上，3～4d后如接种部位出现痘肿，即确定痘病毒存在，或将处理的病料接种于9～12日龄鸡胚绒毛尿囊膜，37℃孵育4～5d后，可见绒毛尿囊膜病变。②血清学试验可用琼脂扩散试验、免疫荧光法、酶标抗体法、ELISA和微量中和试验等方法检测抗体。③确诊后的处理方法见禽流感。

二、细菌性传染病

鸟类细菌性疫病较多，但影响较大的为禽巴氏杆菌病。该病是一种尚无很好防治办法，而又能造成重大经济损失的禽类疾病。

禽巴氏杆菌病

禽巴氏杆菌病又名禽霍乱（pasteurellosis）。分布于世界各地。由多杀性巴氏杆菌[*Pasteurella multocida* Trevisan]引起。组织或血液涂片、瑞氏染色，菌体两极着色。该菌抵抗力不强，5%生石灰、1%漂白粉、50%乙醇、0.02%氯化汞溶液1min即可杀死，60℃经10min即死亡，日光直射病菌很快死亡，但在腐尸中可存活3个月。本病接触传染。危害多种家禽、野禽，发病率和死亡率都很高。

1. 流行病学　侵害所有的野禽及家禽。易感的野禽有斑嘴鸭、旱鸭、绿翅鸭、绿头鸭、鸳鸯、斑头雁、鸿雁、红嘴鸡、岩鸡、蓝马鸡、褐马鸡、鹦鹉、孔雀、乌鸦、鸥、麻雀、雉、野鸭、啄木鸟、鸵鸟及猫头鹰等。家禽中鸡、鸭最易感，鹅的感受性较差。

病原是一种条件性病原菌，在自然界分布很广，健康禽体的呼吸道中就有该菌，但不发病。天气突然变化、营养不良、机体抵抗力减弱、细菌毒力增强时即可发病。自然病例潜伏期2～9d。主要传染源是患病或带菌的动物。患病动物的咳嗽及鼻腔分泌物会造成空气污染，动物吸入后经呼吸道可引起传染。其排泄物也可含有病原菌，污染环境后经消化道传染给健康动物。

2. 临床症状和病理变化　特征表现为急性败血过程。低毒感染或急性发病后可出现慢性、局部性疾病。但由于病原毒力和鸡体的抵抗力不同，其临床症状也表现不同。最急性型几乎完全无症状，突然死亡；急性型表现精神不振、食欲减退或废绝，身体发热、饮水增加，呼吸困难、口鼻流出黏液，死前可见头、冠、肉垂发绀，病程较短，数小时或数日死亡，存活病禽则转为慢性感染或康复。慢性型逐渐消瘦、精神委顿、贫血。

急性型解剖上的病理变化是出血和坏死，全身性充血和出血、十二指肠尤为明显，心冠脂肪、心外膜、腺胃、肌胃、腺胃和肌胃的交界处有出血点和出血斑，心包液、腹腔液体增加，肺淤血、水肿或出血，脾偶见肿胀和灰白色坏死点；十二指肠（最严重）、盲肠、直肠黏膜肿胀，弥漫性充血和出血，并覆盖一层较厚的黄色纤维样物质；肝脏深紫或黄红色肿胀、充血，大量散见针尖大或小米粒状黄色坏死点，并实质性变硬。

3. 诊断与检疫技术 根据病史、临床症状和病理变化若怀疑是霍乱时，可用肝脏或心血做涂片，分别进行革兰氏或瑞氏染色、镜检。当发现有大量的两极染色的革兰氏阴性小杆菌时，可做出初步诊断。最后确诊必须进行病原分离培养、鉴定和动物接种试验。确诊后的处理方法见禽流感。

三、衣原体病与立克次体病

鸟类的衣原体疫病主要为鹦鹉热，立克次体疫病主要是Q热。这两种疫病均感染人类，具有重要的公共卫生意义。

（一）鹦鹉热

鹦鹉热（psittacosis）又名鸟疫（chylamydiosis，ornithosis）。为一种世界性疾病。分布于亚洲、欧洲、美洲、大洋洲等60多个国家和地区。在我国也普遍发生。由衣原体科衣原体属的鹦鹉衣原体［*Chlamydia psittaci* (Lillie)］所引起。该衣原体易被季胺类化合物和脂溶剂等灭活，对蛋白变性剂、酸和碱的敏感性较低。70%乙醇、3%H_2O_2、碘酊溶液等几分钟可杀死。

本病是广泛分布的自然疫源性疾病，是一种以呼吸道和消化道病变为主要特征的接触性传染病。在禽类中普遍感染，引起产蛋量下降和较高的死亡率，导致严重的经济损失。该病原也危害人类的健康，具有公共卫生意义。

1. 流行病学 该衣原体可感染家禽、鸟类、人类以及其他哺乳动物。传染源是病禽、鸟和带菌禽、鸟。家禽和鸟多呈隐性感染，并携带病原。病原主要通过空气传播，其次是经口、皮肤伤口和昆虫叮咬感染。本病无明显季节性，饲养管理不当等应激因素可增加该病的发生率和死亡率。

2. 临床症状与病理变化 成年鸡对鹦鹉衣原体抵抗力较强，成年鸭多不显症状，鹅的临床症状与鸭相似。只有幼年鸡急性感染后出现死亡；幼鸭厌食、消瘦、排水样绿色粪便，眼、鼻周围有浆液性或脓性分泌物，死于痉挛；火鸡症状为厌食、发热、沉郁、腹泻，粪便黄绿或带血。各种鸟、禽类感染衣原体发病时的病理变化相似。解剖可见肝脾肿大，有灰色或黄色坏死灶，纤维素性心包炎，肠道炎症，全身性浆膜炎、腹膜炎。

3. 诊断与检疫技术 ①病原分离鉴定时，无菌切开病变组织，涂片、姬姆萨染色，镜检，衣原体原生小体呈红或紫红色，网状体呈青色，包涵体中的原生小体具有诊断意义，或将病料经卵黄囊接种鸡胚，观察鸡胚病变，制片染色、镜检，或用荧光抗体对固定的病料组织进行染色，镜检，鉴定病原。②血清学试验时采发病初期和康复后的双份血清，用间接补体结合反应、间接血凝反应或酶标抗体法检测抗体。③确诊后处理方法见禽流感。

（二）Q热

1935年Q热（Q fever）发现于澳大利亚。现广泛存在于世界上大多数国家。Q热是由

立克次体中的贝氏柯克斯体［*Coxiella burnetii*（Derrick）Philip］所引起。该病原为专性寄生菌，革兰氏阴性，耐热、嗜酸，能形成芽孢。其基本特性与其他立克次体相同，但可不经节肢动物媒介而通过气溶胶传播。本病是一种人、畜、鸟类共患传染病，对畜牧业特别是反刍动物影响较大，具有重要的公共卫生意义。

1. 流行病学　该病原可感染人、畜、野生动物和鸟类。人可从动物宿主尤其是反刍动物中获得感染，与染病动物接触、输血、呼吸道、消化道、皮肤伤口和生殖道而感染；排出体外的病原体污染环境，污染尘埃经空气传播，或经接触污染物及吸食污染的乳汁而感染；多种蜱可携带病原感染动物。

2. 临床症状与病理变化　人感染Q热后的急性型表现为肺炎、肝炎、流感样症状、头痛。一般愈后良好，死亡率低。慢性型通常由早期的隐性感染造成，病程较长，表现为心内膜炎。牛感染Q热后表现为亚急性型，出现流产、胎衣不下、子宫内膜炎、不育等症状；小动物感染后表现为急性经过，但很快恢复，愈后无不良症状。

3. 诊断与检疫技术　①病原鉴定时，取流产胎儿的胎盘、阴道分泌物、胃内容物，涂片、染色后镜检立克次氏体。也可结合间接免疫荧光试验来确诊。培养病原时，可选用鸡胚或实验动物如豚鼠、小鼠进行增殖。②常用的血清学方法包括间接荧光抗体试验（IFA）、ELISA和补体结合试验（CF）。IFA是Q热血清学诊断的标准方法，但ELISA试剂盒已逐步取代了其他方法。③确诊后处理方法见禽流感。

复习思考题

1. 简述动物疫病的传播途径。
2. 重要的检疫性野生兽类、鸟类疫病有哪些？
3. 如何检疫和控制野生动物疫病？

参考文献

王金生．1990．野生动物传染病学［M］．哈尔滨：东北林业大学出版社．

于大海，崔砚林，等．1997．中国进出境动物检疫规范［M］．北京：中国农业出版社．

殷震．1985．动物病毒学［M］．北京：科学出版社．

哈尔滨兽医研究所．1999．动物传染病学［M］．北京：中国农业出版社．

陆承平．2001．兽医微生物学［M］．第3版．北京：中国农业出版社．

索　引

一、重要术语索引

一至六画

a类（或一类、A1）　13
b类（或二类、A2）　13
人为传播　7
三原则　53
小样　93
干热处理　132
中和试验　108
分离培养检验　54，103
无害区　77
气调处理　131
水储处理　54，122
贝尔曼分离法　104
风险分析　65，77
风险区划　73
风险评估　66，68
风险管理　67，69
主动传播　7
出口检疫　23
外检18名　31
对外检疫　3，5
汁液摩擦接种检验　105
电镜检验　107
产地检疫　23，147
产地检疫调查　148，156
传入潜能　69
全面性检疫　35
关卡检验　92
危险性森林有害生物　41
场景分析　72
自然传播　7
血清学诊断　108
血清学检验　106
过筛检验　54，97
过境检疫　145

七至八画

防疫消毒　140
帐幕熏蒸　123
应检病虫　36，43
形态检验　92，98
技术壁垒　4
芬威克漂浮分离法　105
海港检疫　25
进境检疫　141
邮寄物检疫　146
针对性检疫　35
间接接触传播　245
国内检疫　3，33
国际空港检疫　25
定性分析　66，70
定殖与扩散潜能　69
定殖风险　57，73
定量分析　66
抽样　91，92
抽样标准　93
易感性　246
法规防治　34
现场检验　92，143
直观（接）检验　96
直接接触传播　245
组织培养脱毒　135
试料　93
实验室检验　92
试验样品　93
软X光检验　54，99
非疫区　54
保护区　54，55
变态反应诊断　109

九至十画

相对密度检验　54，98
复压熏蒸　125
室内检验　150
室内熏蒸　125
持续减压熏蒸　125
染色检验　54，96，101
洗涤检验　54，101
活体媒介传播　245
疫区　54，246
疫点　246
疫情调查　153
疫源地　246
药剂处理　132，133
诱器检验　54，100
除害处理　42，119
革兰氏染色　101
害虫检验　157
样品管理　140
森林动植物检疫　2
热水浸烫　54，120，132
热处理脱毒　135
特许进口　141，142
真空熏蒸　125
离体微嫁接法　106
被动传播　7

十一画以上

调出检疫　149
调运检疫　149
常压熏蒸　123
接种和试种检验　54
检疫处理　144，146，148，150
检疫对象　4，13，53，140
检疫法规　4
检疫监管　77
检疫措施　140
检疫检验　91，143，145
脱毒处理　134
萌芽检验　54，102
植物检疫　91，143，145
隔离试种　143，152
隔离检疫　25
嫁接检验　106
微芽嫁接脱毒　135
微波加热杀虫　121
携带物检疫　146
禁止进境　140，144，146
简易循环熏蒸　124
简易漂浮法　105
蒸气处理　133
解剖检验　54，99
辐射处理　54，130
鉴别寄主检验　105
漏斗分离检验　54，104
熏蒸处理　54，122，133
管理风险　77
凝集试验　108
鞭毛染色　101

二、昆虫名称索引

一至四画

二点益蝽 *Perillus bioculatus*（Fabricius）　26
二斑叶螨 *Tetranychus urticae* Koch　10
三化螟　64
三叶斑潜蝇 *Liriomyza trifolii*（Burgess）　205
大小蠹属 *Dendroctonus* spp.　181
大家白蚁 *Coptotermes curvignathus* Holmgren　6，205
大翅蝶类 Brassolidae　64
大棘胫小蠹 *Scolytus scolytus*（Fabricius）　219
小蠹科 Scolytidae　220
山松大小蠹 *Dendroctonus ponderosae* Hopkins　177
马达加斯加小条实蝇 *Ceratitis malgassa* Munro　200
马铃薯甲虫 *Leptinotarsa decemlineata*（Say）　10，26，67，81
马铃薯块茎蛾　63
马斯卡林小条实蝇 *Ceratitis catoirii* Guerin-Meneville　200
乌桕大蚕蛾（皇蛾）*Attacus atlas* Linnaeus　64
云杉松齿小蠹 *Ips pini*（Say）　181
化香夜蛾（柚木驼蛾）*Hyblaea puera*（Cramer）　167
双钩异翅长蠹 *Heterobostrychus aequalis*（Water-house）　6，170

日本松干蚧 *Matsucoccus matsumurae*（Kuwana） 11，43
日本金龟子 *Popillia japonica* Newman 168
日光蜂 *Aphelinus mali*（Haldeman） 183
木薯单爪螨 *Mononychellus tanajoa*（Bondar） 165
火红蚁 *Solenopsis invicta* Buren 194
长翅蝶类 Heliconiidae 64
韦氏叩头甲 *Thoramus wakefieldi* Sharp 180

五至六画

加勒比单爪螨 *Mononychellus caribbeanae* McGregor 166
北美黄杉毒蛾 *Hemerocampa pseudotsugata* Barnes McDunnough 167
卡罗来纳墨天牛 *Monochamus carolinesis*（Oliver） 232
古蜓科 Petaluridae 64
可可褐盲蝽 *Sahlbergella singularis* Haglund 205
瓜实蝇 *Bactrocera cucurbitae*（Coquillett） 115
甘薯小象甲 63
白杨透翅蛾 100
白纯缘蜱 *Ornithodorus moubata* Murray 249
白蛾周氏啮小蜂 *Chouioia cunea* Yang 161，162
地中海实蝇 *Ceratitis capitata*（Wiedemann） 6，20，62，67，115，200
亚棕象甲 *Rhynchophorus vulneratus*（Panzer） 179
曲纹紫灰蝶 *Chilades pandava*（Horsfield） 159，164
污胸象甲 *Rhinostomus thompsoni* Fabricius 238
竹节虫 *Diapheromera femorata*（Say） 167
红翅大小蠹 *Dendroctonus rufipennis*（Kirby） 181
红脂大小蠹 *Dendroctonus valens* LeConte 10，63，168
红棕象甲 *Rhynchophorus ferrugineus*（Olivier） 168，172，178
芒果果肉象甲 *Sternochetus frigidus*（Fabricius） 182，188
芒果果核象甲 *Sternochetus mangiferae*（Fabricius） 197
西花蓟马 *Frankliniella occidentalis*（Pergande） 193
西部松大小蠹 *Dendroctonus brevicomis* LeConte 100，181

七至八画

杏小食心虫 *G. prunivora*（Walsh） 187
杨干象 *Cryptorrhynchus lapathi* Linnaeus 168，171
花旗松大小蠹 *Dendroctonus pseudotsugae* Hopkins 181
谷斑皮蠹 26
赤眼蜂 *Trichogramma* spp. 188
针叶麦蛾 *Coleotechnites milleri*（Busck） 167
阿佛腮扁叶蜂 *Cephalcia arvensis* Panzer 168
阿根廷茎象甲 *Listronotus bonariensis*（Kuschel） 111
刺桐姬小蜂 *Quadrastichus erythrinae* Kim 191
刺槐叶瘿蚊 *Obolodiplosis robiniae*（Haldemann） 192
刺槐潜叶甲 *Odontota dorsalis*（Thunberg） 167
周期蝇属 *Magicicada* spp. 64
咖啡果小蠹 *Hypothenemus hampei*（Ferrari） 196
咖啡旋皮天牛 *Dihammus ceruinus*（Hope） 205
咖啡潜叶蛾 *Leucoptera coffeella*（Guérin-Méneville） 167
昆士兰实蝇 *Bactrocera tryoni*（Froggatt） 115
松尺蠖 *Bupalus piniaria* Linnaeus 168
松叶蜂 *Diprion pini*（Linnaeus） 168
松异带蛾 *Thaumetopoea pityocampa*（Denis et Schiffermüller） 168
松红头锯角叶蜂 *Neodiprion lecontel*（Fitch） 167
松纵坑切梢小蠹 100
松果小蠹属 *Conophthorus* 228
松突圆蚧 *Hemiberlesia pitysophila* Takagi 10，11，41，43，162
松突圆蚧花角蚜小蜂 *Coccobius azumai* Tachikawa 163
松黄新松叶蜂 *Neodiprion sertifer*（Geoffroy） 168
松褐天牛 *Monochamus alternatus* Hope 231
果树黄卷蛾 *Archips argyrospilus*（Walker） 205
果蝇科 Drosophilidae 220
枞色卷蛾 *Choristoneura fumiferana*（Clemens） 167
枣大球蚧 *Eulecanium gigantean*（Shinji） 185
欧洲大榆小蠹 *Scolytus scolytus*（Fabricius） 175
欧洲榆小蠹 *Scolytus multistriatus*（Marsham） 100，176，182
细小蠹属 *Pityophthorus* 228
苹小食心虫 *G. inopinata* Heinrich 187
苹天幕毛虫 *Malacosoma americanum*（Fabricius）

167
苹果实蝇 *Rhagoletis pomonella*（Walsh） 198
苹果透翅蛾 *Synanthedon myopaeformis*（Borkhausen） 205
苹果绵蚜 *Eriosoma lanigerum*（Hausmann） 10，63，182
苹果蠹蛾 *Cydia pomonella*（Linnaes） 182，186
采采蝇属 *Glossina* 64
青杨脊虎天牛 *Xylotrechus rusticus*（Linnaeus） 168，173
齿小蠹属 *Ips* 228

九至十画

剑麻象甲 *Scyphophorus acupunctatus* Gyllenhal 205
南瓜实蝇 *Bactrocera tau*（Walker） 115
南美桉实蝇 *Anastrepha fraterculus*（Wiedemann） 205
南部松大小蠹 *Dendroctonus frontalis* Zimmermann 181
南部松齿小蠹 *Ips grandicollis*（Eichhoff） 181
扁刺蛾 *Thosea sinensis*（Walker） 167
扁柏籽长尾小蜂 *Megastigmus chamaecyparidis* Kamijo 205
柑橘大实蝇 *Bactrocera minax*（Enderlein） 182，190
柑橘吹绵蚧 63
柳毒蛾 *Leucoma salicis* Linnaeus 168
栎秋尺蛾 *Operophtera brumata*（Linnaeus） 167
类加州十齿小蠹 *Ips paraconfusus* Lanier 181
美东最小齿小蠹 *Ips avulses*（Eichhoff） 181
美国白蛾 *Hyphantria cunea*（Drury） 9，10，11，43，63，100，159，160
美洲杨叶甲 *Chrysomela scripta* Fabricius 167
美洲斑潜蝇 41
美洲榆小蠹 *Hylurgopinus rufipes*（Eichhoff） 176
迹斑绿刺蛾 *Latoia pastoralis* Butler 168
香蕉蓟马 *Hercinothrips bicinctus*（Bagnall） 205
埃及伊蚊 252
宽带实蝇 *Bactrocera scutellata*（Hendel） 115
栗黄枯叶蛾 *Trabala vishnou* Lefebure 167
核桃扁叶甲黑胸亚种 *Gastrolina depressa thoracica* Baly 168
桃小食心虫 *Carposina niponensis* Walsingham 187
桃白小卷蛾 *Spilonota albicana*（Motschulsky） 187
桑褐刺蛾 *Setora postornata*（Hampson） 167
桦弱潜叶蜂 *Fenusa pusilla*（Lepeletier） 167

十一至十二画

梨小食心虫 *Grapholitha molesta* Busck 187
烟青虫 *Helicoverpa assulta*（Guenée） 111
斑潜蝇 *Liriomyza sativae* Blanchard 10
皱大球蚧 *Eulecanium kuwanai* Kanda 186
秘鲁红蝽 *Dysdercus peruvianus* Guerin 205
绣线菊蚜 *Aphis citricola* Van der Goot 230
蚕豆象 63
透翅蝶类 Ithomiidae 64
顿蓑蛾 *Thyridopteryx ephemeraeformis*（Haworth） 167
粗齿小蠹 *Ips calligraphus*（Germar） 182
绿毛象甲 *Rhinostomus barbirostris*（Fabricius） 238
缀叶丛螟 *Locastra muscosalis* Walker 168
葡萄根瘤蚜 *Viteus vitifoliae* Fitch 182，183
斑腹刺益蝽 *Podisus maculiventris*（Say） 26
棉红铃虫 *Pectinophora gossypiella*（Saunders） 26，63，168
棉铃虫 *Helicoverpa armigera*（Hübner） 111
棕榈象甲 *Rhynchophorus palmarum*（Linnaeus） 175，178，238
椰子缢胸叶甲 *Promecotheca cumingi* Baly 168
椰心叶甲 *Brontispa longissima*（Gestro） 2，159
椰心叶甲啮小蜂 *Tetrastichus brontispae*（Ferrière） 160
椰蛀梗象 *Homalinotus coriaceus*（Gyllenhal） 175，179
湿地松粉蚧 *Oracella acuta*（Lobdell）Ferris 9，10，12，63，159，163
番石榴实蝇 *Bactrocera correcta*（Bezzi） 115
短叶松锯角叶蜂 *Neodiprion sertifer*（Geoffroy） 167
短体边材小蠹 *Scolytus pygmaeus*（Fabricius） 219
紫红短须螨 *Brevipalpus phoenicis*（Geijskes） 230
紫棕象甲 *Rhynchophorus phoenicis*（Fabricius） 178
落叶松腮扁叶蜂 *Cephalcia alpine*（Klug） 168
落叶松鞘蛾 *Cleophora laricella*（Hübner） 167

葡萄根瘤蚜 *Viteus vitifoliae*（Fitch） 10，62，79，182，183
锈实蝇 *Bactrocera rubigina*（Wang & Zhao） 115
黑脂大小蠹 *Dendroctonus terebrans*（Oliver） 181

十三画以上

暗梗天牛 *Arhopalus tristis*（Fabricius） 175，179
榆皮小蠹 *Scolytus kirschii* Skalitzky 219
榆波纹棘胫小蠹 *Scolytus multistriatus*（Marsham） 218
榆黄莹叶甲 *Pyrrhalta luteola*（Müller） 167
蓝灰小条实蝇 *Ceratitis caetrata* Munro 200
漆树叶甲 *Podontia lutea*（Olivier） 168
舞毒蛾 *Lymantia dispar* Linnaeus 64
蔗扁蛾 *Opogona sacchari*(Bojer) 10，63，168，174
蜜柑大实蝇 *Bactrocera tsuneonis*(Miyake) 182，189
蜡彩袋蛾 *Chalia larminati* Heylaerts 168
辣椒实蝇 *Bactrocera latifrons*（Hendel） 115
墨西哥桉实蝇 *Anastrepha ludens*(Loew) 191，202
樱小食心虫 *G. packardi* Zeller 187
稻水象甲 *Lissorhoptrus oryzophilus* Kuschel 10
稻绿蝽 *Nezara viridula* Linnaeus 63
蕈蚊科 Mycephiilidae 220
橘小实蝇 *Bactrocera dorsalis*（Hendel） 10，20，62，115，201
露尾甲科 Nitidulidae 220

三、有害动物及动物病害名称索引

Q热 Q fever 260
口蹄疫 foot and mouth disease virus（FMDV） 2，247
土拉热弗朗西斯杆菌 *Francisella tularensis*（McCoy et Chapin) Dorofeev 254
牛瘟 247
犬瘟热 canine distemper virus，CDV 247，251
贝氏柯克斯体 *Coxiella burnetii*（Derrick）Philip 261
布鲁菌病 252
鸟疫 Ornithosis＝Chylamydiosis 260
狂犬病 rabies virus（RV） 2，247，250
非洲猪瘟 African swine fever virus，ASFV 247，249
炭疽 anthrax 252，253
炭疽杆菌 *Bacillus anthracis* Sterne 253
疯牛病 39
结核分枝杆菌 *Mycobacterium* tuberculosis（Zopf） Lehmannet Neumann 254
结核病 tuberculosis 252，254
高致病性禽流感（HPAIV） 112
鸭瘟 duck plague virus，DPV 255，257
猪瘟 247
野兔热 tularemia 254
黄热病 yellow fever virus，YFV 247，251
禽巴氏杆菌病 *Pasteurella multocida* Trevisan 259
禽流感 avian influenza virus，AIV 255
禽痘 fowl pox virus，FPV 255，258
禽霍乱 pasteurellosis 259
新城疫 Newcastle disease virus，NDV 255，257
鼠疫 plague 252
鼠疫耶森氏菌(鼠疫杆菌)*Yersinia pestis*(Lehmann et Neumann) van Loghem 252
鹦鹉衣原体 *Chlamydia psittaci*（Lillie） 260
鹦鹉热 psittacosis 260
波氏栉虾虎鱼 *Ctenogobius cliffordpopei*(Nichols) 10
非洲大蜗牛 *Achatina fulica*（Bowditch） 165，166

四、有害植物名称索引

一枝黄花 *Solidago Canadensis* Linnaeus 10
三叶草菟丝子 *Cuscuta trifolii* Babingt et Gibs 233
大米草 41
大形菟丝子 *Cuscuta gugantea* Giff 233
大花菟丝子 *Cuscuta redflexa* Roxb. 233
大籽菟丝子 *Cuscuta indecora* Choisy 233
小花假苍耳 *Iva axillaris* Pursh 229，240
小籽菟丝子 *Cuscuta planiflora* Tenore 233
飞机草 63
中国菟丝子 *Cuscuta chinensis* Lamarck 233
互花米草 63
五角菟丝子 *Cuscuta pentagona* Engelm. 233
日本菟丝子 *Cuscuta japonica* Choisy 233
水葫芦 41，63
长萼菟丝子 *Cuscuta stenc-atycina* Palib 233
仙人掌 166
仙人掌属 *Opuntia* 10
田野菟丝子 *Cuscuta campestris* Yuncker 233
亚麻菟丝子 *Cuscuta epolinum* Weihe 233
伞形菟丝子 *Cuscuta umbellata* Humboldt Bonpland & Kunth 233

列当 broomrape 236
列当 *Orobanche* spp. 96，229，232，236
列孟菟丝子 *Cuscuta le'hmanoiana* Bac. 233
团集菟丝子 *Cuscuta glomerata* Choisy 233
百里香菟丝子 *Cuscuta epithymum*（Linna-eus）Murray 233
西番莲 201
沙丘蒺藜草 bear-grass 239
沙丘蒺藜草 *Cenchrus tribuloides* Linnaeus 239
沙丘蒺藜草 dune sandbur 239
单柱菟丝子 *Cuscuta monogvana* Vahl 233
杯花菟丝子 *Cuscuta cuplata* Engelm 233
欧洲菟丝子 *Cuscuta europaea* Linnaeus 233
空心莲子草 63
苜蓿菟丝子（细茎菟丝子）*Cuscuta approximata* Babingt 233
南方菟丝子 *Cuscuta australis* R. Brown 233
毒麦 63
美洲菟丝子 *Cuscuta americana* Linnaeus 233
阴生菟丝子 *Cuscuta umbrosa* Beyruchex Hook 233
香菟丝子 *Cuscuta suaveolens* Seringe 233
格陆氏菟丝子 *Cuscuta gronovii* Willd ex Roem&Schult 233
假泽兰 *Mikania cordata*（Burm. f.）Robinson 229
假高粱 63
啤酒花菟丝子 *Cuscuta lupuliformis* Krocker 233
基尔曼菟丝子 *Cuscuta en-gelmanii* Korsh 233
菟丝子 *Cuscuta* spp. 2，229，233
豚草 41，63
短花菟丝子 *Cuscuta breviflora* Vis 233
紫茎泽兰 41，63
黑麦草 *Lolium perenne* Linnaeus 208
薇甘菊 *Mikania micrantha* H. B. Kunth 63，229

五、病原及线虫名称索引

一至四画

丁香假单胞杆菌 *Pseudonomas syringae* pv. *syringae* M. K. Fakhr 114
大丽轮枝菌 *Verticillium dahliac* Kleb 112
大豆疫病 *Phytophthora megasperma*（Drechs.）f. sp. *glycinea* Kuan & Erwin 10，115
小杆线虫 *Caenorhabditis* sp. 114
小麦印度腥黑穗病 *Tilletia indica* Mitra 112
小麦秆锈病 80
小麦矮腥黑穗病 *Tilletia controversa* Kühn（TCK）31，39，71，72
小卷蛾斯氏线虫 *Steinernema carpocapsae* Weiser 173
小蜜环菌（牛肝菌）*Armillariella* spp. 115
马铃薯纺锤块茎类病毒 114
马铃薯白线虫 *Globodera pallida*（Stone）Mulvey & Stone 112，113，114，115
马铃薯金线虫 *Globodera rostochiensis*（Wollenweber）Skarbilovich 112，114，115
马铃薯腐烂线虫 *Ditylenchus destructor* Thorne 112
马铃薯癌肿病 *Synchytrium endobi-oticum*（S. chil-berszky）Percivadl 10
月见草变叶病 114
木薯细菌性枯萎病 *Xanthomonas campestris* pv. *manihotis*（Berth & Bander）Dye 11
毛形线虫 *Trichinella* sp. 114
水稻细菌性条斑病 *Xanthomonas oryzae* pv. *oryzicola*（Fang et al.）10
水稻腥黑粉菌 *Tilletia horrida* Takahashi 112

五至八画

丝核菌 *Rhizoctonia* spp. 114，115，209
兰花病毒病 114
北方根结线虫 115
玉米丛矮病 114
玉米霜霉病 *Peronospora* spp. 10
瓜果腐霉 *Pythium aphanidermatum*（Edson）Fitz. 241
白蜡黄化病 114
立枯丝核菌 241
列当镰刀菌 *Fusarium orobanches* Jacz. 237
尖孢镰孢菌 *Fusarium oxysporum* Schlecht 115
异小杆线虫 *Heteorhabditis* sp. 173
拟松材线虫 *Bursaphelenchus mucronatus* Mamiya & Enda 112
杨冰核细菌溃疡病 *Erwinia herbicola*（Lohnis）Dye. 220
杨树花叶病毒病 Poplar mosaic virus（PoMV）211
杨树细菌性溃疡病 *Xanthomonas populi* subsp. *populi*（Ridé）218，220
咖啡锈病 80
松杉枝枯溃疡病 *Brunchorstia pinea*（P. Karsten）Höhnel（无性态）218，224
松杉枝枯溃疡病 *Gremmeniella abietina*（Lagerberg）

Morelet 218，224
松材线虫病 *Bursaphelenchus xylophilus*（Steiner et Buhrer）Nickle 2，9，39，180，229，230
松枯萎病 6
松树脂溃疡病 *Fusarium circinatum* Nirenberg & O′Donnell（无性态） 227，228
松树脂溃疡病 *Gibberella circinata* Nirenberg & O′Donnell 227，228
松疱锈病 *Cronartium ribicola* J. C. Fischer ex Rabenhorst 208，213
松梭形锈病 *Cronartium quercuum*（Berk.）Miyabe ex Shirai f. sp. *fusiforme* 218，225
松球壳孢 *Sphaeropsis sapinea*（Fr.）Dyke & Sutton 225
板栗疫病（板栗枯萎病）*Cryphonectia parasitica*（Murrill）Barr. 9，208，216
苜蓿疫霉 *Rhytophthora megasperma* var. *sojae* 115
苹果簇叶病 114

九至十画

冠瘿病 *Agrobacterium tumefaciens*（Smith and Townsend）Conn 208，210
南方根结线虫 *Meloidogyne incongnita*（Kofold & White）Chitwood 113，229，239，240
枯萎病菌 *Fusarium oxysporum* f. sp. 115
柑橘病毒病 114
柑橘黄龙病 *Liberobacter asiaticum* Jagoueix et al. 10
柑橘溃疡病 *Xanthomonas campestris* pv. *citri*（Hasse）Dye 10
柑橘裂皮病 *Citrus exocortis viriods*（CEV） 113，114
柱锈菌属 *Cronartium* 227
栎枯萎病 *Ceratocystis fagacearum*（Bretz）Hunt 218，219
栎枯萎病 *Chalara quercina* Henry（无性态） 218，219
栎树猝死病 *Phytophthora ramorum* S. Werres，A. W. A. M. de Cock 227
疫霉菌 *Phytophthora* sp. 114
类菌原体 Mycoplasma like Organism（MLO） 216
草坪草褐斑病 *Rhizoctonia solani* Kühn 208
香石竹环斑病毒病 114
香蕉穿孔线虫 *Radopholus similis*（Cobb）Thone 229，232，235
核桃丛枝病 114
核盘菌 *Sclerotina* spp. 114，115
根结线虫 *Meloidogyne* sp. 114
桃X病 114
梨火疫病 *Erwinia amylovora*（Burrill）Winslow et al. 111，114，218，221
烟草环斑病毒病 Tobacco ringspot virus（TRSV） 11，111
烟草黑胫病菌 *Phytophthora parasitia* var. *nicotinae* 241
烟草霜霉病 31
狼尾草腥黑粉菌 *Tilletia barclayana*（Brefeld） 112
索线虫 *Romanomermis* sp. 114

十一画以上

啤酒花矮化类病毒 114
悬铃木溃疡病 *Ceratocystis fimbriata* f. sp. *platani*（Ell and Halst）Walter 218，223
猕猴桃细菌性溃疡病 *Pseudomonas syringae* pv. *actinidiae* Takikawa et al. 208，214
甜菜胞囊线虫 *Heterodera schachtii* Schmidt 112
黄瓜白果类病毒病 114
斯氏线虫 *Steinernema feltiae*（Filipjev） 171
棉花黄萎病 *Verticillium alboatrum* Reinke et Berth 10
椰子红环腐线虫 *Rhadinaphelenchus cocophilus*（Cobb）Goodey 172，178，229，232，237
椰子败生类病毒 114
椰子致死黄化病 *Photoplasma* sp. 114，208，215
番茄溃疡病 *Clavibacter michiganensese* sub sp. *mishiganen* 11
番茄雄花不育类病毒病 114
番茄簇顶类病毒病 114
落叶松枯梢病 *Botryosphaeria laricina*（Sawada）Y. Z. Shang 208，212
黑麦草腥黑粉菌 *Tilletia walkeri* Castlebury & Carris 112
新榆长喙壳 *Ophiostoma novo-ulmi* Brasier 218
新榆长喙壳欧亚亚群 *Ophiostoma novo-ulmi* subsp. *novo-ulmi* 218
新榆长喙壳美洲亚群 *Ophiostoma novo-ulmi* subsp. *americana* 218
榆枯萎病 *Graphium ulmi* Schwarz（无性态） 218
榆枯萎病 *Ophiostoma ulmi*（Buisman）Nannf. 218

翠菊黄化病 114
橡胶南美叶疫病 *Fusicladium macrosporum* Kuyper（无性态） 218，222
橡胶南美叶疫病 *Microcyclus ulei*（P. Henn. ）Von Arx. 218，222
鳄梨日灼类病毒 114
镰刀菌 *Fusarium* sp. 114，241
鳞球茎茎线虫 *Ditylenchus dipsaci*（Kühn）Filipjev 11，112，229，232，234

六、部分术语及害虫、病害英名索引

apple maggot 198
area of infestation 54
bacterial canker 220
bacterial canker disease on kiwifruit 214
bacterial canker of poplar 220
banana moth 174
banana toppling disease nematode 235
black hills beetle 177
black turpentine beetle 181
brunchorstia disease 225
burrowing nematode 235
California fivespined ips 181
canker rust 225
canker stain of plane 223
chestnut blight 216
Chinese citrus fly 190
coconut lethal yellowing phytoplasma 215
coffee berry beetle 196
coffee berry borer 196
douglas fir beetle 181
Dutch elm disease 218
eastern pine engraver 181
elm wilt disease 218
elmrosetteaphid 182
Europe fruit fly 199
fire blight of pear and apple 221
fivespined ips 181
fusiform canker 225
fusiform rust 225
grape phylloxera 183
grey tiger longicorn 173
grugru beetle 178
Japanese eorange fly 189
Japanese citrus fly 189
kapok borer 170
korean-pine stem rust 213
larch die-back 212
larch shoot blight 212
larch top dry 212
larger elm bark beetle 175
lawn brown speckle disease 208
managed risk 77
mango nut borer 188
mango seed weevil 197
mango stone weevil 197
mango weevil 197
medfly 199
mediterranean fruit fly 199
mexican fruit fly 202
mexican orange maggot 202
mexican orange worm 202
mountain pine beetle 177
native elm bark beetle 176
oak wilt 219
oriental fruit fly 201
oriental woodborer 170
osier weevil 171
peach crown gal 210
pest free area 54
pest risk analysis（PRA） 65
risk analysis 65
pest risk assessment 66
pest risk management 66
pitch canker of pine 228
plant quarantine 2
poplar and willow weevil 171
qualitative risk 66
quantitative risk 66
quarantine and detection of forest plant and animal 2
quarantine supervision 77
ramorum dieback 227
ramorum leaf blight 227
red imported fire ant 194
red palm weevil 172
red ring disease nematode 238
red ring disease of coconut palm 238
red turpentine beetle 168
scleroderris canker of pine and spruce 224

sixspined engraver 182
small southern pine engraver 181
smaller European elm bark beetle 182
soft-pine stem blister rust 213
south American leaf blight 222
south American leaf blight of rubber tree 222
south American palm weevil 178
southern pine beetle 181
southern fusiform rust 225
spruce beetle 181
stem and bulb nematode 234
sudden oak death 227
sugar cane borer 174
western pine beetle 181
white-pine blister rust 213
woolly apple aphid 182

图书在版编目（CIP）数据

森林动植物检疫学/李孟楼，张立钦主编．—2版．—北京：中国农业出版社，2016.8（2023.6重印）

普通高等教育农业部“十二五”规划教材　全国高等农林院校“十二五”规划教材

ISBN 978-7-109-21658-7

Ⅰ.①森…　Ⅱ.①李…②张…　Ⅲ.①森林动物－检疫－高等学校－教材②森林植物－植物检疫－高等学校－教材　Ⅳ.①S851.34②S763

中国版本图书馆CIP数据核字（2016）第100456号

中国农业出版社出版

（北京市朝阳区麦子店街18号楼）

（邮政编码100125）

责任编辑　戴碧霞

文字编辑　田彬彬

北京通州皇家印刷厂印刷　新华书店北京发行所发行

2008年8月第1版　2016年8月第2版

2023年6月第2版北京第2次印刷

开本：787mm×1092mm　1/16　印张：18

字数：420千字

定价：40.00元

（凡本版图书出现印刷、装订错误，请向出版社发行部调换）